国际电气工程先进技术译丛

# 电力电子的电感器与变压器

## Inductors and Transformers for Power Electronics

[美] 亚历克斯·范登·博舍（Alex Van den Bossche）　著
文希斯拉夫·切科夫·瓦尔切夫（Vencislav Cekov Valchev）

袁登科　译

U0280673

机械工业出版社

本书主要介绍了电力电子变换器的主要部件——电感器和变压器等磁性元件，涉及磁心和绕组、涡流损耗、绝缘、散热设计、寄生电容和测量技术等。书中采用经典的设计方法，并使用有限元法等数值工具进行修正，以提高设计精度。

本书提出了一种包含涡流损耗的电感器和变压器的快速设计方法和一种计算涡流损耗的宽频带方法，用来计算导体与绕组中的涡流损耗；分别举例阐释了电感器与变压器的具体设计；分析了磁性元件的最优铜损耗与铁心损耗的比例。

本书主要读者为电力电子领域磁性元件的设计者和使用者，也可作为电力电子书籍的补充读物。

# 译 者 序

在与电能相关的各行业中,电力电子技术发挥着日益重要的作用。作为电力电子变换器的关键部件之———电感器与变压器,在系统成本、体积质量、工作效率、可靠性等指标中都占有较明显的比重,因此掌握磁性元件的设计也是很多电力电子工程师的必备技能之一。

本书内容涉及磁性元件的磁心(第3章)、绕组与电气绝缘(第4章)、涡流损耗(第5章)、散热设计(第6章)、寄生电容(第7章)和测量(第11章)等多方面的技术。

第1章介绍了磁理论的基础,并结合实例介绍了磁路,展示了理想变压器和电感器的模型;第2章提出了一种包含涡流损耗的电感器和变压器的快速设计方法,并指出忽略涡流损耗可能会导致严重错误;第3章介绍了在电力电子场合中使用的各类常见的软磁材料;第4章介绍了线圈绕组和电气绝缘,给出了线圈绕组的系统性设计观点;第5章介绍了导体与绕组中的涡流损耗,提出了一种计算涡流损耗的宽频方法;第6章介绍了热方面的知识,提出了一种改进电力电子磁性元件的热对流和热辐射模型;第7章介绍了磁性元件的寄生电容,提出了测量寄生电容和减少寄生电容的一些方法;第8章介绍了电感器设计的具体知识以及特殊电感器的设计;第9章介绍了变压器的设计,具体包含励磁电感、漏感、电压、电流、频率、功率损耗、绝缘电压和寄生电容等;第10章介绍了磁性元件的最优铜损耗/铁心损耗比,通过几个经典案例的讨论,可以指出设计方案是接近还是偏离了最小损耗工作点;第11章介绍了电感器和变压器中的测量,具体包含温度、功率损耗、阻抗、电感值和寄生电容值等。

本书各章内容相对独立,各章章末给出了该章的参考文献。根据可支配的时间、期望的设计精度和自身的数学水平,读者可自行选择书中不同难度的解决方案。

参加本书翻译工作的还有项安、张文豪、李园芳、胡紫薇、王凯、李明清洋、徐驰、陈翰寅、王飞龙等人。

本书的出版得到了机械工业出版社林春泉编审等的大力支持。在此向所有对本书翻译出版提供帮助的热心人士表示真诚的感谢。由于译者水平有限,难免个别地方出现翻译不当的情况,欢迎广大读者批评指正。译者电子邮箱:ywzdk@163.com。

# 原 书 前 言

本书主要是为电力电子磁性元件的设计师和使用者编写的。它也可以用于教学目的。电感器和变压器等磁性元件与控制元件和半导体元件一起构成电力电子变换器设计的主要部分。经验表明磁性元件的设计往往仍旧采用试凑法来完成。这可以由电感器和变压器设计中长时间的工作来解释。设计有许多方面，如磁心和绕组、涡流、绝缘、散热设计、寄生效应和测量等。关于这些主题有许多文献，但相关信息是记录在众多文章和方法中的。本书主要聚焦于经典的方法，并使用数值工具（如有限元方法等作为背景知识）。

我们试着给出设计的基础知识和技术方面的一些概述。在不同的章节中，我们也会在已知的解析解的基础上描述解析解的近似，再结合有限元进行调整。在大多数情况下，可以得到足够高的精度，并且结果几乎是瞬间获得的，即使是在使用许多计算点的图形法中，结果也几乎是瞬间获得的。在设计阶段，一种快速的近似方法作为第一步是很有用的，而有限元等数值计算工具在分析中的效果很好。有关有限元的特定书籍有很多，相关介绍不在这里赘述。

第1章对磁理论基础和磁性材料进行了基本的介绍。

现今的电力电子使用相当高的开关频率。简单的经验法则，例如"当导线直径小于穿透深度时，涡流损耗总是可以忽略不计"已经不再正确了。然而，很显然，涡流损耗主要是由高频率的横向磁场分量的存在引起的。这是第2章快速设计方法的基础。该方法可以通过使用考虑其他影响的修正来进一步改进，并嵌入设计过程的决策流程图中。在其他章节中提供了更多的细致分析和更好的精度。读者可根据自己感兴趣的具体主题来阅读本书的相应章节。

本书的章节是以非常独立的方式组织起来的，并提供了各自章节的附录与参考文献。最后的总附录提供了不属于特定章节的信息，可以独立使用。

本书可以作为电力电子电路书籍的补充内容。根据可用的时间、期望的精度和设计师的数学水平，本书提供了不同复杂程度的内容。

# 关 于 作 者

Alex Van den Bossche 分别于 1980 年、1990 年在比利时根特大学获得硕士与博士学位。其后，他一直在该校的电能实验室（EESA 合作方）工作。他一直从事电气传动与电力电子领域（例如各种类型的功率变换器、电气传动、磁性元件及材料等相关方面）的研究并发表论文。他的兴趣也包括可再生能源发电领域。从 1993 年起，他就一直是该校的正教授。他还是 IEEE 高级会员（M'99S'03）。

Vencislav Cekov Valchev 分别于 1987 年、2000 年在保加利亚瓦尔纳技术大学获得电气工程硕士与博士学位。自 1988 年以来，他一直在瓦尔纳技术大学电子系担任讲师。他的研究兴趣包括电力电子、软开关变换器、谐振变换器、电力电子的磁性元件、可再生能源发电。

Valchev 博士在比利时根特大学电能实验室累计工作了约 4 年。

# 本书符号命名方法

符号主要遵循标准 ISO 31 – 11。

关于符号的大小写和正、斜体，尽量遵循以下规定：

电压和电流：

    随时间变化的电压和电流使用小写斜体字母表示 $(v, i)$。

    对于正弦波形，方均根值是无下标的大写字母。

    下标 rms 用于非正弦波形的方均根值。

    磁场变量一般用大写斜体字母表示，例如 $H$ 和 $B$ 上下文表明它的具体含义，例如 $B_p = \hat{B}$ 是随时间变化的磁感应强度 $B(t)$ 的峰值。

**矩阵和向量**使用黑体。

变量使用斜体。

函数、算子、通用常数使用正体。

如果可能出现混淆，复数变量使用下划线。

下述的命名法分为变量、下标、上标、常量和常用缩写词。带有下标的变量特定组合在相应章节中首次出现时给出定义。

**变量**

| | | |
|---|---|---|
| $A$ | 面积 | $[m^2]$ |
| $a$ | 几何尺寸 | $[m]$ |
| $B$ | 磁感应强度，磁通密度 | $[T]$ |
| $b$ | 窗口区域的宽度，几何尺寸 | $[m]$ |
| $C$ | 系数 | $[W/(m^2 \cdot K)]$ |
| $c$ | 几何尺寸 | $[m]$ |
| $D$ | 占空比 | — |
| $d$ | 直径 | $[m]$ |
| $E$ | 电场 | $[V/m]$ |
| $e$ | 尺寸 | $[m]$ |
| $F$ | 函数，因数 | — |
| $f$ | 频率 | $[Hz] = [1/s]$ |
| $G$ | 函数 | — |
| $g$ | 尺寸 | $[m]$ |
| $H$ | 磁场 | $[A/m]$ |

| $i$ | 瞬时电流 | [A] |
|---|---|---|
| $I$ | 有效电流（正弦波） | [A] |
| $k$ | 系数 | — |
| $k$ | 热导率 | [W/(m・℃)] |
| $L$ | 电感 | [H] |
| $L$ | 特性距离，第6章 | [m] |
| $l$ | 长度 | [m] |
| $M$ | 总层数 | — |
| $N$ | 导线数量 | — |
| $m$ | 层的编号 | — |
| $n$ | 一层中的导体编号 | — |
| $P$ | 功率 | [W] |
| $p$ | 一次侧 | |
| $p$ | 压力，第6章 | [Pa] |
| $q$ | 调谐参数；传热速率 | [W]；— |
| $R$ | 电阻；（下标 $\theta$：热） | [Ω]；[K/W] |
| $r$ | 半径 | [m] |
| $S$ | 表面积 | [m$^2$] |
| $s$ | 二次侧；距离（有下标） | —；[m] |
| $s$ | 拉普拉斯算子 | — |
| $T$ | 周期；绝对温度（有下标） | [s]；[K] |
| $t$ | 时间；厚度（有下标） | [s]；[m] |
| $V$ | 电压 | [V] |
| $v$ | 电压的瞬时值 | [V] |
| $V$ | 电压的方均根值（正弦波） | [V] |
| $W$ | 面积；能量 | [m$^2$]；[J] |
| $w$ | 绕组宽度 | [m] |
| $X$ | 电抗 | [Ω] |
| $x$ | 到原点的水平距离 | [m] |
| $Y$ | 导纳 | [1/Ω] = [S] |
| $y$ | 到原点的垂直距离 | [m] |
| $z$ | 到原点的复数距离 | [m] |
| $Z$ | 阻抗 | [Ω] |
| $\alpha$ | （Alpha）频率指数；角度（有下标） | —；[rad] |
| $\beta$ | （Beta）感应指数 | — |
| $\gamma$ | （Gamma）指数 | — |

| | | | |
|---|---|---|---|
| $\delta$ | （Delta）穿透深度 | | ［m］ |
| $\varepsilon$ | （Epsilon）函数 | | — |
| $\varepsilon$ | 相对匝数（第 10 章） | | — |
| $\varepsilon$ | 发射率（第 6 章） | | — |
| $\varsigma$ | （Zeta）参数 | | — |
| $\eta$ | （Eta）水平填充系数 | | — |
| $\theta$ | （Theta）角；温度 | | ［rad］［℃］ |
| $\kappa$ | （Kappa）磁场系数参数 | | — |
| $\lambda$ | （Lambda）垂直填充系数 | | — |
| $\mu$ | （Mu）磁导率 | | — |
| $v$ | （Nu）运动黏度 | | ［m²/s］ |
| $\xi$ | （Xi）相对高度 | | — |
| $\rho$ | （Rho）电阻率 | | ［Ω·m］ |
| $\sigma$ | （Sigma）电导率 | | ［1/（Ω·m）］＝［S/m］ |
| $\tau$ | （Tau）时间常数 | | ［s］ |
| $\Phi$ | （Phi）主磁通 | | ［Wb］＝［T·m²］ |
| $\varphi$ | （Phi）角 | | ［rad］ |
| $\chi$ | （Chi）函数（穿透深度对偶极效应的影响） | | — |
| $\Psi$ | （Psi）磁链 | | ［V·s］＝［T·m²］ |
| $\psi$ | （Psi）角 | | ［rad］ |
| $\omega$ | （Omega）＝$2\pi f$ | | ［Hz］＝［rad/s］ |

**下标**

| | |
|---|---|
| 123 | 数字或谐波 |
| A | 周围（本地） |
| a | 环境 |
| av | 平均 |
| bot | 底部（导体的） |
| c | 磁心；居里（温度） |
| c | 宽频率（结合低或高），系数 |
| c | 导体（长度的） |
| cd | 传导传热 |
| cv | 对流传热 |
| cu | 铜 |
| d | 微分 |
| D | 道威尔 |
| e | 有效 |

| F | 从磁场模式 |
|---|---|
| f | 完成的（区域） |
| ff | 填充系数 |
| fe | 铁，铁氧体 |
| g | 气隙，图 |
| h | 热 |
| h | 水平 |
| hf | 高频 |
| hy | 双曲型（磁场类型） |
| hs | 热点 |
| i, j, k, l, m, n | 向量元素 |
| i | 感应的 |
| in | 内部的 |
| LF | 低频 |
| m | 中间的 |
| max | 最大 |
| min | 最小 |
| N | 名义 |
| o | 空载；外（直径的） |
| own | 自己的（导体本身的） |
| p | 实用，压力，并联 |
| R | 辐射传热 |
| r | 相对的 |
| rad | 辐射 |
| ref | 参考 |
| s | 饱和（电感值），串联 |
| sf | 堆叠系数 |
| sin | 正弦波 |
| T | 横向，温度 |
| t | 厚度 |
| top | 顶部（导体顶部） |
| tip | 尖端（箔的顶部或底部） |
| tr | 横向（磁场类型） |
| tri | 三角波 |
| v | 垂直 |
| w | 壁，表面，绕组 |

| WFM | 宽频率法 |
| --- | --- |
| $x$ | 在 $x$ 方向 |
| $y$ | 在 $y$ 方向 |
| 0 | 绝对（磁导率），特性（阻抗） |
| θ | 热的 |
| Σ | 总和 |
| σ | 漏感 |

**上标**

| Λ | 峰值 |
| --- | --- |
| * | 复数共轭 |

**常量**

| $e = 2.71828$ | — |
| --- | --- |
| $\varepsilon_0 = 8.842 \times 10^{-12}$ | [F/m] |
| $\mu_0 = 4\pi \times 10^{-7}$，绝对磁导率 | [H/m] |
| $\pi = 3.14159$ | — |
| $j = \sqrt{-1}$，虚数常数 | — |

**常用缩写词**

| EMC | 电磁兼容 |
| --- | --- |
| EMF | 电动势 |
| RMS | 方均根 |
| MLT | 平均匝长 |

# 目　　录

译者序
原书前言
关于作者
本书符号命名方法

**第1章　磁理论基础** ·································································· 1

　1.1　磁理论中的基本定律 ·················································· 1

　　1.1.1　安培定律和磁动势 ·············································· 1

　　1.1.2　法拉第定律和电动势 ·········································· 3

　　1.1.3　楞次定律和高斯定律在磁路中的应用 ·············· 3

　1.2　磁性材料 ······································································ 4

　　1.2.1　铁磁性材料 ························································ 4

　　1.2.2　磁化过程 ···························································· 6

　　1.2.3　磁滞回线 ···························································· 7

　　1.2.4　磁导率 ································································ 9

　1.3　磁路 ············································································ 12

　　1.3.1　磁路基本定律 ···················································· 12

　　1.3.2　电感 ·································································· 13

　　1.3.3　变压器模型 ························································ 16

　　1.3.4　磁场和电场的类比 ·············································· 20

　　参考文献 ········································································ 20

**第2章　包含涡流损耗的快速设计方法** ······························ 22

　2.1　快速设计方法 ······························································ 22

　　2.1.1　磁不饱和散热受限的设计 ······························ 23

　　2.1.2　磁饱和散热受限的设计 ···································· 47

　　2.1.3　信号质量有限的设计 ·········································· 50

　2.2　举例 ············································································ 50

　　2.2.1　磁不饱和散热受限的设计实例 ·························· 50

　　2.2.2　磁饱和散热受限的设计实例 ······························ 57

　2.3　结论 ············································································ 63

　　附录 ·············································································· 64

　　2.A.1　磁不饱和散热受限设计下的铁氧体磁心比例法则 ·········· 64

　　2.A.2　宽频下的涡流损耗 ············································ 65

2. A. 3　Mathcad 示例文件 ……………………………………………………… 68

参考文献 ………………………………………………………………………………… 71

# 第3章　软磁材料 ……………………………………………………………………… 72

3.1　磁心材料 ……………………………………………………………………… 72

3.1.1　铁基软磁材料 ……………………………………………………………… 73

3.1.2　铁氧体 ………………………………………………………………………… 80

3.2　电力电子产品中磁心材料的对比与应用 ……………………………………… 82

3.3　软磁材料的损耗 ……………………………………………………………… 84

3.3.1　叠层钢磁心损耗的简化方法 ……………………………………………… 84

3.3.2　磁滞损耗 ……………………………………………………………………… 84

3.3.3　涡流损耗 ……………………………………………………………………… 85

3.3.4　剩余（残余，其他）损耗 ………………………………………………… 87

3.4　非正弦电压波形下的铁氧体磁心损耗 ……………………………………… 88

3.4.1　验证斯坦梅茨方程 ………………………………………………………… 88

3.4.2　非正弦电压波形下铁氧体磁心损耗的斯坦梅茨方程自然扩展 ………… 89

3.5　包括磁滞效应的磁片的宽频率模型 ………………………………………… 92

3.5.1　具有恒定损耗角的阻抗 …………………………………………………… 92

3.5.2　具有恒定损耗角材料的传输线法 ………………………………………… 93

3.5.3　宽频率复数磁导率函数 …………………………………………………… 94

3.5.4　有功、无功和视在功率 …………………………………………………… 94

3.5.5　饱和度的影响 ……………………………………………………………… 95

3.5.6　典型材料的宽频率模型曲线 ……………………………………………… 95

附录 3. A　磁性薄片的功率和阻抗 ……………………………………………… 99

参考文献 ………………………………………………………………………………… 103

# 第4章　线圈绕组和电气绝缘 ……………………………………………………… 106

4.1　填充系数 ……………………………………………………………………… 106

4.1.1　圆形导线 ……………………………………………………………………… 107

4.1.2　箔式绕组 ……………………………………………………………………… 110

4.1.3　矩形截面导线 ……………………………………………………………… 111

4.1.4　利兹线 ………………………………………………………………………… 111

4.2　导线长度 ……………………………………………………………………… 111

4.2.1　圆形线圈架 …………………………………………………………………… 111

4.2.2　矩形线圈架 …………………………………………………………………… 112

4.3　击穿的物理知识 ……………………………………………………………… 112

4.3.1　空气击穿电压 ……………………………………………………………… 113

4.3.2　固体绝缘材料的击穿电压 ………………………………………………… 114

4.3.3　电晕放电 ……………………………………………………………………… 116

4.4　绝缘要求和标准 ······················································ 116
　4.4.1　基础的、补充的和加强的绝缘 ·························· 116
　4.4.2　标准绝缘距离 ·············································· 117
　4.4.3　电气强度测试 ·············································· 118
　4.4.4　漏电流 ····················································· 119
4.5　散热要求和标准 ······················································ 119
　4.5.1　绝缘材料和系统的热评估 ·································· 120
　4.5.2　感性（磁性）模块的要求和标准 ························ 120
　4.5.3　导线的标准 ················································ 121
4.6　磁性元件制造表 ······················································ 123
参考文献 ····································································· 124

第5章　导体中的涡流 ······················································ 125
5.1　引言 ···································································· 125
5.2　基本近似 ······························································ 126
　5.2.1　低频近似 ··················································· 127
　5.2.2　高频近似 ··················································· 127
　5.2.3　损耗的叠加 ················································ 128
　5.2.4　宽频近似 ··················································· 128
5.3　矩形导体中的涡流损耗 ··············································· 128
　5.3.1　横向磁场中矩形载流导体的涡流损耗精确解 ············ 129
　5.3.2　矩形导体损耗的低频近似 ·································· 130
　5.3.3　矩形导体损耗的高频近似 ·································· 131
　5.3.4　间隔矩形导体的损耗 ······································ 132
5.4　圆形导体的圆正交法 ················································· 134
　5.4.1　等效矩形原理 ·············································· 134
　5.4.2　改写后的方程 ·············································· 134
　5.4.3　低频近似 ··················································· 135
　5.4.4　改进的圆正交法 ··········································· 136
　5.4.5　圆正交法的讨论 ··········································· 139
5.5　圆形载流导体损耗的二维计算方法 ··································· 140
　5.5.1　精确解 ····················································· 140
　5.5.2　低频和高频近似 ··········································· 141
　5.5.3　宽频近似 ··················································· 142
5.6　均匀横向交流磁场中圆形导体的损耗 ································· 143
　5.6.1　精确解 ····················································· 143
　5.6.2　低频近似 ··················································· 144
　5.6.3　高频近似 ··················································· 145
　5.6.4　宽频近似 ··················································· 145

5.6.5 讨论 …………………………………………………………………… 146
5.7 圆形导体的低频二维近似方法 ………………………………………… 146
5.7.1 圆形导体的直接积分法 ………………………………………… 146
5.7.2 三磁场近似 ……………………………………………………… 148
5.7.3 在磁性窗口中使用镜像的方法 ………………………………… 149
5.7.4 第一个无穷项求和的消除 ……………………………………… 150
5.8 计算绕组涡流损耗的宽频方法 ………………………………………… 151
5.8.1 利用偶极子分析其他导线的高频效应 ………………………… 151
5.8.2 采用有限元调节的宽频方法 …………………………………… 154
5.8.3 高频率、高填充因子的影响 …………………………………… 160
5.8.4 宽频方法的总结 ………………………………………………… 161
5.8.5 解析方法的比较 ………………………………………………… 161
5.9 箔式绕组损耗 …………………………………………………………… 164
5.9.1 平行于箔片的均匀磁场 ………………………………………… 164
5.9.2 气隙引起的损耗 ………………………………………………… 165
5.9.3 箔导体的边缘电流 ……………………………………………… 168
5.9.4 箔式绕组的结论 ………………………………………………… 169
5.10 平面绕组的损耗 ………………………………………………………… 170
附录 5. A. 1 矩形导体涡流的一维模型 ……………………………………… 171
附录 5. A. 2 圆导线中涡流损耗的低频二维模型 …………………………… 181
附录 5. A. 3 电感器的磁场因子 ……………………………………………… 187
参考文献 …………………………………………………………………… 193

第6章 热方面 ………………………………………………………………… 195
6.1 快速热设计方法（0 级热设计） ……………………………………… 195
6.1.1 铁氧体的比耗散功率 $p$ ………………………………………… 196
6.1.2 0 级热设计的结论 ……………………………………………… 197
6.2 单个热阻设计方法（1 级热设计） …………………………………… 197
6.3 经典传热机制 …………………………………………………………… 198
6.3.1 传导传热 ………………………………………………………… 198
6.3.2 对流传热 ………………………………………………………… 200
6.3.3 辐射传热 ………………………………………………………… 201
6.4 使用热阻网络的热设计（2 级热设计） ……………………………… 203
6.4.1 热阻 ……………………………………………………………… 203
6.4.2 确定温升 ………………………………………………………… 205
6.5 磁性元件传热理论的贡献 ……………………………………………… 206
6.5.1 实践经验 ………………………………………………………… 207
6.5.2 自然对流系数 $h_c$ 的精确表达 ………………………………… 208
6.5.3 强制对流 ………………………………………………………… 211

　　6.5.4　热阻网络的关系 ·················································· 213

　6.6　瞬态传热 ······························································· 214

　　6.6.1　磁性元件的热电容 ·············································· 214

　　6.6.2　瞬态加热 ······················································· 215

　　6.6.3　绝热负载条件 ·················································· 216

　6.7　总结 ····································································· 217

　　附录 ········································································· 217

　6.A　磁性元件的精确的自然对流模型 ······························· 217

　6.A.1　实验设计 ···························································· 218

　6.A.2　箱式模型的热测量 ················································ 218

　6.A.3　基于 EE 变压器模型的热测量 ··································· 219

　6.A.4　对流系数 $h_c$ 的精确表达式的推导 ······························ 219

　6.A.5　实验结果和提出的热模型的比较 ································ 221

　参考文献 ······································································ 222

## 第7章　磁性元件的寄生电容 ··········································· 224

　7.1　绕组间的电容：互电容 ··············································· 224

　　7.1.1　互电容的影响 ···················································· 224

　　7.1.2　计算互电容和等效电压 ········································· 224

　　7.1.3　互电容的测量 ···················································· 225

　7.2　绕组的自电容：内部电容 ············································· 226

　　7.2.1　内部电容的影响 ·················································· 226

　　7.2.2　计算绕组的内部电容 ············································ 226

　　7.2.3　测量绕组的内部电容 ············································ 227

　7.3　绕组和磁性材料之间的电容 ········································· 229

　7.4　减少寄生电容影响的实用方法 ······································ 229

　　7.4.1　降低绕组内部电容 ··············································· 229

　　7.4.2　减少互电容的影响 ··············································· 230

　　7.4.3　屏蔽 ······························································· 231

　参考文献 ······································································ 231

## 第8章　电感器的设计 ···················································· 232

　8.1　空心线圈及其形状 ···················································· 232

　　8.1.1　空心线圈 ·························································· 232

　　8.1.2　螺线管 ···························································· 233

　　8.1.3　环形线圈 ·························································· 233

　　8.1.4　矩形截面线圈 ···················································· 234

　8.2　电感器的形状 ························································· 235

　8.3　典型的铁氧体电感器形状 ············································ 237

　8.4　带磁心的绕线电感器的边缘效应 ···································· 237

8.4.1　中柱气隙、垫片和边柱气隙的电感器 ……………………………… 237
8.4.2　中柱气隙电感器的简化设计方法 …………………………………… 239
8.4.3　气隙电感器边缘磁导近似值的修正 ………………………………… 241
8.5　电感绕组的涡流 ……………………………………………………………… 243
8.5.1　已有方法介绍 ………………………………………………………… 243
8.5.2　多气隙电感器 ………………………………………………………… 243
8.5.3　避免绕组靠近气隙 …………………………………………………… 244
8.6　箔式绕组电感器 ……………………………………………………………… 244
8.6.1　箔式电感器——理想情况 …………………………………………… 245
8.6.2　单个和多个气隙的箔式电感器设计 ………………………………… 246
8.6.3　气隙电感器中箔式绕组的涡流损耗 ………………………………… 247
8.6.4　平面电感器 …………………………………………………………… 247
8.7　不同应用场合的电感器 ……………………………………………………… 248
8.7.1　直流电感器 …………………………………………………………… 248
8.7.2　高频电感器 …………………………………………………………… 249
8.7.3　DC – HF 组合式电感器 ……………………………………………… 250
8.8　不同类型电感器的设计实例 ………………………………………………… 251
8.8.1　升压变换器电感器的设计 …………………………………………… 251
8.8.2　耦合电感器的设计 …………………………………………………… 253
8.8.3　反激式变压器的设计 ………………………………………………… 254
附录 8.A.1　有气隙的绕线电感器的边缘系数 …………………………………… 257
附录 8.A.2　利兹线 – 实心导线组合式电感器的解析模型 ……………………… 264
参考文献 …………………………………………………………………………… 268

第 9 章　变压器的设计 …………………………………………………………… 269
9.1　电力电子变压器的设计 ……………………………………………………… 269
9.2　励磁电感 ……………………………………………………………………… 269
9.2.1　基础 …………………………………………………………………… 269
9.2.2　设计 …………………………………………………………………… 270
9.3　漏感 …………………………………………………………………………… 271
9.3.1　同心绕组的漏感 ……………………………………………………… 271
9.3.2　独立位置的绕组漏感 ………………………………………………… 273
9.3.3　变压器 T、L 和 M 模型中的漏感 …………………………………… 274
9.4　利用并联导线和利兹线 ……………………………………………………… 275
9.4.1　并联导线 ……………………………………………………………… 275
9.4.2　使用磁路对称的并联绕组 …………………………………………… 276
9.4.3　使用利兹线 …………………………………………………………… 277
9.4.4　半匝导线 ……………………………………………………………… 277
9.5　交错绕组 ……………………………………………………………………… 277

9.6　频率分量的叠加 ·············································· 278

9.6.1　磁性材料 ················································· 278

9.6.2　导体中的涡流 ············································· 278

9.7　模式叠加 ······················································ 280

参考文献 ····························································· 282

# 第10章　磁性元件的最优铜损耗/铁心损耗比 ············· 283

10.1　简化方法 ···················································· 283

10.1.1　变压器 ·················································· 283

10.1.2　电感器 ·················································· 285

10.2　一般情况下的损耗最小化 ································· 285

10.3　无涡流损耗的损耗最小化 ································· 286

10.3.1　恒定铜线体积 ·········································· 286

10.3.2　恒定铜线截面 ·········································· 287

10.3.3　相等的磁心和铜表面温度 ······························· 287

10.4　包含低频涡流损耗的损耗最小化 ························ 287

10.4.1　恒定铜线截面 ·········································· 288

10.4.2　恒定铜线体积 ·········································· 289

10.4.3　可变的导线截面和匝数 ································· 289

10.4.4　更一般的涡流问题 ······································· 290

10.5　总结 ·························································· 291

10.6　举例 ·························································· 291

参考文献 ····························································· 292

# 第11章　测量 ····················································· 293

11.1　引言 ·························································· 293

11.2　温度测量 ···················································· 293

11.2.1　热电偶测量 ············································· 294

11.2.2　PT100 热敏电阻温度测量 ······························· 294

11.2.3　NTC 热敏电阻温度测量 ································· 295

11.2.4　玻璃光纤温度测量 ······································· 296

11.2.5　红外表面温度测量 ······································· 296

11.2.6　测温漆和测温带 ········································· 296

11.2.7　绕组电阻的测量方法 ····································· 296

11.3　功率损耗测量 ··············································· 297

11.3.1　功率表测量电路 ········································· 297

11.3.2　示波器测量 ············································· 298

11.3.3　阻抗分析仪和 RLC 测量仪 ······························· 298

11.3.4　LC 网络的 $Q$ 值测试 ···································· 299

　　11.3.5　通过热阻估算功耗 ································ 299

　　11.3.6　量热仪测量损耗 ·································· 300

11.4　电感值的测量 ········································ 303

　　11.4.1　电感器的电感值测量 ···························· 303

　　11.4.2　变压器的空载试验 ······························ 303

　　11.4.3　短路试验 ······································· 303

　　11.4.4　测量变压器的电感值 ···························· 304

　　11.4.5　低电感值的测量 ································ 305

11.5　磁心损耗测量 ········································ 306

　　11.5.1　经典四线法 ····································· 306

　　11.5.2　两线法 ········································· 307

　　11.5.3　实用的铁氧体功率损耗测量装置 ·················· 310

11.6　寄生电容值的测量 ···································· 311

　　11.6.1　绕组间电容的测量 ······························ 311

　　11.6.2　绕组等效并联电容值的测量 ······················ 312

11.7　综合测量仪器 ········································ 313

参考文献 ················································ 313

# 附录 ···················································· 314

附录 A　波形的 RMS 值 ···································· 314

　A.1　定义 ··············································· 314

　A.2　一些基本波形的 RMS 值 ······························ 315

　　A.2.1　不连续的波形 ···································· 315

　　A.2.2　重复的线性波形 ·································· 315

　　A.2.3　由不同的线性部分组成的周期波形 ················ 316

　A.3　常见波形的 RMS 值 ·································· 316

附录 B　磁心数据 ·········································· 319

　B.1　ETD 磁心数据（经济型变压器设计磁心） ·············· 319

　B.2　EE 磁心数据 ········································ 320

　B.3　平面 EE 磁心数据 ···································· 321

　B.4　ER 磁心数据 ········································ 322

　B.5　UU 磁心数据 ········································ 323

　B.6　环状磁心数据（环形磁心） ·························· 324

　B.7　P 磁心数据（罐状磁心） ···························· 325

　B.8　PQ 磁心数据 ········································ 325

　B.9　RM 磁心数据 ········································ 326

　B.10　其他信息 ·········································· 327

附录 C　铜导线数据 ········································ 327

　C.1　圆导线数据 ········································· 327

　C.2　美国线规数据 ······································· 329

　C.3　利兹线数据 ········································· 331

附录 D　数学函数 ·········································· 332

参考文献 ················································ 332

# 第 1 章　磁理论基础

本章对磁理论中的基本定律、变量和单位进行了简单回顾，并结合实例介绍磁路。还给出了电路和磁路及其变量的类比，讨论了铁磁性材料的磁滞特性和基本性能，展示了理想的变压器和电感器的模型。

## 1.1　磁理论中的基本定律

电磁理论的实验定律由麦克斯韦方程组总结在一起。1865 年，在获知他的英国伙伴法拉第的实验结果后，麦克斯韦用完整的数学公式表达出了电磁理论。本章主要讲解麦克斯韦方程组的几个特定部分：安培定律、法拉第定律和高斯定律，这些定律和楞次定律是磁路分析的基础，它们在电力电子磁元件的设计中也是非常有用的。

### 1.1.1　安培定律和磁动势

导体中流过电流时会在导体的周围产生磁场，如图 1.1 所示。产生的磁场用磁场强度 $\boldsymbol{H}$ 表示。磁场的方向由右手螺旋定则确定，即用右手的拇指指向导线中的电流方向，其他手指指示的方向即为磁场方向。

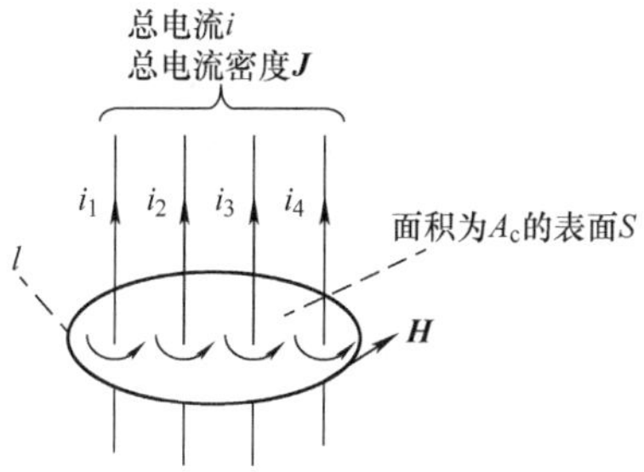

磁场强度 $\boldsymbol{H}$ 由安培定律定义。根据安培定律，沿着一条闭合曲线的磁场强度 $\boldsymbol{H}$ 的积分等于流过闭合曲线内部的总电流：

图 1.1　安培定律的图示，闭合曲线的磁动势与流进流出该曲线内部的电流总和相等

$$\oint_l \boldsymbol{H} \cdot \mathrm{d}\boldsymbol{l} = \int_S \boldsymbol{J} \cdot \mathrm{d}\boldsymbol{S} \qquad (1.1)$$

式中　$\boldsymbol{H}$——磁场强度矢量，单位为 A/m；

　　　$\mathrm{d}\boldsymbol{l}$——沿着路径 $l$ 方向的长度矢量元，单位为 m；

　　　$\boldsymbol{J}$——电流密度矢量，单位为 $\mathrm{A/m^2}$；

　　　$\mathrm{d}\boldsymbol{S}$——面积矢量元，其方向垂直于曲面的表面，单位为 $\mathrm{m^2}$；

　　　$l$——曲线轮廓的长度，单位为 m；

　　　$S$——曲面的表面积，单位为 $\mathrm{m^2}$。

如果带电导线在线圈中绕了 $N$ 次，则

$$\oint_l \boldsymbol{H} \cdot \mathrm{d}\boldsymbol{l} = \int_S \boldsymbol{J} \cdot \mathrm{d}\boldsymbol{S} = Ni \tag{1.2}$$

式中　$i$——线圈中的电流；

　　　$N$——线圈的匝数。

式（1.2）中的 $\int \boldsymbol{H} \cdot \mathrm{d}\boldsymbol{l}$ 和 $Ni$ 与磁动势等价，磁动势通常用符号 $F$（单位为A·匝）来表示。注意匝数 $N$ 没有量纲，但是 $Ni$ 的值是磁动势而不是电流。根据式（1.1）可知，长度为 $l_c$ 的闭合线圈包围的总磁动势与流过线圈内的总电流相同。将安培定律应用到图1.1中得到

$$\oint_l \boldsymbol{H} \cdot \mathrm{d}\boldsymbol{l} = \sum_1^n i = i_1 + i_2 + i_3 + i_4 \tag{1.3}$$

在图 1.1 中显示了电流和磁场强度矢量 $\boldsymbol{H}$ 的参考方向。磁场强度 $\boldsymbol{H}$ 产生的磁通密度 $\boldsymbol{B}$ 为

$$\boldsymbol{B} = \mu_0 \mu_r \boldsymbol{H} = \mu \boldsymbol{H} \tag{1.4}$$

式中　$\mu$——磁性材料的一种特定属性，称为磁导率；

　　　$\mu_0$——真空中的磁导率，是一个等于 $4\pi \times 10^{-7}\mathrm{H/m}$ 的常数；

　　　$\mu_r$——磁性材料的相对磁导率。

空气和电导体（如：铜、铝）的相对磁导率 $\mu_r$ 是 1。铁、镍和钴等铁磁性材料的相对磁导率 $\mu_r$ 要高得多，从几百到几万不等。

磁通密度 $\boldsymbol{B}$ 也被称为磁感应强度。矢量 $\boldsymbol{B}$ 是曲面上的磁通密度。穿过曲面 $S$ 的总磁通 $\Phi$ 的大小由下式给出

$$\Phi = \int_S \boldsymbol{B} \cdot \mathrm{d}\boldsymbol{S} \tag{1.5}$$

如果磁感应强度 $\boldsymbol{B}$ 是均匀分布的且垂直于整个表面 $A_c$，那么式（1.5）变为

$$\Phi = BA_c \tag{1.6}$$

需要提到的是，式（1.1）不是完整的，其右边缺少了一项表达式，通常被称为位移电流的一个电流分量，于 1865 年被麦克斯韦添加到表达式中。安培定律的完整形式是

$$\oint_l \boldsymbol{H} \cdot \mathrm{d}\boldsymbol{l} = \int_S \boldsymbol{J} \cdot \mathrm{d}\boldsymbol{S} + \frac{\partial}{\partial t} \int_S \varepsilon \boldsymbol{E} \cdot \mathrm{d}\boldsymbol{S} \tag{1.7}$$

式中　$\varepsilon$——介质的介电常数；

　　　$\boldsymbol{E}$——电场强度。

特别是在较低电流密度下的高频应用中，麦克斯韦对安培定律的校正是非常重要的。电力电子的磁性元件中的期望工作电流密度至少是 $J = 10^6 \mathrm{A/m^2}$ 数量级。在所有正常的应用中，式（1.7）右边的第二项（麦克斯韦修正项）几乎不会超过 $10\mathrm{A/m^2}$，因此可以忽略不计。电容器中的电流、所谓的寄生电容引起的电流和传

输线中的电流是例外。这一结论让我们在电力电子磁路分析中可以使用简化式（1.1），该方法被称为准静态方法。

## 1.1.2　法拉第定律和电动势

随时间变化的磁通量 $\Phi(t)$ 通过一个闭合路径（例如绕组）时会在回路中产生电压。法拉第定律给出了绕组产生的电压 $v(t)$ 和磁通量 $\Phi(t)$ 之间的关系。根据法拉第定律可知产生的电压 $v(t)$ 是

$$v(t) = \frac{\mathrm{d}\Phi(t)}{\mathrm{d}t} \tag{1.8}$$

如果用 $E$ 来表示电场强度，那么法拉第定律则表示为

$$\oint_l E \cdot \mathrm{d}l = -\frac{\mathrm{d}}{\mathrm{d}t}\int_S B \cdot \mathrm{d}S \tag{1.9}$$

式（1.9）对发电机惯例是有效的，对于电动机惯例，式（1.9）中没有负号。本书中采用电动机惯例。$B$、$\mathrm{d}l$、$\mathrm{d}S$ 和产生的电动势的正方向如图 1.2 中箭头方向所示。

法拉第定律在两种情况下有效：

1）一个随时间变化的磁通量连接一个固定的电路，如变压器。

2）一个不随时间变化的磁通量和一个运动的电路，两者以某种方式相耦合使得电路内部会产生随时间变化的磁通量。

旋转电机采用第二种机制产生电动势。

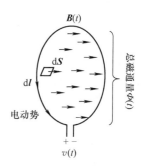

图 1.2　法拉第定律的图解——由通过线圈中随时间变化的 $\Phi(t)$ 在闭合线圈中引起的感应电压 $v(t)$（发电机惯例）

## 1.1.3　楞次定律和高斯定律在磁路中的应用

楞次定律描述了随时间快速变化的磁通量 $\Phi(t)$ 会产生感应电压 $v(t)$，感应电压会在闭合回路中产生一个感应电流，该电流产生的磁通量是去阻止磁通 $\Phi(t)$ 的变化。图 1.3 所示为楞次定律的一个例子。

楞次定律对于理解线圈导体和磁心中的涡流效应是有帮助的。涡流是导致线圈导体和磁心中损耗的一个主要原因。

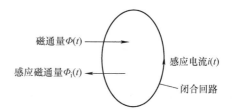

图 1.3　闭合绕组中的楞次定律图示。磁通量 $\Phi(t)$ 产生电流 $i(t)$，电流产生感应磁通量 $\Phi_i(t)$ 会阻止磁通量 $\Phi(t)$ 的变化

磁路中的高斯定律表明：任意形状的封闭曲面 $S$ 的流入总磁通量与流出总磁通量是严格相等的。这意味着穿过曲面的总磁通量为零，即

$$\oint_S \boldsymbol{B} \cdot \mathrm{d}\boldsymbol{S} = 0 \tag{1.10}$$

磁路中的高斯定律类似于电路中的基尔霍夫电流定律。

## 1.2 磁性材料

磁性材料可根据其磁性特点大体上划分为三类：

1）抗磁性材料。

2）顺磁性材料。

3）铁磁性材料。

抗磁性、顺磁性材料的相对磁导率 $\mu_r$ 接近于 1。这两种材料的 $B$ 和 $H$ 都是线性相关的。抗磁性材料的相对磁导率 $\mu_r$ 小于 1，这意味着它们可以轻微地对抗外部磁场的影响。也就是说，在相同的条件下，抗磁性材料中的磁场一般要比顺磁性材料中的磁场小一点。

抗磁性材料的原子没有保持永久磁性的磁矩。超导体是一种特殊的抗磁性材料。在这些材料中有极大的电流循环流动。这些电流与作用磁场相对抗，结果是排除了所有的外部磁场。顺磁性材料的相对磁导率 $\mu_r$ 大于 1，说明它们会被作用磁场稍微磁化。铁磁性材料的特点是相对磁导率 $\mu_r$ 的值远远高于 1（如 10 ~ 100000）[1]。在电力电子磁性元件的设计中，第三种类型的材料，即铁磁性材料是很重要的，特别是铁磁陶瓷和金属。图 1.4 比较了不同类型磁性材料的 $B$ - $H$ 磁化曲线。

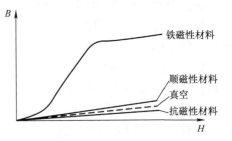

图 1.4 不同类型磁性材料的磁化曲线。铁磁性材料的磁化曲线要高很多

### 1.2.1 铁磁性材料

我们从原子的磁矩和金属的结构来了解铁磁性材料。每个电子拥有一个电荷和磁矩（自旋磁矩）。除了旋转，原子中的电子还有另外一个磁矩，即所谓的轨道磁矩，是由电子围绕原子核旋转造成的。在许多元素的原子中，电子的排列方式使其总的磁矩几乎是零。然而，超过三分之一的已知元素的原子都具有磁矩。因此，在其所有电子的贡献下，这些元素的每个单独的原子都有一个确定的磁矩，该磁矩的作用可以等效为一个原子磁铁。

金属内部的原子之间存在相互作用力，这就决定了整个结构的磁性。在大多数

情况中，晶体中的原子（磁）矩是通过相互作用力耦合在一起的。如果原子矩分布与晶格位点相平行，那么单个原子的原子矩就会相加从而产生铁磁效应。有应用价值的铁磁性材料的耦合力是强大的，并且在室温下几乎所有的原子磁铁是平行分布的。原子磁铁的这种平行分布不是发生在整个结构中，而是只存在于一定的区域中。原子磁铁整齐分布的这些区域被称为铁磁畴或外斯域。多晶材料中通常有一个层状结构。铁磁畴的大小迥异，从 $0.001\text{mm}^3$ 到 $1\text{mm}^3$。每个域都包含了许多原子，其特点是产生了整体磁矩，这是原子磁铁相叠加的结果。在所有可能的方向中，未被磁化的晶体中的铁磁畴磁矩的方向不完全是随机的，它们的磁矩排列方向使整个外部磁场最小，从而使其所含能量尽可能低。在遵循这个规则的前提下，相邻的铁磁畴具有相反的磁矩，如图 1.5 所示。图中还绘出了所谓的闭合域，净外部磁场还因所谓的闭合域进一步减少了。

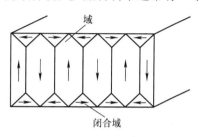

图 1.5　在未磁化铁材料中的铁磁畴磁矩的方向

每个晶体内部的磁畴彼此之间被磁畴壁（或者布洛赫壁）隔离开了。穿过磁畴壁后原子磁矩的方向发生了改变，如图 1.6 所示。

前面描述了原子磁矩的叠加原理，这也是铁磁性材料磁畴自发磁化的原因，这种机制在温度达到所谓的居里温度 $T_c$ 之前都是成立的。每一种材料都有明确的 $T_c$ 值，如果材料的温度超过 $T_c$，原子磁铁的热振动将会显著增加并且能够克服维持磁畴内原子磁铁整齐分布的耦合力，结果会干扰相邻原子磁矩的整齐分布。当铁磁性材料被加

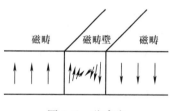

图 1.6　磁畴壁

热到高于居里温度 $T_c$ 时，它的磁性属性就会被完全改变，它的工作特性就会类似于一个顺磁性材料。材料的磁导率会突然下降到 $\mu_r \approx 1$，并且矫顽力和剩磁都变成了零（矫顽力和剩磁将在下一节中讨论）。当材料冷却后，磁畴中的原子磁铁的排列将恢复，但磁畴磁矩的方向彼此之间将会随机分布。因此，结构中的总外部磁场将是零。这意味着将铁磁性材料加热到 $T_c$ 以上时会使其完全消磁。各种铁磁元素和材料的居里温度见表1.1。

表 1.1　各种铁磁元素和材料的居里温度

| 材料 | 居里温度 $T_c/℃$ |
| --- | --- |
| 铁 | 770 |
| 钴 | 1130 |
| 镍 | 358 |
| 钆 | 16 |

（续）

| 材料 | 居里温度 $T_c$/℃ |
|------|------------------|
| 钬镝铁合金 | 380 ~ 430 |
| 铝镍钴合金 | 850 |
| 永磁铁氧体 | 400 ~ 700 |
| 软磁铁氧体 | 125 ~ 450 |
| 非晶态材料 | 350 ~ 400 |

## 1.2.2 磁化过程

每种铁磁性材料内部的每个晶体都包含了很多的磁畴。这些磁畴的形状、大小和磁定向取决于外部作用磁场的大小和方向。

我们从某种铁磁性材料的未磁化样品开始分析（见图 1.7a）。假设外部磁场 $H_{ext}$ 的方向平行于磁畴的磁矩方向。随着作用磁场强度的上升，磁畴壁开始移动（磁畴壁位移），最开始比较慢，然后会加快，最后是跳跃性变化。在外部磁场存在时，原子磁铁会受到力矩的作用从而使原子磁铁按照外部作用磁场的方向进行对齐。在磁场 $H_{ext}$ 方向上的磁矩没有受到转矩的影响，与磁场 $H_{ext}$ 方向不相同的磁矩才会受到转矩的影响，从而使它们旋转到与 $H_{ext}$ 相同的方向。所有磁畴壁的结构都会发生移动，磁畴壁沿着与外部作用磁场相反的方向移动（见图 1.7b），结果是与外部作用磁场相同的磁畴尺寸增加了。样品材料中出现了净磁通。所有原子磁铁在单位体积内的平均值，即磁化强度得到了提高。

当外部磁场 $H_{ext}$ 很小时，前面描述的磁畴壁的位移是可逆的。当 $H_{ext}$ 很强时，磁畴壁会发生非弹性位移，会产生 $B$ 和 $H$ 之间的磁滞现象。当外部磁场的强度超过一定水平后，将会出现磁畴壁的巴克豪森跳变（见图 1.7c）。通过这些跳变，与作用磁场方向相同的磁畴会吸收与之相邻的且与外部作用磁场方向相反的磁畴。

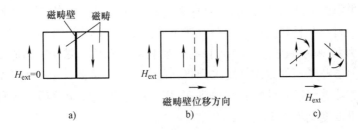

图 1.7　铁磁样品的磁化

a）没有外部磁场　b）有外部磁场 - 磁畴壁的运动　c）有外部磁场 - 磁畴磁矩的旋转

当外部磁场强度进一步增加时，会发生磁畴旋转现象。磁畴磁矩的方向发生旋转，使之方向与外部磁场相同，从而增强磁化。这一过程往往使磁畴更多地朝向外部作用磁场的方向，尽管它们最初的方向是沿着晶体轴。

总磁化过程包括磁畴壁位移、跳变和磁畴旋转。在铁磁金属的情况下，开始主要通过磁畴壁位移和跳变的方式实现，结束时发生整个磁畴的旋转，按照外部作用磁场确定的方向进行对齐排列。

可进一步阅读参考文献 [1，2] 中关于磁化过程的详细描述。

### 1.2.3 磁滞回线

假设有一个带有线圈的磁心，如图 1.8 所示。开始时，磁心中的净磁通、线圈中流过的电流 $i$ 以及磁场强度 $H$ 均为零。根据安培定律可知，增加线圈中的电流会产生强度为 $H$ 的磁场（$Hl_c = Ni$，假设铁心中的 $H$ 是均匀分布的）。

一开始，磁化曲线（见图 1.9）的起始部分是缓慢上升的，这对应了磁畴壁的可逆位移。在曲线的第二部分，随

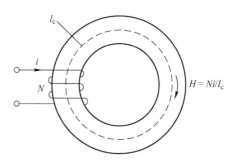

图 1.8 带有线圈的磁心

着 $H$ 的增加磁感应强度 $B$ 上升得很快，并且曲线是陡峭的。当外部磁场强度达到一定水平时，会发生磁畴壁的巴克豪森跳变，在曲线的第二部分，$B$ 显著增加。在曲线的第二部分的末尾，铁磁性材料的结构主要包含了几乎沿着与外部磁场方向最近晶体轴的方向排列的磁畴。磁畴壁运动不能再增加材料的磁通。$H$ 进一步增加很多也不会带来 $B$ 的明显增加，磁化曲线的第三部分是平的。因为 $H$ 的值已经比在第一、二部分时的值大得多，这足以起动磁畴的旋转过程。这个旋转过程对总磁通的贡献相对较小并逐渐减弱。材料达到了饱和，$H$ 的进一步增加只能产生 $B$ 的极少量增加。实际上达到了 $B$ 的最大值，即饱和磁感应强度 $B_{sat}$，所有的原子磁铁都沿着外部作用磁场的方向进行排列。

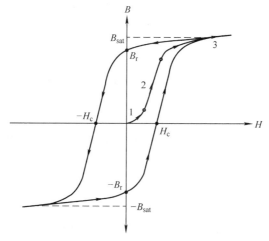

图 1.9 铁磁性材料的磁滞回线和磁化曲线

让我们观察减少 $H$ 的过程，这意味着减少线圈中的励磁电流。减少 $H$ 的第一反应是磁畴旋转回到它首选的与晶体轴平行的初始方向。一些磁畴壁移动回到最初的位置，但大多数磁畴壁留在了磁畴壁位移后达到的位置。因此，磁感应强度 $B$ 没有沿着相同的曲线（随着 $H$ 的增加 $B$ 上升的曲线）返回。随着 $H$ 的减小，可以观察到新曲线滞后于初始的磁化曲线。当 $H$ 到达零值时，还存在剩余磁通密度或剩磁 $B_r$，这主要是源于磁畴壁的非弹性位移。为了把剩余磁通密度 $B_r$ 减少到零，必须要施加负的（反向的）磁场 $H$。该磁场应该大到足以恢复磁畴壁的初始位置。把 $B$ 值降低到零时的负值 $H$ 被称为矫顽力或材料的矫顽力 $H_c$。进一步增加反方向的 $H$ 会继续引发一个磁化过程（如上面描述的磁化过程），并且 $B$ 也会达到饱和值 $-B_{sat}$（$|-B_{sat}| = B_{sat}$）。如果励磁线圈中的电流在两个相反的极值之间进行反复的循环，这对应了两个方向 $H$ 的最大值，那么磁滞回线就可以记录下来，如图 1.9 所示。

磁滞回线给出了铁磁性材料在一个完整的循环磁化中的磁感应强度 $B$ 和磁场强度 $H$ 之间的关系。磁滞回线的形状是依赖于材料的。其他影响磁滞回线形状的因素是激励频率和材料的处理加工情况。典型的磁滞回线形状如图 1.10 所示。

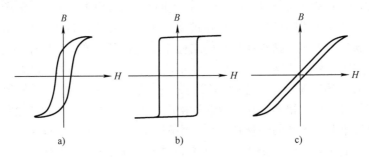

图 1.10  典型的磁滞回线形状
a）圆形，R 形  b）矩形，Z 形  c）平坦，F 形

$B$ 和 $H$ 的磁滞回线的曲线包含的面积是材料在一个变化周期的单位体积材料的能量损耗。

根据它们的矫顽力 $H_c$，铁磁性材料可细分为两大类：

1）软磁性材料。

2）硬磁性材料。

软磁性材料的磁性特点是其结构内的磁对齐是很容易发生的。这一事实产生较低的矫顽力 $H_c$ 和狭窄的磁滞回线，如图 1.11 所示。软磁性材料对现代电气工程和电子工程具有重大意义，并且对于许多设备和应用来说是不可或缺的。在电力电子技术中，大多数的磁性元件都使用软磁性材料作为磁心。

硬磁性材料也称为永磁体。硬磁性材料中，磁矩的初始对齐能很好地抵抗任何外部磁场的影响，并且矫顽力 $H_c$ 远高于软磁性材料。永磁体的另一个重要特性是

其高的 $B_r$ 值，永磁体典型的磁滞回线如图 1.11 所示。即使没有任何外部磁场，永磁体也会产生磁场。永磁体的典型应用是电动机、发电机、传感设备和机械装置。

以下数据可以作为软磁性材料和硬磁性材料近似分类的依据[2]：

- $H_c < 1000\,A/m$ 为软磁性材料。
- $H_c > 10000\,A/m$ 为硬磁性材料。

通常情况下，实用材料中使用的 $H_c$ 值为：软磁性材料 $H_c < 400\,A/m$，硬磁性材料 $H_c > 100000\,A/m$。

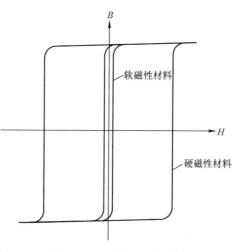

图 1.11 典型的磁滞回线

## 1.2.4 磁导率

磁性材料的磁导率是一个重要的属性，因此将详细讨论它。1.1 节中提到的相对磁导率 $\mu_r$ 有几个不同的解释（取决于定义的具体场景和测量条件）。下面省略角标 r，只标注表示不同版本的角标：振幅磁导率 $\mu_a$、初始磁导率 $\mu_i$、有效磁导率 $\mu_e$、增量磁导率 $\mu_{in}$、可逆磁导率 $\mu_{rev}$、复数磁导率 $\underline{\mu}$。

振幅磁导率 $\mu_a$ 是交变外磁场 $H$ 下的相对磁导率，它给出了磁感应强度 $B$ 和磁场强度 $H$ 的幅值之间的关系。它的一般定义是

$$\mu_a = \frac{1}{\mu_0}\frac{\hat{B}}{\hat{H}} \tag{1.11}$$

式中 $\hat{B}$——磁心截面的平均磁感应强度 $B$ 的幅值；

$\hat{H}$——平行于磁心表面的磁场强度的幅值。

当作用磁场 $H$ 非常小时，磁性材料的相对磁导率就是初始磁导率 $\mu_i$：

$$\mu_i = \frac{1}{\mu_0}\frac{\Delta B}{\Delta H}(\Delta H \rightarrow 0) \tag{1.12}$$

在实际应用中，通常使用一个比较小的 $H$ 作为衡量初始磁导率的依据[2]，例如 $H = 0.4\,A/m$（见图 1.12）。

如果在一个封闭的磁路中存在气隙，磁路呈现的总磁导率被称为有效磁导率 $\mu_e$，它的磁导率比没有气隙的相同磁心低得多。有效磁导率取决于磁性材料的初始磁导率 $\mu_i$ 和磁心及气隙的尺

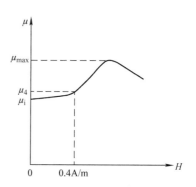

图 1.12 与磁场 $H$ 相关联的 $\mu_i$、$\mu_4$ 和 $\mu_{max}$ 的定义

寸。对于相对较小（短）的气隙，有效磁导率为

$$\mu_e = \frac{\mu_i}{1 + \dfrac{A_g \mu_i}{l_c}} \tag{1.13}$$

式中    $A_g$——气隙的截面积；

        $l_c$——磁通路径的有效长度。

如果气隙比较长，有一部分磁通量会在气隙外面，与式（1.13）相比，这些额外的磁通量会导致有效磁导率值的增加。因此，当边缘磁导率被忽略时，式（1.13）才是有效的。有效磁导率也被称为等效的均匀环状磁心的磁导率。

增量磁导率 $\mu_\Delta$ 是定义在一个交变磁场 $H_{AC}$ 叠加到静态磁场 $H_{DC}$ 时的情况。磁滞回线会沿着一个小的循环路径运动，增量磁导率是

$$\mu_\Delta = \left( \frac{1}{\mu_0} \frac{\Delta B}{\Delta H} \right)_{H_{DC}} \tag{1.14}$$

当交变磁场 $H_{AC}$ 振幅非常小时，增量磁导率的极限值定义为可逆磁导率 $\mu_{rev}$（见图 1.13）：

$$\mu_{rev} = \frac{1}{\mu_0} \frac{\Delta B}{\Delta H'} \quad \Delta H \to 0 \tag{1.15}$$

### 1.2.4.1 复数磁导率

在实际应用中，当采用磁性材料制作磁心时，无法获得理想的电感器。

在正弦激励下，在磁感应强度 $B$ 和磁场强度 $H$ 的基波分量之间是存在相移的。通过使用复数来描述相对磁导率，具体包含实数部分和虚数部分。复数磁导率 $\underline{\mu}$ 的虚部与材料的损耗是相关联的。有两种不同形式的复数磁导率 $\underline{\mu}$。

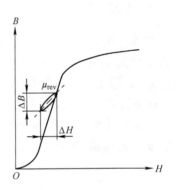

图 1.13 可逆磁导率 $\mu_{rev}$ 的定义

1）串联表示法，根据磁性元件的串联等效电路，如图 1.14a 所示：

$$\underline{\mu} = \mu_s' - j\mu_s'' \tag{1.16}$$

式中    $\mu_s'$ 和 $\mu_s''$——复数磁导率的实部和虚部。

2）并联表示法，根据并联等效电路，如图 1.14b 所示：

$$\frac{1}{\underline{\mu}} = \frac{1}{\mu_p'} + j\frac{1}{\mu_p''} \tag{1.17}$$

式中    $\mu_p'$ 和 $\mu_p''$——复数磁导率的实部和虚部。

图 1.15 中给出了串联形式的复数磁导率在频域中的表示。这些数值通常出现在描述材料在非常低的磁感应水平的用于信号分析的数据中。复数磁导率的

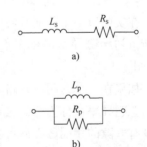

图 1.14 串联和并联等效电路

实部和虚部与频率的关系图通常用来描述材料的频率特性。在对线圈串联等效电路的电感 $L_s$ 和电阻 $R_s$ 进行测量后，就可以计算出给定频率下串联形式的复数磁导率的实部和虚部的值。

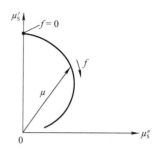

图 1.15 在频域中的串联形式的复数磁导率

并联表示法的优势在于当磁路中加入气隙时，与损耗相关的 $\mu_p''$ 部分并不会改变。通常在实际应用中磁感应强度 $B$ 是已知的，这就可以通过使用 $\mu_p''$ 直接计算损耗。并联表示法在电力应用场合中使用得更加频繁。

使用串联还是并联表示法取决于具体的应用环境和使用目的。下面的表达式给出了复数磁导率串联和并联表达式之间的关系：

$$\mu_p' = \mu_s'(1 + \tan^2\delta) \tag{1.18}$$

$$\mu_p'' = \mu_s''\left(1 + \frac{1}{\tan^2\delta}\right) \tag{1.19}$$

式中  $\delta$——损耗角，它是磁场感应强度 $B$ 相位滞后磁场强度 $H$ 的相角。损耗角 $\delta$ 的正切由下式给出

$$\tan\delta = \frac{\mu_s''}{\mu_s'} = \frac{\mu_p'}{\mu_p''} \tag{1.20}$$

$\tan\delta$ 的值也等于线圈的串联等效电阻与其感抗的比值（忽略了导线的电阻），也是电感品质因数的倒数：

$$\tan\delta = \frac{R}{\omega L} = \frac{1}{Q} \tag{1.21}$$

复数磁导率主要用于信号电子和低磁感应强度的场合，较少用于电力电子中。在电力电子场合中，磁性材料具有非线性频率的特性。我们想提醒读者，铁氧体在高磁感应强度下的损耗如果利用 $\mu'$ 和 $\mu''$ 值（对应于低磁感应水平的值）来估计，那么损耗就可能会被严重低估。原因就是铁氧体的损耗比磁感应强度 $B$ 的二次方增加得更快。

### 1.2.4.2 材料磁滞常数

有些铁氧体的损耗可以使用磁滞常数 $\eta_B$ 来描述，$\eta_B$ 是在低磁感应强度下定义的物理量，由以下表达式[7]定义磁滞常数 $\eta_B$：

$$\Delta\tan\delta_h = \mu_e \eta_B \Delta\hat{B} \tag{1.22}$$

式中  $\Delta\hat{B}$——磁感应强度 $B$ 的幅值；

$\mu_e$——有效磁导率。

随着磁心中磁感应强度 $B$ 的增加，磁滞损耗也会增加。磁滞损耗对总损耗的贡献可以通过两个测量结果来估计，这通常是在磁感应水平 1.5mT 和 3mT 下进行的[4]。通过这些测量，磁滞常数 $\eta_B$ 可以从下式得到

$$\eta_{\mathrm{B}} = \frac{\Delta \tan\delta}{\mu_{\mathrm{e}}\Delta\hat{B}} \qquad (1.23)$$

然后将它代入式（1.22）得到 $\delta_{\mathrm{h}}$。

这种方法的结果是在 $B$ 值较低时得到的（材料损耗随 $B$ 的二次方增加），而 $B$ 值较大时则损耗接近于 $B$ 的三次方。

## 1.3 磁路

### 1.3.1 磁路基本定律

根据安培定律，在一个封闭的磁通路径中磁动势（MMF）的总和是零：

$$\sum \mathrm{MMF}_{\mathrm{loop}} = 0,\ \sum \mathrm{MMF}_{\mathrm{source}} = \sum \mathrm{MMF}_{\mathrm{drop}} \qquad (1.24)$$

这个要求类似于基尔霍夫电压定律。磁路中一个元件的 $\mathrm{MMF}_{\mathrm{drop}}$ 是

$$\mathrm{MMF}_{\mathrm{drop}} = Hl\,(\mathrm{A}\cdot\text{匝}) \qquad (1.25)$$

替代 $H = B/\mu$ 和 $B = \Phi/A_{\mathrm{c}}$ 得到以下表达式：

$$\int \mathrm{MMF}_{\mathrm{drop}} = \Phi\frac{l}{\mu A_{\mathrm{c}}} = \Phi\,\mathscr{R} = \frac{\Phi}{\Lambda} \qquad (1.26)$$

$$Hl = \Phi\,\mathscr{R} \Rightarrow F = \Phi\,\mathscr{R} \qquad (1.27)$$

在式（1.26）中，磁通量 $\Phi$ 类似于电流 $I$，变量 $\mathscr{R} = 1/\mu A_{\mathrm{c}}$ 类似于电阻 $R$。变量 $\mathscr{R} = 1/\mu A_{\mathrm{c}}$（（A·匝）/Wb）被称为磁阻，使用 $\mathscr{R}$ 表示。$1/\mathscr{R}$（Wb/(A·匝)）被称为磁路的磁导 $\Lambda$（在软磁铁氧体中这个值通常记为 $A_{\mathrm{L}}$）。

对于一个带有气隙的磁路（见图 1.16），通过把式（1.27）左边分割成两个部分，假定 $H$ 在两种介质中几乎是均匀分布的，那么安培定律可以写成

$$H_{\mathrm{c}}l_{\mathrm{c}} + H_{\mathrm{g}}l_{\mathrm{g}} = NI \qquad (1.28)$$

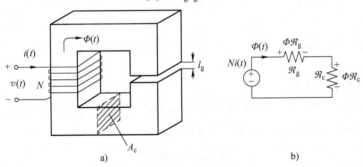

a)　　　　　　　　　　　　　b)

图 1.16　带有气隙的磁路

a）物理模型　b）等效电路图

式中　　$H_{\mathrm{c}}$ 和 $H_{\mathrm{g}}$——铁心和气隙中的磁场强度；

　　　　$l_{\mathrm{c}}$——铁心的磁路长度；

　　　　$l_{\mathrm{g}}$——气隙的长度。

考虑图 1.16 中，对穿越磁心和气隙并且包含了两者间完整过渡曲面的一个闭合曲面应用高斯定律，得到下述表达式：

$$\int \boldsymbol{B}_c \cdot \mathrm{d}\boldsymbol{S} + \int \boldsymbol{B}_g \cdot \mathrm{d}\boldsymbol{S} = 0 \tag{1.29}$$

得到

$$\Phi_c = \Phi_g = \Phi \tag{1.30}$$

式（1.28）可以被改写为

$$\Phi_c \mathfrak{R}_c + \Phi_g \mathfrak{R}_g = \Phi(\mathfrak{R}_c + \mathfrak{R}_g) = NI \tag{1.31}$$

式中  $\Phi_c$——铁心中的磁通量；

$\Phi_g$——气隙中的磁通量；

$\mathfrak{R}_c$——铁心中的磁阻；

$\mathfrak{R}_g$——气隙中的磁阻。

式（1.29）和式（1.30）只对小气隙有效。在大气隙中，磁通量倾向于向外部发散。与电路相比，真实的磁绝缘是不存在的，因为空气的相对磁导率等于1，它是非零的。

把高斯定律应用于磁路一个节点，可以知道流出节点的磁通量的代数和等于零，如图 1.17 所示。

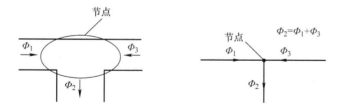

图 1.17  应用于磁路一个节点的高斯定律

$$\oint_S \boldsymbol{B} \cdot \mathrm{d}\boldsymbol{S} = 0 \Rightarrow \sum_{i=1}^{n} \Phi_i = 0 \tag{1.32}$$

式（1.32）类似于基尔霍夫电流定律。

读者可以进一步参考电力电子教科书[3-5]，里面给出了磁路及元件在电力电子技术中的需求和应用。电磁的概念和应用在参考文献 [6] 中有详细的描述。

## 1.3.2  电感

### 1.3.2.1  磁链

首先，定义术语磁链 $\Psi$ 为与所有线圈匝链的磁通量。线圈两端的瞬时电压可以表示为

$$v(t) = Ri(t) + \frac{\mathrm{d}\Psi(t)}{\mathrm{d}t} = Ri(t) + e(t) \qquad (1.33)$$

式中　$R$——线圈的欧姆电阻；

　　$i(t)$——线圈的电流；

　　$e(t)$——电动势。

从上述表达式，可以定义 $\Psi(t)$：

$$\Psi(t) = \int e(t)\mathrm{d}t = \int [v(t) - Ri(t)]\mathrm{d}t \qquad (1.34)$$

单位为 Wb 或 $\mathrm{V} \cdot \mathrm{s}$。

我们更倾向于使用 $\mathrm{V} \cdot \mathrm{s}$，因为它提醒我们该变量是磁链而不是磁通。

#### 1.3.2.2　电感定义

在非线性 $B - H$ 磁化关系的影响下，电感可以以不同的方式定义。为简单起见，本节中我们不考虑铁心的损耗。在这里，我们解释电感的不同定义和表述方法。

（1）幅值电感

曲线 $\Psi = \Psi(t)$ 的斜率叫作幅值电感（见图 1.18a），用 $L_c$、$L_a$ 来表示或者简记为 $L$：

$$L_c = \frac{\Psi}{i}(\mathrm{H}) \text{ 或}(\Omega \cdot \mathrm{s}) \qquad (1.35)$$

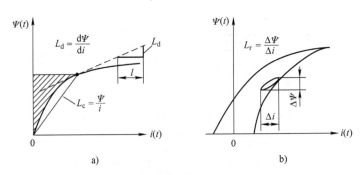

图 1.18　作为电流 $i$ 的函数的磁链 $\Psi$ 和 $L_c$、$L_d$ 与 $L_r$ 的定义

（2）微分电感

磁链 $\Psi = \Psi(i)$ 的微分称为微分电感 $L_d$。当小信号叠加到线圈电流 $i$ 上时，就可以观察到微分电感：

$$L_d = \frac{\mathrm{d}\Psi}{\mathrm{d}i} \qquad (1.36)$$

注意到由于材料存在磁滞损耗（见图 1.18b），会出现小的磁滞回线，从而对应了一个更低的小信号电感，称为回复电感：

$$L_r = \frac{\Delta \Psi}{\Delta i} \tag{1.37}$$

忽视损耗，微分电感等于回复电感：$L_d = L_r$。

（3）能量电感

图 1.18a 中的阴影区域代表了储存的磁场能量。因此能量电感 $L_w$ 可以被定义为

$$L_w = \frac{2\int_0^{\Psi} i \, \mathrm{d}\Psi}{i^2} \tag{1.38}$$

对于一条普通的磁饱和曲线（没有磁滞，且具有负的二次导数），不同定义的电感之间的关系是 $L_d < L_w < L_c$。这个能量电感的定义在功率变换器中是很有用的，如反向斩波器、反激式变换器和 Cúk 变换器，能量首先储存在一个感性元件中，然后再传递给负载。

（4）正弦电压下经典"空载"测试的电感

在经典的"空载"测试中，使用到近乎理想的正弦电压或电动势。测量得到的电感是

$$L_v = \frac{V_{rms}}{\omega I_{rms}} \quad \omega = 2\pi f \tag{1.39}$$

式中 $V_{rms}$ 和 $I_{rms}$——测量的方均根值。电流是非正弦电流。

（5）正弦电流下经典"空载"测试的电感

用正弦电流做相同的测量。电压是非正弦电压。测量得到的电感是

$$L_i = \frac{V_{rms}}{\omega I_{rms}} \tag{1.40}$$

对于接近饱和水平的磁心，可以看出以下关系：

$$L_d < L_v < L_i < L_c$$

### 1.3.2.3 电感的额外考虑

一匝线圈的平均磁通量 $\Phi$ 可以用磁链 $\Psi$ 除以匝数 $N$ 计算得到：

$$\Phi = \frac{\Psi}{N} \quad (\text{Wb/匝}) \tag{1.41}$$

只有在忽略漏磁的情况下，平均磁通量才等于铁心中的实际磁通量。

1）匝数为 1 时的平均磁通量可以比作总磁动势（MMF）：$\text{MMF} = Ni$（A·匝）。磁通量可以呈现在图 1.19 中。然后曲线的斜率称为磁导 $\Lambda$。就像电感如前所述有不同的定义方式，也可以给出磁导的不同定义。在铁氧体数据手册中，磁导被称为电感系数 $A_L$。单位是 $H/匝^2$，具有亨利（H）的量纲，用 $A_L$ 表述的电感 $L$ 可以表示为

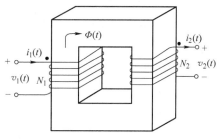

图 1.19 两绕组变压器的物理模型

$$L = A_L N^2, \quad A_L = \Lambda \tag{1.42}$$

变量 $A_L^{-1}$ 代表磁路的总磁阻（匝$^2$/H）。它可以作为总磁路的磁阻总和（磁心磁阻与气隙磁阻）。

2）根据实际应用，可以定义所谓的线性极限或饱和工作点。在电力电子中的实际极限点指的是，该点上的微分电感 $L_d$ 因为磁饱和而变为其最大值的一半。例如，在设计 $L-C$ 低通滤波器时，输出电压的波动翻了一倍，开环增益亦如此。在交流电压激励情况下，当电流峰值到达饱和点时，电流的波形已经明显偏离了正弦波，而更像是一个三角波了。

#### 1.3.2.4 自感和互感

自感 $L$ 把线圈产生的磁链与该线圈的电流联系起来：

$$L = \frac{\Psi}{i} = \frac{N\Phi}{i} = \frac{N^2}{\mathfrak{R}} = N^2 \Lambda \tag{1.43}$$

式中　$\Psi$——有效的磁链；

　　　$\Phi$——匝链线圈的实际磁通量；

　　　$\mathfrak{R}$——磁路的磁阻；

　　　$\Lambda$——磁路的磁导。

磁装置内不同绕组之间的磁耦合采用互感 $M$ 来表示。互感是由以下关系定义的：

$$M = \frac{N_1 \Phi_{12}}{i_2} = \frac{N_2 \Phi_{21}}{i_1} \tag{1.44}$$

式中　$N_1$——一次绕组的匝数；

　　　$i_1$——一次绕组的电流；

　　　$\Phi_{12}$——由二次绕组中的电流产生且匝链到一次绕组的磁通量；

　　　$N_2$——二次绕组的匝数；

　　　$i_2$——二次绕组的电流；

　　　$\Phi_{21}$——由一次绕组中的电流产生且匝链到二次绕组的磁通量。

### 1.3.3 变压器模型

考虑图 1.19 所示的两绕组变压器。磁心的磁阻是

$$\mathfrak{R} = l_e / \mu A_e \tag{1.45}$$

式中　$l_e$——有效磁路的平均长度；

　　　$A_e$——磁心的有效截面积；

　　　$\mu$——磁心材料的磁导率。

针对有两个绕组的变压器，对其应用安培定律得到

$$\mathrm{MMF} = N_1 i_1 + N_2 i_2 \tag{1.46}$$

代入 MMF = $\Phi\,\mathfrak{R}$可以得到

$$\Phi\,\mathfrak{R} = N_1 i_1 + N_2 i_2 \tag{1.47}$$

### 1.3.3.1　理想变压器

理想变压器的磁心磁阻$\mathfrak{R}$为零，并且绕组的电阻可以忽略，因此，铁心磁动势也是零，式（1.47）变为

$$0 = N_1 i_1 + N_2 i_2 \tag{1.48}$$

将法拉第定律应用到理想变压器中，得到

$$v_1 = N_1 \frac{\mathrm{d}\Phi_\mathrm{c}}{\mathrm{d}t}, \quad v_2 = N_2 \frac{\mathrm{d}\Phi_\mathrm{c}}{\mathrm{d}t}, \quad v_1 = e_1, \quad v_2 = e_2 \tag{1.49}$$

式中　$\Phi_\mathrm{c}$——磁心磁通量。消去 $\Phi_\mathrm{c}$ 可以得到

$$\frac{e_1}{N_1} = \frac{e_2}{N_2} \tag{1.50}$$

如图 1.20 所示的理想变压器，式（1.47）和式（1.49）可以被改写为

$$\frac{e_1}{e_2} = \frac{N_1}{N_2}, \quad \frac{i_1}{i_2} = -\frac{N_2}{N_1} \tag{1.51}$$

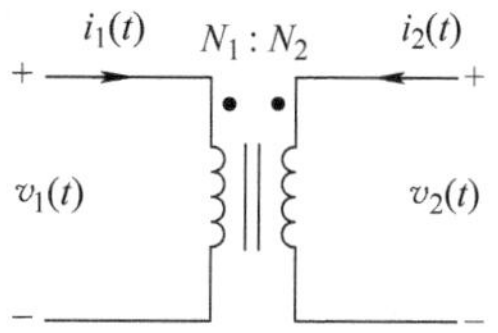

因此，理想变压器是一个无损零磁阻设备，充当了一个电压变换器。流入变压器的功率被认为是正的，图 1.20 采用了这种惯例。有三种变压器，取决于能量在接收和传输时的相对电压：

图 1.20　理想变压器的
等效电路图

1）当变压器低压绕组接收功率并且提供能量给高压绕组时，这种变压器称为升压变压器。

2）当变压器高压绕组接收功率并且提供能量给低压绕组时，这种变压器称为降压变压器。

3）当绕组的匝数相同时，变压器被称为 1∶1 变压器。

### 1.3.3.2　实际变压器

在一个实际的变压器中，磁心磁阻不是零。于是可以得到

$$\Phi_\mathrm{c} = \frac{N_1 i_1 + N_2 i_2}{\mathfrak{R}_\mathrm{c}} \tag{1.52}$$

并且用$e_1 = N_1 \dfrac{\mathrm{d}\Phi_\mathrm{c}}{\mathrm{d}t}$替换这个表达式，可以得到

$$e_1 = \frac{N_1^2}{\mathfrak{R}_\mathrm{c}} \frac{\mathrm{d}\left(i_1 + i_2 \dfrac{N_2}{N_1}\right)}{\mathrm{d}t} \tag{1.53}$$

我们可以把式（1.53）分成两个部分。$L_\mathrm{m} = \dfrac{N_1^2}{\mathfrak{R}_\mathrm{c}}$相当于励磁电感，指的是一次

绕组。$i_m = i_1 + i_2 \dfrac{N_2}{N_1}$ 称为励磁电流，也指的是一次绕组。

在实际的变压器中，总有一些磁通只链接一个绕组，而没有链接其他绕组，它被称为漏磁通（见图1.21）。让我们用 $\Phi_{\sigma 1}$ 表示一次绕组的漏磁通，用 $\Phi_{\sigma 2}$ 表示二次绕组的漏磁通。漏磁通通常是泄漏在空气中。这部分磁通对应了所谓的漏电感 $L_{\sigma 1}$ 和 $L_{\sigma 2}$。因此

$$L_{\sigma 1} = \frac{N_1 \Phi_{\sigma 1}}{i_1}, \quad L_{\sigma 2} = \frac{N_2 \Phi_{\sigma 2}}{i_2} \tag{1.54}$$

式中　　$L_{\sigma 1}$———一次绕组的漏电感；

$\qquad L_{\sigma 2}$———二次绕组的漏电感。

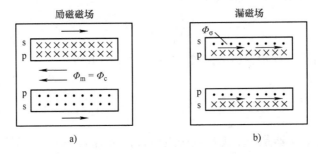

图 1.21　变压器中的励磁磁场和漏磁场（p：一次绕组，s：二次绕组）

漏电感和绕组是串联在一起的。在图1.22中，变压器模型包含了励磁电感 $L_m$ 和一次及二次漏电感 $L_{\sigma 1}$ 和 $L_{\sigma 2}$。可以写作

$$L_1 = L_{\sigma 1} + L_{m1} = L_{\sigma 1} + M\frac{N_1}{N_2} \tag{1.55}$$

$$L_2 = L_{\sigma 2} + L_{m2} = L_{\sigma 2} + M\frac{N_2}{N_1} \tag{1.56}$$

式中　　$L_1$———一次绕组的自感；

$\qquad L_2$———二次绕组的自感；

$\qquad L_{m1}$———一次绕组的励磁电感；

$\qquad L_{m2}$———二次绕组的励磁电感。

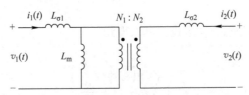

图 1.22　两绕组变压器模型，包含了励磁电感 $L_m$ 和一次及二次漏电感 $L_{\sigma 1}$ 和 $L_{\sigma 2}$

另一个等效变压器的方案如图 1.23 所示，其中$\Lambda_\mathrm{m}$是励磁磁路的磁导。可以写作

$$M = \Lambda_\mathrm{m} N_1 N_2 \tag{1.57}$$

$$L_\mathrm{m1} = \Lambda_\mathrm{m} N_1^2 \tag{1.58}$$

$$L_\mathrm{m2} = \Lambda_\mathrm{m} N_2^2 \tag{1.59}$$

下面的表达式将变压器中的励磁电感和互感联系了起来：

$$M = \frac{L_\mathrm{m1} N_2}{N_1} = \frac{L_\mathrm{m2} N_1}{N_2} \tag{1.60}$$

$$L_\mathrm{m2} = L_\mathrm{m1} \left( \frac{N_2}{N_1} \right)^2 \tag{1.61}$$

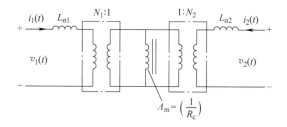

图 1.23　带有励磁磁导的 T 形变压器模型

使用自感和互感，一次绕组和二次绕组的电压方程改写为

$$v_1 = L_1 \frac{\mathrm{d}i_1}{\mathrm{d}t} + M \frac{\mathrm{d}i_2}{\mathrm{d}t} \tag{1.62}$$

$$v_2 = M \frac{\mathrm{d}i_1}{\mathrm{d}t} + L_2 \frac{\mathrm{d}i_2}{\mathrm{d}t} \tag{1.63}$$

注意，$L_1$、$L_2$、$L_\mathrm{m1}$、$L_\mathrm{m2}$和$\Lambda_\mathrm{m}$ 总是正的。$N_1$ 和$N_2$ 可以根据绕组的方向变为正或者变为负，互感 $M$ 也是可以为正或为负的。

我们还可以定义耦合系数 $k$：

$$k = \frac{M}{\sqrt{L_1 L_2}} \tag{1.64}$$

耦合系数 $k$ 的范围是 $-1 \leqslant k \leqslant 1$，它代表了一次绕组和二次绕组之间的磁耦合程度。如果变压器是完全耦合的，那么漏电感 $L_{\sigma 1}$ 和 $L_{\sigma 2}$ 为零，耦合系数为 1。通常情况下，低压变压器结构可以使其获得 0.99 的耦合系数。在电力电子场合中，设计的目标并不总是追求高的 $k$ 值。注意，当磁心饱和时 $k$ 的值会降低。在许多变换器电路中，漏电感也可用于获得所需的电压和电流波形，尤其是在谐振电路中。

电感 $L_1$ 可以在空载条件下对一次绕组进行供电测试得到，指的是一次绕组的电感。电感 $L_{\sigma 1} + L_{\sigma 2} \left( \dfrac{N_1}{N_2} \right)^2$ 可以通过一次绕组的短路测试测量得到。

第 11 章中可以找到更多的相关信息。

### 1.3.4 磁场和电场的类比

前面提到的磁场和直流电场的各物理量及定律的类比总结见表 1.2。

**表 1.2 磁场和电场中各物理量及定律的类比**

| 磁场中的物理量及定律 | 电场中的物理量及定律 |
|---|---|
| 磁通量，$\varPhi/\text{Wb}$ | 电流，$I/\text{A}$ |
| 磁链，$\varPsi/(\text{V} \cdot \text{s})$ | 没有对应的变量 |
| 磁通密度（磁感应强度），$B/\text{T}$ | 电流密度，$J/(\text{A}/\text{m})$ |
| 磁动势，$F/(\text{A} \cdot \text{匝})$ | 电压，$V/\text{V}$ |
| 磁场强度，$H/(\text{A}/\text{m})$ | 电场强度，$E/(\text{V}/\text{m})$ |
| 磁阻，$\mathcal{R} = 1/\mu A_c/[(\text{A} \cdot \text{匝})/\text{Wb}]$ | 电阻，$R = 1/\sigma S/\Omega$ |
| 磁导率，$\mu/(\text{H}/\text{m})$ | 电导率，$\sigma/(\text{m}/\Omega)$ |
| 磁导，$\Delta = 1/\mathcal{R}[\text{Wb}/(\text{A} \cdot \text{匝})]$ | 电导，$G = 1/R/\Omega^{-1}$ |
| 电感，$L/\text{H}$ | 没有对应的变量 |
| 互感，$M/\text{H}$ | 没有对应的变量 |
| 漏电感，$L_\sigma/\text{H}$ | 没有对应的变量 |
| 励磁电感，$L_\mu/\text{H}$ | 没有对应的变量 |
| 高斯定律，$\sum \varPhi_{\text{node}} = 0$ | 基尔霍夫电流定律，$\sum i_{\text{node}} = 0$ |
| $\sum \text{MMF}_{\text{node}} = 0$ | 基尔霍夫电压定律，$\sum v_{\text{node}} = 0$ |
| $\varPhi = \text{MMF}/\mathcal{R}$ | 欧姆定律，$I = V/R$ |

磁场和电场中物理量和回路之间的上述类比是不完整的，且有以下区别：

1）软磁性材料的 $B$ 和 $H$ 之间的关系通常是非线性的。

2）在带有气隙的磁回路中，边缘磁通量改变了回路的总磁阻，但在电路中没有这种影响（静电等效例外）。电气绝缘材料的电导率比金属的电导率要低 $10^{20}$ 数量级，所有的电流都在导线中。空气的磁导率 $\mu_0$ 只比磁性材料磁导率低 $10^3$ 数量级。因此，在电路中没有漏磁通的对应物理量。

3）电路中没有互感和互相耦合的类比。

4）在载流导线中存在 $I^2 R$ 损耗，但在磁回路中不存在 $\varPhi^2 \mathcal{R}$ 损耗。

## 参 考 文 献

[1] Bertotti, G., *Hysteresis in Magnetism*, Academic Press, San Diego, CA, 1998, pp. 225–429.

[2] Boll, R., Soft magnetic materials, in *The Vacuumschmelze Handbook*, Heyden & Son Ltd., London, 1979, pp. 20–36.

[3] Erickson, R.W., *Fundamentals of Power Electronics*, KAP, Norwell, MA, 2001, pp. 491–531.

[4] Mohan, N., Undeland, T.M., and Robbins, W.P., *Power Electronics*, 2nd ed., John Wiley & Sons, New York, 1995, pp. 744–792.

[5] Krein, P.T., *Elements of Power Electronics*, Oxford University Press, New York, 1998, pp. 409–450.

[6] Marshall, S.V., DuBoff, R.E., and Skitek, G.G., *Electromagnetic Concepts and Applications*, Prentice Hall, Upper Saddle River, NJ, 1996, pp. 101–446.

[7] Soft ferrites, in *Phillips Data Handbook*, Phillips, Eindhoven, The Netherlands, 1996, pp. 8–10.

# 第 2 章　包含涡流损耗的快速设计方法

在当今电力电子中，有源开关能承受高的开关频率。这意味着电力电子磁元件的主要部分易于产生涡流损耗。在本章里，我们提出一种包括涡流损耗的电感器和变压器的快速设计方法，忽略涡流可能导致严重错误。"快速"这个词意味着使用决策树来帮助设计而不使用耗时的数学工具。快速设计使用的方法不具有最高的精度，例如推荐的热方法。然而该方法提供的精度对于大多数电力电子应用场合是足够的。此外，相同的设计流程也可以使用精度更高的方法（如更准确的热模型或使用有限元的横向磁场计算）。

快速设计方法适用于使用圆导线的变压器和电感器的各类设计中。该方法简化了设计，更加系统化，主要分成两种情况：磁饱和散热受限的设计和磁不饱和散热受限的设计。设计过程用两个完整的计算设计例子和其他几个关注特定环节设计的例子详细说明。

## 2.1　快速设计方法

本方法包括了设计中的简化假设，并省略某些细节，但精度通常可以满足早期的实验或作为使用更精确的方法前的快速计算。

在快速设计方法中进行了以下简化：

1）磁通量计算中忽略了变压器的漏电感。

2）磁场模式仅仅是近似处理。

3）该方法适用于圆导线。

4）使用部分填充层时，该方法的准确度降低。

5）电感器设计中只考虑了在中心的气隙。

6）绝缘距离和安全间隙被考虑进去了，但并不是细节。

关于线圈绕组的更多细节和各种限值，请参考第 4 章和标准（如 IEC 950 等）。这些标准要求不是很严格，但是爬电距离等限值会极大地影响到变压器的大小，因此也影响到整个设计过程。

设计是一步一步完成的，并且是从找出设计限值和确定设计类别开始的，如图 2.1 所示。

### 1. 设计限值

根据元件的工作电路，许多参数和要求通常可以计算出来：

1）绕组的方均根值电流。

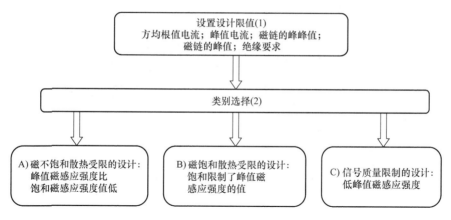

图 2.1  快速设计方法的一般流程

2）绕组的峰值电流。

3）磁链的峰峰值。

4）磁链的峰值。

5）绝缘要求（安全间隙、爬电距离）（关于这些绝缘距离的详细信息，请参考第 4 章）。

**2. 类别选择**

第二步是从三种可能的一般情况（方法）中选择一种。

A）磁不饱和散热受限的设计。

B）磁饱和散热受限的设计。

C）信号质量限制的设计。

因为到目前为止没有设计结果可以参考，所以在经验基础上使用输入设计参数来进行类别的选择。如果最初的选择是不正确的，那么在接下来的设计步骤中就会注意到它，然后再做出正确的选择。

这里举一些实际例子和建议来讲述如何选择设计类别：

1）情况 A）对应了高频交流应用的磁性元件。

2）情况 B）对应了具有较高直流分量或者低频应用中的磁性元件。举例说明：脉冲应用、直流电抗器、小占空比的应用场合。

3）情况 C）的磁性元件设计应用包括音频、电话或射频应用、电力电子测量系统（电压和电流互感器）的精确电感器，以及具有高品质因数的场合等。

## 2.1.1  磁不饱和散热受限的设计

考虑到总的散热，铁心损耗和铜损耗之间不得不进行权衡考虑。为了实现这一点，我们提出了包含几个步骤的设计过程。设计的流程如图 2.2 所示。

**步骤 1）  选择铁心材料和尺寸**

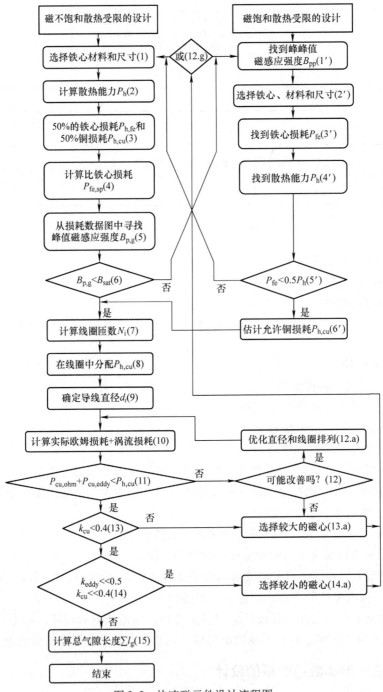

图 2.2　快速磁元件设计流程图

　　为了选择磁心的尺寸，基于空气中的自然对流（冷却），我们使用一个简单的比例方法，它把元件的电压－电流定额和磁心特征参数 $a_{ch}$ 进行比较：

$$S_{\text{tot}} = \sum_{\text{all windings}} V_{\text{rms}} I_{\text{rms}} = A a_{\text{ch}}^{\gamma} \Rightarrow a_{\text{ch}} = \left(\frac{S_{\text{tot}}}{A}\right)^{1/\gamma} \tag{2.1}$$

式中    $A$——一个系数；对于铁氧体，如果 $a_{\text{ch}}$ 的单位是 m，则 $A = (5 \sim 25) \times 10^6$（如果 $a_{\text{ch}}$ 的单位是 cm，则 $A$ 的范围是 $A = 5 \sim 25$），请参见下面的说明；

    $a_{\text{ch}}$——元件的最大尺寸，作为尺度参数；

    $\gamma$——指数，描述了磁心的材料和形状，$\gamma = 3$；

    $S_{\text{tot}}$——元件的总电压 - 电流定额。

式（2.1）是用来比较同一种形状的不同尺寸磁心满足元件伏安定额的能力。从式（2.1）中可以得到 $a_{\text{ch}}$。作为元件特征尺寸参数（尺度参数）$a_{\text{ch}}$，使用铁氧体磁心的最大尺寸（举例来说，对于 EE42 型号的铁心，$a_{\text{ch}} = 0.042\text{m}$）或环形铁心的直径。

在图 2.3 中，展示了尺度参数 $a_{\text{ch}}$ 的可能范围，最高值为 $a_{\text{ch,u}}$（$A = 5 \times 10^6$）以及最低值为 $a_{\text{ch,l}}$（$A = 25 \times 10^6$），作为元件的 V - A 定额 $S$ 的函数。图 2.3 可以用作获得尺度参数 $a_{\text{ch}}$ 值的一种快速方法。

根据铁心材料和磁感应强度 $B$，系数 $\gamma$ 在 $2.8 < \gamma < 3.2$ 范围内变化。$\gamma$ 值的推导在本章末尾的附录 2. A. 1 中进行详细介绍。为简单起见，使用 $\gamma = 3$ 的值。

关于式（2.1）的评论：

1）在接下来的步骤中会检测到步骤 1 中的错误选择。这会导致重新选择一个更小的或更大的铁心尺寸。

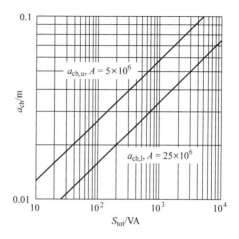

图 2.3    根据磁不饱和散热受限设计的铁氧体

2）较低的 $A$ 值适用于低频（20 ~ 30kHz）设计和低频材料或较高直流电流分量的场合。较高的 $A$ 值 $(20 \sim 25) \times 10^6$ 适用于高频设计（100 ~ 500kHz）和具有良好散热环境使用的高频材料。

3）绝缘要求倾向于降低系数 $A$。

4）由于涡流的影响，大电流应用中的系数 $A$ 值会降低。

5）在设计流程的后续步骤中可以获得最终的设计精度。

6）对于 $A = 10 \times 10^6$，可以记住一个简单的数量级关系：1cm 的 $a_{\text{ch}}$ 对应于 10W。$A = 10 \times 10^6$ 对应的线是图 2.3 的对角线。

**举例：**

**注意：** 在这个例子中使用 $A = 15 \times 10^6$，该值适用于平均水平的设计。

1）根据以下参数，为铁氧体变压器选择铁心：

输入电压，方均根值：$V_{\text{in}} = 100\text{V}$

输入电流，方均根值：$I_{in} = 5A$

输出电压，方均根值：$V_{out} = 500V$

二次电流，方均根值：$I_{out} = 1A$

使用式（2.1）得到 $\sum\limits_{\text{all windings}} V_{rms} I_{rms} = 1000$，$a_{ch} = \left(\dfrac{1000}{15 \times 10^6}\right)^{1/3} = 0.0405m$。我们选择 EE42/21/15 铁氧体磁心，最大尺寸 $a_{ch,data} = 0.042m$。这个铁心可以处理总的伏安参数等于 $Aa_{ch}^{\gamma} = 15 \times 10^6 \times 0.042^3 = 1111VA$

2）$a_{ch,data} = 0.087m$ 的 T87/54/14 环形铁氧体磁心可以处理总伏安参数为 $Aa_{ch}^{\gamma} = 15 \times 10^6 \times 0.087^3 = 9877VA$。

如果这个磁心被用于变压器且一次绕组和二次绕组具有相同的伏安参数，那么一次绕组的伏安参数为 4938.5VA。

3）$a_{ch,data} = 0.030m$ 的 P30/19 罐状铁氧体磁心可以处理伏安参数为 $Aa_{ch}^{\gamma} = 15 \times 10^6 \times 0.03^3 = 405VA$。

**步骤2）　计算散热能力 $P_h$ 值**

在这一步中，所选铁心的散热能力被粗略估计。使用的经验法则是：元件的散热能力可以用元件两个维度的最大尺寸的乘积和一个常数 $2500W/m^2$ 来近似估算。

总散热能力 $P_h$ 值为

$$P_h = k_A ab \tag{2.2}$$

式中　$k_A$——一个系数，典型值为 $2500W/m^2$；

$a$，$b$——元件的两个维度最大尺寸，单位为 m。

式（2.2）的表达是不精确的，但它给出了允许散热的粗略估计，可用于快速设计方法中。我们不使用元件的完整表面，因为那需要许多详细的计算，这里的关系不是很大。更精确的方法将在第 6 章中给出。

**备注：**

对于 50Hz 的铁心变压器，式（2.2）与 $k_A = 2500W/m^2$ 是在 40℃ 的环境温度和 115℃ 热点温度下很好的近似。对于铁氧体变压器，损耗可以在铁氧体与铜之间进行很好的分配，以便对于 $k_A = 2500W/m^2$ 下允许有 50℃ 的温升。

**举例：**

1）对一个 EE42/15 铁氧体磁心变压器，两个维度尺寸均为 0.042m，允许耗散功率为 $P_h = 2500 \times 0.042 \times 0.042 = 4.41W$。

2）对一个 P30/19 铁氧体磁心变压器，最大的两个维度尺寸都是 0.030m，结果是 $P_h = 2500 \times 0.03 \times 0.03 = 2.25W$。

3）对于一个单相变压器，0.12m 的无废料 EI 型叠层铁心，两个主要维度尺寸为 0.12m 和 0.10m，允许的总损耗 $P_h = 2500 \times 0.12 \times 0.1 = 30W$。

**步骤3）　铜损耗/铁心损耗比率**

我们使用简化假设，即最大效率（这意味着在给定的输入或输出功率下出现最小的损耗）接近于铜损耗 $P_{cu}$ 与铁心损耗 $P_{fe}$ 相等的工作点，这种假设使我们可以找到铜损耗和铁心损耗：

$$P_h = P_{h,cu} + P_{h,fe} \qquad (2.3)$$

$$P_{h,cu} = P_{h,fe} = \frac{P_h}{2} \qquad (2.4)$$

式中　$P_h$——式（2.2）的总允许损耗（元件的耗散能力）；

　　$P_{h,cu}$——允许的铜损耗；

　　$P_{h,fe}$——允许的铁心损耗。

式（2.4）给出的简单假设在下列条件成立时是正确的：

1）磁性材料是不饱和的并且铁心损耗和磁感应强度的二次方是成比例的（作为第一次近似）。

2）涡流损耗很低。

第 10 章详细研究了最优的铜损耗/铁心损耗比率。

**步骤 4）　计算比铁心损耗 $P_{fe,sp}$**

接下来的两个步骤 4）和 5），我们发现磁心中的峰值磁感应强度与比铁心损耗是相对应的。比铁心损耗 $P_{fe,sp}$ 可用下式计算：

1）对于铁基磁心，每单位重量的比损耗如下式

$$P_{fe,sp,w} = \frac{P_{fe}}{V_c s_m k_{ff}} \qquad (2.5)$$

式中　$V_c$——所选铁心的体积；

　　$s_m$——材料的比质量；

　　$k_{ff}$——所选铁心的填充系数（典型铁心的典型值为 0.95）。

2）铁氧体的填充系数 $k_{ff}$ 是 1。每单位体积的比损耗为

$$P_{fe,sp,v} = \frac{P_{fe}}{V_c} \qquad (2.6)$$

式中　$V_c$——所选磁心的体积。

**步骤 5）　从图形数据中找到峰值磁感应强度 $B_{p,g}$**

在铁和铁氧体磁心的数据表中，通常给出的是比损耗与峰值磁感应强度的图形关系，同时频率 $f$ 也作为一个参变量。在这些图形中，对于给定频率，可以找到在正弦激励下的比铁心损耗 $P_{fe,sp}$ 与峰值磁感应强度 $B_{p,g}$ 的对应关系。这里的磁感应强度乘以 2 得到允许的峰峰值磁感应强度。更多关于铁心损耗的细节，请参考第 3 章。对于对称的波形，我们可以得到

$$B_{pp} = 2B_{p,g} \qquad (2.7)$$

式中　$B_{pp}$——峰峰值磁感应强度。

检查图形是否给出的是典型的或最大的损耗是很重要的，因为材料特性可能会

随样本发生变化。我们观察到材料等级数据在整年都可以改变。

**步骤6）　检查峰值磁感应强度 $B_p$ 是否高于饱和值 $B_{sat}$**

（1）对称波形

在对称波形中（见图2.4a，$k_w=0.5$，$k_w=B_p/B_{pp}$），峰值磁感应强度 $B_p$ 是峰峰值磁感应强度 $B_{pp}$ 的一半。因此，可以得到 $B_p=B_{p,g}$（$B_{p,g}$ 在步骤5）中被找到），并且为了检查我们可以使用 $B_{p,g}$。比较相应材料的 $B_{p,g}$ 和饱和磁感应强度 $B_{sat}$：

$$B_{p,g} \leqslant B_{sat} \tag{2.8}$$

用于能量转换的大多数铁氧体会在约 0.35T（100℃）时饱和。对于叠层铁心而言，饱和磁感应强度幅值为 1.5～1.7T。新型软磁材料，如纳米晶体材料在 1.2～1.5T 饱和。然而，需注意的是成品纳米晶材料的磁心填充系数 $k_{ff}=0.5$，这导致材料中的磁感应强度值比磁心的横截面区域的磁感应强度大两倍。要了解更详细的信息，请参阅第3章。

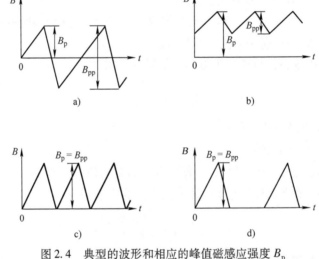

图2.4　典型的波形和相应的峰值磁感应强度 $B_p$

a）$k_w=0.5$　b）$k_w>1$　c）$k_w=1$　d）$k_w=1$

（2）不对称波形

在不对称波形的情况下（存在直流磁通或奇次谐波），必须仔细观察实际波形以找到峰值磁感应强度 $B_p$。那么，得到下式

$$B_p=k_w B_{pp}=2k_w B_{p,g} \tag{2.9}$$

式中　$k_w$——取决于应用中的具体波形。

图2.4 显示了一些典型的波形和相应的峰值磁感应强度 $B_p$。$B_p$ 的值与饱和磁感应强度值相比较：

$$B_p \leqslant B_{sat} \tag{2.10}$$

如果峰值磁感应强度高于饱和磁感应强度，那么就使用磁饱和限制设计案例，采用相应流程继续进行设计。

**步骤 7）　计算绕组匝数 $N_i$**

让我们考虑一个任意电压波形 $v(t)$ 施加在绕组两端，如图 2.5 所示。在正半周期内的电压 $v(t)$ 积分（即图 2.5 中的面积 $S$）等于磁链的峰峰值 $\Psi_{pp}$：

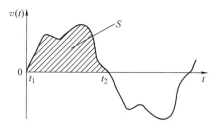

图 2.5　绕组两端的任意电压波形 $v(t)$

$$\int_{t_1}^{t_2} v(t)\,\mathrm{d}t = \Psi_{pp}, \quad \Psi_{pp} = N\Phi_{pp} \quad (2.11)$$

式中　$\Psi_{pp}$——磁链的峰峰值，单位为 Wb；

　　　　$N$——绕组的匝数；

　　　$\Phi_{pp}$——磁通的峰峰值。

峰峰值物理磁通 $\Phi_{pp}$ 等于峰峰值磁感应强度 $B_{pp}$ 和磁心有效截面积 $A_e$ 的乘积：

$$\Phi_{pp} = A_e B_{pp} \quad (2.12)$$

将式（2.12）代入式（2.11），并且在对称的情况下由于 $B_{pp}$ 是两倍的 $B_{p,g}$（$B_{pp} = 2B_{p,g}$），因此一次绕组匝数 $N_1$ 如下

$$N_1 = \frac{\Psi_{pp}}{\Phi_{pp}} = \frac{\Psi_{pp}}{A_e B_{pp}} = \frac{\Psi_{pp}}{2}\frac{1}{A_e B_{p,g}} \quad (2.13)$$

式（2.13）适用于一次绕组和二次绕组。根据磁链的峰峰值 $\Psi_{pp}$ 计算各自绕组的匝数。

在正弦激励下，式（2.13）修改为

$$N_1 = \frac{V_1\sqrt{2}}{2\pi f A_e B_{p,g}} = \frac{V_1}{4.44 f A_e B_{p,g}} \quad (2.14)$$

式中　$V_1$——一次绕组两端电压的方均根值；

　　　$f$——激励频率；

　　　$A_e$——铁心的有效截面积。

其他绕组的匝数可以通过期望的电压计算为

$$N_i = N_1 \frac{V_i}{V_1} \quad (2.15)$$

式中　$N_i$——第 $i$ 个绕组的匝数；

　　　$V_i$——第 $i$ 个绕组两端电压的方均根值。

**步骤 8）　在绕组中分配允许的总铜损耗 $P_{h,cu}$**

为了在绕组中分配允许的总铜损耗 $P_{h,cu}$（一次绕组和二次绕组，或者多个二次绕组），我们引入一个系数 $\alpha_i$，它等于分配给第 $i$ 个绕组的铜损耗 $P_{cu}$ 的相对比例：

$$\alpha_i = \frac{N_i I_{\text{rms},i}}{\sum\limits_{i=1}^{n} N_i I_{\text{rms},i}} \tag{2.16}$$

$$P_{\text{h,cu},i} = \alpha_i P_{\text{h,cu}} \tag{2.17}$$

式中　$I_{\text{rms},i}$——第 $i$ 个绕组的电流的方均根值；

$\quad\quad P_{\text{h,cu},i}$——第 $i$ 个绕组允许的损耗；

$\quad\quad P_{\text{h,cu}}$——从式（2.4）中得到的允许的总损耗。

**步骤 9）　确定导线直径$d_i$**

知道分配到每一个绕组的允许铜损耗 $P_{\text{h,cu},i} = \alpha_i P_{\text{h,cu}}$，我们就可以确定导线的直径 $d_i$。此处忽略了涡流损耗 $P_{\text{cu,eddy}}$，并且仅考虑导线中的欧姆损耗 $P_{\text{cu,ohm},i}$，我们假设 $P_{\text{h,cu},i} = P_{\text{cu,ohm},i}$：

$$P_{\text{h,cu},i} = P_{\text{cu,ohm},i} = R_{0,i} I_{\text{rms},i}^2 = \rho_c \frac{l_{Ti} N_i}{\pi d_i^2 / 4} I_{\text{rms},i}^2 \tag{2.18}$$

$$d_i \geq \frac{2}{\sqrt{\pi}} I_{\text{rms},i} \sqrt{\frac{\rho_c l_{Ti} N_i}{P_{\text{cu},i}}} \tag{2.19}$$

式中　$R_{0,i}$——第 $i$ 个绕组的直流电阻；

$\quad\quad I_{\text{rms},i}$——第 $i$ 个绕组的电流的方均根值；

$\quad\quad \rho_c$——导线的电阻率（铜的电阻率）；

$\quad\quad l_{Ti}$——第 $i$ 个绕组的每圈平均长度。

本书的附录 C 给出了可用的铜导线直径。在实际中，我们会选择一个实际导线直径$d_{\text{p},i}$，它比式（2.19）计算的$d_i$的值更高并且$d_{\text{p},i}$是下一个可用的导线直径。因为$d_{\text{p},i} > d_i$，所以欧姆损耗有所减少，允许有一些涡流损耗存在而不会超过总的允许铜损耗。

**备注：**

1）在变压器的设计中，当宽度不到一个完整层时，良好的操作方法是扩大导线直径来占满一个完整层的宽度（一次绕组和二次绕组之间的爬电绝缘距离要尽可能远）。

2）在一些必须使用并联导线或利兹线的设计中，可使用方程$d_{\text{p},i}^2 p_i > d_i^2$，其中$p_i$是并联导线匝数或利兹线的股数。

3）在设计并联导线的具体方案中，合理安排每条导线以确保使其分配平均的电流，且具有相同的磁链是很重要的。

**步骤 10）　计算实际铜损耗$P_{\text{cu}}$**

（1）欧姆铜损耗

所有绕组实际的欧姆铜损耗 $P_{\text{cu,ohm}}$ 与导线直径的二次方是成反比的，并且可以按下式计算：

$$P_{\rm cu,ohm} = \sum_{i=1}^{\rm all\ windings} R_{0,i} I_{\rm rms,i}^2 = \sum_{i=1}^{\rm all\ windings} \rho_c l_{{\rm T}i} N_i \left(\frac{4}{\pi d_{{\rm p},i}^2 p_i}\right) I_{\rm rms,i}^2 \qquad (2.20)$$

式中 $I_{\rm rms,i}$——第 $i$ 个绕组电流的方均根值;

$N_i$——第 $i$ 个绕组的线圈匝数;

$p_i$——并联导线的数量(或利兹线的股数)。

在 100℃ 下, $\rho_c = 23 \times 10^{-9}\Omega \cdot {\rm m}$; 在 25℃ 下, $\rho_c = 17.24 \times 10^{-9}\Omega \cdot {\rm m}$。

注意,在利兹线的情况下, $l_{{\rm T}i}$ 的值要增加大约 5%。

为了符号的简单化,从现在开始,我们把第 $i$ 个线圈的索引 $i$ 省去。

(2) 低频横向磁场涡流损耗

在低频下,圆导线中涡流损耗的主要部分可以用一个均匀的磁场分量来解释,就好像它在对导线进行着感应加热。

**备注:**

1) 注意,我们讨论涡流在低频下的近似,这并不意味着涡流损耗较低。

2) 当绕组中感应的涡流不会显著改变导体内的作用磁场时,低频下的近似才是适用的。

3) 在实践中,低频近似对于 $d \le 1.6\delta$ 是有效的( $d$ 是导线的直径并且 $\delta$ 是穿透深度)。关于 $\delta$,见式(2.31)。

我们使用以下方程表示涡流损耗:

$$P_{\rm cu,eddy}(t) = \frac{\pi l_{\rm w} d_{\rm p}^4}{64\rho_c}\left(\frac{{\rm d}B}{{\rm d}t}\right)^2 \qquad (2.21)$$

式中 $d_{\rm p}$——第 $i$ 个绕组铜线的实际直径;

$B$——磁感应强度,假设其垂直于分析的导线;

$l_{\rm w}$——第 $i$ 个绕组的导线长度( $l_{\rm w} = Npl_{\rm T}$ )。

式(2.21)是非常通用的,适用于极为复杂的磁场分布和非正弦波形中[1-3]。当使用有限差分方法或有限元方法计算磁场时,低频近似和式(2.21)也可以使用。

图 2.6 显示了绕线区域的绕组细节,定义参数 $m$, $n$, $t_{\rm w}$, $b$ 和 $h$。注意,参数 $w$ (线圈管的最小绕组宽度)在数据手册中已给出。

图 2.7 显示了常见的变压器和电感器的形状和讨论涉及的尺寸。层数 $m$、一

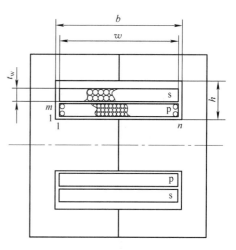

图 2.6 绕线区域的细节,定义绕线区域高度 $h$,绕线区域宽度 $b$,绕组厚度 $t_{\rm w}$ 和最小绕组宽度 $w$(p:一次绕组,s:二次绕组)

层中的导体数量 $n$ 和磁场对称系数 $K$ 如图 2.7 所示。

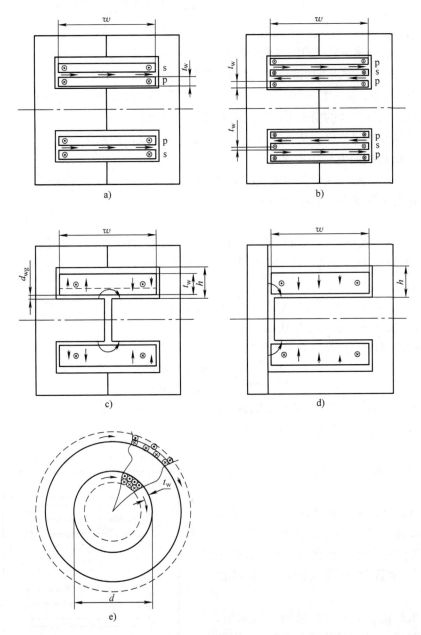

图 2.7  通用变压器和电感器的形状和讨论中涉及的尺寸和磁场方向

a) 正常变压器（参考案例），两个线圈的 $K=1$  b) 二次绕组在交错绕组变压器的
中间（二次绕组采用三明治绕法），二次绕组 $K=2$  c) 中心有气隙的电感器，
$K=2$  d) EI 铁心电感器，$K=1$  e) 环形铁心变压器和电感器，$K=1$

$m_E$，$n_E$，$\eta$ 和 $\lambda$ 的定义：

参数$m_E$ 定义为等效层数，参数$n_E$ 定义为一层中的等效匝数。

同一层中的 $p$ 根并联导线称为这一层中的等效导线的数量。

$$n_E = np, \quad m_E = m \tag{2.22}$$

对于利兹线，很难准确地数出一层的单独导线的数量。我们在两个方向上分配等效匝数，于是可以得到

$$n_E = n\sqrt{p}, \quad m_E = m\sqrt{p} \tag{2.23}$$

式中    $p$——并联股数。

层方向的铜线填充系数 $\eta$ 可以定义为

$$\eta = \frac{d}{w}n_E \tag{2.24}$$

式中    $d$——导线直径；

  $w$——线圈宽度（见图2.6）。

垂直于层方向的铜线填充系数 $\lambda$ 可以定义为

$$\lambda = \frac{d}{h}m_E \tag{2.25}$$

式中    $h$——窗口的高度（见图2.6）。

对于具有同心的一个一次绕组和一个二次绕组的变压器，可以写出：

$$m_E n_E = Np \tag{2.26}$$

对于变压器中的交错绕组（也没有并联导线）$m_E = m/K$，其中 $K$ 是磁场对称系数（见图2.7）。这个描述对于半层来说是必要的。

通常，在绕组截面上的磁场几乎是从零线性增加到最大值的，所以如果用 $(B_{max})^2$ 描述总损耗，需要再除以3（见本书附录A）。然而，并不是所有磁场模式都是这样的，我们添加一个系数$k_F$，于是涡流损耗变为

$$P_{cu,eddy} = \frac{\pi l_w d_p^4 w^2}{64\rho_c} \frac{B_{max}^2}{3} k_F \tag{2.27}$$

式中    $B_{max} \approx N\left(\dfrac{I_{ac}\mu_0}{w}\right)$。

将 $B_{max}$ 代入式（2.27）中，得到

$$P_{cu,eddy} = \frac{l_w \dfrac{\pi d_p^4}{4}N^2}{48\rho_c}\left(\frac{2\pi f_{ap}I_{ac}\mu_0}{w}\right)^2 k_F \tag{2.28}$$

式中

  $k_F = 1$：此值适用于变压器；

  $k_F = 1$：如果气隙到层的距离相比于层的宽度较大，此值也适用于电感器。

**备注：**

当损耗是频率的二次方关系时，由于它是在低频近似，因此使用$(\mathrm{d}i/\mathrm{d}t)_{\mathrm{rms}}$代替$\omega I$是可能的，这样就避免了谐波分量的求和。那么式（2.28）适用的表观频率是$f_{\mathrm{ap}} = \dfrac{\left(\dfrac{\mathrm{d}i}{\mathrm{d}t}\right)_{\mathrm{rms}}}{2\pi I_{\mathrm{rms}}}$。

注意，对于给定的磁心，涡流损耗基本上是与匝数的三次方成正比的，因为横向磁场（与导线线圈轴线垂直方向的磁场）与匝数$N$成正比，并且导线长度也与$N$成正比。

我们用$k_{\mathrm{F}}$来表示磁场系数。对于变压器，例如在图2.7a和b中，磁场系数的值为$k_{\mathrm{F}} \approx 1$。电感器的系数$k_{\mathrm{F}}$（如EE和ETD磁心）是高度依赖于绕组到气隙的距离的，如图2.8所示。相应的高涡流损耗位置是靠近气隙的，会引起局部过热。因此，靠近气隙的薄薄的一层线圈具有极高的磁场系数$k_{\mathrm{F}}$值。满绕线圈的磁场系数$k_{\mathrm{F}}$的值会降低，因为绕组到气隙的平均距离增加了。

关于图2.8的评论：

1）这两个极端情况如下：

虚线——磁路支路之间的导线的磁场系数$k_{\mathrm{F}}$（平面磁场模式），例如EE铁心（见图2.8b），这种情况下的涡流损耗最大。

点划线——线圈端部导线的磁场系数$k_{\mathrm{F}}$（轴对称的磁场模式），例如没有支路（见图2.8b），在这种情况下涡流损耗最小。

2）在这一章里，我们使用在图2.8中实线所示的平均典型值。

由于三维场的影响，磁场系数$k_{\mathrm{F}}$在线圈端部会有一定程度的减少，因为线圈端部的横向磁场相比于磁心里面线圈的磁场更低。

我们定义一个无量纲参数$\kappa$，它反映了绕组和气隙之间的相对距离。参数$\kappa$可以表示为

$$\kappa = \frac{d_{\mathrm{wg}} + \dfrac{t_{\mathrm{w}}}{3}}{w/K} \tag{2.29}$$

式中　$d_{\mathrm{wg}}$——绕组和支路气隙之间的距离，如图2.7c所示；

　　　$t_{\mathrm{w}}$——绕组的厚度，如图2.7c所示；

　　　$K$——磁场对称系数，如图2.7所示。

当$\kappa$保持不变的情况下，磁场系数$k_{\mathrm{F}}$主要是依赖于$\kappa$和较少地依赖$t_{\mathrm{w}}$和$w$。附录5.A.3给出了磁场系数$k_{\mathrm{F}}$的推导细节。

请注意，式（2.28）是有效的，损耗与$\omega I_{\mathrm{ac},i}$的二次方成正比，因此它们与$\mathrm{d}i/\mathrm{d}t$也成正比。这是一个有趣的特征，因为在这些情况下它允许我们使用$\mathrm{d}i/\mathrm{d}t$的方均根值，而不是将所有单个谐波相加。通常情况下，$\mathrm{d}i/\mathrm{d}t$的方均根值很容易计

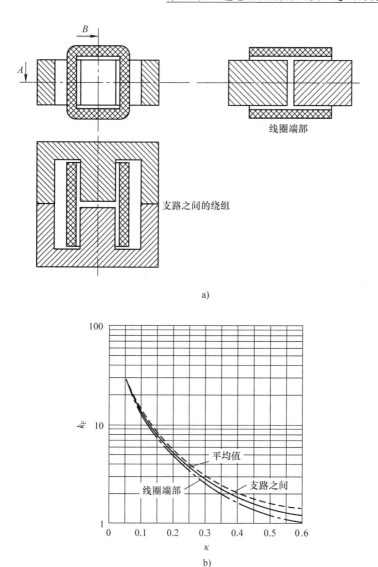

a)

b)

图 2.8　二维磁场系数 $k_F$ 是 $\kappa$ 的函数。实线曲线—曲线 $k_F$ 典型的平均值；

虚线—磁路支路之间的导线的磁场系数 $k_F$，例如 EE 铁心（见图 2.8b），涡流损耗最大；

点划线—线圈端部导线的磁场系数 $k_F$，例如没有支路（见图 2.8b），这种情况下的涡流损耗最小

算。对于电感器，它是电感器中的电压方均根值除以其电感，即 $V_{L,rms}/L$。在变压器的情况下，它与通过漏电感的电压成正比。

对于 $p$ 条平行导线或 $p$ 股的利兹线，我们有 $p$ 倍的导线，但横向场是相同的。假设所有平行导线中的电流都是相等的。因此，在这种情况下我们得到下述结果 $P_{cu,eddy,litz}$，相对于原始方程（2.27）：

$$P_{\text{cu,eddy,litz}} = P_{\text{cu,eddy,orig}} p \left( \frac{d_{\text{p,litz}}}{d_{\text{p,orig}}} \right)^4 = \frac{P_{\text{cu,eddy,orig}}}{p} = \frac{l_w \pi \dfrac{d_p^4}{4} N^2}{p 48 \rho_c} \left( \frac{2\pi f I_{\text{ac}} \mu_0}{w} \right)^2 k_F$$

(2.30)

优势是损耗 $P_{\text{cu,eddy}}$ 与 $p$ 成反比，对于同样的总截面，$d_p^4$ 与 $p^2$ 成反比，有 $P_{\text{cu,eddy,litz}} = \dfrac{P_{\text{cu,eddy,orig}}}{p}$。

在利兹线的情况下，必须考虑约 5% 的增加的线的长度。利兹线的导线直径小且局部磁场可以忽略不计，因此低频近似通常在横向场是有效的。

（3）宽频涡流损耗

提出计算涡流损耗的方法包括二维效果，与一维方法相比提供了更高的精度（如道威尔类型）。从式（2.28），可以做两个改善：

1）在高频下，导线涡流的生成磁场影响导体本身和其他导体的磁场。这一事实降低了 $P_{\text{cu,eddy}}$ 中的系数 $F_T$，见附录 2. A. 2。字母 T 来自横向磁场 "transverse"。

2）在低频下，可以考虑真正的涡流损耗，这是由导线周围局部磁场产生的而不仅仅是横向磁场。这种情况使涡流损耗的公式 $P_{\text{cu,eddy}}$ 中产生了一个特定的项，即衰减系数 $F_A$，见附录 2. A. 2。字母 A 来自于词语 "around"（周围）。

为了能够在宽频范围内分析涡流损耗，先来介绍穿透深度 $\delta$，如下

$$\delta = \sqrt{\frac{2\rho_{\text{cu}}}{\omega \mu}}$$

(2.31)

式中　$\omega = 2\pi f$——作用磁场的频率；

　　　　$\mu$——材料的磁导率（对于铜来说，磁导率 $\mu \cong \mu_0$），$\mu_0$ 是真空磁导率；

　　　　$\mu_0 = 1.25664 \times 10^{-6} \text{H/m}$；

　　　　$\rho_{\text{cu}}$——导电材料的电阻率（铜），在 100℃ 下使用 $\rho_{\text{cu}} = 23 \times 10^{-9} \Omega \cdot \text{m}$；

　　　　在 25℃ 时，使用 $\rho_c = 17.3 \times 10^{-9} \Omega \cdot \text{m}$。

在温度为 25℃ 和 100℃ 下，铜导线的穿透深度 $\delta$ 与频率 $f$ 的函数曲线如图 2.9 所示。

涡流损耗系数 $k_c$ 和宽频方法：

为将式（2.27）的有效性延伸到更大的直径和更宽频率范围，我们给出系数 $k_c(m_E, \zeta, \eta, \lambda)$，它代表了涡流损耗与磁性元件绕组电阻的欧姆损耗之间的比例。这种方法被称为电感器和变压器的宽频方法，因为它对于所有频率都是适用的。

使用前面介绍的 $m_E$，$\eta$ 和 $\lambda$，由以下方程给出涡流损耗：

$$p_{\text{eddy}} = (R_0 I_{\text{ac}}^2) k_c (m_E, \zeta(f, d), \eta, \lambda)$$

(2.32)

式中，参数 $\zeta$ 等于导体直径除以穿透深度：

$$\zeta(f, d) = \frac{d}{\delta(f)}$$

(2.33)

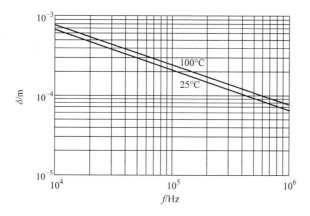

图 2.9  铜导线穿透深度 $\delta$ 为频率 $f$ 的函数，温度为 $T = 25\,℃$ 和 $T = 100\,℃$

在式（2.32）中，$R_0$ 是绕组的欧姆电阻，有

$$R_0 = \rho_c l_T N \left( \frac{4}{\pi d_p^2 p} \right)$$

函数 $k_c(m_E, \zeta(f,d), \eta, \lambda)$ 的细节在附录 2. A. 2 中给出并在第 5 章给出了完整的推导。为了便于使用 $k_c$，我们在这里提供一些图。

对式（2.32）的评论和结论：

1）提出的公式的结果接近于大家已知的道威尔的圆正交法[4]，但提出的公式在变压器上更准确（如低封装系数的情况），并且它还可以处理电感器的设计，此时道威尔法会导致很大的错误。

2）对于 $\zeta < 1.6$ 的情况，低频近似是有效的，损耗随频率成正比例增加并且误差低于 10%。

3）在变压器设计中，如果 $m_E > 2$，可以只考虑式（2.28）给出的横向磁场损耗。

表观频率计算：

式（2.32）应该使用表观频率。

1）一般来说，为了计算损耗，需要对每个电流谐波的贡献求和。在所提出的方法中，对正弦电流而言没有任何修正，表观频率 $f_{ap}$ 等于真实的频率：

$$f_{ap} = f$$

2）对于对称三角形电流波形，在低频近似中得到以下的表观频率 $f_{ap}$：

$$f_{ap} = f \frac{2\sqrt{3}}{\pi} = 1.10f$$

3）在高频下，对于给定的电流，损耗随频率的二次方根而增加。在这种情况下，电流谐波的贡献较低，可以使用电流的方均根值而不是把所有谐波累加起来。对于对称的三角形电流波形，表观频率是 $f_{ap}$：

$$f_{ap} = 1.025f$$

参考线径：

0.5mm 作为参考线径是为了使用电力电子中的典型线径。当穿透深度 $\delta$ 等于参考直径 $d$ 时，频率是 20kHz。对于参考直径 $d=0.5$mm，低频近似的极限频率是 50kHz，因此低频可以应用在低于 50kHz 的情况。这些值容易被记住。相邻层的导线直径认为相等并进行正方形填充。这是最差方案设计，因为六边形填充通常可以降低损耗。

等效频率计算：

为了在任何频率、线径和导体电阻率下都能使用本书提供的图（见图 2.10 ~ 图 2.13），应该首先找出分析案例中的等效频率：

$$f_{eq} = f_{ap}\left(\frac{d_p}{0.5\text{mm}}\right)^2\left(\frac{23\times10^{-9}}{\rho_c}\right) \tag{2.34}$$

式中　$f_{ap}$——表观频率；

　　　$d_p$——实际导线直径，单位为 mm；

　　　$\rho_c$——导体的电阻率，单位为 $\Omega\cdot$m。

如果只是关注涡流损耗的数量级，波形和电阻率的影响则可以忽略，直径的影响仍需要通过下面的简化表达式考虑进去：

$$f_{eq} \approx f\left(\frac{d_p}{0.5\text{mm}}\right)^2 \tag{2.35}$$

**注意：**

当阅读图 2.10 ~ 图 2.13 时，式（2.35）仅在快速设计情况下使用。附录 2.A.2 详细解释了系数 $k_c$ 的直接计算和图解法获取。

变压器案例和举例：

变压器的系数 $k_c$ 是

$$k_c = m_E^2 k_{tf} \tag{2.36}$$

其中

利用图 2.10 和图 2.11 可以得到 $k_{tf}$ 的值。并联导线的数量 $p$ 降低了直流电阻，从而增加了 $k_c$。

在变压器的设计中，不推荐使用部分填充层。如果使用填充层，导线应该相同分布。当 $m_E$ 的值比较高时，部分填充层的影响会减少。

在图 2.10 和图 2.11 考虑的设计举例中，导线直径是 0.5mm 的典型例子，电力电子产品的通常的频率范围是 10kHz ~ 10MHz。对于两层以上（$m_E > 2$），结果几乎是与层数无关的。变压器的 $\eta$ 值通常在 0.7（细线和利兹线的典型值）和 0.9（$d > 0.5$mm 的典型值）之间。对于其他的 $\eta$ 值，可以在图 2.10 和图 2.11 之间进行线性插值，带来的额外误差小于 2%。

变压器设计的几个例子展示了图 2.10 和图 2.11 及附录 2.A.2 中对应方程的使用。

1) 单层绕组的变压器，使用导线直径为 0.9mm，外直径为 1mm，频率为 30kHz，铜电阻率 $\rho = 23\times10^{-9}\Omega\cdot$m。

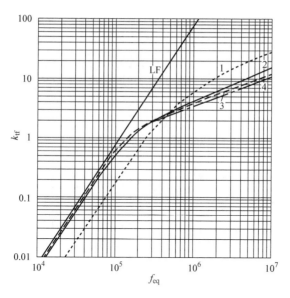

图 2.10  变压器举例（一）

典型的变压器系数 $k_{tf}$，其中 $d = 0.5 \mathrm{mm}$，$\eta = 0.9$，$\rho = 23 \times 10^{-9}$ 和 $\lambda = 0.5$，

1—点线：半层，$m_E = 0.5$；2—实线：单层，$m_E = 1$；3—虚线：两层，$m_E = 2$；

4—点划线：三层或更多层，$m_E > 2$。LF 为低频近似

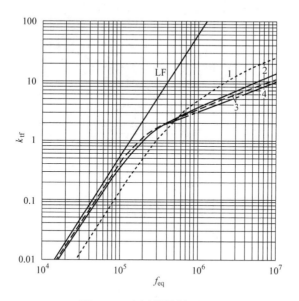

图 2.11  变压器举例（二）

典型的变压器系数 $k_{tf}$，其中 $d = 0.5 \mathrm{mm}$，$\eta = 0.7$，$\rho = 23 \times 10^{-9}$ 和 $\lambda = 0.5$，

1—点线：半层，$m_E = 0.5$；2—实线：单层，$m_E = 1$；3—虚线：两层，$m_E = 2$；

4—点划线：三层或更多层，$m_E > 2$。LF 为低频近似

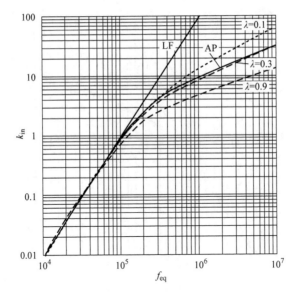

图 2.12　电感器举例（一）

$k_{in}$ 是 $f_{eq}$ 的函数，$\eta = 0.9$，$d = 0.5$mm，$\rho = 23 \times 10^{-9}$，高 $m_E$ 值，直实线 LF：低频的解决方案；

实曲线 AP：第 2 章中 $k_{in}$ 的近似值；虚曲线：$\lambda = 0.1$、$0.3$、$0.9$ 下第 5 章给出的解答

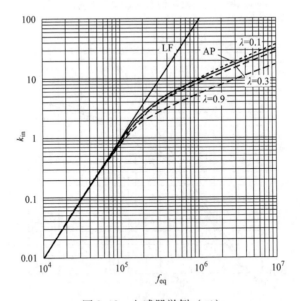

图 2.13　电感器举例（二）

$k_{in}$ 是 $f_{eq}$ 的函数，$\eta = 0.7$，$d = 0.5$mm，$\rho = 23 \times 10^{-9}$，高 $m_E$ 值，直实线 LF：低频的解决方案；

实曲线 AP：第 2 章中 $k_{in}$ 的近似值；虚曲线：$\lambda = 0.1$、$0.3$、$0.9$ 下第 5 章中给出的解答

我们有 $\eta = 0.9$mm$/1$mm $= 0.9$，所以使用图 2.10。必须保持同样的直径/穿透深度比，来找到等效频率 $f_{eq} = 30$kHz $\times (0.9/0.5)^2 = 97.2$kHz。

对于这个频率，使用附录 2. A. 2 的完整公式计算 $k_c$。结果是 $k_{tf} = 0.473$。图 2. 10 给出了相同的结果。这是一个单层变压器，所以 $m_E = 1$，可得到 $k_c = k_{tf} = 0.473$。

2）相同的导线直径和电阻率，但为三层绕组变压器，使用三倍小的线圈宽度和相同的匝数。

我们使用相同的值 $\eta = 0.9$ 和 $f_{eq} = 97.2$kHz。这是一个三层变压器，所以 $m_E = 3$。对于三层，可得到 $k_{tf} = 0.575$（使用图 2. 10 或附录 2. A. 2 的方程），并且有 $k_c = 3^2 k_{tf} = 5.17$。相比之下，使用完整的方程，得到 $k_c = 5.08$，这两者是接近的。

3）导线直径和电阻率相同，但设计的是半层变压器（设计的单层二次绕组是夹在两个一次绕组之间的）。

使用相同的值 $\eta = 0.9$ 和 $f_{eq} = 97.2$kHz，我们计算或从图 2. 10 读出 $k_{tf} = 0.166$。这是一个半层变压器，因此 $m_E = 0.5$，$k_c = 0.5^2 k_{tf} = 0.0415$。使用的完整方程 $k_c$ 给出相同的结果。这值远低于 1）和 2）。原因是，在这种设计情况下，横向磁场为零，只存在局部磁场。在实际实现中，半层解决方案确实表现出色，但是未精确设计的绕组（如每层绕组的线宽不等）会产生寄生横向磁场，从而使得损耗显著增加。

4）50kHz 时两层 0.5mm 直径铜线绕组变压器，层方向的封装系数为 $\eta = 0.8$，铜电阻率 $\rho_c = 23 \times 10^{-9} \Omega \cdot m$。

如图 2. 10 和图 2. 11 中所示，我们有与图中相同的直径，所以等效频率等于作用频率。我们从图 2. 10 中获得 $k_{tf,0.9} = 0.170$ 和从图 2. 11 中得到 $k_{tf,0.7} = 0.104$。为了找到 $k_{tf,0.8}$（$\eta = 0.8$），取这两个值的平均值 $k_{tf,0.8} = \dfrac{0.104 + 0.170}{2} = 0.137$。那么得到 $k_c = 2^2 k_{tf,0.8} = 0.549$。为了比较，使用 $k_c$ 的完整公式得出 $k_c = 0.541$。

电感器案例和举例：

对于低频范围，损耗对频率的依赖关系是二次方，可以使用式（2.30）。在更高的频率下，损耗低于式（2.30）的预测值。磁场有与层平行的分量以及垂直的分量。在这一章，电感器的设计使用一个简化的表达式，而忽略其他导体产生的磁场。

因此，对于电感器，我们定义以下的简化涡流损耗系数 $k_c$：

$$k_c = \left(\frac{pNd_p}{w}\right)^2 k_F k_{in}(f_{eq}) \tag{2.37}$$

式中    $k_F$——磁场系数，如图 2. 8 所示；

$k_{in}$——从图 2. 12 和图 2. 13 中找到；

$p$——并联导线的数量（或是利兹线的股数）。

表示涡流损耗系数 $k_c$ 的完整方程会在附录 2. A. 2 中给出。

关于图 2. 12 和图 2. 13 的评论：

1）在低频范围（$d = 0.5$mm 对应于 $f < 50$kHz），$d < 1.6\delta$，参数 $\lambda$ 和 $\eta$ 并不真正重要，低频近似是有效的，如图 2.12 和图 2.13 中的直线 LF。

2）在图 2.12 和图 2.13 中，我们给出电感器 $k_{in}$ 的近似值（实曲线 AP），忽略了其他导线的感应磁场，在本章中，我们使用它。

3）在第 5 章中，我们直接以更精确的方式计算 $k_c$，结果是图 2.12 和图 2.13 中添加的虚线曲线。

为了显示图 2.12 和图 2.13 中的使用方法，我们给出了几个电感器的简短的设计举例。在所有例子中，电阻率 $\rho = 23 \times 10^{-9}\Omega \cdot$m。

1）带有 40 匝的单层、中心有气隙的电感器，绕组宽度为 30mm，$\eta = 0.9$。导线直径 $d = 0.8$mm。

频率是 25kHz。绕组直接绕在线圈管上并且距离中心支路 1.5mm。

给定直径对应的等效频率是

$$f_{eq} = 25\text{kHz} \times \left(\frac{0.8}{0.5}\right)^2 = 64\text{kHz}$$

对称的系数是 $K = 2$ 并且 $\kappa$ 的值是 $\kappa = \dfrac{1.5}{30/2} = 0.1$。

对于已找到的等效频率 $f_{eq} = 64$kHz，通过完整方程或读图 2.12 中的曲线计算得到 $k_{in} = 0.365$。使用图 2.8 或式（2.A.24）找到磁场系数 $k_F = 12.5$。然后，我们计算

$$k_c = \left(\frac{pNd_p}{w}\right)^2 k_F k_{in} = \left(\frac{1 \times 40 \times 0.0008}{0.03}\right)^2 \times 12.5 \times 0.365 = 5.19$$

2）具有相同线径、频率、匝数、铁心类型和 $\eta$ 的电感器，但是 $\kappa \approx 0.3$。

这对应于绕组的中心线和中心支路之间的距离为 4.5mm。只有 $k_F$ 变化，它的值现在为 $k_F = 2.77$，见式（2.A.25）。我们可以得到

$$k_c = \left(\frac{pNd_p}{w}\right)^2 k_F k_{in} = \left(\frac{1 \times 40 \times 0.0008}{0.03}\right)^2 \times 2.77 \times 0.3653 = 1.15$$

尽管相比于先前的情况，现在导线的长度增加了，因此直流电阻也增加，显著降低了交流损耗。此外，避免了发热点接近气隙。然而，可以获得更好的 $k_c$ 值。较小的直径会导致较小的交流损耗，但并联导线或利兹线仍然可以进一步改善绕组的交流和直流电阻。

3）带中心气隙的大电流直流电感器，导线直径 $d = 2$mm（外径为 2.22mm），200kHz。匝数是 24 或是每一层为 12。绕组距离中心支路 1.5mm，绕组厚度为 4.5mm，线圈宽度为 30mm，绕线区域高度为 10mm。

给定直径的等效频率是 $f_{eq} = 200\text{kHz} \times \left(\dfrac{2}{0.5}\right)^2 = 3.2$MHz。

在这种情况下 $K = 2$，$\kappa$ 的值是

$$\kappa = \frac{t_{wg} + t_w/3}{\omega/2} = \frac{1.5 + 4.5/3}{30/2} = 0.2$$

使用图 2.8 或式 (2.A.24)，我们发现 $k_F = 5.19$。$\eta$ 的值是 0.8。我们在图 2.12 和图 2.13 之间进行插值或使用附录中的方程来获取 $k_{in}$ 值，可以得到 $k_{in} = 17.48$。那么，得到 $k_c$ 为

$$k_c = \left(\frac{pNd_p}{w}\right)^2 k_F k_{in} = \left(\frac{1 \times 24 \times 0.002}{0.03}\right)^2 \times 5.19 \times 17.48 = 232$$

$k_c$ 的值是非常大的，这种类型的电感器不适合用作交流电感器。案例也显示了即使对于小型高频元件，交流损耗（$k_c = 232$）也比直流损耗高得多。

**注意**：我们有 $\lambda = 4.5/10 \approx 0.45$，如果使用第 5 章的完整方程，这会导致交流损耗降低约 30%。

4）如 3）一样的设计，也是 24 匝，但是 4 根 1mm 的导线并绕，直流电阻也是相同的。电流在 4 根导线中平均分配。

给定直径 $d = 0.5$ 的等效频率是 $f_{eq} = 200\text{kHz}$，现在是 $f_{eq} = 200\text{kHz} \times (1/0.5)^2 = 800\text{kHz}$。

$\eta$ 和 $k_F$ 同 3）中一样：$\eta = 0.8$，$k_F = 5.19$。我们读图或计算得到 $k_{in} = 8.06$。那么，得到 $k_c$ 为

$$k_c = \left(\frac{pNd_p}{w}\right)^2 k_F k_{in} = \left(\frac{4 \times 24 \times 0.001}{0.03}\right)^2 5.19 \times 8.06 = 428 \qquad (2.38)$$

结论是对于这个高频，总截面积相同的更多并联导线会导致交流损耗增加：$k_c$ 为 428，与之前 232 的情况相比。对于真正高频情况，涡流损耗随 $p$ 的二次方根增加。这种高频现象与低频涡流损耗的情况是相反的，后者的损耗随 $p$ 减少。

5）总铜损耗。

现在我们对得到的实际欧姆损耗和涡流损耗求和，计算所有绕组的总铜耗 $P_{cu}$：

$$P_{cu} = \sum_i P_{cu,i} = \sum_i \left[ R_{0,i}(I_{dc,i}^2 + I_{ac,i}^2 + I_{ac,i}^2 k_{ci}) \right] \qquad (2.39)$$

**步骤 11）** **检查铜损耗 $P_{cu}$ 是否低于允许的铜损耗 $P_{h,cu}$**

我们检查总铜损耗是否低于允许的铜损耗：

$$P_{cu} \leq P_{h,cu} \qquad (2.40)$$

如果总铜损耗 $P_{cu}$ 低于允许的损耗限值 $P_{h,cu}$，那么继续步骤 13），否则进入步骤 12）。

**步骤 12）** **改进是可能的吗**

这个问题的答案是与愿意采用哪些类型技术相关的，这意味着：

1）哪种导线直径是现有的或者是可以得到的？

2）利兹线是允许的吗？

3）可以保持绕组和气隙之间的距离吗？

提出的设计方法通常可以保证足够低的电阻铜损耗。如果步骤11）并不满足，这意味着涡流损耗太高了。所以是否能减少总的实际铜损耗仍然是值得去调查的。一般来说，如果$k_{\mathrm{eddy}} < 0.5$，直径的微量增加可能有用，因为欧姆损耗和涡流损耗可能不会增加很多。然而，采用一些特定的技巧来减少涡流损耗是有可能的。在步骤12a）中讨论。

导线直径的选择和绕组的排列可以用来优化导线损耗。

**步骤12）　线径和绕组排列的优化**

（1）变压器

可能的改进是：

1）如果设计结果是一个单层绕组，导线直径可以增加以便完全填充这一层，只要在容忍的爬电距离内。这是一个减少直流电阻的非常有效的方法。因此，尽管$k_{\mathrm{eddy}}$（$k_{\mathrm{eddy}} = P_{\mathrm{cu,eddy}}/P_{\mathrm{cu,ohm}}$）可能高，增加直径时的损耗降低了。如果这个技巧还不够，我们可以想到交错绕组，缠绕粗导线的二次绕组（通常是2倍穿透深度或更多）是夹在两个直径较低的一次绕组之间的。

2）如果设计结果为两个或两个以上层，那么使用并联$p_i$根导线对于减少涡流损耗是很有用的。通过这种方式，导线的直径可以减小$\sqrt{p_i}$倍，因此减少了涡流损耗。应该特别注意确保导线中的电流几乎是相等的，这通常是通过对称实现的。并联连接的一个特例是利兹线。在这种情况下$p_i$成为股数。在利兹线和并联导线的情况下，必须考虑每匝导线平均长度（Mean Length of Turn，MLT）有5%的增加。

（2）电感器

可能的改进是：

1）在通常情况下，使用利兹线或并联导线以减少涡流损耗。

2）当与气隙保持一些距离时，可以实现重要的改进。$k_{\mathrm{F}}$的图（见图2.8）给出了这样改进的效果。

3）如果交流电流远低于直流分量，设计大比率$d_{\mathrm{p}}/\delta$是可能的。

在带有集中气隙的电感器中，靠近气隙的磁场仅略低于气隙中的磁场。因此，接近气隙的地方会由横向磁场对线圈进行感应加热。此外，该磁场通常不是平行于层的，这意味着该磁场需要在导线之间穿行。这一事实极大地增加了单层设计中的损耗。因此，直接在线圈架使用单层线圈，并且靠近气隙是电感器设计中最糟糕的事情。

**步骤13）　检查铜线填充系数**

我们检查是否磁心窗口面积$W_a$足够大以便能够装下所有的线圈。假设圆导体的铜填充系数$k_{\mathrm{cu}} = 0.4$和利兹线的$k_{\mathrm{cu}} = 0.2$并检查下面的不等式：

$$\sum_{i=1}^{n} p_i N_i \frac{\pi d_{i,\mathrm{p}}^2}{4} \leqslant k_{\mathrm{cu}} W_a \tag{2.41}$$

如果窗口面积不够大，则转到步骤13a）并选择更大的磁心。关于铜填充系数更详细的信息，请参考第 4 章。

**步骤 13a）　选择一个较大的磁心**

我们选择一个较大的磁心是为了有更大的窗口面积和更高的散热能力。选择具有更低损耗或更高饱和磁感应强度的材料可能也是足够的。

**步骤 14）　检查步骤 1）中选择的磁心尺寸是否较小**

评估步骤 1）中选择的磁心大小是否较小，我们使用不等式：

$$k_{\text{eddy}} = \frac{P_{\text{cu,eddy}}}{P_{\text{cu,ohm}}} = \frac{I_{\text{ac}}^2 k_{\text{c}}}{I_{\text{dc}}^2 + I_{\text{ac}}^2} \ll 0.5 \tag{2.42}$$

$$k_{\text{cu}} \ll 0.4 \tag{2.43}$$

如果两个不等式都成立，则转向步骤 14a）。

**步骤 14a）　选择一个较小的磁心**

因为窗口面积远未填满（$k_{\text{cu}} \ll 0.4$）以及涡流损耗相对较低（$k_{\text{eddy}} \ll 0.5$），所以会选择更小的磁心。

因为必须增加线圈的匝数，所以小的磁心会导致导线加长，同时选择更大的导线直径来保持电阻损耗较低，这将导致更高的涡流损耗。因此，只有在式（2.42）和式（2.43）都满足的情况下才会选择更小的磁心。

**步骤 15）　计算总气隙长度 $\sum l_{\text{g}}$**

通常为了避免饱和，电感器需要一个气隙。易于受直流磁动势的影响，变压器也需要气隙。

当忽略带有气隙磁路的边缘磁场时，电感 $L$ 可以表示为

$$L = \frac{\mu_0 A_{\text{e}} N^2}{\sum l_{\text{g}} + l_{\text{e}} / \mu_{\text{c}}} \tag{2.44}$$

然后，计算小气隙情况时，可以使用以下表达式：

$$\sum l_{\text{g}} = \frac{\mu_0 A_{\text{e}} N^2}{L} - \frac{l_{\text{e}}}{\mu_{\text{c}}} \tag{2.45}$$

式中　　$\sum l_{\text{g}}$——气隙的总长度；

$\mu_{\text{c}}$——铁心材料的磁导率；

$\mu_0$——自由空间的磁导率；

$A_{\text{e}}$——磁路的等效截面积，请参阅附录 B；

$l_{\text{e}}$——磁心等效磁路路径长度，请参阅附录 B；

$L$——电感的期望值。

对于较大的空气隙，气隙边缘的其他磁场路径的磁导（边缘路径）必须被考虑进去。这些磁导导致式（2.45）中出现相当大的偏差，它只考虑了主要的磁路。在某些情况下，由于边缘路径的磁导被忽视，式（2.45）低估了必要的气隙长度，其值达到 2 倍。因此，实际上，由式（2.45）计算的气隙长度通常应该增加 1～2

倍来获得必要的气隙长度 $l_{g,actual}$：

$$\sum l_{g,actual} = (1-2)\sum l_g \qquad (2.46)$$

许多参数都会影响必要的修正，但作为一种主要方法，对于中心有气隙的 EE 铁心或 UA 铁心的粗糙近似可以通过 McLyman 提出的实验方程得到[5]：

$$L' = LF \qquad (2.47)$$

$$F = 1 + \frac{l_g}{\sqrt{A_g}}\ln\left(\frac{2w_h}{l_g}\right) \qquad (2.48)$$

式中　$L$——电感值，由式（2.44）得到；

　　　$L'$——采用边缘磁通量修正的电感值；

　　　$F$——边缘系数；

　　　$l_g$——气隙的长度；

　　　$A_g$——气隙的截面积；

　　　$w_h$——绕组的总宽度。

**备注：**

1）通过减少线圈匝数来补偿边缘效应是不正确的。这导致高的磁感应强度值，磁心可能会饱和并且磁心损耗会更高。

2）如果希望获得理想电感值 $L$，一些已经计算好的参数（$N$、磁心大小）需要改变，然后铁心损耗和铜损耗必须重新计算，并且与允许限值再做比较。

当 $L$ 值给定时，真正的问题是找到 $l_g$，这对应于

$$\sum l_g = \frac{\mu_0 A_c N^2}{L}F_{new} - \frac{l_c}{\mu_c} \qquad (2.49)$$

式（2.49）产生了非线性方程的求解问题，因为 $F_{new}$ 也是 $l_g$ 的函数。然而，采用下式代替 $F_{new}$，可以获得与最终值非常接近的结果。

$$F_{new} = (F-1)F + 1 \qquad (2.50)$$

**参数 $A_L$：**

铁氧体磁心的制造商对于有中心支路气隙的磁心往往考虑参数 $A_L$。对应于确定气隙长度的参数 $A_L$，已经在数据表中给出。电感值描述如下

$$L = A_L N^2 \qquad (2.51)$$

式中　$A_L$——磁路的磁导；

　　　$N$——线圈的匝数。

知道期望值 $L$ 后，首先找到 $A_L$，然后使用制造商数据，得到相应的气隙长度 $l_g$ 为

$$A_L = \frac{L}{N^2} \Rightarrow l_g \qquad (2.52)$$

**备注:**

这些数据并不总是可以使用的,或者在第一次设计中使用了分段气隙(磁通路径中串联的两个空气隙),所以为了找到期望的气隙长度,更准确的表达式是必要的。分段气隙损耗往往低于集中气隙损耗,但它们在磁性元件外部产生很多的漏磁场,从而导致可能的 EMI(电磁干扰)问题,所以往往并不被选择。

## 2.1.2　磁饱和散热受限的设计

在铁心损耗相对较低且磁感应强度高的应用场合中散热受到限制,也受磁路饱和的限制。通常的应用场合是低频或脉冲应用场合。此类应用的典型示例包括 AC 滤波器、脉冲变压器、直流电抗器。

我们解释磁饱和散热受限的设计步骤,在图 2.2 中已经给出了流程图。

**步骤 1)　找到峰峰值磁感应强度 $B_{pp}$**

开始设计时,我们要找到峰峰值磁感应强度,因为这个值对应于磁心的铁心损耗。我们需要这个值来评估所需的铁心尺寸。

为了找到允许的 $B_{pp}$,首先必须定义饱和磁感应强度 $B_{sat}$。铁心的实际使用中要限制它在某一个限值内,其非线性饱和不会使波形恶化过于严重。对于变压器,这个限值对应了磁化电流不会太大时的磁感应强度。对于电感器,该限值对应于工作点处的微分电感值显著降低,例如降低二分之一。对于在功率变换中应用的铁氧体,在温度为 100℃ 时,0.35T 是一个典型的饱和磁感应强度值。知道 $B_{sat}$ 后,利用特定变换器电流和电压波形,就可以找到允许使用的 $B_{pp}$。

**举例:**

让我们考虑一个用在降压或升压变换器中的滤波电感器。如果电感器的直流分量的电流是 $I_{L,DC}$,脉动峰值电流是 $\Delta i_{L,peak}$,那么允许的 $B_{pp}$ 为

$$B_{pp} = B_{sat} \frac{2\Delta i_{L,peak}}{I_{L,DC} + \Delta i_{L,peak}} \tag{2.53}$$

**步骤 2)　选择铁心、材料和尺寸**

设计的下一步是选择合适的铁心材料和尺寸。选择铁心尺寸,我们再一次使用基于空气自然流通的简单比例法则,它把总伏安定额和铁心特征尺寸参数 $a_{ch}$、工作频率 $f$ 和峰峰值磁感应强度 $B_{pp}$ 的乘积相对比:

$$S_{tot} = \sum_{\text{all windings}} V_{rms} I_{rms} = A_1 a_{ch}^{\gamma} f \frac{B_{pp}}{2} \Rightarrow a_{ch} = \left( \frac{S_{tot}}{A_1 f B_{pp}/2} \right)^{1/\gamma} \tag{2.54}$$

式中　$A_1$——一个系数,对于铁氧体,当 $a_{ch}$ 的单位为 m 时,$A_1$ 的范围为 $A_1 = (5 \sim 15) \times 10^3$;当 $a_{ch}$ 的单位为 cm 时,$A_1 = (0.5 \sim 1.5) \times 10^{-3}$;

　　　$a_{ch}$——元件的最大尺寸,用作比例参数;

　　　$\gamma$——一个指数,它描述了材料和铁心的形状,$\gamma = 3.5$;

　　　$f$——工作频率,单位为 Hz;

　　　$B_{pp}$——峰峰值磁感应强度,单位为 T。

在式（2.54）中，使用工作频率 $f$ 和峰峰值磁感应强度 $B_{pp}$ 作为元件的功率处理能力的标志，因此，与磁不饱和散热受限的设计相比，铁心大小的选择是更准确的。

在图 2.14 中，展示了比例参数 $a_{ch}$ 的可能范围（上限为 $a_{ch,u}$（$A_1 = 5 \times 10^3$）和下限 $a_{ch,l}$（$A_1 = 15 \times 10^3$）），它是元件的总伏安定额 $S_{tot}$ 的函数，在两个峰峰值磁感应强度 $B_{pp}$ 取两个值，即 0.7T 和 0.35T。

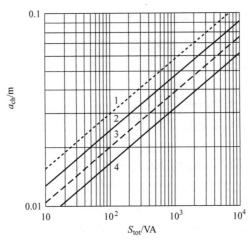

图 2.14　在 25kHz 的条件下，磁饱和散热受限的铁氧体磁心设计中的磁心大小的估算

1—$A_1 = 5 \times 10^3$ 和 $B_{pp} = 0.35T$（单一的磁化方向）　2—$A_1 = 5 \times 10^3$ 和 $B_{pp} = 0.7T$（双磁化方向）

3—$A_1 = 15 \times 10^3$ 和 $B_{pp} = 0.35T$（单一的磁化方向）　4—$A_1 = 15 \times 10^3$ 和 $B_{pp} = 0.7T$（双磁化方向）

**备注：**

1）在步骤 2）中不合适的选择将会在后面的步骤中被发现，从而可以选择一个更小的或更大的磁心尺寸。

2）高的 $A_1$ 值应用于散热更好的场合中。低的 $A_1$ 值应用于具有低的填充系数 $k_{cu}$（例如利兹线）和较高的直流成分的应用场合中，其中 $B_{pp}/2 \ll B_p$。

3）绝缘要求往往会降低系数 $A_1$。

**步骤 3）　从图形数据中找到铁心损耗 $P_{fe}$**

为了找到铁心损耗 $P_{fe}$，我们使用前面提到的图形、比损耗 $P_{fe,sp}$ 与磁感应强度 $B_{pp}/2$（频率 $f$ 作为参变量）。这些图通常由磁心制造商提供。我们从图中找到了比损耗 $P_{fe,sp,w}$，然后铁心损耗是

$$P_{fe} = P_{fe,sp,w} V_c g k_{ff} \tag{2.55}$$

式中　$V_c$——铁心的体积；

　　　$g$——材料的密度，$g = 7800 kg/m^3$；

　　　$k_{ff}$——铁心填充系数；

　$P_{fe,sp,w}$——单位质量的损耗。

铁氧体通常指定的是单位体积损耗:

$$P_{fe} = P_{fe,sp,v} V_c \qquad (2.56)$$

式中　$P_{fe,sp,v}$——单位体积的损耗。

**步骤 4)　找出元件的散热能力 $P_h$ 值**

这一步类似于磁不饱和散热受限设计的步骤 2)。首先,我们计算元件的耗散能力:

$$P_h = k_A ab \qquad (2.57)$$

式中　$k_A$——一个系数,典型值为 $2500 W/m^2$;

$a$ 和 $b$——元件的两个维度的最大尺寸,单位是 m。

式 (2.57) 的结果是在比率 $\dfrac{P_{fe}}{P_h}$ 等于 0.5 的情况下允许的总损耗,这对应了磁不饱和散热受限的设计。但是,当损耗的主要部分集中在线圈时,允许损耗低于元件的耗散能力。这是一个磁饱和散热受限的设计。

**步骤 5)　检查 $P_{fe}/P_h$ 的比率**

我们校对在步骤 3) 中得到的铁心损耗是否低于找到的元件耗散能力 $P_h$ 值的一半:

$$P_{fe} < 0.5 P_h \qquad (2.58)$$

如果是这样,则继续磁饱和散热受限情况下的设计。

如果 $P_{fe}$ 不低于 $P_h$ 值的 1/2,则认为该案例是一个磁不饱和散热受限的设计,从步骤 1) 开始设计。

**步骤 6)　估计允许铜损耗**

使用已经从式 (2.55) 中得到的铁心损耗 $P_{fe}$ 和从式 (2.57) 中得到的元件耗散 (散热) 能力 $P_h$,在这一步中我们找到在考虑磁饱和散热受限情况下的允许铜损耗 $P_{h,cu}$。假设在零磁心损耗的情况下,元件允许耗散能力是式 (2.57) 得到的 $P_h$ 的 2/3。那么我们可以把允许的铜损耗 $P_{h,cu}$ 与总耗散能力 $P_h$ 的比值作为

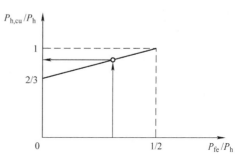

图 2.15　允许铜损耗/耗散能力 (比率 $P_{h,cu}/P_h$) 与比率 $P_{fe}/P_h$ 值的关系图

$P_{fe}/P_h$ 的线性函数 (见图 2.15)。这个函数也可以表示为

$$P_{h,cu} = \frac{2}{3}P_h - \frac{1}{3}P_{fe} \qquad (2.59)$$

现在使用图 2.15 的读图法或式 (2.59) 的解析法,我们可以找到允许的铜损耗 $P_{h,cu}$。

接下来的设计步骤旨在确定匝数、线径、铜的损耗。因此,我们转去磁不饱和散热受限设计的步骤 7) (见图 2.2 所示的流程图)。

### 2.1.3   信号质量有限的设计

信号质量有限的情况，可以认为是磁不饱和散热受限的情况或磁饱和散热受限的情况。如果使用铁氧体，设计温度通常接近于环境温度。根据具体的约束条件，这一事实可能会导致铁氧体型号的不同选择。

这里我们给出一些建议：

1）电流互感器：磁化电流受到限制，从而影响电流传输比。这一事实决定了磁心的大小。匝数在这些设计中不具有自由度。

2）精确的电感器：这些设计中的非线性必须保持在限值内。计算最大磁感应强度后，案例可以视为磁饱和散热受限的设计。

3）损耗有限的设计是为了获得高效率。这些情况对应于磁不饱和散热受限的设计。必须考虑使用在较低温度下有低损耗的铁氧体型号。

## 2.2   举例

这里给出了两个完整计算的例子。虽然它仍然可能是用袖珍计算器和图表计算得到，最准确的方法是在计算机程序中设计这些算法。我们这里使用了 Mathcad，但 Maple、Matlab、C、Pascal 和 Basic 等以及电子表格程序都可以使用。

### 2.2.1   磁不饱和散热受限的设计实例

#### 2.2.1.1   设计步骤

作为磁不饱和散热受限的设计过程的一个例子，考虑全桥变换器中的一个变压器（见图 2.16 和图 2.17）。变换器只是用来做电压电平转换和电气隔离，而没有电压控制。在转换器中加入串联谐振电容器以与变压器的漏电感产生谐振。这允许把电流近似成正弦波。

相应的（理想情况下）变换器规格如下：

直流输入电压：$V_{\text{in,DC}} = 400\text{V}$

输出直流电流：$I_{\text{o,DC}} = 3.6 \times \dfrac{2\sqrt{2}}{\pi} = 3.24\text{A}$

输出电压：$V_{\text{o}} = 100\text{V}$

工作温度：$T = 100\text{℃}$

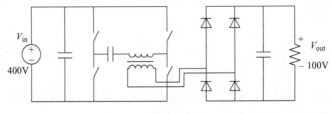

图 2.16   全桥 DC/DC 变换器

变压器规格是:

工作频率: $f_{op} = 100\text{kHz}$

方波一次电压: $V_1 = 400\text{V}$

方波二次电压: $V_2 = 100\text{V}$

输出交流电流: $I_2 = 3.6\text{A}$

输入交流电流: $I_1 = 0.9\text{A}$

在实际设计中,设置谐振频率略高于开关频率以获得零电压开关性能,因此,变换器规格接近于 300W 的传输功率。

本设计很可能是一个磁不饱和散热受限的情况,因为它是一个高频应用场合且变压器中没有直流电流。

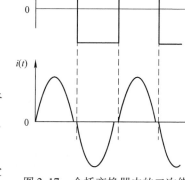

图 2.17　全桥变换器中的二次绕组的
电压和电流波形

1) 使用式 (2.1) 得到总伏安定额:

$$\sum_{\text{all windings}} V_{\text{rms}} I_{\text{rms}} = 400 \times 0.9 + 100 \times 3.6 = 720\text{VA}$$

并且对于 $A = 15 \times 10^6$,比例参数 $a_{ch}$ 是

$$a_{ch} = \sqrt[3]{720/15 \times 10^6} = 0.0364\text{m} = 36.4\text{mm}$$

ETD34 铁心似乎太小了,所以选择 ETD39 铁心,材料等级为 3F3[6],具有最大尺寸 $a = b = 0.039\text{m}$。铁心参数 (见本书附录 B) 为

$$V_c = 11.5 \times 10^{-6}\text{m}^3, A_e = 125 \times 10^{-6}\text{m}^2, W_a = 174 \times 10^{-6}\text{m}^2,$$

$$\text{MLT} = l_T = 69 \times 10^{-3}\text{m}, \text{MWW} = 25.7\text{mm}$$

2) 使用式 (2.2) 给出了总允许损耗:

$$P_h = 2500 \times 0.039^2 = 3.8\text{W}$$

3) 允许的铜损耗和铁心损耗为

$$P_{h,cu} = P_{h,fe} = P_h/2 = 1.9\text{W}$$

4) 由式 (2.6) 得到比铁心损耗:

$$P_{fe,sp,v} = \frac{1.9}{11.5 \times 10^{-6}} = 165\text{kW/m}^3$$

5) 从磁心材料 3F3 铁氧体的数据表中找到峰峰值磁感应强度,使用已知值 $P_{fe,sp,v} = 165\text{kW/m}^3$,如图 2.18 所示。

我们使用以下两点:

1) 在 100℃、100kHz 和 0.1T 下,铁心损耗为 75W/m³。

2) 在 100℃、100kHz 和 0.2T 下,铁心损耗为 450W/m³。

图 2.18 代表了斯坦梅茨方程 $P_{\mathrm{sp,v}} = k_{\mathrm{fe}} f^{\alpha} B^{\beta}$，

式中　$k_{\mathrm{fe}}$——铁心损耗系数；

　　　　$\alpha$——频率指数；

　　　　$B$——磁感应强度交流波形的峰峰值；

　　　　$f$——频率。

所以，我们可以做一个对数插值找到斯坦梅茨方程中的铁心损耗指数 $\beta$，然后利用 $\beta$ 可以计算得到期望的磁感应强度峰值。

首先，使用两个点的数据，我们可以写出

$$\beta = \log(450/75)/\log(0.2/0.1) = 2.58$$

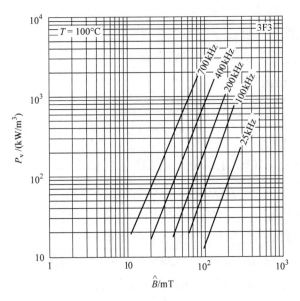

图 2.18　磁心材料 3F3 铁氧体的比铁心损耗（它是磁感应强度 $B$ 的峰峰值的函数），
$f$ 是频率参变量，$T = 100℃$

其次，使用找到的 $\beta$ 值，峰值磁感应强度为

$$P_{\mathrm{fe,sp,v}} = 165\mathrm{kW/m^3} \text{ 被找到}$$

$$B_{\mathrm{p,g}} = 0.1 \times (165/75)^{1/2.68} = 0.136\mathrm{T}$$

6）峰值磁感应强度低于饱和值 $B_{\mathrm{sat}} = 350\mathrm{mT}$：

$$B_{\mathrm{p,g}} < B_{\mathrm{sat}}$$

7）为找到匝数，我们需要的峰峰值磁链 $\Psi_{\mathrm{pp}}$ 为

$$\Psi_{\mathrm{pp}} = LI_{\mathrm{pp}} = V_{\mathrm{in}}\frac{T}{2} = 400 \times \frac{1}{2 \times 10^5} = 200\mu\mathrm{V} \cdot \mathrm{s}$$

使用式（2.13）可计算得到 $N_1$ 和 $N_2$：

$$N_1 = \frac{0.002}{2 \times (125 \times 10^{-6}) \times 0.136} = 58.8$$

$$N_2 = 58.8 \times \frac{100}{400} = 14.7$$

我们选择$N_1 = 60$，$N_2 = 15$。

8）一次和二次绕组的伏安定额几乎是相等的，所以

$$P_{cu,1} = P_{cu,2} = 1.9/2 = 0.95W$$

9）确定导线直径。

使用式（2.18）可得到

$$d_1 \geqslant \frac{2}{\sqrt{\pi}} \times 0.9 \times \sqrt{\frac{(23 \times 10^{-9})(69 \times 10^{-3}) \times 60}{0.95}} = 0.321mm$$

$$d_2 \geqslant \frac{2}{\sqrt{\pi}} \times 3.6 \times \sqrt{\frac{(23 \times 10^{-9})(69 \times 10^{-3}) \times 15}{0.95}} = 0.643mm$$

对于一次绕组，我们选择导线直径$d_1 = 0.335mm$。这个直径尺寸适合单层设计。100kHz的情况下穿透深度为$\delta_{100kHz} = 0.241mm$。$d_2 = 0.65mm$的二次绕组铜损耗由于绕组的涡流损耗会严重增加。在单层变压器中，我们可以增加导线直径来减少损耗，而不是把导线并联连接。对于二次绕组，我们选择直径为1.25mm，这产生了与一次绕组相同的绕组宽度，我们再一次进行了单层设计。所选线径与标准DIN 46435和IEC 182-1相符合，请参阅附录C。所选线径用来填满一层，因为局部布线会导致损耗，这些内容不在本章中描述。

10）实际铜损耗。

首先，我们找到两个绕组的电阻：

$$R_{dc,1} = (23 \times 10^{-9}) \frac{(69 \times 10^{-3}) \times 60}{\dfrac{\pi \times 0.000355^2}{4}} = 0.962\Omega$$

$$R_{dc,2} = (23 \times 10^{-9}) \frac{(69 \times 10^{-3}) \times 15}{\dfrac{\pi \times 0.00125^2}{4}} = 0.0194\Omega$$

我们使用导线的外部直径参数（最大的外部直径，等级2）和铜截面直径（标称参数，见附录C）计算封装系数$\eta$。

$$\eta_1 = 0.355/0.411 = 0.864$$

$$\eta_2 = 1.25/1.349 = 0.927$$

**注意**：这种方法对于变压器是允许的，而对电感器是不允许的。

使用$w = dN$检查绕组的宽度得到

$$d_{1,out} = 0.411mm, \quad w_1 = 0.411 \times 60 = 24.66mm$$

$$d_{2,out} = 1.349mm, \quad w_2 = 1.349 \times 15 = 20.2mm$$

一次绕组的宽度约为 24.66mm，二次绕组的宽度为 20.2mm，最小的绕组宽度为 25.7mm。

对于一个精确的设计，可以使用宽频方程直接给出 $k_c$（请参考本章的附录）。如果方程已经编程，那么该方法是很快速的。使用式（2. A. 11）得到结果为

① 对于一次绕组：$k_{c,1} = 0.1357$

② 对于二次绕组：$k_{c,2} = 3.223$

对于铜损耗可以得到

$$P_{c,1} = (1 + k_{c,1}) R_1 \times (0.9)^2 = 0.885\text{W}$$

$$P_{c,2} = (1 + k_{c,2}) R_2 \times (3.6)^2 = 1.062\text{W}$$

我们也可以使用图形化方法。首先，使用图 2.10 和图 2.11，找到 $k_{tf,1}$ 和 $k_{tf,2}$。对于两绕组 $p = 1$ 和 $m_E = 1$，有 $k_c = k_{tf}$。

① 为了找到一次绕组 $k_{tf,1}$，首先计算等效频率：

$$f_{eq,1} = 100\text{kHz} \left( \frac{0.355}{0.5} \right)^2 = 50.4\text{kHz}$$

然后对于 $\eta = 0.9$，从图 2.10 中得到 $k_{tf,0.9} = 0.15$，对于 $\eta = 0.7$，从图 2.11 中得到 $k_{tf,0.9} = 0.9$。对于一次绕组 $\eta$ 的实际值为 $\eta_1 = 0.864$。对于 $\eta_1 = 0.864$，使用找到的两个值及其插值，可得到 $k_{c1} \approx 0.137$。为了比较，从附录 2. A. 2 中完整方程得到的结果为 $k_{c1} \approx 0.136$。

② 对于二次绕组，我们计算等效频率：

$$f_{eq,2} = 100\text{kHz} \left( \frac{1.25}{0.5} \right)^2 = 625\text{kHz}$$

然后我们对于 $\eta = 0.9$，从图 2.10 中读出 $k_{tf2} = 3.18$。实际值 $\eta_2 = 0.923$，非常接近 $\eta = 0.9$。附录 2. A. 2 的完整方程给出了 $k_{c2} \approx 3.22$。

**总结：**

① 这些图（图 2.10 ~ 图 2.13）可以在忽略 $\eta$ 和电阻率的小偏差的情况下用来进行第一次近似，从而允许快速地检查。

② 很明显，完整方程比近似图解法的结果更准确。

11）比较总铜损耗和允许的铜损耗：

$$P_{cu} = P_{c,1} + P_{c,2} = 1.95\text{W}$$

虽然这个功率高于 1.9W，但它是非常接近 1.9W 的限值。

我们知道，绕组 $l_T$ 的真实平均长度大大低于制造商的数据，因为此数据值是线圈被完全缠绕时定义的。因此，实际的铜损耗是较低的，发现的差异是可以忽略不计的。我们通过实验结果和更准确的 $l_T$ 值来校对实际损耗。

12）有改善的可能吗？

总铜损耗是低于允许的铜损耗的，因此，在这一步不去寻求改善了。

13）计算本例的铜填充系数：

$$k_{cu} = \left( \sum_{i=1}^{\text{all windings}} N_i \frac{\pi d_{i,p}^2}{4} \right) / W_a = 0.14$$

我们看到填充因子远低于 0.4。然而，如果我们想要使用一个更小的铁心尺寸，可能带来更昂贵的制造成本。

两个绕组的实际绕组宽度小于可用绕组宽度（25.7mm），所以在有限的爬电距离下仍有一点空间。如果爬电距离是不需要的，可以通过分段导线或使用稍大一些的导线直径来得到较低的损耗。

14）检查步骤 1）中选择的铁心尺寸是否较小。

在这种情况下 $k_{eddy} = k_c$，因为没有直流分量，所以我们得到

$$k_{eddy,1} = k_{c,1} = 0.136 < 1$$

$$k_{eddy,2} = k_{c,2} = 3.223 > 1$$

二次绕组涡流系数明显大于 1，这在单层设计中是允许的，因为它避免了使用多个导线并联或利兹线。

铜填充系数低：

$$k_{cu} = 0.14$$

由此可知，改善是可能的，但代价是需要一个更复杂的设计。

**2.2.1.2　设计的改善**

设计的以下改善是可行的：

1）一种可能性是把二次绕组放在两个并联的一次绕组之间（交错）。

在这种方式下，二次绕组得到半层绕线并且在每一个二次绕组中只有一半的磁动势（A·匝）。这导致了一次绕组的损耗减少接近一半，并且二次绕组损耗差不多会多 2 倍。我们得到

$$1 + k_{c,2}(\text{一层绕线情况}) = 4.20 \text{ 相较于}$$

$$1 + k_{c,2}(\text{半层绕线情况}) = 1.95$$

因此，总铜损耗减少约 2 倍。或者，在保持相同的总铜损耗时，电流（及总功率定额）可以增加 1.4 倍。

2）使用利兹线改善。

让我们考虑用 30 股 0.1mm 的利兹线进行非交错绕组的设计。对于一次绕组的利兹线，等效层数为

$$m_{E1} = \frac{pdN}{w\eta} = \frac{30 \times 0.0001 \times 60}{0.025 \times 0.7} = 10.28$$

我们认为 $\eta = 0.7$。

涡流系数 $k_{c,1} = 0.078$。直流电阻为 0.424Ω，将增加的 5% 导线长度考虑进去。那么一次绕组的总铜损耗是 0.451W。

二次绕组包含 15 匝，每根导线由 120 股 0.1mm 组成。因此，我们得到

$$m_{E2} = \frac{pdN}{w\eta} = \frac{120 \times 0.0001 \times 15}{0.025 \times 0.7} = 10.28$$

我们在一次绕组中有与之相同的铜损耗。因此，在利兹线中的总铜损耗为
0.902W。该值比完整导线设计的损耗低得多。与原来的设计相比，较低的损耗允
许增加电流（和功率）1.5 倍。

3）交叉利兹线的设计或更多股利兹线仍然可以减少损耗。然而，使用利兹线
有其他的问题，如散热、绝缘、焊接等。

关于利兹线设计备注：

在使用利兹线的设计中，窗口被填充得更多。在一个可比的等级下，在利兹线
设计中的漏电感比在交叉设计案例下高得多。增加的漏电感可能是一个优势或必须
避免，这取决于变换器的设计策略。

### 2.2.1.3 设计的测量与验证

我们采用下述规格制作了一个变压
器：磁心 ETD39，材料级别 3F3，一次绕
组匝数 $N_1 = 60$，二次绕组匝数 $N_2 = 15$
（见图 2.19）。一次绕组由两匝 0.1mm 的
聚酯绝缘片与二次绕组绝缘。

我们在制作的变压器上进行了空载
和短路试验。有关空载和短路试验的更
多信息，参见第 11 章测量。

1）短路试验：通过这个测试，我们
得到了铜损耗。该试验是在 100℃ 温度下
实现的。测量是在一次绕组完成的，二

图 2.19  实验变压器的照片

次绕组使用了与其绕线相同的一段直线进行短路。测试结果见表 2.1。

**表 2.1  计算制作的变压器短路试验的结果**

| $f$/kHz | $I$/A | $P_{cu}$/W |
|---|---|---|
| 100 | 0.90 | 1.59 |

可以看到，测量的损耗低于计算值。主要原因是，在快速设计方法中，我们使
用了制造商数据的平均匝长。如果引入真正的匝长，以绕组线径的测量结果为基
础，可以得到以下的每匝平均长度，一次绕组为 $l_{T1}$，二次绕组为 $l_{T2}$：

$$l_{T1} = (15.2 + 0.411)\pi = 50.0\text{mm}$$

$$l_{T2} = (20.2 - 1.349)\pi = 59.2\text{mm}$$

在这里，使用的一次绕组的测量外径是 15.2mm，二次绕组的测量外径是 20.2mm。
导线直径为

$$d_1 = 0.411\text{mm} \text{ 和 } d_2 = 1.349\text{mm}$$

如果在设计中使用了测量值，则得到以下结果：

$$R_{1\mathrm{dc}} = 0.684\Omega \quad R_{2\mathrm{dc}} = 0.0166\Omega$$

$$P_{\mathrm{cu1}} = 0.629\mathrm{W} \quad P_{\mathrm{cu2}} = 0.907\mathrm{W}$$

$$P_{\mathrm{cu}} = 1.536\mathrm{W}$$

所得到的铜损耗的值 1.536W 非常接近于测量值 1.59W。存在的差异可以归因于机械公差和使用宽频率方法的约 3% 的典型精度。相比之下，在 100℃ 下，测得的直流电阻值 $R_{1\mathrm{dcm}} = 0.729\Omega$，$R_{2\mathrm{dcm}} = 0.0159\Omega$。对于一次绕组，测量的直流电阻高于计算值，这也反映了损耗的结果。

短路试验的结论是计算和测量结果几乎是相同的。

2）空载试验：通过这个测试可获得铁心损耗。试验是在 100℃ 温度和 100V 方波电压下完成的。电压被施加在二次绕组上，一次绕组是开路的。铁心损耗的结果见表 2.2。1.328W 的铁心损耗测量值低于预期值，原因有三个：

表 2.2　计算制作的变压器的空载试验结果

| $f/\mathrm{kHz}$ | $U/\mathrm{V}$ | $P_{\mathrm{fe}}/\mathrm{W}$ |
|---|---|---|
| 100 | 100.4 | 1.328 |

① 实际的匝数高于理论的匝数 $N_1 = 58.8$，因此实际磁感应强度更低，反映铁心损耗的比率为

$$比率 = \left(\frac{58.8}{60}\right)^{\beta} = \left(\frac{58.8}{60}\right)^{2.58} = 0.949$$

也就是说，实际的铁心损耗减少为 0.949。

② 制造商数据与实际铁心数据之间有偏差。还有一些在典型值和最大值之间的安全余量。必须要注意这些安全余量是否设置为零。

③ 在相同峰峰值磁感应强度下，50% 占空比方波电压比正弦波电压产生的损耗少 10% ~ 15%。这将在第 3 章中给出。因此，我们高估了铁心损耗，同时使用了正弦波情况下的数据，而实际上应用在方波案例中。

空载试验的结论是，计算结果的数量级是正确的，但测量得到了较低的铁心损耗，允许磁心在稍高的环境温度或稍大的电流下工作，或允许制造商数据存在一些公差。

## 2.2.2　磁饱和散热受限的设计实例

第二个例子是一个 buck（降压）变换器中的电感器。降压变换器如图 2.20 所示，电感器的电流和电压波形在图 2.21 中给出。

该电感器的目的是减少注入负载的纹波电流。这个目的定义了电感 $L$ 的期望值。通常，使用气隙是为了防止电感电流峰值 $i_{L,\mathrm{peak}} = I_{L,\mathrm{DC}} + \Delta i_{\mathrm{peak}}$ 导致的铁心饱和。通常设计成磁饱和散热受限的案例，此时的铁心损耗比铜损耗小。

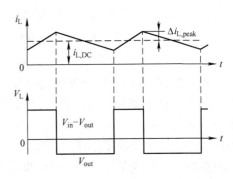

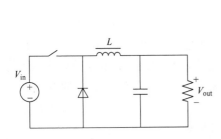

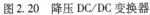

图 2.20　降压 DC/DC 变换器　　　图 2.21　降压变换器中电感器的电流和电压波形

首先，我们计算降压 DC/DC 变换器中电感器的参数（见图 2.20）。最大输出功率为 450W。然而，占空比 50% 导致在给定的频率下会产生最大电流纹波，所以它可以被认为是最坏情况下的设计。我们需要一个期望的电感值与电感器的电压和电流的方均根值。这个变换器的规格是

输入电压：$V_{in} = 210V$

输出电压：$V_{out} = 105V$

工作频率：$f_{op} = 70kHz$

输出电流：$I_{out} = 3A$，DC

峰峰值电感纹波电流 $I_{Lpp} = 2A$

晶体管控制的占空比是

$$D = \frac{V_{out}}{V_{in}} \Rightarrow D = \frac{105}{210} = 0.5$$

电感器直流电流分量是

$$I_{L,DC} = I_{out} = 3A$$

电感器电流纹波的峰值幅度 $\Delta i_{L,peak}$ 是

$$2\Delta i_{L,peak} = \frac{V_L \Delta t}{L}$$

所以，我们可以找到所需的电感值：

$$L = \frac{(V_{in} - V_{out})DT_{op}}{2\Delta i_{L,peak}} \Rightarrow L = \frac{(150 - 75) \times 0.5 \times (20 \times 10^{-6})}{2 \times 1} \Rightarrow L = 375\mu H$$

电感电流的交流方均根值是

$$L_{L,AC,rms} = \sqrt{(\Delta i_{L,peak})^2/3} = 0.577A$$

电感电流的方均根值是

$$L_{L,rms} = \sqrt{I_{L,DC}^2 + (\Delta i_{L,peak})^2/3} = 3.1225A$$

电感电压的方均根值是

$$V_{\text{L,rms}} = \sqrt{D(V_{\text{in}} - V_{\text{out}})^2 + (1-D)V_{\text{out}}^2}$$

$$= \sqrt{0.5(210-105)^2 + (1-0.5)105^2} = 105\text{V}$$

设计中电感器的所有输入参数是

期望电感值：$L = 375\mu\text{H}$

电感器电流的交流方均根值：$I_{\text{L,AC,rms}} = 0.577\text{A}$

电感器电流的总方均根值：$I_{\text{L,rms}} = 3.1225\text{A}$

电感器电压的方均根值：$V_{\text{L,rms}} = 105\text{V}$

工作频率：$f_{\text{op}} = 70\text{kHz}$

工作温度：$T = 100\text{℃}$

### 2.2.2.1　设计程序

现在遵循下述设计步骤：

1）找到 $B_{\text{pp}}$：

$$B_{\text{pp}} = B_{\text{sat}}\frac{2\Delta i_{\text{L,peak}}}{I_{\text{L,DC}} + \Delta i_{\text{L,peak}}} = 0.35 \times \frac{2\times 1}{3+1} = 0.175\text{T}$$

2）找到尺寸参数 $a_{\text{ch}}$：

$$a_{\text{ch}} = \left(\frac{\sum\limits_{\text{all windings}} V_{\text{rms}}I_{\text{rms}}}{A_1 f_1 B_{\text{pp}}/2}\right)^{1/3.5} = \left(\frac{105\times 3.1225}{(1\times 10^4)\times(70\times 10^3)\times 0.175/2}\right)^{1/3.5} = 0.03118\text{m}$$

这里我们设定 $A_1 = 1\times 10^4$。选择了一个 EFD34 铁心，材料等级 3F3[6]，其最大尺寸 $a = b = 0.034\text{m}$。铁心参数为

$$V_{\text{c}} = 7.64\times 10^{-6}\text{m}^3,\ A_{\text{m}} = 91.6\times 10^{-6}\text{m}^2,$$

$$W_{\text{a}} = 123\times 10^{-6}\text{m}^2,\ \text{MLT} = 0.06\text{m},\ \text{MWW} = 0.021\text{m}$$

3）在 $f = 70\text{kHz}$ 时从图中找到比铁心损耗 $P_{\text{fe,sp,v}} = 33\times 10^3$，并且 $B_{\text{p,g}} = B_{\text{pp}}/2 = 0.175/2 = 0.0875\text{T}$。那么 $P_{\text{fe}} = P_{\text{fe,sp,v}}V_{\text{c}} = (33\times 10^3)\times(7.64\times 10^{-6}) = 0.25\text{W}$。

4）找到元件的总散热功率：

$$P_{\text{h}} = 2500ab = 2.94\text{W}$$

5）检查比率 $P_{\text{fe}}/P_{\text{h}}$ 值：

$$P_{\text{fe}} = 0.25\text{W} \ll P_{\text{h}}/2$$

该设计显然是一个磁饱和散热受限的例子。

6）使用式（2.59）估算允许的铜损耗：

$$P_{\text{h,cu}} = \frac{2}{3}P_{\text{h}} - \frac{1}{3}P_{\text{fe}} = \frac{2}{3}\times 2.94 - \frac{1}{3}\times 0.25 = 1.84\text{W}$$

7）计算匝数。由式（2.13）得到匝数，使用

$$\Psi_{\text{pp}} = \frac{(V_{\text{in}} - V_{\text{out}})D}{f} = 750\times 10^{-6}\text{V}\cdot\text{s}$$

$$N = \frac{\Psi_{pp}}{A_m B_{pp}} = \frac{750 \times 10^{-6}}{(91.6 \times 10^{-6}) \times 0.175} = 46.8$$

选择 $N = 47$。

8）分配铜损耗。在一个电感器中只有一个绕组。

9）确定导线直径：

$$d \geqslant \frac{2}{\sqrt{\pi}} I_{rms} \sqrt{\frac{\rho_c l_T N}{P_{cu}}}$$

$$d \geqslant \frac{2}{\sqrt{\pi}} \times 4.163 \times \sqrt{\frac{(23 \times 10^{-9}) \times (60 \times 10^{-3}) \times 47}{1.84}} = 0.661 mm$$

在附录 C 的表中下一个可用的导线直径为 0.71mm，外径为 0.789mm。我们试着设计 0.71mm 的导线，直接绕制在线圈架上。

10）计算实际欧姆损耗和涡流损耗。原则上，可以对所有单个电流谐波求和来获得精确的涡流损耗。在这个设计中，我们避免复杂的处理。接下来计算表观频率，它与正弦波均产生相同的 $(di/dt)_{rms}$：

$$f_{ap} = \frac{V_{L,rms}}{LI_{rms}2\pi} = 77.2 kHz$$

开始使用图形计算 $k_c$。

$$\eta^2 m_E^2 = \left(\frac{pNp}{z}\right)^2 = \left(\frac{0.00071 \times 47 \times 1}{0.02123}\right)^2 = 2.47$$

等效频率是

$$f_{eq} = f_{ap}\left(\frac{d}{0.0005}\right)^2 = 155.6 kHz$$

从中心柱到外柱的距离是 7.7mm（铁心上测量的）。线圈的直径为 13.4mm。中心柱的直径是 10.7mm。层的数目几乎是 2（我们展开第二层的导线）。可以用这些信息计算 $\kappa$。

$$\kappa = \frac{13.3/2 - 10.7/2 + \dfrac{0.789 \times 2}{3}}{21.2/2} = 0.17$$

首先考虑二维的解决方案。从图 2.8 中发现相应的 $k_F$ 为 6.31。在等效频率 $f_{eq} = 155.6 kHz$ 的情况下，从图（图 2.12，$\eta = 0.9$）中读到 $k_{in}$。$\lambda$ 的值为 $\lambda = \dfrac{d^2 Np}{\omega h \eta} = 0.1737$。可得到 $k_{in} = 1.76$。然后得到涡流损耗系数：

$$k_c = \left(\frac{pNp}{w}\right)^2 k_F k_{in} = 2.47 \times 6.31 \times 1.76 = 27.4$$

公式方法：

对于选择的 0.71mm 导线（在电感器的层方向），封装系数是 $\eta = 0.71/0.789 =$

0.899，接近于 0.9。利用第 2 章的完整方程，可得到 $k_c$ 的值是 27.4。

计算出直流电阻为

$$R = \frac{0.06 \times 47 \times 23 \times 10^{-9}}{\dfrac{\pi 0.71^2}{4}} = 0.164\Omega$$

然后铜损耗为

$$P_{cu} = R(3^2 + (1 + k_c)0.577^2) = 3.14W$$

11）检查铜损耗是否低于允许的铜损耗：3.14W > 1.88W

设计方案产生的铜损耗太高，它们都集中在气隙附近，这会在线圈中间形成一个热点。使用直径较小的导线产生过多的欧姆损耗，采用更大的导线直径甚至会导致更严重的涡流损耗。

12）改进是可能的吗？

① 一个解决方案是在绕组和气隙之间保持一定的距离，例如增加 $\kappa$。如果相同直径的绕组绕在直径为 19.6mm 的线圈架上，那么 $\kappa = 0.468$。因此，有磁场系数 $k_F = 1.48$，铜损耗为 1.85W。

② 另一种改进设计的方法是使用合适的利兹线使损耗足够低。例如，设计用 60 股直径为 0.1mm 的利兹线，$\kappa = 0.21$，$k_F = 4.72$，$k_c = 0.666$，产生了 1.39W 的总铜损耗。

13）计算得到的填充系数。

绕组的面积是 123mm$^2$，对于完整导线设计的填充系数约为 0.1，而使用利兹线的设计为 0.12。

14）检查铁心尺寸是否较小。

可以选择更小的铁心（ETD29），但只能使用利兹导线了。

15）计算气隙长度。

为了找到空气隙的长度，使用麦克莱曼方程，没有对边缘磁场进行校正，得到的结果是：$l_g = 0.639$mm。边缘系数的第一次计算值 $F = 1.28$。最终的空气隙是使用迭代方法找到的。我们得到 $F_{new} = 1.357$，这是接近上述的值。很显然，边缘磁场的校正是必要的。最后气隙是 $l_g = 0.867$mm。

在实际应用中，有时会调整气隙直到获得 375μH 的电感值。

备注：

由于机械尺寸（线径、每匝平均长度、铁心尺寸）和比率 $f_{ap}/f$ 精度有限，先前的计算精度也是有限的。

#### 2.2.2.2　涡流损耗的测量和验证

设计中的主要问题是涡流损耗。所以，在测试中采用了高的交流电流（$I_{L,AC,rms} = 1A$），以提高测量精度。

三个电感器的制作和测量：

1）电感器1：用0.69mm的导线，直接绕在线圈架上，因此，绕组的直径为13.3mm，如图2.22a所示。

2）电感器2：用0.71mm的导线，绕着直径为19.6mm的绕组，如图2.22b所示。

3）电感器3：利用60股导线直径为0.1mm的利兹线，缠绕在线圈架上，如图2.22c所示。

调整后的计算：

我们测量了所有的尺寸：铜线直径（通过测量直流电阻）、绕组的外径和内径、绕组的宽度和绕组一匝的长度。然后，使用测量值来重新计算损耗。在表2.3中，给出了三种设计方案的绕组尺寸与$\kappa$和$k_F$。

示波器测量：

我们使用示波器的方法去测量，更多的测量细节见第11章。

1）铁心损耗测量。铁氧体损耗低，用独立的测试来评估它们。磁路径是闭合的（没有气隙），只有一个交流电流分量作用且产生了与没有气隙情况中相同的磁链。因此，测得的损耗是磁心损耗（铜损耗被忽略不计，如在空载试验中一样）。

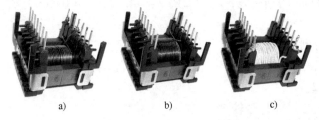

图2.22　三个制作好并用来测量的电感器，磁心是ETD34，匝数$N = 47$

a) 直径为0.69mm，绕组直接绕在线圈架上　b) 直径为0.71mm，绕组缠绕位置与线圈架有一段距离

c) 利兹线，60股导线直径为0.1mm的绕组直接绕制在线圈架上

2）铜损耗测量。我们使用了一个70kHz，50%占空比的方波来获得1A方均根值（峰峰值电流为3.46A）。

所测得的结果见表2.4，并与使用第2章和第5章中更准确的公式计算结果相比较。

表2.3　三种测量的电感器的绕组的尺寸、$\kappa$和$k_F$值

| 设计案例 | 导线直径/mm | 绕组内径/mm | 绕组外径/mm | $\kappa$ | $k_F$ |
|---|---|---|---|---|---|
| 电感器1 | 0.69 | 13.3 | 16.3 | 0.165 | 6.57 |
| 电感器2 | 0.71 | 19.6 | 22.7 | 0.468 | 1.48 |
| 电感器3 | $60 \times 0.1$ | 13.3 | 18.7 | 0.21 | 4.72 |

**表 2.4　三个被测电感器的计算和测量的交流损耗，所有案例中磁心损耗为 $P_{fe} = 0.75\text{W}$**

| 设计案例 | 计算（第 2 章） | 计算（第 5 章） | 通过示波器测量的交流铜损耗 |
|---|---|---|---|
| 电感器 1 | 3.03 | 2.99 | 2.65 |
| 电感器 2 | 1.24 | 1.17 | 1.13 |
| 电感器 3 | 0.196 | 0.196 | 0.27 |

评论：

　　在第 11 章中描述的示波器测量的典型误差，在测试频率为 70kHz 下约为 0.15W。这解释了计算和测量的偏差。

## 2.3　结论

　　我们知道，电力电子磁性元件的设计包括许多步骤和技能，但涡流通常决定了现在的变压器和电感器的导体选择。简单的规则，例如增加导线直径来减少铜损耗，不再是正确的。没有明确的方法，包含涡流在内的磁性元件的设计可能是难解的问题，这可能会导致繁琐的试验与误差。本章指导设计人员贯穿了包含涡流的电感器和变压器的整个设计过程。使用图形可以进行快速的设计，甚至有一个简单的计算器就可以了。直接使用 $k_c$ 的完整方程可以获得更精确的求解。这种方法可以通过计算机程序实现（例如 Mathcad）。

　　虽然我们提出了一种使用有限的数学工具的方法，但提出的计算涡流损耗的方法的精度在许多情况下已经足够了。我们不直接应用数值方法；而是在所提出的公式的推导和验证中使用它们。

　　给出的损耗计算方法是基于二维解析表达式并且通过有限元计算改进。这种方法在低的和高的铜填充系数以及在低频和高频范围内都有较高的精度。它是现有方法的一种改进，如道威尔型[4]，后者不适用于低的铜填充系数、高频情况下，而且不能用于电感器的设计中。

　　在实际中，损耗计算的最终精度受铁氧体磁心和绕组的机械公差的影响比方程本身更多。

　　许多影响体现在所提出的设计方法中，可以得出以下基本结论：

　　1）达到磁路饱和限值的设计与只有温度限制的案例设计是不同的。

　　2）一个很高的总匝数 $N$ 减少了铁心损耗，但它增加了约 $N^3$ 的涡流损耗，因为横向磁场与导线长度均增加了。这种效果经常出现在未被填充的绕线区域中。

　　3）在低频近似（$d < 1.6\delta$）的设计中，损耗随着导线直径的四次方增加，它

们与频率的二次方有关系。

4）减少变压器损耗的一个很好的方法是使用交错（三明治）绕组。在这样的设计中，对于外部绕组，相同长度磁力线上的磁动势减少了，在内部绕组中，磁力线的长度是增加了。

5）对于高频变压器，在高频下单层绕组设计确实比多层绕组的设计性能更好。因此，如果匝数和导线大小允许的话，应当首选单层绕组设计。提高单层变压器的导线直径会减少损耗，即使导线直径与穿透深度相比较大。但这个事实对于多层绕组并不成立。

6）在有气隙和高频电流的电感器中，应避免使用接近气隙的绕组，除非使用利兹线。使用利兹线同时保持与气隙的距离会进一步改进设计。提高导线的直径会产生更高的涡流损耗，在几乎所有的电感器设计中都会是这样的。

# 附录

## 2.A.1　磁不饱和散热受限设计下的铁氧体磁心比例法则

以自然对流为基础的铁心散热能力 $P_{h,fe}$ 与尺度参数 $a_{ch}$ 的二次方成比例：

$$P_{h,fe} \sim a_{ch}^2 \tag{2A.1}$$

铁心损耗 $P_{fe}$ 与磁感应强度 $B$ 的 $\beta$ 次方以及磁心体积成比例：

$$P_{fe} \sim B^\beta a_{ch}^3 \tag{2A.2}$$

令 $P_{h,fe} = P_{fe}$，可得到

$$B \sim a_{ch}^{-1/\beta} \tag{2A.3}$$

令铜散热能力 $P_{h,cu}$ 和铜损耗 $P_{cu}$ 相等：

$$P_{h,cu} \sim a_{ch}^2 \tag{2A.4}$$

$$P_{cu} \sim J^2 a_{ch}^3 \tag{2A.5}$$

可得到下面的电流密度 $J$ 表达式：

$$J \sim a_{ch}^{-1/2} \tag{2A.6}$$

磁动势的方均根值为

$$MMF \sim a_{ch}^2 J \sim a_{ch}^{1.5} \tag{2A.7}$$

使用式（2A.7）中的关系，可得到元件的伏安定额：

$$\sum_{all\ windings} V_{rms} I_{rms} \sim \Phi \times MMF \sim A(a_{ch}^2 B) a_{ch}^{1.5} = A a_{ch}^{3.5} a_{ch}^{-1/\beta} = A a_{ch}^{3.5 - 1/\beta} = A a_{ch}^\gamma \tag{2A.8}$$

式中　$\Phi$——磁心中的磁通的方均根值，$\Phi \sim a_{ch}^2 B$。

从式（2A.8）中得到

$$\gamma = 3.5 - 1/\beta \tag{2A.9}$$

对于 $\beta = 2$，利用式（2A.9），可得到 $\gamma = 3$。在更精确的模型中，耗散功率是略差一点与表面积成正比的（例如 $P_{h,fe} \sim a_{ch}^{1.8}$ 和 $P_{h,cu} \sim a_{ch}^{1.8}$），但是，在铁氧体中 $\beta$ 通常高于 2，通常是 $\beta = 2.4 \sim 3$。即使这样，对于 $\beta = 3$ 和散热功率 $P_h \sim a_{ch}^{1.8}$ 的情况，我们再次得到了 $\gamma = 3$。

## 2. A. 2 宽频下的涡流损耗

### 2. A. 2. 1 $k_c$ 的近似

涡流损耗系数 $k_c$ 的定义是

$$k_c(m_E, \zeta(f), \eta, \lambda, k_F) = \frac{P_{eddy}}{R_0 I_{ac}^2} \tag{2A.10}$$

在第 5 章涡流中，推导出函数 $k_c$，它是圆导线的涡流损耗。它综合了：

1）低频解析解。

2）圆形载流自由导线的解析解。

3）横向磁场中圆导体的解析解。

4）高填充系数高频规则。

5）超过 100 个精心挑选的有限元计算来调整剩余参数，匹配优于 10%，通常为 3%；计算是基于平方拟合的无限层数。

$k_c$ 函数考虑了所有二维影响的主要组成部分，适用于 $\eta$ 和 $\lambda$ 的所有值，从非常低的频率到非常高的频率范围。

### 2. A. 2. 2 变压器

（1）直接计算

对于变压器，函数表示为

$$k_c = \frac{1}{16}\zeta^4 \left[ \eta^2 \left( \frac{m_E^2 - \frac{1}{4}}{3} \right) \frac{\pi^2}{4} k_F F_T + \frac{1}{48} F_A \right] \tag{2A.11}$$

式中的变量 $m_E$，$\eta$ 和 $\lambda$ 已经在第 2 章有定义。

在式（2A.11）中，可以选择 $\lambda = 0.5$。对于较低的值，结果几乎是完全相同的。对于 $\lambda$ 趋于 1，涡流系数 $k_c$ 是稍高，但这一增长主要是由于基于平方拟合的有限元模型的调整。

式（2A.11）中的参数和函数解释如下：

1）系数 $k_F$ 命名为磁场系数，在第 5 章中推导。对于变压器而言，它是接近于 1 的（$\eta > \lambda$，变压器通常是在这种情况下）。

2）参数 $\zeta$ 是直径和穿透深度之间的比率，并且它用来定义函数 $F_T$ 和 $F_A$：

$$\zeta = \frac{d}{\delta(f)} = \frac{d}{\sqrt{\frac{2\rho}{\omega\mu_0}}} = \frac{d}{\sqrt{\frac{2\rho}{2\pi f\mu_0}}} \qquad (2A.12)$$

3）函数 $F_T$ 为

$$F_T(\zeta,\eta,\lambda) = \frac{1}{\sqrt{1 + \frac{G_T(\zeta)}{1024}\left(1 + \frac{\pi^2}{12}F_i\chi^2 - \left(1 - \frac{\eta^2}{12}\right)(\lambda^{10} + \eta^{10})\chi^{10}\right)^4}} \qquad (2A.13)$$

其中

对于 $\eta > \lambda$，$F_i(\eta,\lambda) = \eta^2$，这种关系通常适用于变压器。

4）函数 $F_i$ 反映了感应的涡流电流的偶极效应。这种效应有减少高频损耗和在层的方向上有高填充的倾向。

5）式（2A.13）中的函数 $\chi(\zeta)$ 代表了穿透深度对偶极效应的影响，它被定义为

$$\chi(f) = \frac{1}{1 + \frac{1.4}{\zeta(f)}} \qquad (2A.14)$$

6）函数 $F_A$ 为

$$F_A(\zeta,\eta,\lambda) = \frac{1}{\sqrt{(1 + 1.3537\eta^4)^{-2} + \frac{G_A(\zeta)}{36864}\left(1 - \frac{\pi}{12}(\eta^{2.5} + 0.3\lambda^{10})\right)^4}}$$

$$(2A.15)$$

7）变量 $G_T$ 和 $G_A$ 为

$$G_T(\zeta) = \zeta^6 + 2.7\zeta^5 - 1.3\zeta^4 - 17\zeta^3 + 85\zeta^2 + 43\zeta \qquad (2A.16)$$

$$G_A(\zeta) = \zeta^6 + 6.1\zeta^5 + 32\zeta^4 + 13\zeta^3 + 90\zeta^2 + 110\zeta \qquad (2A.17)$$

引入的函数 $F_T$ 和变量 $G_T$ 实现了 1% 接近横向磁场的损耗的精确解析解（该近似避免了使用贝塞尔函数，因此它灵活）。

引入的函数 $F_A$ 和变量 $G_A$ 实现了 0.4% 接近自由载流导体损耗的精确解析解。

**注意：**

1）$\zeta$ 与频率的二次方根成比例，结果是在较低的频率下，$k_c$ 与频率的二次方成正比例；在较高的频率下，$k_c$ 与频率的二次方根成正比例。

2）对于同心式绕组的变压器，$k_F$ 是接近于 1 的，甚至线圈末端（三维效应）也被考虑进去。

虽然方程不是很简单，但由于不使用复杂的函数，所以仍是很快的。

（2）变压器的图形方法

所提出的直接计算比图形方法更为准确。然而，对于简单的计算，一些细节可

以被忽略且推导出函数 $k_{tr}$ 用以支持图形表示：

$$k_{tr}(m_E, \zeta(f,d), \eta, \lambda) = \frac{k_c}{m_E^2} \tag{2A.18}$$

要显示此函数，选择好参考直径（0.5mm）和参考电阻率（$23 \times 10^{-9} \Omega \cdot m$）。该直径在电力电子中是相当典型的，而 1mm 导线直径已经很大了。电阻率对应于 100℃下的铜材料，这是在电力电子设计中的常用温度。对于给定的 $\zeta$，计算结果都是相同的，基于这一情况，其他的直径和电阻率可以通过计算等效频率进行选择。在图 2.10 和图 2.11 中，给出了 $m_E = 0.5$，1，2 和 10 时的曲线。对于 $m_E > 2$，曲线几乎是完全相同的。使用这些图，可以得到 $k_{tr}$，然后代入式（2A.18）后可得到 $k_c$。

### 2. A. 2. 3　电感器

（1）直接计算法

由于空气隙的存在，对于类似的绕组，电感器中横向磁场通常是远高于变压器的。此外，半层的解决方案对于电感器是不现实的。这意味着，自身磁场可以忽略，这简化了 $k_c$ 的表达式：

$$k_c = \frac{1}{3.16} \zeta^4 \left( m_E^2 \eta^2 \frac{\pi^2}{4} k_F F_T \right) \tag{2A.19}$$

在第 5 章中给出了更准确的表达。

对于电感器，磁场系数 $k_F$ 高度依赖于绕组与空气隙之间的距离，其关系如图 2.8 所示，它也来自于第 5 章的推导。

电感器中的全磁场问题是相当复杂的，因为漏磁场在层方向上和垂直于它的方向上都有明显的分量。如果磁场分量与层平行，该磁场就会减少（屏蔽效应）。如果该磁场是垂直于该层，则损耗增加（隧道效应）。

进一步的简化是不考虑这些影响，并对横向磁场中一根自由导线的涡流损耗进行求解，而不考虑其他导线的涡流引起的磁场。这将把 $F_T$ 简化到 $F_{Tb}$。

$$F_{Tb}(\zeta) = \frac{1}{\sqrt{1 + \dfrac{G_T(\zeta)}{1024}}} \tag{2A.20}$$

其中

$F_{Tb}$ 是单一导线的 $F_T$ 的简化表达。

**备注：**

对于电感器，$G_T$ 的简化表达是可能的，而不是式（2A.16）。即

$$G_T(\zeta) = (\zeta + 0.37)^6 \tag{2A.21}$$

请注意经过这些简化，得到的解是不再依赖于 $\eta$ 和 $\lambda$ 了。

（2）电感器的图形方法

为了简化计算，一些细节可以被忽略，创建函数 $k_{in}$ 以便于图形化表示：

$$k_{in}(m_E, \zeta(f,d)) = \frac{k_c}{\eta^2 m_E^2 k_F} \qquad (2A.22)$$

简化后，有

$$k_{in} = \frac{1}{16} \frac{\pi^2}{4} F_{Ts}(\zeta) \qquad (2A.23)$$

为了显示此函数，选择了参考直径为 0.5mm 和参考电阻率为 $23 \times 10^{-9} \Omega \cdot m$。

系数 $k_F$ 主要依赖于绕组与空气隙的间距、绕组的宽度和厚度。对于一个给定的绕组到空气隙间距，轭铁和边缘支路（靠近磁心）的二维建模提高了 $k_F$ 值。$k_F$ 的最小值出现在线圈的末端，在那里既没有轭铁也没有边缘支路。在实际的磁心 (EE、ETD) 中，观察到两种极端情况之间的情况，所以我们建议采用平均值。

定义一个参数 $\kappa$，它与系数 $k_F$ 有关：

$$\kappa = \frac{d_{wg} + t_w/3}{w/K} \qquad (2A.24)$$

$k_F$ 函数可以近似为

$$k_F(\kappa) = \frac{3.44 \times (0.505 - \kappa)^2 + 0.688}{\kappa} \qquad (2A.25)$$

使用图表，可以得到 $k_{in}$ 和 $k_F$，然后代入式（2A.22），可以得到想要的 $k_c$ 值。

## 2.A.3  Mathcad 示例文件

在这里，给出了一个 Mathcad 软件示例文件，计算出在变压器和电感器的绕组中的涡流损耗（见图2A.1）。两绕组完全相同，有相同的匝数和 0.5mm 的导线直径。绕组是绕在相同的铁心上，且具有相同的电流和频率。

计算变压器涡流损耗的 Mathcad 示例文件如图2A.2 所示。图2A.3 显示了计算电感器中涡流损耗的 Mathcad 的示例。

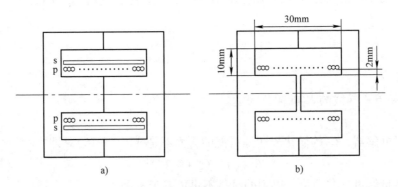

图2A.1  Mathcad 示例文件中使用的变压器 a) 和电感器 b) 的结构

在变压器和电感器相似的磁心中相似绕组
(0.5mm54匝的一层导线的线圈)的损耗计算

1. 变压器(仅考虑一个绕组)　　　　　　　　　　　　　　结果写在右侧:

$d := 0.0005$　　$\rho := 23 \cdot 10^{-9}$　　$f := 100000$　　$Iac := 1$　　$\mu 0 := 4 \cdot \pi \cdot 10^{-7}$　　$h := 0.01$

$m := 1$　　$p := 1$　　$N := 54$　　　$w := 0.03$

$fap := \dfrac{2 \cdot \sqrt{3}}{\pi} \cdot f$　　$K := 1$　　　$KF := 1$　　$mE := m$　　$nE := \dfrac{N \cdot p}{mE}$

$\eta := \dfrac{d \cdot nE}{w}$　　　$\lambda := \dfrac{d \cdot mE}{h}$　　　　　　　　　　　　　$\lambda = 0.05$　　　$nE = 54$

　　　　　　　　　　　　　　　　　　　　　　　　　　　　　$\eta = 0.9$

$lw := 1$　　　$\delta(f) := \sqrt{\dfrac{2 \cdot \rho}{2 \cdot \pi \cdot f \cdot \mu 0}}$　　$\zeta(f, d) := \dfrac{d}{\delta(f)}$　　$\chi(f, d) := \dfrac{1}{1 + \dfrac{1.5}{\zeta(f, d)}}$　　$\delta(f) = 2.4137 \times 10^{-4}$

$R0 := \dfrac{\rho \cdot lw}{\left( \dfrac{d^2 \cdot \pi}{4} \right)}$　　　　　　　　　　　　　　　　　　　$R0 = 0.1171$

$fap = 1.1027 \times 10^5$　　　　　如果$\lambda < \eta$，则$\lambda$的值并不那么重要

$GT(f, d) := \zeta(f, d)^6 + 2.7 \cdot \zeta(f, d)^5 - 1.3 \cdot \zeta(f, d)^4 - 1.7 \cdot \zeta(f, d)^3 + 85 \cdot \zeta(f, d)^2 - 43 \cdot \zeta(f, d)$

　　　　　　　　　　　　　　　　　　　　　　　　　　　　　$GT(f, d) = 282.6246$

$GA(f, d) := \zeta(f, d)^6 + 6.1 \cdot \zeta(f, d)^5 + 32 \cdot \zeta(f, d)^4 + 13 \cdot \zeta(f, d)^3 + 90 \cdot \zeta(f, d)^2 + 110 \cdot \zeta(f, d)$

　　　　　　　　　　　　　　　　　　　　　　　　　　　　　$GA(f, d) = 1.6306 \times 10^3$

$Fi(\eta, \lambda) := \eta^2$　　　　　　$\eta$必须大于$\lambda$　　　　　　　　　　　$Fi(\eta, \lambda) = 0.81$

$FA(f, d, \eta, \lambda) := \dfrac{1}{\sqrt{(1 + 1.3537\eta^4)^{-2} + \dfrac{GA(f, d)}{36864} \cdot \left[ 1 - \dfrac{\pi}{12} \cdot (\eta^{2.5} + \lambda^{10} \cdot 0.3) \right]^4}}$　　$FA(f, d, \eta, \lambda) = 1.8303$

$FT(f, d, \eta, \lambda) := \dfrac{1}{\sqrt{1 + \dfrac{GT(f, d)}{1024} \cdot \left[ 1 + \dfrac{\pi^2}{12} \cdot Fi(\eta, \lambda) \cdot \chi(f, d)^2 - \left( 1 - \dfrac{\pi^2}{12} \right) \cdot (\lambda^{10} + \eta^{10}) \cdot \chi(f, d)^{10} \right]^4}}$

　　　　　　　　　　　　　　　　　　　　　　　　　　　　　$FT(f, d, \eta, \lambda) = 0.7859$

**涡流损耗系数$k_c$**

$kctr(mE, f, d, \eta, \lambda, KF) := \dfrac{1}{16} \cdot \zeta(f, d)^4 \cdot 1 \left[ \eta^2 \cdot \left( \dfrac{mE^2 - \dfrac{1}{4}}{3} \right) \cdot \dfrac{\pi^2}{4} \cdot FT(f, d, \eta, \lambda) \cdot KF + \dfrac{1}{48} \cdot FA(f, d, \eta, \lambda) \right]$

**一个绕组中每米长度导线的总铜耗**　　　　　　　　　$kctr(mE, f, d, \eta, \lambda, 1) = 0.4958$

$Pcutr := (1 + kctr(mE, f, d, \eta, \lambda, 1)) \cdot R0 \cdot Iac^2$　　　　　$Pcutr = 0.1752$

图 2A. 2　计算变压器涡流损耗的 Mathcad 示例程序

**2. 中柱开气隙的电感器(一层导线的绕组)**

结果写在右侧:

$d := 0.0005$  $\rho := 23 \cdot 10^{-9}$  $f := 100000$  $Iac := 1$  $\mu 0 := 4 \cdot \pi \cdot 10^{-7}$  $h := 0.01$

$w := 0.03$  $N := 54$  $p := 1$  $K := 2$  $mE := 1$

$nE := \dfrac{N \cdot p}{mE}$  $fap := \dfrac{2 \cdot \sqrt{3}}{\pi} \cdot f$  $\lambda = 0.05$  $\eta := \dfrac{d \cdot nE}{w}$  $\lambda = 0.05$  $\eta = 0.9$

$nE = 54$

$lw := 1$  $\delta(f) := \sqrt{\dfrac{2 \cdot \rho}{2 \cdot \pi \cdot f \cdot \mu 0}}$  $\zeta(f, d) := \dfrac{d}{\delta(f)}$  $\chi(f, d) := \dfrac{1}{1 + \dfrac{1.5}{\zeta(f, d)}}$  $\delta(f) = 2.4137 \times 10^{-4}$

$R0 := \dfrac{\rho \cdot lw}{\left(\dfrac{d^2 \cdot \pi}{4}\right)}$  $R0 = 0.1171$

$K := 2$  (中间开气隙的磁心)

$GT(f, d) := \zeta(f, d)^6 + 2.7 \cdot \zeta(f, d)^5 - 1.3 \cdot \zeta(f, d)^4 - 17 \cdot \zeta(f, d)^3 + 85 \cdot \zeta(f, d)^2 - 43 \cdot \zeta(f, d)$  $GT(f, d) = 282.6246$

$FTb(f, d, \eta, \lambda) := \dfrac{1}{\sqrt{1 + \dfrac{GT(f, d)}{1024}}}$  $\kappa := \dfrac{0.002 + \dfrac{0.0006}{3}}{\dfrac{w}{K}}$  $\kappa = 0.1467$

$KF := \dfrac{3.5 \cdot (0.5 - \kappa)^2 + 0.69}{\kappa}$  $KF = 7.6838$

$kcin(N, f, d, \eta, \lambda, KF) := \dfrac{1}{16 \cdot 3} \cdot \zeta(f, d)^4 \cdot \left(\dfrac{p \cdot N \cdot d}{w}\right)^2 \cdot \dfrac{\pi^2}{4} \cdot FTb(f, d, \eta, \lambda) \cdot KF$  $kcin(N, f, d, \eta, \lambda, KF) = 5.2153$

$Pcuin := (1 + kcin(N, f, d, \eta, \lambda, KF)) \cdot R0 \cdot Iac^2$  $Pcuin = 0.728$

注释1:电感器绕组损耗除以变压器绕组损耗:  $\dfrac{Pcuin}{Pcutr} = 4.1552$

注释2:电感器绕组涡流损耗系数$k_c$除以变压器涡流损耗系数  $\dfrac{kcin(N, f, d, \eta, \lambda, KF)}{kctr(mE, f, d, \eta, \lambda, 1)} = 10.5193$

图 2A. 3  计算电感器涡流损耗的 Mathcad 示例程序

# 参 考 文 献

[1] Snelling, E.C., *Soft Ferrites, Properties and Applications*, 2nd ed., Butterworths, London, 1988.

[2] Sullivan C.R., Computationally efficient winding loss calculation with multiple windings, arbitrary waveforms, and two-dimensional or three-dimensional field geometry, *IEEE Transactions on Power Electronics,* vol. 16, No. 4, January 2001, pp. 142–150.

[3] Erickson, R.W., and Maksimovic D., *Fundamentals of Power Electronics*, 2nd ed., KAP, Norwell, MA, 2001.

[4] Dowell P.L., Effects of eddy currents in transformer windings, *Proc. Inst. Elect. Eng.*, vol. 113, No. 8, August 1966, pp.1387–1394.

[5] McLyman, Col. Wm. *Transformer and Inductor Design Handbook*, Marcel Dekker, New York, 1988.

[6] www.ferroxcube.com.

# 第3章 软磁材料

这一章将介绍电力电子场合中使用的不同磁性材料，并讨论制造工艺、磁性能和特定的应用。磁性材料的损耗要仔细分析，因为它们对选择类型合适的材料和高效率磁性元件的尺寸设计是非常重要的。

本章将考虑铁基软磁材料（如叠片磁心、铁粉心和羰基铁心）与非晶材料和纳米晶材料，其中非晶材料和纳米晶材料都具有较高的峰值磁感应强度和较低的高频损耗。

铁氧体仍然是电力电子中的普遍选择，因为它们具有很大的电阻率（通常大于 $1\Omega \cdot m$），在很宽的频率范围内的损耗较低（高达 3MHz 的功率铁氧体）。

这一章的讨论中使用峰值磁感应强度。除了 $\mu$ 和 $\mu_0$ 值以外的磁导率都是相对磁导率。

## 3.1 磁心材料

磁性的历史始于公元前几世纪发现的天然矿物磁铁矿（$Fe_3O_4$）。在 1600 年，威廉吉尔伯特发表了关于磁性的第一篇科学研究：磁学。在奥斯特、法拉第、麦斯威尔和赫兹的贡献下，新的电磁科学成立了。

软磁材料在工业应用的发展从叠层铁片开始，接下来是铁粉末和羰基铁粉、铁氧体、非晶材料和最新的纳米晶材料。软磁材料的发展历史如图 3.1 所示。

图 3.1 软磁材料的发展历史

在电力电子产品中，有两类用于变压器和电感器磁心的重要材料：

1）第一类材料是铁的合金，它们包含一些其他元素，如硅（Si）、镍（Ni）、铬（Cr）、钴（Co）。

这些材料被称为铁磁性材料。饱和磁感应强度的值开始于 1.4T，一些材料的值接近于 1.9T。这些合金的电阻率仅略高于电的良导体（如铜或铝）。

2）第二类磁性材料为铁氧体（亚铁磁性材料）。铁氧体是陶瓷材料，主要是铁和其他磁性元素［如锰（Mn）、锌（Zn）、镍（Ni）和钴（Co）］的混合氧化物。它们的特点是电阻率很大，至少是第一类的$10^6$倍。

　　根据不同的应用，磁性材料的期望特性也是不同的。在大多数软磁材料应用中，高磁导率、高饱和磁感应强度、低矫顽力和低功率损耗是首选。材料的机械性能也很重要。通常在单一材料中不太可能具有所有的期望特性，所以在一个给定的应用场合中，材料的选择通常是多方面权衡的结果。

## 3.1.1　铁基软磁材料

　　在这一节中，将讨论通常被称为铁磁性材料的第一类材料。

### 3.1.1.1　叠片磁心

　　叠片磁心是使用具有高导电率磁性材料且由许多薄片堆叠而成的，通过薄的绝缘涂层实现彼此之间的电气绝缘。叠片是用来减少在交流应用和叠加有交流分量的直流应用中的涡流。在纯直流应用中，铁心也可以通过层叠来降低制造成本。对于层叠的铁心，铁心堆叠系数被定义为软磁材料的横截面面积与铁心的横截面面积之比（典型值是 0.9 ~ 0.95）。

　　（1）硅铁合金

　　在铁中混入硅的主要目的是增大电阻率，从而减少合金中的涡流损耗，同时可以减少磁滞伸缩，从而降低在交流应用中磁滞伸缩应变引发周期性应力而产生的噪声。

　　硅铁合金的缺点是：

　　1）会降低饱和磁感应强度。

　　2）高硅含量导致材料变脆。

　　3）会减少穿孔材料的寿命。

　　正常的高硅含量约为 3%，高于此比例的产品的机械处理更加复杂。有效实用的硅含量极限大约是 6.5%，这个含量考虑了低损耗和小的磁滞伸缩。

　　（2）晶粒取向硅钢

　　在叠片磁心中，磁通沿叠片方向流通，这有利于在叠片的平面内提供最高的磁导率，并且在垂直于叠片平面的方向降低磁导率。晶粒取向硅钢主要用于变压器和电感器的铁心。在一般情况下，当在轧制方向和垂直于它的方向具有相同的磁特性时，铁心被称为具有各向同性。在轧制方向具有高的磁导率和低损耗的晶粒取向钢是各向异性的。

　　在过去几年中，减少晶粒取向硅钢的铁心损耗主要由结晶取向的改善、更薄规格材料的发展、磁畴精炼技术的发展来实现。根据参考文献 [1]，对于 3.5% 的 0.15mm 厚的晶粒取向硅钢，在 1.7T 和 50Hz 下可以获得极低的铁心损耗（0.35 ~ 0.65W/kg）。

　　（3）铁镍合金

　　磁性铁心用的铁镍合金有三类[2]。第一类含有 80% 镍（如坡莫合金）和最高的磁导率。第二类 50% 镍的合金（Isoperm）具有最高的饱和磁感应强度，接近于 1.6T。第三类 36% 镍组成的合金（Invar）电阻率是最高的，为 $0.7 \sim 0.8 \mu\Omega \cdot m$。

铁镍合金应用在音频频率的变压器和电感器的铁心中。一些高磁导率合金（Mumetal）具有 $3 \times 10^5$ 的相对磁导率，被用于磁性屏蔽。

（4）铁铝和铁钴合金

其他铁合金是铁铝和铁钴合金等。合金 $Fe_{65}Co_{35}$ 的最高饱和磁感应强度约为 2.45T，它应用在电磁铁杆的尖端。

磁性带材合金的特殊牌号的制造商为 Magnetics[3]、Vacuumschmelze[4,5]、NNK 和 TDK 等。

### 3.1.1.2 铁粉心和羰基铁心

（1）铁粉

铁粉可以直接从含碳量低的铁中获得。铁粉是由树脂黏结的，这也限制了它的使用温度。铁粉心由彼此电气隔离的小铁颗粒构成。颗粒的尺寸（即使在中等频率下，颗粒的最大尺寸也小于一个穿透深度）导致材料具有相当高的电阻率，因此，相应的涡流较低。一般来说，铁粉心有两种涡流电流：

1）在颗粒内部的涡电流（微电流）。

2）在整个物料中的涡流（宏观电流）。

铁粉心在 $1 \sim 1.3T$ 的范围内具有高的饱和磁感应强度。通常的初始相对磁导率范围为 $1 \sim 200$[6]。

铁粉心的典型应用是直流滤波电抗器，允许有较高的磁感应强度和较低的磁导率，一些阻尼（损耗）也是可以接受的。

铁粉心的制造厂家是 Magnetics[3] 和 Micrometals[7]。

（2）羰基铁

羰基铁心是通过加热羰基铁 $Fe(CO)_5$ 得到的。一氧化碳剥离并且材料具有微小球形，有点像洋葱的结构。所获得的材料仍有 0.8% 的碳。这部分碳对于磁滞损耗有不利的影响。为了获得低碳含量，随后进行进一步的碳消除。该材料有较低的磁导率，相对磁导率范围为 $1 \sim 50$。羰基铁的特别优势是其具有几乎恒定的磁导率（不随磁感应强度及频率变化）与热稳定性（$-55 \sim 150$℃）。即使达到 100MHz 的频率，品质因数（$Q = j\omega L/R$）也非常高。饱和磁感应强度高（1.9T 以上）。在相同的磁感应强度水平下，单位体积的损耗高于铁氧体的损耗。数据手册提供的铁心的双对数损耗图形是直线。下面的方程常用来拟合图形的数据。

$$P_{loss} = k_{fe}f^{\alpha}B^{\beta} \tag{3.1}$$

式中　$P_{loss}$——单位体积的平均功耗；

　　　　$B$——峰值磁感应强度；

　　　　$f$——正弦激励的频率。

在式（3.1）中，羰基铁心的典型值是 $k_{fe} = 0.3 \sim 0.7$、$\alpha = 1.15$、$\beta = 2.1 \sim$

2.2。这对应于在 0.1T、100kHz 下的损耗为 1000～3000kW/m³。相比之下，好的铁氧体在 0.1T、100kHz 的情况下，只有 50～100kW/m³ 的损耗。在数兆和更高的磁感应强度下，差异更少。

羰基铁在非常高频率（10MHz）的情况下显示出低的磁滞损耗，因此可用于高频场合。主要应用在 EMI/RFI（电磁干扰/射频干扰）器件和高线性度的射频电流传感器中。

铁粉心和羰基铁心的典型形状是环形和罐形。

铁粉心和羰基铁心软磁材料的优点是，它们无需特殊工具就可以很容易地进行机械加工（钻、锯、磨）。铁粉心和羰基铁心的尺寸公差比铁氧体低。

### 3.1.1.3　非晶合金

非晶态软磁材料是铁和其他金属或过渡金属，如钴、镍、硼、硅、铌、锰等的合金。这种合金的主要商标有：VITROVAC®[4]、METGLAS®[8]。

（1）生产工艺及微观结构特征

由于具有非晶态结构，非晶态合金具有特殊的化学、机械和磁学性质。非晶态结构中的原子是完全无序的，在结构中并不存在有序的结晶。这类结构典型地存在于液体、熔融金属或玻璃中。非晶态金属因此被称为金属玻璃。直接从熔体中获得薄的带状合金。大约 1300℃ 的热熔融金属在高速（100km/h）旋转的冷却辊上被压缩（见图 3.2）。当液态金属被快速淬火冷却，非晶态结构被冻结到一定程度。在制造过程中约 $10^6$K/s 的高冷却速度防止了晶体的形成，并使非晶态结构保持在一个宽的温度范围内。

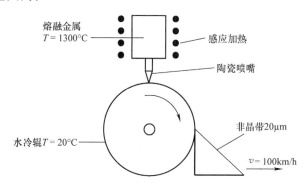

图 3.2　用于制备非晶薄带的快速淬火工艺——获得纳米晶薄带结构的第一步

（2）磁特性

非晶态材料表现出低矫顽力的线性磁滞回线和 0.7～1.8T 的饱和磁感应强度。高频时的饱和磁感应强度值几乎完全不变。材料的初始磁导率（对于部分合金高达 150000）以及剩磁系数 $B_r/B_S$ 在很宽的范围内可以通过磁场退火来调节。通过退火得到具有高频率、高直流磁导率值的非晶薄带，如基于铁镍合金的 2826MB

METGLAS®[7]的直流磁导率高达800000。虽然高频情况下的磁导率降低，但甚至在1MHz仍然能够达到约1000的相对磁导率。低磁导率合金具有更宽的频率范围并且一些材料适用于1MHz以上。非晶材料具有相对较低的损耗，具有较小的温度依赖性，甚至负温度系数。

非晶态材料的居里温度（材料失去磁性的温度）范围为350~450℃。

（3）应用

10~50μm的小厚度材料具有相对较高的电阻率，即1.2~2μΩ·m（相比之下，纯铁的电阻率约为0.08μΩ·m），所以适用于高频应用。对于高频应用，铁基磁心，如MicroLite®和PowerLite®（基于金属玻璃材料），以及钴基磁心（如VITROVAC®和MagnaPerm®）常被使用。MicroLite®环形磁心具有分布式的气隙，与传统的空气隙磁心相比，它们具有特别优异的RFI性能。非晶态金属磁心的其他高频应用是用于RFI共模抑制扼流圈、反激式和推挽式变压器、有源功率因数校正共模扼流圈、饱和电抗器和不间断电源电感器、高功率户外工业镇流器和焊接电源等。

非晶铁基磁心的低频应用是在电网及工业节能的变压器中，因为它们比最佳的晶粒取向钢有更低的损耗（非晶材料在1.4T时的损耗约为0.25W/kg）。非晶磁心使变压器具有非常低的空载损耗。非晶铁基干式变压器的效率可以高达99.5%[10]。高磁导率使它们成为用于漏电流检测器的电流传感器的首选材料。

（4）外形

非晶态合金主要有环形磁心。通常情况下磁心具有环氧树脂涂层，并适用于直接绕线。有空气间隙的磁心和U形磁心现在也可以购买到[7]。当它们从一个线轴加工得到时，U形磁心也被称为C形磁心或断心。对于电力电子来说，现在的外部尺寸是外直径为几毫米到130毫米，磁心高度为8~35mm。磁心堆叠系数定义为有效截面面积$A_e$和物理截面面积$A_c$（无涂层）之比$k_{sf} = A_e/A_c$，大约为0.8。成品磁心尺寸和成品磁心的截面面积$A_f$定义了总磁心填充系数$k_{ff} = A_e/A_f$，其范围在0.44~0.60。

事实上，总的磁心填充系数等于磁心堆叠系数和磁心包装系数（涂层）的乘积。

**举例：**

图3.3显示了一个磁带绕制的非晶磁心的横截面图[4]。制造商数据表中给出的有效材料横截面面积$A_e = 190mm^2$。磁心堆叠系数$k_{sf}$为

$$k_{sf} = A_e/A_c = 190/(25 \times 10) = 0.76 \tag{3.2}$$

式中　$A_e$——软磁材料的有效截面面积；

　　　$A_c$——磁心的物理截面积。

总的磁心填充系数$k_{ff}$为

$$k_{ff} = A_e/A_f = 190/(28.5 \times 14.5) = 0.46 \tag{3.3}$$

式中　$A_f$——成品磁心截面面积（在本例中是加入涂层后的磁心面积）。

有效填充系数远低于加有涂层的铁氧体环形磁心的有效填充因子。由于金属磁心的密度是较高的（约 7500kg/m³），铁氧体的密度约为 4800kg/m³，导致绕制得到的磁心平均密度与铁氧体磁心的平均密度差不多。

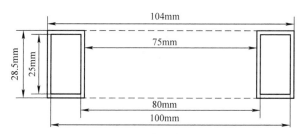

图 3.3　磁心型号为 100 – W342 的磁心尺寸、合金 VITROPERM 500F

### 3.1.1.4　纳米晶磁性材料

过去的几十年中已经做了许多工作，目的是引入称为纳米晶的新型软磁材料。该材料在现代电力电子产品中越来越被接受。第一个纳米晶材料是在 1988 年由 Yoshizawa 等人在日立金属实验室[11]发明的。最初提出的合金成分是$Fe_{73.5}Cu_1Nb_3Si_{13.5}B_9$。

铁基纳米晶材料的优点在于高的饱和磁感应强度、磁性元件尺寸的减小、低的发热损耗、高达 120℃ 的稳定运行温度。

首批商用的纳米晶材料是 VAC[4] 的 VITROVAC® 和 VITROPERM®、Hitachi Metals[9] 的 FINEMET®。

（1）生产工艺及微观结构特征

纳米晶材料具有一种两相的结构，非晶态少数相被嵌入 FeSi 的超细晶相中。在生产过程中，只有 20～25μm 厚度的一种连续的非晶带原材被生产出来。纳米晶结构通常是在横向和/或纵向磁场中通过一个特定的退火程序得到的。热处理会影响材料的磁性能，因为在非晶态内部产生了结构的变化。在 500～600℃ 温度的热处理过程中，初步产生的非晶态结构形成了典型尺寸只有 7～20nm 的超细晶体，因此这种材料被称为纳米晶。软磁纳米晶材料结合了传统硅钢较高的饱和磁感应强度和铁氧体较低的高频损耗的特性。

纳米晶材料本身是易碎的，需要额外的机械保护，如适当的环氧树脂涂料或塑料磁心盒。有几种商用的纳米带材：标注成分为 $Fe_{73.5}Cu_1Nb_3Si_{15.5}B_7$[4,12,13] 的 VITROPERM®，标注成分为 $Fe_{73.5}Cu_1Nb_3Si_{13.5}B_9$[14] 的 FINEMET®，由 Fe – M – B（M = Zr、5%～7% 的 Nb 和 2%～6% 的 B）[15,16]组成的 NANOPERM®。纳米带材的主要生产商在德国和日本。

（2）磁特性

纳米晶软磁材料具有线性磁滞回线，其矫顽力小于 2A/m 且有 1.2～1.5T[15] 的饱和磁感应强度。材料的初始相对磁导率在 15000～150000 范围内可调。根据不同的具体需求，剩磁比 $B_r/B_s$ 也是可控的。通过横向（垂直于磁心的圆周方向）和纵向（平行于磁心的圆周方向）的磁场退火，几乎可以得到矩形和平坦的磁滞回线。

纳米晶材料的属性及其可能的特性如图 3.4 所示。

材料具有约 $1.2\mu\Omega\cdot cm$ 的相对较高的电阻率。厚度为 $15\sim25\mu m$ 的带材具有合适的频率 - 磁导率关系和低的涡流损耗。由于它的金属导电性，这个材料的介电常数是低的。低磁心损耗和静态磁滞特性使得纳米晶材料在高达 150kHz 及以上频段具有良好的动态性能。

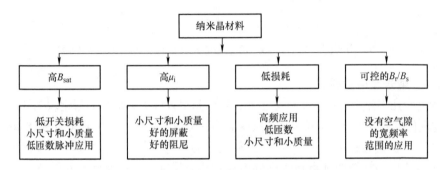

图 3.4　纳米晶材料的属性及其可能的特性

图 3.5 给出了纳米晶材料在两个频段下的损耗与磁感应强度的关系曲线，很明显的是纳米晶材料的损耗几乎只与磁感应强度的二次方有关系。

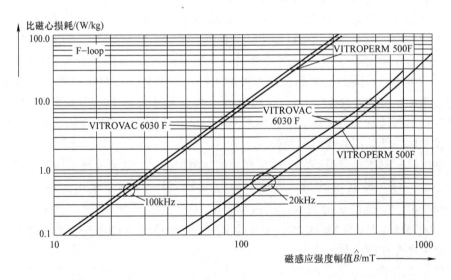

图 3.5　纳米晶材料 VITROPERM 和非晶材料 VITROVAC 的比磁心损耗，
带材厚度为 $20\mu m$，由 Vacuumschmelze 公司许可

（3）温度特性

纳米晶软磁材料初始磁导率 $\mu_i$ 的温度关系几乎是线性的，在 $-40 \sim 120℃$ 温度范围内的差别大约为 6%[13]。相比之下，铁氧体和坡莫铁镍合金同样的曲线则显示出较高的温度依赖性，这一点在磁性元件设计中是必须额外考虑的。纳米晶材料的居里温度约为 600℃，这也是其温度稳定性的一个原因。图 3.6 显示了某些纳米晶材料的磁导率与频率的函数关系曲线。

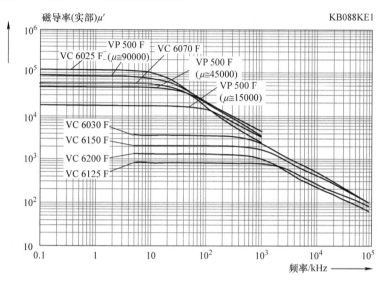

图 3.6 纳米晶材料 VITROPERM 的磁导率，带材厚度为 20μm，由 Vacuumschmelze 公司许可

（4）形状

纳米晶材料本身是易碎的，需要额外的物理保护，如环氧树脂涂料或塑料磁心盒。纳米晶磁心通常制作成与非晶材料相似的形状：环形磁心、有空气间隙的磁心和 U 形磁心。磁心堆叠系数典型值是 0.8，总的磁心填充系数 $k_{ff}$ 的范围是 $0.45 \sim 0.55$。

（5）应用

如果产品的价格有竞争力，那么在电子和电力电子场合中设计磁性元件时，毫无疑问纳米晶软磁材料是一个很好的选择。

1）电力电子：最具附加值的纳米晶材料的应用是高峰值的磁感应强度和电磁兼容，这时在很宽的频段内具有高的磁导率是非常有用的。纳米晶材料同时在 100kHz 范围内以及 10MHz 范围都具有较高的磁导率，这种特性在铁氧体中是很难获得的。

纳米晶软磁材料的典型应用如图 3.7 所示。

① 开关电源中的功率变压器（开关电源）。

② 配电变压器。

③ 共模扼流圈。

④ 高精度电流互感器。

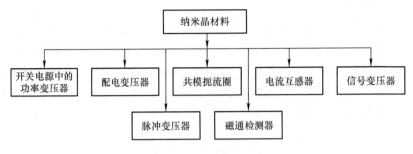

图 3.7 纳米晶材料的应用

⑤ 信号变压器。

与非晶合金相比，由于较高的饱和磁感应强度和较低的成本[17]，纳米晶合金是电力变压器和共模扼流圈中磁心材料的更佳选择。高的饱和磁感应强度允许较低的工作频率$f_{op}$，从而降低开关损耗$P_{sw}$。由于低的损耗、高的饱和磁感应强度、高的初始磁导率，纳米晶磁心表现出良好的高频阻尼性能。

2）在综合业务数字网（ISDN）中的脉冲变压器：脉冲变压器用在综合业务数字网的终端设备中。脉冲变压器的作用是在电网电路与终端设备之间实现电气隔离。纳米晶软磁材料的高饱和磁感应强度$B_{sat}$和高初始磁导率$\mu_i$使变压器小型化。结果是，与传统的 MnZn 铁氧体变压器相比，纳米晶磁心脉冲变压器的质量尺寸参数要好得多。

3）磁通门磁探测器：纳米晶材料的磁性能使其可以制造出具有高输出电压、高精度、小尺寸的磁通门磁探测器。

### 3.1.2 铁氧体

在电力电子中，铁氧体仍然是目前应用最广泛的软磁材料。

相比于其他磁性材料，铁氧体材料最重要的特性是具有较高的体电阻率。在高频应用中，涡流损耗通常占主导地位，并且涡流损耗随频率的二次方增加。这些损耗是与电阻率成反比的。因此，铁氧体的高电阻率是使其在高频场合的磁性元件中广泛应用的最主要因素。

（1）生产工艺及微观结构特征

铁氧体是深灰色或黑色陶瓷材料。它们是具有化学惰性的、脆的且非常硬，除非使用水冷金刚石工具，否则很难加工处理。化学通式为 $MeFe_2O_3$，其中 Me 代表一种或更多的二价过渡金属，如锰、锌、镍、钴或镁等。最常见的组合是锰和锌（MnZn）或镍和锌（NiZn）。MnZn 铁氧体具有高的磁导率和高的饱和磁感应强度，适用于高达几兆赫的场合。NiZn 铁氧体一般情况下使用在频率更高的范围内（1MHz 以上），适用于低磁感应强度场合。

用于生产铁氧体磁心的原材料是上述金属的氧化物或碳酸盐。基本材料按照正确的比例称重,然后把所有材料均匀混合起来。在大约 1000℃ 的温度下,预烧(煅烧)混合氧化物从而形成了铁氧体。预烧结的材料随后研磨成特定大小的颗粒。添加少量的有机黏结剂。大多数铁氧体是通过压制形成的,于是得到了所谓的绿色磁心。在具体的加工过程中,绿色磁心在 1150 ~ 1300℃ 之间进一步烧结。烧结后的铁氧体磁心就具有了期望的磁性能。生产中的最后流程是打磨、研磨、放置气隙、退火和涂层,这取决于具体的应用需求。由于存在 10% ~ 20% 的收缩,磁心最后尺寸的偏差通常在标称值的 2% 以内。

(2)磁特性

$B(T)$ 和 $H(A/m)$ 磁化曲线的关系体现了材料的磁性能。虽然它们有其物理机理,但制造工艺会影响其磁性能。所以在实际应用中,需要对样品的 $B - H$ 磁滞回线与频率和温度的依赖性进行测量。用户可以参考制造商的数据[18-22]来获取这些特性曲线。

铁氧体的磁性能是各向同性的。借助各种压制、注模和研磨技术,可以形成各种各样不同的形状。不同材质等级的铁氧体的饱和磁感应强度范围为 0.25 ~ 0.45T,初始磁导率在 1000 ~ 15000 之间,有报道称新材料的初始磁导率高于 20000[23]。一般情况下,铁氧体的磁导率随着频率增加,在居里温度增大到最大值,然后急剧下降。由于结构中晶体之间彼此隔离,铁氧体的体电阻率很大:MnZn 铁氧体为 $0.1 ~ 10\Omega \cdot m$,NiZn 铁氧体为 $10^4 ~ 10^6 \Omega \cdot m$。电阻率强烈地依赖于温度和测量频率。电阻率随温度的升高而增大。在高频率下,晶体的边界被电容短路,所以电阻率减小。

(3)低磁感应强度(信号水平)参数

在铁氧体数据手册中使用的具体参数是损耗系数($\tan\delta/\mu_i$)、材料磁滞常数 $\eta_B$ (1/T) 和电感系数 $A_L$(nH)。在材料等级规格中,损耗系数($\tan\delta/\mu_i$)包括剩余损耗和涡流损耗,但不包括磁滞损耗。磁滞损耗由磁滞损耗系数描述($\tan\delta_h/\mu_e$),可以使用下式计算得到:

$$\frac{\Delta\tan\delta_h}{\mu_e} = \eta_B\Delta\hat{B} \tag{3.4}$$

式中  $\hat{B}$——峰值磁感应强度;

$\mu_e$——有效磁导率。

**备注**:有较大气隙的磁心具有更低的 $\mu_e$ 和更低的 $\tan\delta_h$。

对于超过 10mT 的磁感应强度值,磁滞损耗成为主要损耗。它们在总损耗中的比例可以通过两次测量获得,通常是在 1.5mT 和 3mT 的磁感应强度下进行测量。然后材料的磁滞常数可以用下式计算:

$$\eta_B = \frac{\Delta\tan\delta}{\mu_e\Delta B}, \eta_B = \frac{(\tan\delta)_{3mT} - (\tan\delta)_{1.5mT}}{\mu_e(3mT - 1.5mT)} \tag{3.5}$$

参见第 1 章的 1.2.4 节。

（4）高磁感应强度（功率水平）参数

对于高磁感应强度的情况，铁氧体的具体损耗需要进行实验测试，可以根据温度、磁感应强度和频率进行建模。比损耗 $P_{sp,v}$ 指的是单位体积损耗，它的一般形式是

$$P_{sp,v} = k_{fe} f^\alpha B^\beta \qquad (3.6)$$

式中　　$k_{fe}$——磁心损耗系数，$k_{fe} = F(f, B, T)$；

$\alpha$——频率指数；

$\beta$——磁心损耗指数；

$B$——磁感应强度交流分量的峰峰值；

$f$——频率。

常数 $k_{fe}$、$\alpha$ 和 $\beta$ 取决于材料等级、磁感应强度和温度。$k_{fe}$ 为常数时的双对数磁心损耗图形是直线。在高的磁感应强度水平上，损耗几乎是与 $B^3$ 成正比的。式（3.6）常被用于对图形数据进行插值。损耗是在正弦电压的峰值磁感应强度下成立的。对于其他波形，需要将峰峰值磁感应强度除以 2。对于方波电压，这种方法会产生 10% ~ 15% 的典型误差。然而由于材料特性的发散，损耗模型的准确性一般都是比较有限的。

由于频率指数 $\alpha$ 强烈依赖于频率，式（3.6）中的铁心损耗系数 $k_{fe}$ 在宽频率范围内的差别非常大。

铁氧体的磁导率是受温度影响的，在信号水平（数 mT）和中等磁感应强度水平（如 0.1 ~ 0.2T）之间的相对磁导率可以变化 1.5 倍。

考虑温度影响的更精确的结果可以通过下列表达式得到：

$$P_{sp,v} = k_{fe} f^\alpha B^\beta (c_1 T^2 - c_2 T + c_3) \qquad (3.7)$$

式中　　$T$——磁心的温度，单位为℃；

$c_1$，$c_2$，$c_3$——特定的系数[24]。

不同等级材料的系数 $c_1$，$c_2$，$c_3$ 的值的差别是很大的，并且往往从数据手册中查不到。仔细分析不同等级铁氧体的温度特性数据是很重要的，如果选择了一个不正确的温度，损耗可以很轻易地增加 2 倍。在许多设计中，选择在 100℃ 左右时具有最低损耗的铁氧体等级，因为在设计中这往往是铁氧体温度的最坏情况。

（5）形状

铁氧体有许多不同的形状。本书最后的附录 B 给出了最常用的磁心形状及相应的数据。

## 3.2　电力电子产品中磁心材料的对比与应用

表 3.1 和表 3.2 总结了软磁材料的磁性与工作特性。电力电子场合中的一些软磁材料的对比与应用如图 3.8 所示。

表3.1 在电子产品中使用的一些铁基软磁材料的磁性与工作特性

| 材料 | 叠层 FeSi | NiFe，镍钢，叠层 | | | 铁粉心 | 羰基铁 |
|---|---|---|---|---|---|---|
| 成分 | 3% ~6% Si | 坡莫合金 80% Ni | Isoperm 50% Ni | Invar 30% ~40% Ni | 95% Fe 块 | 92.5% Fe 块 |
| 磁导率，$\mu_i$ | 1000 ~ 10000 | 10000 | 3000 | 2000 | 1 ~ 500 | 1 ~ 50 |
| $B_{peak}$/T | 1.9 | 1 | 1.6 | 0.6 | 1 ~ 1.3 | 1.6 ~ 1.9 |
| $\rho/\mu\Omega \cdot$ m | 0.4 ~ 0.7 | 0.15 | 0.35 | 0.75 | | >$10^6$ |
| $P_{loss}$/（W/kg） | 在 1.5T/50Hz 下为 0.3 ~ 3 | 在 0.2T/5kHz 下为 24 | 在 0.2T/5kHz 下为 22 | 在 0.2T/5kHz 下为 21 | | 在 0.02T/1MHz 下为 60 |
| 居里温度 $T_c$/℃ | 720 | 500 | 500 | 500 | 700 | 750 |

表3.2 铁氧体、非晶和纳米晶软磁材料的磁性与工作特性

| 材料 | 铁氧体 | 非晶软磁材料 | | 纳米晶软磁材料 |
|---|---|---|---|---|
| 成分 | MnZn，NiZn 块 | 73.5% Fe，带材厚度 5 ~ 25μm | 70% ~73% Co，带材厚度 25μm | 73.5% ~90% Fe，带材厚度 20μm |
| 磁导率，$\mu_i$ | 100 ~ 20000 | 10000 ~ 150000 | 10000 ~ 150000 | 15000 ~ 20000 |
| $B_{peak}$/T | 0.3 ~ 0.45 | 0.7 ~ 1.8 | 0.5 ~ 0.8 | 1.2 ~ 1.5 |
| $\rho/\mu\Omega \cdot$ m | $10^2$ ~ $10^4$ MnZi $10^7$ ~ $10^9$ NiZn | 1.2 ~ 2 | 1.4 ~ 1.6 | 0.4 ~ 1.2 |
| $P_{loss}$/（W/kg） | 在 0.2T/20kHz 下为 12（60mW/cm$^3$） | 在 0.2T/20kHz 下为 18 | 在 0.2T/20kHz 下为 7 ~ 18 | 在 0.2T/20kHz 下为 5 |
| 居里温度 $T_c$/℃ | 125 ~ 450 | 350 ~ 450 | 400 | 600 |

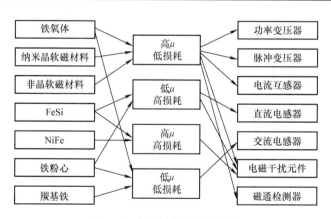

图3.8 各种软磁材料的应用

## 3.3 软磁材料的损耗

这一节给出建立软磁材料损耗模型的更一般的方法。

根据经典的损耗分离方法，总损耗被分解为磁滞损耗、涡流损耗和剩余损耗分量。这种方法使得各类原理不同的损耗便于分别处理，似乎各种损耗之间是互不相关的。

### 3.3.1 叠层钢磁心损耗的简化方法

在简化的模型中，铁心损耗一般都会传统地分解成磁滞损耗和涡流（傅科电流）损耗。这应该被视为损耗的曲线拟合，在恒定的磁感应强度 $B$ 下与频率成正比例的损耗以及与频率的二次方成正比例的损耗。对于一次近似，损耗还与磁感应强度的二次方成比例。对于钢而言，这些损耗通常是在 50Hz 和 1.5T 峰值磁感应强度 $B$ 的条件下定义的：

$$P_v = \left(\frac{B_p}{1.5}\right)^2 \left(P_{vh}\frac{f}{50} + P_{vf}\left(\frac{f}{50}\right)^2\right) \tag{3.8}$$

50Hz 下的损耗是磁滞损耗 $P_{vh}$ 和涡流（傅科电流）损耗 $P_{vf}$ 之和。式（3.8）的系数 $P_{vh}$ 和 $P_{vf}$ 应该被认为是 50Hz 的曲线拟合常数。在高质量等级材料中 $P_{vh}$ 是主导损耗。

对于 0.3mm 的晶粒取向钢，1.5T 磁感应强度时的损耗至少是 0.5W/kg，然而 0.65mm 的不含硅的软铁材料的损耗高达 20W/kg。对于高频应用，超薄硅钢已被使用到 50μm 的厚度（约等于 2mils = 0.002in）。

当激励频率上升时，穿透深度会随之减小。穿透深度等于板材厚度一半时的频率被称为截止频率 $f_{co}$：

$$\delta = \sqrt{\frac{2}{2\pi f\mu\sigma}},\ \delta = \frac{d}{2} \Rightarrow f_{co} = \frac{4\rho}{\pi\mu d^2} \tag{3.9}$$

式中 $d$——铁片的厚度。

对于专门用于 50Hz 或 60Hz 应用场合的片材，截止频率 $f_{co}$ 接近于 400Hz。

### 3.3.2 磁滞损耗

磁性材料的 $B-H$ 磁滞特性是其最重要的磁特性。$B-H$ 滞环的大小取决于所施加的磁场强度 $H$。磁滞损耗 $P_H$ 对应于直流测量中的功率损耗，它等于外加磁场在磁性材料上所做的功。$B-H$ 磁滞回线包含的面积是作用磁场 $H$ 在一个周期中的实际能量损耗。较高的 $B$ 或者较大的 $H$，会导致 $B-H$ 磁滞回线有更大的封闭区域面积。当施加一个交变磁场 $H$ 时，单位时间的损耗是磁滞回线包含的面积乘以激励频率。磁滞损耗近似与频率成比例：

$$P_H = f \oint B \mathrm{d}H \qquad (3.10)$$

$$P_H = k_h f B^{\beta} \qquad (3.11)$$

式中　$k_h$——磁滞损耗系数；

　　　$\beta$——磁心损耗指数：对于一个非常小幅度的磁感应强度（例如1mT），$\beta = 2$；对于较大幅值的磁感应强度，铁的 $\beta = 1.5 \sim 2$，铁氧体的 $\beta = 2 \sim 3$。

磁滞回线的面积随频率的增加而增加。这意味着在磁感应强度 $B$ 一定时，比例 $P_H/f$ 随着频率增加。

磁滞损耗的降低可以通过减少磁畴壁运动的障碍来实现[25]。这里需要折中考虑，因为薄膜的磁滞损耗会随厚度的降低而增大。

造成磁滞和导致磁滞损耗的物理机制的进一步说明超出了本书的范围。Bertoti[25]给出了磁滞现象的详细特性及其数学描述。

### 3.3.3　涡流损耗

所有磁性材料都具有一定的导电性，并且铁基磁性材料的导电率是相对比较高的。结果在磁心内部的磁通会产生内部电压 $\mathrm{d}\Psi/\mathrm{d}t$，从而驱动涡流在路径中循环流动，如图 3.9 所示。

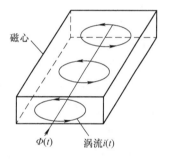

图 3.9　磁心中的涡流

这些电流被称为涡流，相应的影响被称为涡流效应。如果突加磁场，涡流的流动方向使得它们产生的磁场与作用（原）磁场相反。如图 3.9 所示，在相反的方向上产生磁场并且叠加在原磁场上，因此，在磁心内部的磁场按指数规律减少。由此产生的屏蔽效应会随外加磁场的变化速度而增加。特征穿透深度称为趋肤深度。趋肤深度的值是由下式得到：

$$\delta = \sqrt{\frac{2}{\omega \mu \sigma}} = \sqrt{\frac{2\rho}{\omega \mu}} \qquad (3.12)$$

式中　$\omega$——角频率，$\omega = 2\pi f$，$f$ 为所施加的磁场的频率；

　　　$\mu$——磁性材料的磁导率；

　　　$\sigma$——磁性材料的电导率。

趋肤效应的影响对确定磁心横截面的几何形状是非常重要的。如果铁心横截面尺寸比式（3.12）表达的趋肤深度更大，那么作用磁场主要由磁心的表面部分承载，磁心内部只有很少量的磁通。其结果是，这个频率的磁心交流磁阻增加了，磁心的主要作用——为作用磁场提供低磁阻路径的作用被严重削弱了。在 50Hz 时，铁材料的趋肤深度是 1mm 数量级。

电流密度为 $J$ 的涡流每单位体积产生的涡流损耗 $J^2\rho$，其中 $\rho$ 是铁心材料的具体电阻率。对于一个给定的厚度和材料，涡流损耗 $P_{ec}$ 取决于磁感应强度幅值 $B_{max}$、频率 $f$ 和磁心材料的内部电阻率 $\rho$。因为单位体积的涡流损耗与感应电压的二次方成正比，涡流损耗与 $(fB_{max})^2$ 是成正比的。根据 Snelling[26]，涡流损耗可以表达为

$$P_{ec} = k_e \frac{f^2 B_{max}^2}{\rho} \tag{3.13}$$

式中 $k_e$——一个无量纲的涡流损耗系数；

$B_{max}$——外加磁场的磁感应强度幅值；

$\rho$——磁心的内部电阻率。

式（3.13）仅是实际涡流损耗的近似表达式，因为某些磁性材料的阻抗不是纯电阻，所以还取决于频率。在大多数的磁性材料中，铁心磁导的大小随频率的增加而减小。这意味着超过了某个频率，在恒定磁感应强度 $B$ 时的涡流损耗对频率的依赖关系是高于 $f^2$ 的。

为了减少涡流效应，在电力电子中必须考虑磁心的微观结构及其构造方式。为了增加大部分磁钢的电阻率，都会在铁中增加一定比例的硅。由于铁氧体电阻率高，所以铁氧体是适用于高频应用的磁心材料，而不需要叠层的铁氧体磁心。

### 3.3.3.1 叠层磁心的涡流损耗

铁基磁性材料具有低的电阻率，为 $0.4 \sim 0.8\mu\Omega \cdot m$。减少涡流密度的方法之一是使用许多由薄叠片堆成的铁心。叠片承载很小的磁通和短的路径，因此，产生了低感应电压 $V \sim \mathrm{d}\Psi/\mathrm{d}t$，只产生较低的涡流损耗。同样地，为了达到降低涡流的效果，还可以通过把非晶和纳米晶 $10 \sim 100\mu m$ 的薄片带材绕制成磁心。这种特殊结构使非晶和纳米晶磁性材料适用于高频应用场合，尽管它们的电阻率仍然相对较小（$1.2 \sim 2\mu\Omega \cdot m$）。

根据文献，叠层薄片中涡流损耗的求解与描述有两种不同的方法：

1）低频近似，其中磁性导体内部的平均磁场与外加磁场略有不同。当磁性薄片厚度 $d$ 比趋肤深度 $\delta$ 小时，这已经是一个很好的近似。

2）任意频率，这里给出一个简短的讨论，在本章附录中也给出了基本介绍。叠层磁心涡流损耗的低频近似。

在低频近似中，根据 Bertoti[25] 和本章的附录，在正弦磁感应强度 $B(t) = B_{max}$ $\sin (2\pi ft)$ 下，叠片铁心的比涡流损耗 $P_{ec,sin}$ 为

$$P_{ec,sin} = \frac{\pi^2}{6} V_c \sigma d_t^2 f^2 B_{max}^2 \tag{3.14}$$

式中 $P_{ec,sin}$——涡流损耗；

$V_c$——铁心体积；

$d_t$——叠片厚度。

在更一般的情况下，磁感应强度 $B$ 在每半个周期以恒定的速率变化 $dB/dt = \pm 4fB_{max}$（即在三角波形的磁感应强度下），根据参考文献 [25] 和本章附录，具体的涡流损耗是

$$P_{ec,tri} = \frac{4}{3} V_{fe} \sigma d_t^2 f^2 B_{max}^2 \tag{3.15}$$

$P_{ec,tri}/P_{ec,sin}$ 比率是 $8/\pi^2$，即 $P_{ec,tri}/P_{ec,sin} \approx 0.811$。

#### 3.3.3.2　在任意频率的叠层磁心的涡流损耗

用于任意频率和线性磁化曲线下的涡流损耗表达式是由 Bertotti[25] 给出的：

$$\frac{P_{ec}}{f} = \frac{\pi}{2} V_c \frac{g B_{max}^2}{\mu} \frac{\sinh g - \sin g}{\cosh g - \cos g} \tag{3.16}$$

式中　$g = \sqrt{\pi \sigma \mu d^2 f}$ 是一个无量纲参数。

这是宽频率模型下的一个特例。其中只有涡流损耗被考虑进去，而磁导率或无功功率的变化和磁滞损耗不考虑在内。

在 $g \ll 1$ 的情况下（即低频率的情况），式（3.16）变为式（3.14）。

当磁化规律是一个阶梯函数（见图 3.10），这时的情况接近于真正的重度饱和模式。根据参考文献 [25]，在正弦磁感应强度下的涡流损耗为

$$P_{ec,step} = \frac{\pi^2}{4} V_{fe} \sigma d^2 f^2 B_{max}^2 \tag{3.17}$$

把这个结果与式（3.14）相比较，可知

$$P_{ec,step} = \frac{3}{2} P_{ec,sin} \tag{3.18}$$

从式（3.18）中可以很明显地看出，在重度饱和的情况下，涡流损耗与 $(fB_{max})^2$ 是成正比的，这类似于在较低频率下的近似情况，但增加了一个系数 $3/2$。

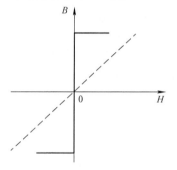

图 3.10　线性和阶梯状的磁化关系曲线

## 3.3.4　剩余（残余，其他）损耗

在交流测量条件下，存在与式（3.14）不匹配的额外损耗。这些损耗可以表示为下面总损耗表达式中的第三个部分——剩余损耗：

$$P = P_H + P_{ec} + P_a \tag{3.19}$$

根据不同的磁性材料，在式（3.19）中损耗分解的第三个部分归因于磁化过程中的不同机制。

对于磁性钢和其他的铁基磁性材料，这些损耗被称为剩余损耗，并归因于磁畴存在的结果。剩余损耗是由外部作用磁场影响下处于运动中的活跃磁畴壁附近感应的涡流引起的。根据参考文献 [25] 剩余损耗 $P_e$ 可以表示为

$$P_e \sim C(fB_{\max})^{3/2} \tag{3.20}$$

式中 $C$——一个参数，它取决于给定的材料和磁心的几何形状。

对于铁氧体，在损耗分离法中定义的第三类损耗被称为剩余损耗。剩余损耗与铁氧体中的磁松弛及共振（自旋与空间）有关。剩余损耗在总损耗中的比重是强烈依赖于频率的。在兆赫兹频率的情况下，剩余损耗是铁氧体损耗的主要部分。可以通过采用细粒铁氧体来降低剩余损耗。

损耗分离对于描述损耗是很重要的，因为损耗的每一个部分与频率 $f$ 和磁感应强度幅值 $B_{\max}$ 之间都具有不同的、独特的幂律关系。

## 3.4　非正弦电压波形下的铁氧体磁心损耗

常见的铁氧体磁心损耗数据是在正弦激励下给出的，但是在电力电子变换器中，非正弦电压波形如方波电压波形则更为常见。因此，我们讨论具有非正弦电压波形下的铁氧体磁心损耗。

解释磁心损耗的宏观机制在参考文献［2，25，27］进行了讨论，并在参考文献［28］中进行了总结和更新。参考文献［29，30］给出了在任意电压波形下计算高频铁氧体铁心损耗的一种实用方法。参考文献［31，32］提供了在脉冲工作环境下可以更准确地预测磁心损耗的一种技术。

大多数方法的实用缺点是需要对给定材料进行额外的测量和参数计算。最流行的铁氧体损耗方程被称为斯坦梅茨方程[33]：

$$P_{\text{loss}} = k f^{\alpha} \hat{B}^{\beta} \tag{3.21}$$

式中 $\hat{B}$——峰值磁感应强度；

　　　$P_{\text{loss}}$——每单位体积的平均功耗；

　　　$f$——正弦激励的频率。

对于常用的功率铁氧体，有 $\alpha = 1.2 \sim 2$ 和 $\beta = 2.3 \sim 3$。对于占空比为 50% 的方波，式（3.21）的精度下降，但仍然是一个很好的近似。但是当占空比为 5%（或 95%）时，量热实验得到的损耗是正弦波供电的损耗以及式（3.21）预测损耗的两倍多。因此，很明显在这种情况下，式（3.21）不再适用。

### 3.4.1　验证斯坦梅茨方程

铁氧体材料性能与制造批次有一些关系，并且同一型号产品的制造商数据会随时间变化。为了避免这个问题，我们测量了样品。

真正的材料并不总是很完美地符合斯坦梅茨方程。在实际中，这意味着 $\alpha$ 和 $\beta$ 是频率相关的。通常它们随着频率增加，结果是 $k$ 也改变了。

为了定义工作（调查）区域，预先定义 100kHz 为参考频率、参考功率和 0.1T 的参考磁感应强度，由此可以写出

$$P = k_{\text{ref}} B^{\beta} f^{\alpha} = P_{\text{ref}} \left( \frac{B}{B_{\text{ref}}} \right)^{\beta} \left( \frac{f}{f_{\text{ref}}} \right)^{\alpha} \tag{3.22}$$

系数 $\beta$ 在参考频率（100kHz）下，对 0.1T 的参考磁感应强度和其他值（0.05T 和 0.15T）进行拟合。系数 $\alpha$ 使用 250kHz（介于二次谐波和三次谐波之间）这一更高频率处的损耗来确定。

在这里，我们给出 3F3 和 N67 这两种铁氧体型号的 $\alpha$ 和 $\beta$ 值，它们是通过测量相应的磁心后得到的。100℃ 的 $\beta$ 值比 25℃ 下的值更高。在 100kHz 下的 $\alpha$ 值比 25kHz 下的值更高。这些值见表 3.3。

参数 $\alpha$ 和 $\beta$ 测量值是接近实际生产数据表的。

表3.3　在参考点测量的材料常数

| 材料等级 | $k_{\text{ref}}$ | $\alpha$ | $\beta$ | 实验条件 |
| --- | --- | --- | --- | --- |
| 3F3 | 0.0482 | 1.842 | 3.06 | 100℃，100kHz |
| N67 | 0.1127 | 1.76 | 2.94 | 100℃，100kHz |
| 3F3 | 17.26 | 1.31 | 2.9 | 100℃，25kHz |

## 3.4.2　非正弦电压波形下铁氧体磁心损耗的斯坦梅茨方程自然扩展

在准静态的方法中，因为 $B$ 是常数所以没有产生功率损耗。损耗可以表示为 B-H 环包围的面积。

把频率对损耗的影响包含进去的一个很自然的方法就是在损耗中引入 $dB/dt$ 项。我们提出下述的称为斯坦梅茨自然扩展的损耗模型：

$$P_{\text{NSE}} = \left( \frac{\Delta B}{2} \right)^{\beta - \alpha} \frac{k_{\text{N}}}{T} \int_0^T \left| \frac{dB}{dt} \right|^{\alpha} dt \tag{3.23}$$

系数 $\alpha$ 和 $\beta$ 的定义与前面相同。

对于正弦波而言，如果 $k_{\text{N}}$ 按下式定义，那么式（3.23）与式（3.21）的斯坦梅茨方程是一致的。

$$k_{\text{N}} = \frac{k}{(2\pi)^{\alpha - 1} \int_0^{2\pi} |\cos\theta|^{\alpha} d\theta} \tag{3.24}$$

图 3.11 中展示了作为 $\alpha$ 的函数的 $k_{\text{N}}/k$ 比值，其中 $\alpha$ 的范围为 1~2。

我们称式（3.23）和式（3.24）的模型是斯坦梅茨方程的自然扩展（NSE）。

对于占空比为 $D$ 的方波电压，式（3.23）可以简化为

$$R_{\text{NSE}} = k_{\text{N}} (2f)^{\alpha} \hat{B}^{\beta} (D^{1-\alpha} + (1-D)^{1-\alpha}) \tag{3.25}$$

式中　$f$——工作频率；

　　　$\hat{B}$——磁感应强度的峰值；

　　　$D$——方波电压的占空比。

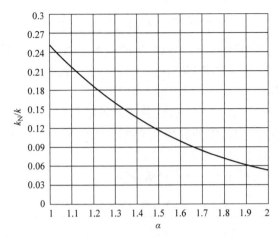

图 3.11 作为 α 的函数的 $k_N/k$

**注意**：二次和三次谐波在中等范围占空比 $D$ 的方波中占主导地位。对于 $D$ 的极端值（95%），更高的 $\alpha$ 值才能更好地匹配实际损耗。

在参考文献［34，35］及后来的参考文献［36］中修正的斯坦梅茨方程（MSE）是非正弦波形中损耗的一个很好的预测。MSE 中的损耗如下

$$P_{\mathrm{MSE}} = k f_{\mathrm{eq}}^{\alpha} \hat{B}^{\beta} f \qquad (3.26)$$

式中 $f_{\mathrm{eq}}$——等效频率；

$f$——工作频率；

$\alpha$ 和 $\beta$——在正弦激励下的指数。

式（3.26）MSE 中的等效频率定义为

$$f_{\mathrm{eq}} = \frac{2}{\left(2\pi \dfrac{B_{\mathrm{pp}}}{2}\right)^2} \int_0^T \left(\frac{\mathrm{d}B}{\mathrm{d}t}\right)^2 \mathrm{d}t \qquad (3.27)$$

式中 $B_{\mathrm{pp}}$——磁感应强度的峰峰值；

$T$——工作频率的周期，$T = 1/f$。

通过式（3.25）NSE 预测比损耗（每单位体积的损耗 $P_{\mathrm{V}}$），在 100kHz 和 25kHz，0.1T 的型号为 3F3 和 N67 的铁氧体损耗如图 3.12 ~ 图 3.14 所示。同样的图还显示了占空比 $D$ 为 50% ~ 95% 方波电压波形的实验测量结果。从式（3.26）MSE 得出的计算结果，以及使用正弦波下的参数 $\alpha$ 和 $\beta$ 的经典斯坦梅茨方程（3.21）计算结果也都在相同的图中显示。实验中使用了 3F3 材料型号的 ETD 44 磁心和 N67 材料型号的 EE42 磁心。有关测量装置的详细信息，请参见本书第 11 章和参考文献［37，38］。

比较结果表明，对高达 90% 的占空比，NSE 的匹配误差在 5% 以内。95% 占空比时有一些小偏差，此时的高频分量多一些，而材料特性表明在高频下具有更大一

些的 $\alpha$ 值。

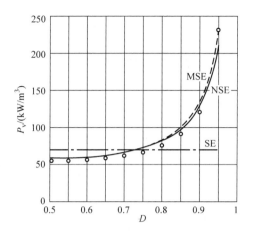

图 3.12 在 100kHz、100℃、0.1T，铁氧体型号为 3F3，在方波电压波形下的铁氧体磁心比损耗与占空比 $D$ 的函数关系曲线：实验数据是圆形标记曲线；斯坦梅茨自然扩展数据是 $\alpha = 1.842$；$\beta = 3.06$ 的实线曲线（NSE）；修正的斯坦梅茨方程数据[34]是虚线曲线（MSE）；经典斯坦梅茨方程数据式（3.21）是点划线曲线（SE）

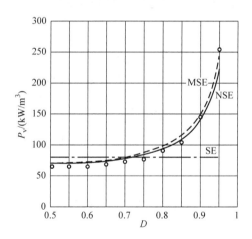

图 3.13 在 100kHz、100℃、0.1T，铁氧体型号为 N67，在方波电压波形下的铁氧体磁心比损耗与占空比 $D$ 的函数关系曲线：实验数据是圆形标记曲线；斯坦梅茨自然扩展数据是 $\alpha = 1.76$；$\beta = 2.94$ 的实线曲线（NSE）；修正的斯坦梅茨方程数据[34]是虚线曲线（MSE）；经典斯坦梅茨方程数据式（3.21）是点划线曲线（SE）

**注意**：NSE 和 MSE 在 $\alpha = 1$（纯磁滞损耗）和 $\alpha = 2$（纯傅科损耗）显示了相同的结果。

**评论**：在相同的 $B_{pp}$ 磁感应强度下，直流磁化强度增大了材料的损耗。然而在实际中一般不会同时有大的 $B_{pp}$ 和大的直流分量。

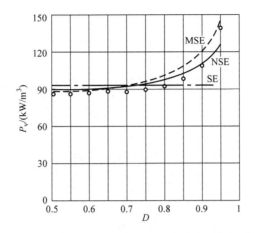

图 3.14　在 25kHz、100℃、0.2T，铁氧体型号为 3F3，在方波电压波形下的铁氧体磁心比
损耗与占空比 $D$ 的函数关系曲线：实验数据是圆形标记曲线；斯坦梅茨自然扩展数据是 $\alpha = 1.31$；
$\beta = 2.9$ 的实线曲线（NSE）；修正的斯坦梅茨方程数据[34]是虚线曲线（MSE）；经典斯坦梅茨
方程数据式（3.21）是点划线曲线（SE）

## 3.5　包括磁滞效应的磁片的宽频率模型

在经典的损耗分离理论中，磁导率和损耗是分别描述的。然而，有功功率和无功功率的频率特性之间以及磁导率的角度和频率特性之间是有关系的。阻抗函数的右半平面内没有极点或零点，因而是最小相位系统。磁滞损耗相关的复数磁导率有一个几乎恒定的角度，而其幅值随频率的增加而减小。一维方法是使用复数双曲正切函数[39]。

我们使用阻抗理论和一维均匀传输线理论来寻找一般性的函数，其中能量损耗（磁滞损耗和涡流损耗）和无功功率结合起来并用来推导出描述损耗的复数解析函数。

在这一节中，仅考虑线性情况。使用复数解析函数来推导相关模型，因为它们给出的表达式要简洁得多，而且在现代数学软件中也是很容易处理的。更多的数学详情在本书结尾部分的附录 D 中。

### 3.5.1　具有恒定损耗角的阻抗

首先，我们考虑一个恒定的损耗角阻抗函数用来描述磁滞损耗。磁滞效应可以使用在宽频率范围内的材料复数阻抗的恒定损耗角 $\delta_h$ 来描述。满足阻抗函数要求的并且具有恒定损耗角的数学函数是

$$z_h(s) = s\mu_h(s) = \mu_{hr} s^{1 - 2\delta_h/\pi} \tag{3.28}$$

式中　$\delta_h$——损耗角（弧度单位）；

$s$——拉普拉斯算子（$s = j\omega$）；

$\mu_{hr}$——磁滞参考磁导率。

磁滞参考磁导率 $\mu_{hr}$ 是一个实常数，并且是某一个合适的值以使式（3.28）与参考频率下的数据相匹配，例如 100kHz。对于 $\delta_h = 0$，材料的损耗为 0 且具有恒定的磁导率。

对于低损耗角，磁导率的幅度与频率几乎是无关的，损耗几乎是与频率成正比的。

高损耗角（连同有高磁导率）存在于一些非晶态合金、晶粒取向 FeSi 硅钢和铁镍合金中。在这些情况下，可以观察到磁导率对频率的严重依赖性。对频率的依赖性也可以用来解释剩余损耗的主要部分。在零频率处式（3.28）会给出无穷大的磁导。这相当于没有电流的磁通，即剩磁。然而，由于它是函数的一个奇点，因此不应该用于描述直流电感的行为。

如果待分析的磁心有一定的寄生空气间隙，可以并联一个无损耗的磁导率 $\mu_g$ 在整个模型中。这种附加磁导率不会影响损耗。

不均匀的材料也可以采用不同磁阻的串联来表示，从而得到具有不同损耗角的并联结构的磁导率。

### 3.5.2  具有恒定损耗角材料的传输线法

传输线理论给出了一个方程，它考虑到了磁通从磁性材料外部穿透进来的一维方法。

利用一维传输线理论，可以得出下述方程表示无损耗的复数磁导率 $\mu_c$：

$$z_c(s) = s\mu_c(s) = \frac{2}{d}\sqrt{\frac{s\mu}{\sigma}}\tanh\left(\sqrt{s\mu\sigma}\frac{d}{2}\right) \qquad (3.29)$$

式中　　$\sigma$——电导率；

$d$——叠片厚度。

参考文献［39-41］中使用了类似的表达式。在高频率的情况下，磁导率随频率的二次方根降低，相角趋向于 $\pi/4$。

式（3.28）是一种内在的材料特性，并且可以包含到式（3.29）的传输线模型中。这就得到了复数磁导率 $\mu_c$：

$$z_c(s) = s\mu_c(s) = \frac{2}{d}\sqrt{\frac{\mu_{hr}s^{1-2\delta_h/\pi}}{\sigma}}\tanh\left(\sqrt{\sigma\mu_{hr}s^{1-2\delta_h/\pi}}\frac{d}{2}\right) \qquad (3.30)$$

此函数结合了低频和高频特性，并且与无源阻抗理论也保持一致。可以看到，当频率趋于零的时候，磁导率趋于无穷大。一些高磁导材料表现出这样的特性，在低于 50Hz 时磁导率仍然增加。

**注意：**

1）所产生的磁导率的相角在低频率情况下是 $\delta_h$，并且在非常高的频率下趋向于 $45° + \delta_h/2$。

2）对于铁基材料，可以看到典型的损耗角接近于 $\delta_h = 30°$。

3）对于非晶和纳米晶材料，典型的损耗角接近于 $\delta_h = 50°$。

4）对于$\delta_h = 45°$，低频率情况下的损耗随着频率的 1.5 次方增加，这或是等效于先前介绍的剩余损耗。

### 3.5.3 宽频率复数磁导率函数

在非常低的频率下，材料可以表现出一定的磁导率限值。如果它是寄生的空气间隙，这种限值可以是无损耗的。我们称这个限值为平行磁导率 $\mu_g$。可以直观地认为这是在完美的磁心上叠加了寄生的空气间隙。这种平行磁导率可以用参考磁导率 $\mu_{gr}$ 和损耗角 $\delta_g$ 定义：

$$z_g(s) = s\mu_g(s) = \mu_{gr}s^{1-2\delta_g/\pi} \tag{3.31}$$

如果 $\mu_g$ 是材料特性的一部分，那么它通常表示损耗。注意对于 $\delta_g = 0$，磁导率 $\mu_g$ 是实数且不变的。对于 1% 数量级的 $\delta_g$，其性能对应于非晶和纳米晶材料。

因此，下面给出了宽频率的复数磁导率 $\mu_w$：

$$\mu_w(s) = \cfrac{1}{\cfrac{1}{\mu_c(s)} + \cfrac{1}{\mu_g(s)}} \tag{3.32}$$

该模型有以下特点：

1）在一个表达式中解释了低频和高频的行为、损耗的相角、磁导率的幅值。

2）它给出了一个答案，即如何在高频范围内使损耗相角超过 $\pi/4$（即 45°），这是在大多数材料中观察到的现象。

3）它包括了被称为剩余损耗的效应。

4）它只有四个参数（对于给定的电阻率和厚度）：即 $\mu_{hr}$、$\delta_h$、$\mu_{gr}$ 和 $\delta_g$。

该模型有以下局限性：

1）它是基于线性理论的，因此在给定的磁感应强度下，并且磁感应强度不会随厚度有明显变化时，它是有效的。

2）材料的电阻率随薄片厚度的变化而变化。

3）即使在正弦磁通激励下，也会引入谐波。由磁性材料非线性引起的谐波还未建模。

### 3.5.4 有功、无功和视在功率

宽频率模型提供了有用的信息，包括材料的无功功率和宽频率特性。

知道了磁导率就可以计算正弦磁通下单位体积的复功率 $S_v(j\omega)$：

$$S_v(j\omega) = HH^* j\omega \mu_w(j\omega) = \frac{B}{\mu_w(j\omega)}\frac{B^*}{\mu_w^*(j\omega)}j\omega \mu_w(j\omega) = \frac{\left(\frac{1}{\sqrt{2}}\hat{B}\right)^2 j\omega}{\mu_w^*(j\omega)} \tag{3.33}$$

式中　$\hat{B}$——磁感应强度的峰值。

利用式（3.33），可以计算出基波分量的视在功率 $|S(j\omega)|$、在正弦磁通励磁

下的功率损耗 $\mathrm{Re}(S(j\omega))$ 和基波分量的无功功率 $\mathrm{Im}(S(j\omega))$ 。

## 3.5.5 饱和度的影响

只要磁感应强度变化产生的磁导率变化是可以忽略不计的,推导的方程就适用于宽频率范围。然而随着频率的增加,薄片边缘的磁感应强度水平明显高于此薄片的平均磁感应强度。平均磁导率与边缘磁导率之比表示为 $K_\mathrm{w}(s)$ 。我们有必要把宽频率磁导率与厚度可能为 0 时的磁导率相比较。因此,我们可以得到:

$$K_\mathrm{w}(s) = \frac{\tanh\left(\sqrt{\sigma\mu_\mathrm{hr}s^{1-2\delta_\mathrm{h}/\pi}}\dfrac{d}{2}\right)}{\sqrt{\sigma\mu_\mathrm{hr}s^{1-2\delta_\mathrm{h}/\pi}}\dfrac{d}{2}} \tag{3.34}$$

系数 $K_\mathrm{w}(s)$ 是外部磁感应强度水平和磁心横截面的平均磁感应强度水平之比。

对于 $K_\mathrm{w}(s)$ 接近于 1 的频率范围,可以使用线性模型。

但是,举例来说,对于 1T 的平均磁感应强度和 $K_\mathrm{w}(s)=0.3$ ,很明显薄片的表面附近会发生严重的局部饱和。

## 3.5.6 典型材料的宽频率模型曲线

下面使用 Mathcad 程序来计算宽频率模型曲线的三个例子。在表 3.4 中给出了用来描述软磁材料的宽频率模型的材料参数。

表 3.4 用来描述软磁材料的宽频率模型的材料参数

| 变量 | 例 1<br>3%硅钢,<br>0.35mm | 例 2<br>3%硅钢,<br>0.1mm | 例 3<br>纳米晶,<br>Vitroperm 500F |
|---|---|---|---|
| $d/\mathrm{mm}$ | 0.35 | 0.1 | 0.021 |
| $\rho/(\Omega\cdot\mathrm{m})$ | $0.5\times10^{-6}$ | $0.5\times10^{-6}$ | $1.15\times10^{-6}$ |
| 密度/($\mathrm{kg/m^3}$) | 7500 | 7500 | 7300 |
| $\delta_\mathrm{h}$ (°) | 30 | 30 | 50 |
| $\mu_\mathrm{hr}$ | $2\times10^4$ 和 $10^5$ | $2\times10^4$ 和 $10^5$ | $250\times10^6$ |
| $\delta_\mathrm{g}$ (°) | 0 | 0 | 0.025 |
| $\mu_\mathrm{g}$ | 无穷大 | 无穷大 | 18000 |
| 50Hz 时 $|\mu_\mathrm{r}|$ 的值(计算) | 2907 和 13810 | 2939 和 14640 | — |
| 10kHz 时 $|\mu_\mathrm{r}|$ 的值(计算) | — | — | 15000 |

### 3.5.6.1 硅钢

(1) 0.35mm 厚的硅钢

例 1 考虑 0.35mm 厚度的 3% 的硅钢。平行磁导率 $\mu_\mathrm{g}$ 忽略(设置为无限大)。当厚度和电阻率被给出,还剩下两个参数:磁滞损耗角度 $\delta_\mathrm{h}$ 和磁滞参考相对磁导

率 $\mu_{hr}$。磁滞参考相对磁导率选择了两个值：20000 和 100000。选择这两者用来说明磁导率的影响。计算不同函数的曲线如图 3.15 所示。

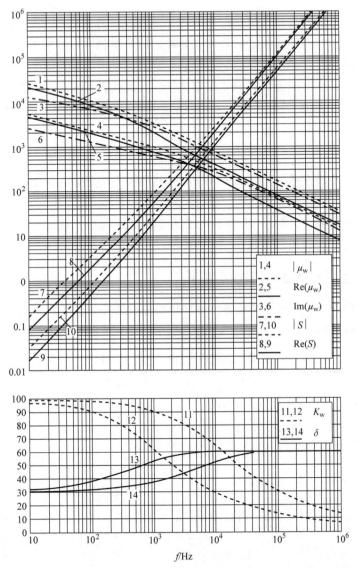

图 3.15　磁性薄片宽频率模型的计算曲线，0.35mm，3% 硅钢，例 1

曲线 1，2，3，9，10，12 和 13 对应于 $\mu_{hr} = 10^5$ 的材料；曲线 4，5，6，7，8，11 和 14 对应于 $\mu_{hr} = 2 \times 10^4$ 的材料。

1，4—磁导率幅值：$|\mu_w|$　　2，5—磁导率的实部：$\mathrm{Re}\,(\mu_w)$　　3，6—磁导率的虚部：$-\mathrm{Im}\,(\mu_w)$

7，10—在 0.5T 的视在功率：$|S(j\omega)|$　　8，9—在 0.5T 的功率损耗：$\mathrm{Re}(S(j\omega))$

11，12—平均/峰值磁感应强度之比：$K_w$　　13，14—损耗角 $\delta$：$\arg(\mu_w)$

（2）0.1mm 厚的硅钢

除了厚度，例 2 和例 1 很相似，例 2 中的厚度是 0.1mm。高频率情况下的损耗和磁导率的改善是明显的，参见图 3.16 的计算曲线。可以注意到，厚度减少 2 倍与特定的电阻率增加 4 倍会具有相同的效果。

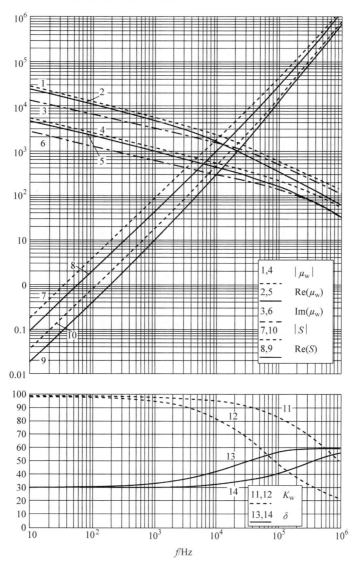

| 1,4 | $\lvert\mu_{\mathrm{w}}\rvert$ |
| 2,5 | $\mathrm{Re}(\mu_{\mathrm{w}})$ |
| 3,6 | $\mathrm{Im}(\mu_{\mathrm{w}})$ |
| 7,10 | $\lvert S\rvert$ |
| 8,9 | $\mathrm{Re}(S)$ |

| 11,12 | $K_{\mathrm{w}}$ |
| 13,14 | $\delta$ |

图 3.16　磁性薄片宽频率模型的计算曲线，0.1mm，3% 硅钢，例 2

曲线 1，2，3，9，10，12 和 13 对应于 $\mu_{\mathrm{hr}}=10^5$ 的材料；曲线 4，5，6，7，8，11 和 14 对应于 $\mu_{\mathrm{hr}}=2\times10^4$ 的材料。

1，4—磁导率幅值：$\lvert\mu_{\mathrm{w}}\rvert$　　2，5—磁导率的实部：$\mathrm{Re}(\mu_{\mathrm{w}})$　　3，6—磁导率的虚部：$-\mathrm{Im}(\mu_{\mathrm{w}})$

7，10—在 0.5T 的视在功率：$\lvert S(\mathrm{j}\omega)\rvert$　　8，9—在 0.5T 的功率损耗：$\mathrm{Re}(S(\mathrm{j}\omega))$

11，12—平均/峰值磁感应强度之比：$K_{\mathrm{w}}$　　13，14—损耗角 $\delta$：$\arg(\mu_{\mathrm{w}})$

### 3.5.6.2　纳米晶材料

示例 3 显示了纳米晶材料 Vitroperm 500F 的曲线。图 3.17 中的计算曲线可以与图 3.5 和图 3.6 中的制造数据进行比较。由于材料是相当线性的，预测值可以相

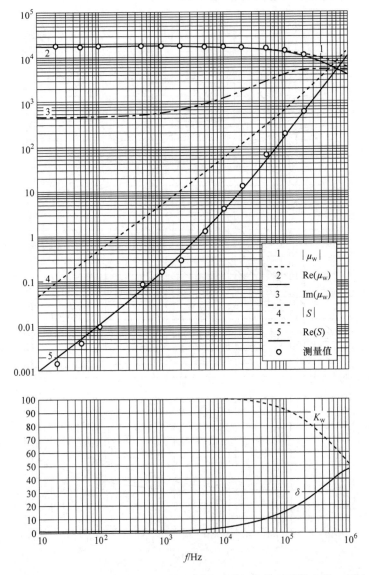

图 3.17　计算纳米晶材料 Vitroperm 500F 的宽频率模型计算曲线，例 3

1—磁导率幅值：$|\mu_w|$　2—磁导率的实部：$Re(\mu_w)$　3—磁导率的虚部：$-Im(\mu_w)$

4—在 0.5T 的视在功率：$|S(j\omega)|$　5—在 0.5T 的功率损耗：$Re(S(j\omega))$

$K_w$：平均/峰值磁感应强度比　$\delta$：损耗角，$arg(\mu_w)$

当接近于测量值。$\mu_g$ 的值已被调整以获得在 10kHz 下的相对磁导率为 15000。在比较图形数据时，与描述硅钢的例 1 与例 2 的损耗相比，要注意例 3 中损耗的比例变化了 10 倍从而转移到更低损耗的位置。

非晶和纳米晶材料是薄板（约 20μm），所以双曲正切值参数值的相角数值较小，并且等于 100kHz 范围以内的值，从而相比于带材厚度而言穿透深度比较深。这种效果反映在参数 $K_w$ 中。因为薄带的铁心填充系数低于铁氧体，在相同磁心的外尺寸下，0.5T 的磁感应强度可以与在 0.3 ~ 0.35T 范围内的铁氧体数据相比较。

### 3.5.6.3　铁氧体的宽频率模型

用于铁氧体材料的前述类似模型是可能的。如果不需要对电容（铁氧体高介电常数）和共振效应进行建模，则模型只适用于几兆赫。在过去的几十年里，铁氧体材料的性能在数据表中得到了很好的记录。

铁氧体材料的电导率较低，所以一般不需要对铁氧体（亚铁磁性）进行叠片，如铁磁薄板。然而在非常高的频率下，叠片铁氧体也会有一些好处。同时，厚度超过 20mm 的铁氧体会开始出现冷却的问题。

# 附录 3. A　磁性薄片的功率和阻抗

在附录 5. A. 1 中给出了一般导体的功率表示为磁场强度 $H$ 函数的主要推导内容，从原理上说也适用于磁性薄片。一个区别是，由于磁片的相对磁导率较高，其穿透深度较低，磁片是不良电导体。磁片偶尔承载电流的事实通常不是有意为之的，而是不合理结构导致的结果。术语"作用电流"实际上对应了外部电流的情况，如图 3A.1 所示，它产生了平均磁场强度。另一个区别是磁性材料通常是采用磁感应强度 $B$ 和磁导率 $\mu$ 描述的。

**注意**：在这里，我们使用 $H$ 和 $B$ 变量的方均根值。

图 3A.1 显示了平均磁场中的磁片。$H_{top}$ 和 $H_{bot}$ 的平均值表示为 $H_{av}$，有 $H_{av} = (H_{top} + H_{bot})/2$。对于视在功率 $S(s)$，根据附录 5. A. 1 中的式（5A.20）和式（5A.25），我们可以写出：

$$
\begin{aligned}
S(s) &= 2bl_c Z_0(s) \mid H_{av} \mid^2 \tanh\left(\gamma(s)\frac{d}{2}\right) \\
&= 4R_0 b^2 \frac{1+j}{\delta(\omega)} \frac{b}{2} \tanh\left(\frac{1+j}{\delta(\omega)} \frac{d}{2}\right) \mid H_{av} \mid^2
\end{aligned}
\tag{3A.1}
$$

式中　$d$——片材的厚度；

　　　$b$——片材的宽度；

　$Z_0(s)$——材料的特性阻抗，$Z_0(s) = \left(\dfrac{s\mu}{\sigma}\right)^{1/2}$；

　　　$\sigma$——材料的特定电导率；

　　　$R_0$——材料的电阻；

　$\gamma(s)$——传播函数，$\gamma(s) = (s\mu\sigma)^{1/2} = (1+\mathrm{j})/\delta(\omega)$；

　$\delta(\omega)$——穿透深度，$\delta(\omega) = \sqrt{2/\omega\mu\sigma}$；

　　　$s = \mathrm{j}\omega$。

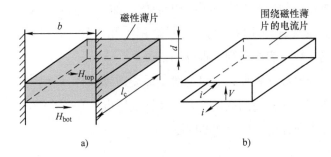

图3A.1　在平均磁场强度 $H$ 中的磁性薄片 a)，围绕磁性薄片的虚拟电流片 b)

　　薄片的感应电压 $V$ 是视在功率除以 $\mathrm{MMF} = H_{\mathrm{av}}^{*}b$，即

$$V = \frac{S(s)}{H_{\mathrm{av}}^{*}b} = 2l_{\mathrm{c}}H_{\mathrm{av}}Z_0(s)\left(\tanh\left(\gamma(s)\,\frac{d}{2}\right)\right) \tag{3A.2}$$

式中　$l_{\mathrm{c}}$——薄片的长度（见图3A.1）；

　　　$H_{\mathrm{av}}^{*}$——$H_{\mathrm{av}}$ 的共轭复数。

　　电压的积分是磁通量 $\Phi$：

$$\Phi = 2l_{\mathrm{c}}H_{\mathrm{av}}\frac{Z_0(s)}{s}\tanh\left(\gamma(s)\,\frac{d}{2}\right) \tag{3A.3}$$

平均磁感应强度 $B_{\mathrm{av}}$ 是

$$B_{\mathrm{av}} = \frac{\Phi}{A_{\mathrm{sh}}} = \frac{\Phi}{l_{\mathrm{c}}d} = 2\,\frac{H_{\mathrm{av}}}{d}\frac{Z_0(s)}{s}\tanh\left(\gamma(s)\,\frac{d}{2}\right) \tag{3A.4}$$

式中　$A_{\mathrm{sh}}$——薄片的横截面积，$A_{\mathrm{sh}} = l_{\mathrm{c}}d$。

相应的平均复数磁导率 $\mu_{\mathrm{c}}$ 为

$$\mu_{\mathrm{c}} = \frac{B_{\mathrm{av}}}{H_{\mathrm{av}}} = 2\,\frac{Z_0(s)}{ds}\tanh\left(\gamma(s)\,\frac{d}{2}\right) \tag{3A.5}$$

使用穿透深度 $\delta(\omega)$，可以写出

$$\mu_c = \mu(1-j)\frac{\delta(\omega)}{d}\tanh\left(\frac{1+j}{2}\frac{d}{\delta(\omega)}\right) \tag{3A.6}$$

注意，$\mu$ 是材料的本征常数，$\mu_c$ 是磁性薄片的特性参数。$\mu_c$ 的负虚部对应了正的功率损耗。

也可以将视在功率表示为 $B_{av}$ 的函数：

$$S(j\omega) = V_c j\omega\frac{1}{\mu}|B_{av}|^2\frac{1+j}{2}\frac{d}{\delta(\omega)}\coth\left(\frac{1+j}{2}\frac{d}{\delta(\omega)}\right) \tag{3A.7}$$

式中 $V_c$——磁性材料的体积。

还可以使用式（3A.1）计算出磁性薄片的阻抗 $Z(s)$。请注意，这个阻抗不是通过向薄片馈送电流得到的，但是在电流 $i$ 的影响下，产生了平均磁场 $H_{av} = i/b$，并且观察靠近薄片的顶部和底部的电压（见图 3A.1）。磁性薄片的阻抗 $Z(s)$ 是

$$Z(s) = 2\frac{l_c}{b}Z_0(s)\tanh\left(\gamma(s)\frac{d}{2}\right) \tag{3A.8}$$

$$Z(j\omega) = \frac{l_c d}{b}j\omega\mu(1-j)\frac{\delta(\omega)}{d}\tanh\left(\frac{1+j}{2}\frac{d}{\delta(\omega)}\right) \tag{3A.9}$$

使用附录 5.A.1 中给出的泰勒展开式，可以得到阻抗的前两项：

$$Z(j\omega) = \frac{l_c}{db}\left(j\omega\mu d^2 + \frac{1}{12}\omega^2\mu^2\sigma d^4\right) \tag{3A.10}$$

**注意**：式（3A.10）给出的是具有一匝线圈的一个薄片的阻抗值。

这可用于厚度 $d = 1.5\delta$ 的频率。泰勒展开式的第二项对应于涡流损耗，第一项则表示阻抗无功部分的低频近似。

注意，薄片之间的空间通常是由空气组成的并且对无功功率也有贡献：

$$S_{air}(s) = s\mu b l_c |H_{air}|^2 \Delta y \tag{3A.11}$$

对于许多的薄片，损耗是

$$S(j\omega) = P(j\omega) - jQ(j\omega) = \frac{V^2}{Z(j\omega)} = V^2 Y(j\omega) \tag{3A.12}$$

其中，$Y(j\omega) = 1/Z(j\omega)$，是一匝线圈的一个薄片的导纳，可以表示为

$$Y(j\omega) = \frac{1}{j\omega L_m} + \frac{1}{R_m} \tag{3A.13}$$

对于损耗计算，可以使用磁感应强度的峰值 $\hat{B}$ 和与铁耗电阻并联的磁化电感 $L_m$。其原因是，接近饱和时的磁化电抗变得高度非线性而铁耗电阻对饱和度的依赖性较小。这相当于传输线的并联表示（导纳）：

$$Y(\mathrm{j}\omega) = \frac{1}{R_\mathrm{m}} - \frac{\mathrm{j}}{\omega L_\mathrm{m}} = \frac{1}{Z(\mathrm{j}\omega)}$$

$$= \frac{b}{l_\mathrm{c}d} \frac{1}{\mathrm{j}\omega\mu} \frac{1+\mathrm{j}}{2} \frac{d}{\delta(\omega)} \coth\left(\frac{1+\mathrm{j}}{2} \frac{d}{\delta(\omega)}\right) \qquad (3\mathrm{A}.14)$$

在高频情况下，函数双曲余切会变为 1 并且 $Y(\mathrm{j}\omega)$ 的规律是很清楚的。

在低频情况下，可以把泰勒级数表达为相对频率 $\omega_\mathrm{r}$ 的函数。

$$Y(\mathrm{j}\omega) = \frac{b}{l_\mathrm{c}d} \frac{1}{\mu} \frac{1}{\omega_\mathrm{a}}\left[\frac{1}{\mathrm{j}\omega_\mathrm{r}} + \frac{1}{6} - \frac{\mathrm{j}\omega_\mathrm{r}}{180} - \frac{\omega_\mathrm{r}^2}{3780} + \frac{\mathrm{j}\omega_\mathrm{r}^3}{75600} + \frac{\omega_\mathrm{r}^4}{1496880}\right] \quad (3\mathrm{A}.15)$$

式中　$\omega_\mathrm{a}$——绝对频率，其中穿透深度 $\delta$ 等于薄片的厚度 $\delta = d$，$\omega_\mathrm{a} = \dfrac{2}{\sigma\mu d^2}$；

　　　$\omega_\mathrm{r}$——相对频率，$\omega_\mathrm{r} = \dfrac{\omega}{\omega_\mathrm{a}}$，$\omega_\mathrm{r} = 1$，$\delta = d$，$\omega_\mathrm{r} = \dfrac{\omega\sigma\mu d^2}{2}$。

式 (3A.15) 的前两项为低频励磁电感 $L_\mathrm{m}$ 和并联电阻，这样就可以对低频涡流损耗进行建模。对于励磁电感 $L_\mathrm{m1}$，使用式 (3A.15) 的第一项并乘以 $N_1^2$ 和 $N_\mathrm{f}$，可以得到：

$$L_\mathrm{m1} = \frac{l_\mathrm{c}d\mu N_\mathrm{f}N_1^2}{b} \qquad (3\mathrm{A}.16)$$

式中　$N_1$——一次绕组的匝数；

　　　$N_\mathrm{f}$——薄片的数量。

由式 (3A.15) 的第二项可以得到 $R_\mathrm{m1}$：

$$R_\mathrm{m1} = \frac{12l_\mathrm{c}N_\mathrm{f}N_1^2}{db\sigma} \qquad (3\mathrm{A}.17)$$

式 (3A.16) 和式 (3A.17) 的结果与通常的涡流损耗模型[25]相对应。

薄片的功率损耗为

$$P(\omega) = \frac{V_\mathrm{m1}^2}{R_\mathrm{m1}} = \frac{db\sigma V_\mathrm{m1}^2}{12l_\mathrm{c}N_\mathrm{f}N_1^2} = \frac{d^2 b\sigma V_\mathrm{m1}^2}{12A_\mathrm{c}N_1^2} \qquad (3\mathrm{A}.18)$$

式中　$A_\mathrm{c}$——磁心的有效截面积，$A_\mathrm{c} = N_\mathrm{f}A_\mathrm{sh} = N_\mathrm{f}l_\mathrm{c}d$。

如果可以认为低频率下（由 $d \leqslant 1.5\delta$ 确定的低频率范围）的涡流不会影响薄片内的磁感应强度，也可以得到这一结果。在这种情况下，薄片中间的电流密度为零，从中间到薄片边缘的电流密度按照线性的规律分布。

注意在这种近似中，损耗与励磁电抗两端电压方均根值的二次方是有关系的。

对于正弦波形，损耗可以描述为峰值磁感应强度 $\hat{B}$ 的函数。首先，把 $\hat{B}$ 表达为

$$\hat{B} = \frac{\sqrt{2}V_{m1}}{\omega N_1 S_{fe}} = \frac{\sqrt{2}V_{m1}}{2\pi f N_1 S_{fe}} \tag{3A.19}$$

然后可以写作

$$P_{sin} = \frac{\pi^2 d^2 f^2 V_c \hat{B}^2}{6\rho} \tag{3A.20}$$

对于方波电动势，磁感应强度是三角形的并且峰值$\hat{B}$是

$$\hat{B} = \frac{V_{m1}}{N_1 A_c} \frac{1}{4f} \tag{3A.21}$$

式（3A.22）得出这种情况下的损耗$P_{tri}$结果为

$$P_{tri} = \frac{4d^2 f^2 V_c \hat{B}^2}{3\rho} \tag{3A.22}$$

式（3A.20）和式（3A.22）在参考文献［25］中也有描述。

## 参 考 文 献

[1] Kubota, T., Fujikura, M., and Ushigami, Y., Recent progress and future trend on grain-oriented silicon steel, *Journal of Magnetism and Magnetic Materials*, vol. 215–216, 2000, pp. 69–73.

[2] Jiles, D., *Introduction to Magnetism and Magnetic Materials*, Chapman & Hall, London, UK, 1991.

[3] www.mag-inc.com.

[4] Cores and Components Databook 2000, Vacuumschmelze GmbH & Co. KG.

[5] www.vacuumschmelze.com.

[6] www.icm1.com.

[7] www.micrometals.com.

[8] www.metglas.com.

[9] www.hitachi.com.

[10] Hasegawa, R., Present status of amorphous soft magnetic alloys, *Journal of Magnetism and Magnetic Materials*, vol. 215–216, 2000, pp. 240–245.

[11] Yoshizawa, Y., Oguma, S., and Yamauchi, K., New Fe-based soft magnetic alloys composed of ultrafine grain structure, *Journal of Applied Physics*, vol. 64, 1988, pp. 6044–6046.

[12] Ferch, M., Soft magnetic materials in todays power electronic designs, *PCIM*, 6/2000, pp. 64–70.

[13] Petzold, J., and Klinger, R., Nanocrystalline materials in common-mode chokes, *PCIM*, 7/2000, pp. 50–51.

[14] Yoshizawa, Y., Oguma, S., Hiraki, A., and Yamauchi, K., Development of soft magnetic materials "FINEMET" composed of ultrafine grain structure, *Hitachi Metals Technical Review*, vol. 5, 1989, pp. 13–20.

[15] Makino, A., Hatanai, T., Naitoh, Y., and Bitoh, T., Applications of nanocristalline soft magnetic material Fe-M-B (M = Zr, Nb) alloys NANOPERM, *IEEE Transactions on Magnetics*, vol. 33, No. 5, Sept. 1997, pp. 3793–3798.

[16] Mazaleyrat, F., and Varga, L., Ferromagnetic nanocomposites, *Journal of Magnetism and Magnetic Materials*, vol. 215–216, 2000, pp. 253–259.

[17] Herzer, G., Nanocrystalline soft magnetic materials, *Journal of Magnetism and Magnetic Materials*, vol. 112, 1992, pp. 258–262.

[18] www.epcos.com.

[19] www.ferroxcube.com.

[20] www.tokin.com.

[21] www.ferrite.de.

[22] www.fair-rite.com.

[23] Lucke, R., Advances in the development and production of highest permeability ferrite aterials, *Journal de physique*, IV, 1998, Pr2.437–440.

[24] Mulder, S.A., Fit Formulae for power loss in ferrites and their use in transformer design, PCIM'93, Proceedings of the 29th Power Conversion Conference, 22–24 June 1993, Nurnberg, Germany, pp. 345–359.

[25] Bertotti, G., *Hysteresis in Magnetism*, Academic Press, San Diego, CA, 1998.

[26] Snelling, E.C., *Soft Ferrites, Properties and Applications*, 2nd ed., Butterworths, London, 1988.

[27] Boll, R., Soft magnetic materials, in *The Vacuumschmelze Handbook*, Heyden & Son Ltd., London, 1979, pp. 13–108.

[28] Goodenough, J.B., Summary of losses in magnetic materials, *IEEE Transactions on Magnetics*, vol. 38, No. 5, Sept. 2002, pp. 3398–3408.

[29] Roshen, W., Ferrite core loss for power magnetic component design, *IEEE Transactions on Magnetics*, vol. 27, No. 6, Nov. 1991, pp. 4407–4415.

[30] Devin, D., Sorting out losses in high frequency magnetic design, *Power Electronic Technology*, vol. 28, No. 5, May 2002, pp. 55–60.

[31] Jamerson, C., Core loss calculations, *Power Electronic Technology*, Vol. 28, No. 2, Feb. 2002, pp. 14–24.

[32] Severns, R., Additional losses in high frequency magnetics due to non ideal field distributions, APEC'92, 7th Annual IEEE Appl. Power Electronics Conf., 1992, pp. 333–338.

[33] Steinmetz, C.P., On the law of hysteresis, *AIEE Transactions*, vol. 9, pp. 3–64, 1982, Reprinted under title A Steinmetz contribution to the ac power revolution, in *Proceedings of IEEE*, vol. 72, No. 2, 1984, pp.196–221.

[34] Brockmeyer, A., Dimensionierungswerkzeug für magnetische Bauelementein Stromrichteranwendungen, Ph.D. thesis, Aachen, University of Technology, Germany, 1997.

[35] Brockmeyer, A., Albah, M., and Durbaum, T., Remagnetization losses of ferrites materials used in power electronic applications, PCIM'96, Nurnberg, Germany, 21–23 May, 1996, pp. 387–394.

[36] Li, J., Abdallah, T., and Sullivan, C., Improved calculation of core loss with nonsinusoidal waveforms, IEEE, IAS 36th Annual Meeting, Chicago, September 30–October 4, 2001, pp. 2203–2210.

[37] Van den Bossche, A., Valchev, V., and Georgiev, G., *Measurement and Loss Model of Ferrites with Non-sinusoidal Waveforms*, Proceedings of PESC-04, Aahen, Germany, June 20–25, cd-rom.

[38] Van den Bossche, A., Valchev, V., and Georgiev, G., *Ferrite Losses with Square Wave Voltage Waveforms*, Proceedings of OPTIM-04, Brasov, Romania, May 20–22, cd-rom.

[39] Lebourgeois, R., Bérenguer, S., Ramiarinjaona, C., and Waeckerlé, T., Analysis of the initial complex permeability versus frequency of soft nanocrystalline ribbons and derived composites, *Journal of Magnetism and Magnetic Materials*, vol. 254–255, January 1, 2003, pp. 191–194.

[40] Bozorth, R.M., Ferromagnetism, New York, Van Nostrand, Princeton, 1951, p. 443.

[41] Lammeraner, J., and Stafl, M., *Eddy Currents*, Iliffe Books, London, 1966.

# 第4章 线圈绕组和电气绝缘

磁性元件的新设计师必须关注关于元件绕组的几个问题：在一个给定的磁心上可以绕制多少铜线，一层中能绕制多少匝，以及设计中应采用哪一类的绝缘。为了更好地回答这些问题，可以参考他人的经验或采用试凑法。这一章给出了关于线圈绕组方面的一个更加系统性的观点以方便设计。

我们考虑了填充系数（六边形和矩形导线填充）、可能的层数和导线长度等因素。

我们将讨论有关导线的选用标准，以及散热要求和磁性模块的标准。目前美国采用的是 AWG（American Wire Gauge，美国线规）。欧洲广泛使用的是 EN 60317 标准（旧的 IEC 317）。

在这一章中，我们假设绕组轴线是水平的，以便我们可以水平地观察其横截面和各个层。这种方法基本上是用于同心层的，但其实不同截面的线圈应用都是相似的。无论如何，绘制横截面对于了解如何排布导线是有意义的。

线圈绕组与电气绝缘密切相关。因此要特别注意在空气和固体材料中的电击穿。

本章我们不讨论环状磁心，但在磁心内部区域，在本章给出的许多内容是与环状磁心相似并且适用于它们的。环状磁心通常是用手或专用设备进行绕线的。

## 4.1 填充系数

总铜横截面面积等于匝数 $N$ 和导线横截面 $A_{cu}$（部分数据中表示为 $A_\omega$）的乘积，它总是小于磁心的窗口面积 $W_a$。总铜横截面面积和磁心窗口面积的比例称为铜填充系数：

$$k_{cu} = \frac{NA_{cu}}{W_a} \tag{4.1}$$

通常每个绕组都要考虑铜填充系数 $k_{cu}$。实际上，一次绕组和二次绕组的性质可能有很大的差异。它们可能有不同的直径，并且可能会采用圆形导线绕组、利兹线绕组或箔式绕组。

铜填充系数取决于以下几个方面：
1) 使用的线圈架类型。
2) 所用导线的绝缘厚度与导线直径的比值。
3) 使用的是圆形还是矩形线圈架。

4）各层之间的爬电距离和绝缘板。

5）绕线设备的精度。

在一般情况下，对于给定的可用磁心绕线面积 $W_a$，可获得 30% ~ 80% 的净总铜横截面面积，例如 $k_{cu} = 0.3 ~ 0.8$。对于圆形导线，铜填充系数 $k_{cu}$ 在 0.5 ~ 0.7 的范围内。利兹线的实际值为 $k_{cu} = 0.3 ~ 0.4$。通常，高压磁性元件的填充系数与低压元件相比会更低。

压紧线圈的最好方法就是使用底部有波纹的线圈架，这样可以避免导线交叉，波纹减少了导线厚度的容差。当线圈架设计为标称直径时，只有最终交付的导线与此设计相同时才能获得正确的结果。因此，一个好的设计方案应该将最大直径纳入考虑。增加填充系数的另一种方法是使用烘烤丝。通过这种方式，可以在不使用线圈架的情况下制造出自支撑线圈。

这里，假定一个完美的绕组排布是尽可能使绕组不发生混乱，例如，一条导线可能会阻挡整个层的位置。在圆形（环式）线圈架中，很容易得到良好的绕组排布。在矩形线圈架中，一些厂家在线圈架的底部使用绑带以获得更好的绕组排布。为了获得良好的绕组，还必须在线圈端部进行中间连接，而不是在线圈的绕线区域。需要注意的是，使用细线很难得到一个良好的绕组。

在许多电力电子设计中，绕线区域 $W_a$ 没有被完全填充。一般来说，采用密绕是比较好的做法。它减少了一圈绕组的长度，但也减少了层间的气隙，对于获得良好的传热来说，这是一个优势。然而，当导线垂直于磁场方向且间隔开来时，在高频率下（$d \gg \delta$）可以得到较低的涡流损耗。此外，使用指定的匝数来填满各层并不总是成立的。有时更好的做法是调整导线的厚度以获得完整的一层。绕制完整一层的重要优势是所有的导线都固定良好。当绕组被注入热塑性材料时，导线可能会移动。

在本节中，我们将讨论导线的不同排布以及这些排布对铜填充系数的影响。

**备注**：

在这里，我们将使用术语 $k_{sq}$ 和 $k_{hx}$ 作为填充系数，以表示总铜横截面面积与可用绕线面积之间的比率（不考虑层间绝缘）。这部分可用的绕线面积小于磁心窗口面积 $W_a$。两者的差异是线圈架的面积、必要的爬电距离和其他空间的总和。

## 4.1.1　圆形导线

在圆形导线的排列中，主要有两种不同类型的排列：方形和六边形。

### 4.1.1.1　方形排列

（1）理想情况

在这种情况下，导线安装在方形网格中，如图 4.1a 所示。方形排列的理论填充系数 $k_{sq}$ 是

$$k_{sq} = \frac{\pi}{4}\left(\frac{d_{cu}}{d_o}\right)^2 = 0.7854\left(\frac{d_{cu}}{d_o}\right) = \frac{\pi}{4}\eta\lambda$$

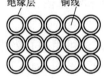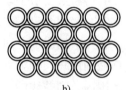

$$(4.2)$$

式中　$d_o$——漆包铜线的外径；

　　　$d_{cu}$——铜线的有效直径；

　　　$\eta$——水平填充系数；

　　　$\lambda$——垂直填充系数。

图 4.1　线圈架上导线的不同排列

a）方形排列　b）六边形排列

在理想的情况下，当绝缘厚度为零并且 $d_{cu} = d_o$，方形排列的填充系数达到最大值：$k_{sq} = \frac{\pi}{4} = 0.7854$。

水平填充系数为

$$\eta = \frac{d_{cu}}{d_o} \qquad (4.3a)$$

这种情况下的垂直填充系数和水平填充系数是相同的：

$$\lambda = \frac{d_{cu}}{d_o} \qquad (4.3b)$$

（2）分层方法

为了算出一层绕组中的导线匝数，我们使用以下表达式：

$$n_h = ent\left(\frac{w\eta}{d_o}\right) \qquad (4.4)$$

式中　$w$——线圈架的可用宽度，在数据表中它通常写为 MWW；

　　　$\eta$——水平间距的填充系数，$\eta = 0.8 \sim 1$，通常为 0.9；

　　　ent——给出小于括号内的值的最大整数的一个函数。

层的数量为

$$n_v = ent\left(\frac{h\lambda - n_i d_s}{d_o}\right) \qquad (4.5)$$

式中　$h$——线圈架上所考虑绕组的可用高度；

　　　$\lambda$——垂直间距填充系数，如果在层间没有绝缘片，则它接近于 1；

　　　$d_s$——绝缘片的厚度；

　　　$n_i$——绝缘片的数量。

最大总匝数 $N$ 为

$$N = n_h n_v \qquad (4.6)$$

式中　$n_h$ 和 $n_v$——单层导线的数量和层数。

#### 4.1.1.2　六边形排列

（1）理想情况

某些分析中可以使用与前一节相同的方法。六边形排列的理论填充系数 $k_{hx}$ 是

$$h_{hx} = \frac{\pi}{2\sqrt{3}}\left(\frac{d_{cu}}{d_o}\right)^2 = 0.9069\left(\frac{d_{cu}}{d_o}\right)^2 = \frac{\pi}{4}\eta\lambda \tag{4.7}$$

在理想情况下，当 $d_{cu} = d_o$ 时，六角形排列的填充系数达到其最大值：$k_{hx} = \frac{\pi}{2\sqrt{3}} = 0.9069$。

最大水平填充系数为

$$\eta = \frac{d_{cu}}{d_o} \tag{4.8}$$

最大垂直填充系数为

$$\lambda = \frac{2}{\sqrt{3}}\frac{d_{cu}}{d_o} = 1.155\frac{d_{cu}}{d_o} \tag{4.9}$$

式（4.8）中的垂直填充系数的值可以大于1。这代表层数可能大于可用总绕线高度与导线外径的比值。

（2）分层方法

在水平方向（单层）的导线数量为

$$\eta_h = \text{ent}\left(\frac{w\eta}{d_o}\right) \tag{4.10}$$

考虑到第一个和最后一个半层仍然是方形排布，层数为

$$n_v = \text{ent}\left(\left(\frac{h}{d_o} - 1\right)\frac{2}{\sqrt{3}}\right) + 1 \tag{4.11}$$

可能的总匝数 $N$ 为

$$N = n_h\eta_v \tag{4.12}$$

式中  $n_h$ 和 $n_v$——单层导线数和层数。

在六边形排列中，假设层间是没有绝缘片的，因为如果使用这种绝缘，通常情况下，与方形排列相比，六边形排列没有改进。对于矩形线圈架，在水平断面的中间往往存在一些气隙，从而降低了垂直间距填充系数 $\lambda$。粗导线的情况尤为突出。

### 4.1.1.3 实际案例

关于层数 $n_v$，在实际情况中绕组的排列通常介于六边形和方形之间。在使用圆形线圈架的情况下，可以实现接近六边形的绕组布置。

对于矩形线圈架，当从左到右地向后缠绕不同层时，第二层和更多层的导线必须每层跳跃两次，从而在该位置形成方形排列。一般来说，跳跃发生在一个较长的截面上，通常是绕线的截面。据统计，横截面由大约50%的六边形和50%的正方形混合排列。使用式（4.5）和式（4.10）并假设层之间没有绝缘，这种情况下的层数为

$$n_v = \text{ent}\left(\frac{h}{d_o}\left(\frac{1}{\sqrt{3}} + \frac{1}{2}\right)\right) + 1 = \text{ent}\left(\frac{h}{d_o}1.0774\right) + 1 \tag{4.13}$$

关于 $w$ 和 $h$ 的说明

1）允许的绕线宽度 $w$ 和磁心窗口的宽度之间可能存在较大差异。因此，$w$ 的最大值是线圈架的特征参数而不是磁心本身的。

2）$w$ 的允许值可以通过用以电气隔离的爬电距离的需要来限制。

3）高度 $h$ 是一个绕组的数值，而不是整个变压器的数值。各层高度的总和不能超过可用的总高度，因为必须为磁心绝缘提供一定的空气距离。

4）粗导线的绕组不能沿着方形线圈架的底部，通常在线圈架和第一层之间仍保留一些气隙。

图 4.2 给出了一个线圈的方形和六边形的填充系数，它是导线直径的函数。该图使用了本书附录 C 的数据（绝缘标准为 1 级）。不过因为以下两个因素的影响，图 4.2 中给出的结果必须降低一个占空系数（5% ~ 10%）。

1）绕组中的导线占用的空间大于其标称直径。

2）导线直径的公差会降低填充系数。

因此，在图 4.2 中给出的值可用作初步的近似值。

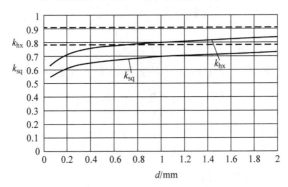

图 4.2　表示为线径函数的方形和六边形排列的填充系数，
虚线表示无绝缘的理想情况（绝缘标准为 1 级，见附录 C）

## 4.1.2　箔式绕组

当所需的有效铜横截面较大时，经常会首选箔式绕组。当磁场平行于箔片时，箔式绕组具有非常低的涡流损耗。应注意气隙的端部（边缘）效应和边缘磁场，更多的细节参见第 8 章。

箔片可以用绝缘片或清漆来绝缘。垂直填充系数取决于绝缘厚度，为

$$k_{\mathrm{v}} = \frac{t_{\mathrm{cu}}}{t_{\mathrm{cu}} + d_{\mathrm{ins}}} \tag{4.14}$$

式中　$t_{\mathrm{cu}}$——铜箔的厚度；

　　　$d_{\mathrm{ins}}$——箔片的绝缘层厚度。

只要箔片的绝缘层厚度远低于铜箔，就可以得到较高的填充系数。薄铜箔的绝

缘层厚度通常是 $50\mu m$（欧洲）或 $2 mils$（ $= 50.8\mu m$）的倍数。铝箔也可使用，但是应注意确保良好的电气接触。这可以通过施压或表面镀镍来实现。

箔式绕组制造中的主要问题是箔式绕组与线圈架触点连接处的耗时处理。箔片也可以像导线进行涂漆处理，但在电接触上又是一个制造工艺问题。

### 4.1.3 矩形截面导线

具有矩形截面的导线用于大电流。它们是 50Hz 大型变压器的首选。矩形截面的导线比方形截面导线更容易处理。矩形截面导线的填充系数可以很大，尤其是在线圈端部从一层到另一层的变化上。矩形截面导线采用绝缘漆或玻璃纤维 – 环氧树脂复合绝缘。

### 4.1.4 利兹线

使用利兹线是为了减少高频率情况下的涡流。一根利兹线包含从 4、7 等到数百股相互绝缘的线。这些多股线是一组一组地组装起来的。每一组都是作为整体由编织物或箔片进行第二次绝缘的。关于典型的数量和直径，请参见本书末尾的附录 C.3。

与实心导线相比，利兹线的优点是高频损耗更低，更容易弯曲。缺点之一是填充系数低，因为多股线中的导线很小，绝缘层占用了更多空间。另一个缺点是利兹线绕组的导热系数低。

利兹线的绝缘材料通常可以通过较高的焊接温度去除。事实上，消除每股导线的绝缘是不现实的。但这种操作可能降低利兹线的可用绝缘等级。然而实际上，往往是线圈架限制了绝缘温度。

## 4.2 导线长度

本节中考虑的导线长度是针对圆形导线绕制的器件推导的。对于箔式绕线和矩形截面导体，其结果几乎也是相同的。

### 4.2.1 圆形线圈架

对层数 $n_v$ 导线求和得到的导线长度 $l_w$ 为

$$l_w = \sum_{i=1}^{n_v} 2\pi r_i n_{h,i} \qquad (4.15)$$

式中 $r_i$——第 $i$ 层的半径；

$n_{h,i}$——第 $i$ 层的匝数。

对于每一层数量相等的导线，可以写出：

$$l_w = 2\pi n_h n_v \sum_{i=1}^{n_v} r_i = 2\pi N r_{i,av} = \pi N(r_{min} + r_{max}) = N l_{avr} \qquad (4.16)$$

式中　　　　　$N$——线圈的匝数；

$l_{avr}$——每匝平均长度（MLT），之前也使用过 $l_T$；

$r_{min} + r_{max} = d_{avr}$——绕组的平均直径。

根据式（4.16），基于平均直径 $d_{avr}$ 的每匝平均长度（MLT）$l_{avr}$ 确定了导线的总长度。制造商通常给出完整线圈架的平均每匝长度，见本书结尾的附录 A。给定的 MLT 值通常是最坏情况下的值。

如果在绕组最后一层包含的导线数量低于其他填满的层，则总长度会稍低。

## 4.2.2　矩形线圈架

一圈的导线长度可以近似为四条边和四个四分之一圆周。

然后，导线总长度 $l_w$ 由每匝平均长度确定：

$$l_w = \pi N(h_{min} + h_{max}) + 2N(a + b) = N(\pi(h_{min} + h_{max}) + 2(a + b)) = N l_{avr}$$
$$(4.17)$$

式中　$a$ 和 $b$——线圈架的边；

$h_{min}$ 和 $h_{max}$——线圈架上方最小的和最大的可用高度（见图 4.3）。

如果使用基于实际填充系数的 $h$ 值，通常会高估导线长度，因为在拐角处的布置通常是六边形。

矩形线圈架的角应为圆弧形。半径应不小于导线半径，但最小半径应为 0.2mm。在矩形线圈架上绕绕组时，应该意识到下述事实——导线主要是在四个角上接触，这会降低填充系数并增加磁心的热阻。

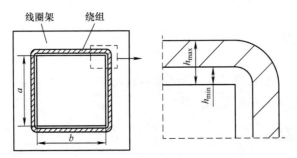

图 4.3　确定矩形线圈架中导线的总长度

## 4.3　击穿的物理知识

在这里，我们给出了关于击穿的物理方面的基本知识。

### 4.3.1　空气击穿电压

距离 $d_s$ 处的均匀电场中的空气击穿电压由参考文献［1］给出：

$$V_s = 2441 \times 10^3 \times \rho d_s + 66.1 \times 10^3 \sqrt{\rho d_s} \qquad (4.18)$$

式中　$V_s$——电压，单位为 V；

　　　$\rho$——101.3kPa 和 20℃ 条件下的空气相对密度（空气含水量为 11g/m³）；

　　　$d_s$——距离，单位为 m。

空气的相对密度 $\rho$ 可以由以下表达式给出：

$$\rho = \frac{p}{101.3} \frac{293}{T + 273} \qquad (4.19)$$

式中　$p$——压力，单位为 kPa；

　　　$T$——空气温度，单位为℃。

图 4.4 显示了在 20℃，101.3kPa 条件下均匀电场中空气的击穿电压与密度 $\rho$ 和距离 $d_s$ 乘积的相对关系。

下面我们考虑介电强度。

**定义：**

绝缘材料的介电强度是在不发生不可逆现象（如击穿，在此情况下，电压不能再次施加）的情况下施加的电场最大值。它是击穿电压和距离之比：$V_s/d_s$（V/mm）。

可以注意到，空气的介电强度（图 4.4 中曲线的一阶导数）随着距离的减小而增加。

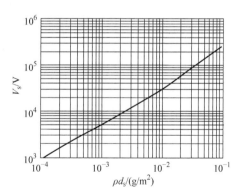

图 4.4　20℃、101.3kPa 下均匀电场中的空气击穿电压

**备注：**

1）式（4.18）对于直流或频率低于 1000Hz 的交流电压在 $10^{-4}$ m $< \rho d_s <$ 0.15m 范围内是有效的。

2）对于非均匀电场，击穿电压要低得多，通常为式（4.18）所述均匀电场下击穿电压的 0.1~0.3 倍。

**举例：**

典型问题是在寄生空气空间中的电晕放电。这可能发生在变压器层间、电容器内部或其他导体排布中。为了说明这一点，我们考虑下面的例子。

两个扁平导体用 0.3mm 的绝缘箔和可变气隙 $d$ 隔开（见图 4.5）。绝缘箔的击穿电压为 15kV，相对介电常数 $\varepsilon_{r,f} = 3$。假设电场均匀，空气密度正常。在空气中发生放电时，最坏情况下的空气距离和最坏情况下的峰值电压是多少？

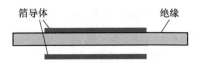

图 4.5 被绝缘箔和气隙隔离的扁平导体

**答案：**

空气中的击穿电压由式（4.18）给出。箔片中的电压降 $V_f$ 是

$$V_{\mathrm{f}} = V_{\mathrm{s}} \frac{d_{\mathrm{f}}}{d_{\mathrm{s}}} \frac{1}{\varepsilon_{\mathrm{r,f}}} \tag{4.20}$$

然后，用式（4.18）和式（4.20），总电压 $V_{\mathrm{tot}}$ 表示为

$$V_{\mathrm{tot}} = V_{\mathrm{s}} + V_{\mathrm{f}} = V_{\mathrm{s}} + V_{\mathrm{s}} \frac{d_{\mathrm{f}}}{d_{\mathrm{s}}} \frac{1}{\varepsilon_{\mathrm{r,f}}} \tag{4.21}$$

$$= \left(2441 \times 10^3 \times \rho d_{\mathrm{s}} + 66.1 \times 10^3 \sqrt[3]{\rho d_{\mathrm{s}}}\right)\left(1 + \frac{d_{\mathrm{f}}}{d_{\mathrm{s}}} \frac{1}{\varepsilon_{\mathrm{r,f}}}\right)$$

图 4.6 显示了总击穿电压 $V_{\mathrm{tot}}$ 与距离 $d_{\mathrm{s}}$ 的函数关系。

从图 4.6 中我们发现最坏情况下的距离是 60μm，并且最坏情况下的总电压峰值达到 1.75kV。此时，空气中的电压峰值仅为 690V，且绝缘层中的电场强度为 3.55kV/mm，这比箔片的击穿电场低了大约九倍。本例的结论是，即使在均匀电场中，电晕放电也可能比绝缘箔片的击穿早得多。

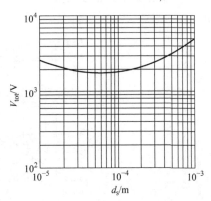

图 4.6 示例的总峰值击穿电压是距离 $d_{\mathrm{s}}$ 的函数

## 4.3.2 固体绝缘材料的击穿电压

（1）材料击穿

最好的绝缘材料在良好的条件下能承受 100kV/mm 最高至 1MV/mm。实际材料达到几十千伏/毫米。在恶劣的情况下，如水中的树木，在约 1kV/mm 下发生绝缘老化过程。因此，理论上最大可以达到的介电强度只有很小的实用价值。

固体材料中的击穿电压的实用表达式在参考文献 [2] 中被提出：

$$V_d = V_r \left( \frac{d}{d_r} \right)^{\alpha} \tag{4.22}$$

式中　$V_d$——击穿电压，单位为 V；

　　　$V_r$——参考电压，单位为 V；

　　　$d$——样品的厚度，单位为 m；

　　　$d_r$——参考厚度，单位为 m；

　　　$\alpha$——一个指数，$\alpha = 0.5$（根据参考文献 [2]）。

对于 $\alpha = 0.5$ 的式（4.22）称为 Tautscher 方程[2]。在相同的参考下，公式对不同材料都有合理的验证，如玻璃纤维填充聚酯、聚酰胺膜（厚度为 $0.1 \sim 2\text{mm}$）。根据式（4.22），介电强度不是一个常数，而是会随着厚度的增加而减少。相比于类似材料制成的灌封绝缘子，这似乎是箔具有高介电强度值的主要原因。事实上，它们在不同厚度的情况下被测试，其中箔的厚度是较低的。

**举例：**

$d_r = 50\mu\text{m}$ 厚度的箔具有 10kV 的击穿电压。相同的材料制成的 $d = 200\mu\text{m}$ 的箔的击穿电压是多少？

**答案：**

我们使用式（4.22），其中 $\alpha = 0.5$。

$$V_{d,200} = V_{r,50} \left( \frac{d}{d_r} \right)^{\alpha} = 10 \left( \frac{200}{50} \right)^{0.5} \text{kV} = 10 \times 2 \text{kV} = 20\text{kV} \tag{4.23}$$

如果介电强度是恒定的，人们所期望的击穿电压是 40kV，而根据式（4.23）预计的击穿电压却只有 20kV。

**注意：**

在实际情况下，需要考虑可能的机械损伤、老化、环境污染等。为了在高厚度情况下获得有价值的击穿属性，在高厚度或多层设计中通常使用高纯度材料。

对于大多数材料，在它们的工作温度范围内介电强度降低了一个因子 2。温度老化也可能引起材料击穿。

在实际中，击穿经常发生在强度相当低的电场中。其原因往往是机械应力或是绝缘材料的实际边界存在瑕疵。降低介电强度的典型因素是：

1）气体外壳。

2）具有一个小半径的导体（点效应）。

3）外来的颗粒（金属颗粒、盐颗粒、聚合反应的残余物）。

4）在表面的局部放电。

5）电树或水树。

（2）沿固体绝缘材料的表面击穿

相比于绝缘体本身，其表面通常具有更低的介电强度。通常，沿表面的介电强度甚至比在空气中更低。在实际情况下，也应该把外部污染考虑进去，它进一步降低了击穿电压值。在所有气候条件下，绝缘子都要进行盐雾测试。

在比较友好的环境中，例如仪器和设备的内部，2~3mm/kV 的击穿电压值是必要的。

一个非常特殊的情况发生在两边有非对称导体的薄绝缘体（板或箔），如图 4.7 所示。如果较短的导体被快速充电，急速类型的放电会发生在导体的边缘（通常在角落）。这一急速放电汇集了新的电场并继续该放电过程。因为一部分绝缘箔像电容器似的被充电，所以这个急速放电可以扩大到一个很长的距离。例如，在 30kV、50Hz 的供电条件下，沿着 0.2mm 的箔可以达到约 20cm 的闪络距离，而箔本身没有损坏，这种现象也会发生在电机槽的端部。对于中压电机，有时会使用一个中间的半导电层来平滑该电场。

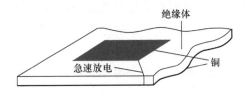

图 4.7　不对称导体的薄绝缘体的急速放电（例如计算机板的两面）

### 4.3.3　电晕放电

在有一个介电片和一些空气的电容器中，空气中的电场是电介质中电场的 $\varepsilon_r$ 倍。空气的介电强度远低于常用的电介质的介电强度，所以第一次放电发生在空气中是毫无疑问的。这种情况在直流中只发生一次，但在交流的一个周期内发生两次。放电产生的臭氧和氮氧化物会损伤绝缘材料，于是发生了性能缓慢下降的过程。这一影响被称为电晕放电。

这种现象的典型场所是非浸渍或部分浸渍的绕线元件。跨越在两根相邻导线的峰峰值电压是很重要的。通常导线间的峰峰值电压为 500V 时将会出现真正的危险。

局部放电测量装置可用于评估电晕风险。

## 4.4　绝缘要求和标准

由于物理现象难以评估得很清楚，因此必须考虑一些安全系数以满足绝缘的要求。

### 4.4.1　基础的、补充的和加强的绝缘

特别针对绝缘材料制订了基本标准，如 IEC 65[3] 等。包含了磁性元件要求的

一个典型标准是信息技术设备安全标准 IEC 950[4]。

在这些标准中，下列不同的术语用来定义不同类型的绝缘：操作（Op）绝缘、基本（B）绝缘、补充（S）绝缘、双重（D）绝缘和增强（R）绝缘等。在 IEC 950 标准中给出的定义如下：

1）Op：为正确的功能操作所必需的。

2）B：防止触电。

3）S：当基本绝缘失效时避免触电。

4）D：双重绝缘，等于 B + S。

5）R：单一绝缘系统，其绝缘性能相当于双重绝缘系统。

环境污染的三种不同程度的规定如下：

1）没有灰尘和潮湿的环境。

2）普通环境，适用于大多数设备。

3）环境中含有灰尘或干尘，在预期的冷凝中它们将会导电。

## 4.4.2　标准绝缘距离

这里我们考虑标准的电气绝缘安全距离和爬电距离。绝缘距离在 4.4.2 节中被考虑，并且在 4.4.3 节中讨论电气测试。

### 4.4.2.1　安全距离

安全距离被定义为两个导体之间或设备的导电部件和分界面之间测量的最短空气距离。分界面是电气封闭的外表面，可认为就像是金属箔被压后与绝缘材料可触及的表面相接触。

安全距离小于爬电距离（稍后给出定义），因为空气是比绝缘体自身表面更好的绝缘体。相当详细的安全距离的描述在 IEC 950[4] 给出。在表 4.1 中只列选出几组数据。绝缘距离取决于电源电压、绝缘工作电压和污染程度。

表 4.1　不同电压和绝缘类型的最小安全距离[4]

| 二次侧最大绝缘工作电压 /V | | 安全距离/mm | | | | | |
| --- | --- | --- | --- | --- | --- | --- | --- |
| | | 在 150V 和 300V 方均根值之间的一次侧电压（瞬态 2500V）污染度 1，2 | | | 在 300V 和 600V 方均根值之间的一次侧电压（瞬态 4000V）污染度 1，2，3 | | |
| $V_{peak}$ | $V_{RMS}$ | Op | B/S | R | Op | B/S | R |
| 71 | 50 | 1.0 | 2.0 | 4.0 | 2.0 | 3.2 | 6.4 |
| 210 | 150 | 1.4 | 2.0 | 4.0 | 2.0 | 3.2 | 6.4 |
| 420 | 300 | 1.7 | 2.0 | 4.0 | 2.5 | 3.2 | 6.4 |
| 840 | 600 | 3.0 | 3.2 | 6.4 | 3.0 | 3.2 | 6.4 |
| 1400 | 1000 | 4.2 | 4.2 | 6.4 | 4.2 | 4.2 | 6.4 |

根据参考文献 [4] 的定义，工作电压是设备在正常使用情况时运行于额定电压下，设备绝缘承受或可能承受的最高电压。磁性元件的工作电压是在一次侧电路和二次侧电路之间、在一次侧电路和设备主体之间以及在二次侧电路和设备主体之间的最高电压。

表4.1 给出了几个典型的例子，距离的单位是 mm，污染系数为 2。

在某些情况下，也可以接受比表4.1 中列出的更小的距离。注意污染度 3 要求比表4.1 列出的绝缘距离更高。此外，电力电子变换器的额外峰值电压的存在会增加所需的绝缘距离。

#### 4.4.2.2　爬电距离

爬电距离是两个导体之间，或设备的导电部件和分界面之间沿绝缘表面测量的最短距离。

在干净的环境（污染度 1）中，爬电距离可以等于安全距离（一般对云母、石英、陶瓷等）。但在污染度 2 或 3 的情况下，所需的距离可能会增加很多。

表4.2 对污染度 3 和对漏电路径敏感材料列出了一些距离。漏电路径是有可能发生闪络的轨迹。

关于带有附加涂层的电子印制电路板（PCB），爬电距离小于表4.2 中列出的数值。PCB 需进行介电强度的测试。

**表4.2　污染度 2 和 3 的爬电距离**（操作、基本绝缘和补充绝缘），**对材料组 IIIa 和 IIIb**[4]

| 工作电压①/V | 二次侧的爬电距离/mm PD = 2 | 二次侧的爬电距离/mm PD = 3 |
|---|---|---|
| 200 ~ 250 | 2.5 | 4.0 |
| 250 ~ 300 | 3.2 | 5.0 |
| 300 ~ 400 | 4 | 6.3 |
| 400 ~ 600 | 6.3 | 10 |
| 600 ~ 1000 | 10 | 16 |

① 两点之间的最高电压，直流或交流的方均根值。

### 4.4.3　电气强度测试

评估绝缘材料的开发测试已经取得了相当大的进展。在这里，我们给出电气强度测试所需的电压。相关的所有电压均为方均根值。如果电气强度测试使用直流电压，测试电压应为 $V_{DC, Test} = \sqrt{2} V_{rms}$。在测试过程中，测试电压应逐步施加。测试电压的方均根值取决于表4.3 中列出的工作电压（方均根值）。

对于工作电压高于表4.3 中的值，可以直接参照相应标准。在测试期间不容许有闪络（电晕是允许的）。

如果设备包含无线电干扰滤波器，则在直流电压中进行测试。考虑实际的原因

（便携式测试仪，成本），大多使用直流测试。

对于操作绝缘本身（Op），这些测试可以省略，只要安全距离和爬电距离的要求得到满足。

表 4.3　取决于工作电压 $V_W$ 方均根值的测试电压的方均根值

| | 测试电压，方均根值/V | | |
|---|---|---|---|
| | $V_W = 0 \sim 130V$ | $V_W = 131 \sim 250V$ | $V_W = 251 \sim 1000V$ |
| 绝缘类型：Op | 1000 | 1500 | $\cong 114.5 \cdot U^{0.4638}$ |
| 绝缘类型：B/S | 1000 | 1500 | $\cong 114.5 \cdot U^{0.4638}$ |
| 绝缘类型：R | 2000 | 3000 | 3000 |

### 4.4.4　漏电流

通常情况下，磁性元件具有非常低的漏电流，在直流中的典型值是 $1\mu A$ 以下的电流，在交流中是与 $0.1 \sim 10nF$ 对应的交流电流。由于电力电子设备中的高频率，即使几 nF 的寄生电容也能导致几毫安漏电流的产生。漏电流通常是通过放电电阻、电压避雷器和并联电容器增加的。

信息技术设备正常运行的总漏电流限值如下：

1）正常设备：$< 0.25mA$。

2）手持设备：$< 0.75mA$。

3）移动设备：3.5mA。

4）静止、可插拔的设备：3.5mA。

5）静止设备，有泄漏电流的特殊警告标签：5% 的输入电流。

但是，工业设备一般容许比前述更高的漏电流。

然而，应注意到：

1）EMC 法规和要求。

2）需要把地电流降低到一定的水平，要低于漏电流保护装置的动作电流值。

## 4.5　散热要求和标准

与散热要求相对应的几类绝缘类型：

1）类型 A：元件中的最大温度是不允许超过 100℃ 的。可以使用的材料种类繁多，其中每种材料都是类型 A。

2）类型 E、B、F、H：材料必须符合严格的规定并且需要一个特别的认证。

**注意：**

如果使用自黏接系统，应该认识到胶黏剂可能的电解腐蚀作用。由于铜上有薄釉层，胶黏剂会腐蚀铜。解决这些问题的标准是 VDE 0203 和 DIN53489[5]。

### 4.5.1 绝缘材料和系统的热评估

IEC 216 标准是一种耐热性能的测定指南。在 25℃ 的环境温度下，一些安装材料的最高工作温度列在表 4.4 中。在通用标准 IEC 85[6] 和设备标准 IEC 950[4] 之间有差异。

**表 4.4 在 25℃ 环境温度下一些绝缘材料的最高工作温度**

| 安装材料 | 最高允许温度/℃ |
|---|---|
| 橡胶，PVC（绳，普通类型） | 75 |
| 橡胶 | 60 |
| PE，PVC | 70 |
| XLPE | 90 |
| 铅纸 | 80 |
| 丁基橡胶 | 85 |

（1）绝缘系统的热评价

作为一种特定热等级的绝缘材料，并不意味着系统（或设备）中使用的每一种材料都有相同的热性能。材料间的不兼容问题可能把系统适当的温度限值降到单个材料的温度限值以下。另一方面，对于一个隔离系统的绝缘材料的热性能，可以通过该系统使用的其他材料的保护特性加以提高。

热评价的测试程序几乎是没有标准化的。IEC 505、IEC 610、IEC 791[7] 可以作为热耐久性能测定的指南。

（2）选择和分配的责任

制造商有责任为元件选择合适的绝缘材料。足够的经验或充分的可接受的测试可以提供依据，从而为绝缘指定合理的温度限值。

### 4.5.2 感性（磁性）模块的要求和标准

我们必须区分感性模块的热类型和感性模块导线的最终分类。其原因是感性模块的绝缘耐久性受温度、电气与机械应力、振动、有害的环境和化学物质、湿气、污垢、辐射等多种因素的影响。这意味着感性模块可能比它使用的导线有更低的热等级。感性模块的热等级是根据标准 IEC 85 界定的[6]。而导线的热等级是根据标准 IEC 317 界定的[7]。

一些基本的热等级被公认并广泛应用在整个工业界。这些热等级列在表 4.5 中。

表 4.5　电感模块的热等级

| 热等级 | 最高允许温度/℃ |
|---|---|
| Y | 90 |
| A | 105 |
| E | 120 |
| B | 130 |
| F | 155 |
| H | 180 |
| 200 | 200 |
| 220 | 220 |
| 250 | 250 |

**注意：**

1）在 250℃ 的温度以上，应按 25℃ 的间隔增加温度并且对应等级应该与其要求相符合。

2）旧的等级 C，过去用在温度超过 180℃ 的所有情况中，已被上面给出的热等级所取代。

3）表中的温度是绝缘材料的实际温度而不是温升。

4）当一个热等级用来描述一个感性模块时，它表示额定负载下允许的最高温度。装置中使用的绝缘材料要服从相同标准的最高温度。因此，它具有的热能力至少等于装置热等级的相应温度。

### 4.5.3　导线的标准

漆包铜线的铜直径已经规范化。在美国，AWG（美国线规）[8] 是经常使用的，请在本书的结尾参阅附录 C 的 C. 2 部分。欧洲广泛使用是 EN 60317[7]（旧的 IEC 317），参阅附录 C 的 C. 1 部分。基本描述见 EN 60317 - 0。还根据绝缘漆类型制定了一个特殊的标准，例如 EN 60317 - 20。在欧洲，使用 E10 机械系列，参阅附录 C 的 C. 1 部分。根据所要求的绝缘等级，需要一层清漆层，它增加了外直径 $d_0$。

标准 IEC 317 规定了电磁线的热等级。在标准 IEC 317 - 0 中，规定了电磁线的很多通用要求，例如弯曲性能等。给出的主要规格是裸材料的直径、搪瓷厚度、每米电阻值、高电压特性。我们给出关于这些规范的一些解释。

（1）裸材料的直径

不是所有可能的直径都可以订购。标准 IEC 317 规定了两个系列直径：R20 和 R40 系列。R20 系列是优选直径。可以订购 R40 系列，但需要是前面例外的直径。然而，大部分的电磁线供应商在他们的标准订购中都有 R20 和 R40 系列。

**注意**：在附加成本的条件下，供应商可以提供改进（减少）电阻和导线直径公差的导线。实际的生产技术比 10 年前更精炼了。

（2）搪瓷厚度

标准 IEC 规定了 3 个等级的搪瓷厚度：等级 1、等级 2、等级 3。大多数应用中只使用等级 1 和等级 2。更高的等级意味着更好的高电压特性。举例，一个直径为 0.25 的导线根据标准 IEC 851 在室温下测试，等级 1 保证最高到 2100 V，等级 2 最高到 3900 V，等级 3 最高到 5500V。

（3）每米电阻值

根据导线的尺寸，使用不同的方程来确定每米电阻值的最小值和最大值。不过，名义值总是用 25℃下 $\rho_c = 17.24 \times 10^{-9} \Omega \cdot m$ 特定电阻值计算的。

（4）电磁线热等级

标准 IEC 的指标描述了绝缘漆类型和相应的温度指标。该温度指标意味着导线可以在指定温度下使用至少 20000h。

最常见的搪瓷类型在下面的标准中讨论：

1）IEC 317 - 20：本标准规定了聚氨酯漆包绝缘，155 级。

2）IEC 317 - 51：本标准规定了改性聚氨酯漆包绝缘等级，180 级。

3）IEC 317 - 13：本标准描述了用尼龙保护膜的搪瓷聚酯绝缘，200 级。

4）IEC 317 - 26：本标准描述了聚酰胺漆包绝缘，200 级。虽然标准化最高只到 200℃，所有的供应商保证这种搪瓷导线类型在 220℃ 条件下能使用 20000h。

**注意**：随着热性能的增加，耐化学品性能也有增加。

在表 4.6 中，我们给出了在正常工作中的铜线最高工作温度。温度通过在 25℃ 环境温度下由电阻测量得到。用热电偶测量的耐受温度在变压器中降低 10℃，但在电机中，热电偶测量的结果与电阻测量方法相等。最大允许温升是表 4.6 的数值减去环境温度 25℃ 后的温度值。

表 4.6　取决于绝缘热性能的铜导线的热等级

| 等级 | 最高温度/℃ 根据 IEC 85 | 最高温度[①]/℃ 电阻法 | 最高温度[②]/℃ 热电偶法 |
|---|---|---|---|
| A | 105 | 100 | 90 |
| E | 120 | 115 | 105 |
| B | 130 | 120 | 110 |
| F | 155 | 140 | 130 |
| H | 180 | 165 | 155 |

① 电机中电阻法与热电偶法，按标准 IEC 950。

② 变压器中热电偶法，按标准 IEC 950。

## 4.6　磁性元件制造表

通常，由于设计者和制造商之间的交流太少，造成了一系列的问题或错误的原型机。对于小型 50Hz 或 60Hz 变压器，通常只是指定其匝数和线径，这就是错误的根源。因为这些信息对于电力电子磁性元件是不足够的。

这里，我们考虑了包含在磁性元件设计信息中的一些重要项目。

（1）耦合

绕组之间的耦合常常会出现错误。耦合是在起始引脚和终止引脚被指定时决定的，假设保持相同的绕线方向。

（2）空气间隙

通常，开始的实验电路中使用了垫片，因为把铁氧体切削到气隙的厚度是不容易的。然而，批量制造时往往采用中间气隙。因此，仅仅指定总气隙长度是不够的。这些技术规格的不准确会产生电感值误差，接近 2 倍（参考第 8 章详细信息）。事实上，设计者要通过创建空气间隙来得到给定的磁导值（$A_L$）。在小的空气隙中，磁导率的测量比空气间隙的测量更准确，所以建议指定 $A_L$ 值或测量成品的元件。

（3）浸漆

另一个重要的事实是磁性元件的浸漆。如果变压器浸漆了，那么它的性能是不一样的。浸漆增加了绝缘的寿命，但同时也增加了寄生电容，后者可能并不合理。

最常用的浸漆材料为聚酯纤维或环氧树脂。近年来，有机硅也用于浸漆。后者材料的优点是具有灵活性和更高的最大工作温度。缺点是价格高及较低的耐化学品性能。

（4）部分填充层

部分填充的层可以用不同的方式来实现。而不同的实现对元件的总性能有影响。设计人员应使用以下相关方面来指定正确的制造方式：

1）在线圈的一侧绕线，这是最容易的绕线方式。

2）沿绕组宽度的方向排列，所以与其他层的漏感会降低。

3）避免在中间绕线，从而在有空气隙的情况下会降低涡流损耗。

（5）制造表格

我们在这里给出了一个磁性元件制造表格的例子。它包含上述方面的信息，如耦合、空气隙、导线直径、绝缘类型和厚度、磁心材料和线圈架类型等（见图 4.8）。

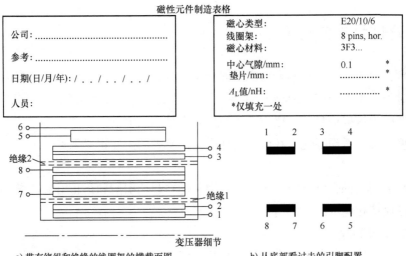

磁性元件制造表格

| | | | | | | |
公司：.......................................... 磁心类型：E20/10/6 ...

a) 带有绕组和绝缘的线圈架的横截面图　　b) 从底部看过去的引脚配置

磁性元件制造表格：

| 绕组编号 | 起始引脚 | 终止引脚 | 匝数 | 导线直径① 厚度/mm | 绝缘类型 | 备注 |
|---|---|---|---|---|---|---|
| | | | | | | |
| 1 | 1 | 2 | 50 | 0.15 | 等级2 | 二次侧绕组 |
| 绝缘1 | | | 2 | 0.1 | 等级B | 薄片 |
| 2 | 7 | 8 | 100 | 0.15 | 等级2 | 一次侧绕组 |
| 绝缘2 | | | 2 | 0.1 | 等级B | 薄片 |
| 3 | 3 | 4 | 50 | 0.15 | 等级2 | 二次侧绕组2 |
| 4 | 5 | 6 | 6 | 0.35 | 等级2 | 测量绕组 |
| | | | | | | |

① 这是裸铜的直径。
　浸漆：是/否　类型：
　备注：引脚1处有白点。

图4.8　磁性元件制造表格

# 参 考 文 献

[1] Segur, P., Techniques de l'ingénieur, Gaz Isolants, Paris, France, D 2531-10, 6, 1990.
[2] Salmon, E.R., Dielectric strength of an insulation material—Is it a constant? *IEEE Electrical Insulation Magazine*, Vol. 5, No. 1, Jan/Feb 1989.
[3] IEC General, Metrology and measurement. Physical phenomena, Other standards related to electricity and magnetism, Catalogue of IEC publications 1997, International Electrochnical Commission, 17.220.99, Bureau Central de la CEI, Geneva, Switzerland, 1991.
[4] IEC 950, Safety of information technology equipment, including electrical business equipment, 2nd ed., Bureau Central de la CEI, Geneva, Switzerland, 1991.
[5] DIN, Deutsches Institut fur Normung, Berlin, Germany, www.vde-verlag.de
[6] IEC 85, Thermal evaluation and classification of electrical insulation, Bureau Central de la CEI, Geneva, Switzerland, 1991.
[7] International Electrochnical Commission, Switzerland, www.iec.ch
[8] American National Standards Institute, Washington, DC, www.ansi.org

# 第 5 章　导体中的涡流

## 5.1　引言

在很早时，导体中的涡流效应就已经被认识到。在 19 世纪末，就已发现（电报）同轴电缆的导体在更高的频率下具有更高的交流电阻并且电感随频率增加而降低[1]。当应用的分析方法使用了数学级数与电流的导数。这种方法不同于我们现在使用的方法，但其结果是正确的。

涡流也早已被电机领域公认。例如，笼型异步电动机的起动转矩由于涡流引起转子电阻的增加及电感的减少而提高。在大型的电机和变压器中，因为要努力去避免涡流（例如：并联导线和罗贝尔导条），因此涡流对制造线圈的过程产生了很大的影响。

虽然之前已经了解铁氧体的一些物理性质，但真正的突破是在 1945 年后的荷兰[2]。由于采用铁氧体，主磁通路径不再穿过导体内部，因此大多数的涡流可以避免，这可以使磁性元件变得更小。在经典电子学中，更多关注的是总磁心损耗和 $Q$ 值，而不太关注涡流损耗的详细分析[3]。

（1）现代电力电子产品需求

由于半导体和软开关拓扑结构的改进，相比 20 年以前，现在使用更高的开关频率是可能的。其结果是，电力电子中大部分磁性元件的实际设计受涡流的影响很大。

（2）趋肤效应

在高频率情况下，电流的主要部分在导体的薄外层（皮肤）中流动，这样的现象叫作趋肤效应。

（3）邻近效应

横向磁场的影响称为邻近效应。彼此靠近的导线上的涡流损耗远远大于自由导线或同轴排列的中心导线的涡流损耗。当磁性材料接近导体时，会出现相似的损耗增加。导线损耗的主要部分可以由横向磁场的存在来解释。这就允许了在第 2 章中的简化近似。

（4）气隙效应

当磁通是由带有空气隙且有一些导体靠近气隙的磁路集中时，会出现最大强度的损耗。这种情况通常是带有气隙的电感器和变压器。如果不特别注意这种现象，它往往会导致线圈架的局部熔化。

（5）导体中的涡流损耗

在一般情况下，其他模式磁场也是可能的，我们可以谈论涡流电流或涡流损耗。减少涡流的一种方法是使用利兹线。Litz 这个词来源于德语单词（Litzendraht）（绞合编织），指由相互绝缘的多股绞线或束在一起的导线，这样每一股趋向于占据整个导体截面所有可能的位置，它也被称为束线。

涡流的存在是一种线性效应。电压和电流保持正比例，并且有功和无功功率损耗是电流或磁场的二次方项。与涡流相关的复阻抗函数是线性无源的。因此，它们不含有右半平面的极点和零点。与它们相关联的数学函数是解析函数（最小相位阻抗函数）。这意味着，Bode 法则是适用的，实部和虚部是相互关联的。例如，忽略电容效应，如果电阻随频率增大，则电感必须随频率降低。

只有几个精确的涡流电流解析解是已知的，我们给出了其中一些最有用的。虽然它们并不总是那么简单，当使用复数公式时，它们是值得的并会自动给出解析函数（阻抗的实部和虚部）。利用现代数学软件（Mathcad、Maple、MATLAB、Mathematica），该方法更容易使用。

许多近似是可能的，如低频近似、高频近似，Dowell 圆正交法[4]、正交分量分解等。有限元方法和有限差分方法也可以被看作是近似，因为它们把空间离散化并且对理想化的局部场问题进行求解。我们可以看到有限元方法与经典方法可以相互借鉴。一方面经典理论的知识可以减少模拟案例的数量，另一方面有限元方法可以对几何形状及解析法不能解决的一些问题进行求解。

我们提出了一个宽频近似法，它来自于一些特殊情况的解析解并且被有限元方法进一步完善。研究的重点是损耗（功率的实部）。虚数部分对应于电感是更容易测量的，因此它的建模是不太重要的。

实际的实验往往是困难的，如果设计做得好，涡流损耗只占总损耗的一小部分，并且必须把它们从磁性材料的损耗以及铜损耗和磁心损耗对温度的依赖性中分离出来。采用合适的近似，可以做到非常快速和相当精确的计算。如果在短时间内可以计算出很多情况，那么就可以在优化设计中使用这样的方法。

在这章的附录中给出了相关的数学推导。

## 5.2 基本近似

为了避免大量的数学运算并且便于直观理解，给出了涡流损耗中的一些近似。涡流理论中的一个重要的量是穿透深度 $\delta$：

$$\delta = \sqrt{\frac{2\rho_c}{\mu\omega}} \tag{5.1}$$

式中　　$\omega = 2\pi f$——作用磁场的频率；

　　　　$\mu$——材料的磁导率（对于铜来说 $\mu \cong \mu_0$）；

　　　　$\rho_c$——导电材料的电阻率（铜），100℃ 时使用 $\rho_c = 23 \times 10^{-9}\Omega \cdot m$；

　　　　25℃ 时使用 $\rho_c = 17.24 \times 10^{-9}\Omega \cdot m$。

导体的特征尺寸（圆导线的直径）和相应频率的穿透深度之比是一个用来评估是否可以进行低频近似或高频近似的参数。在图 5.1 中，穿透深度是频率的函数。

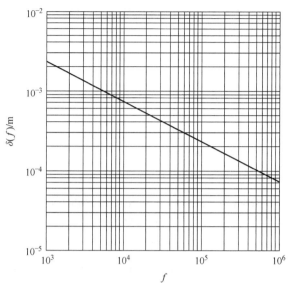

图 5.1  铜导体穿透深度 $\delta$ 为频率的函数（$\rho_c = 20 \times 10^{-9}\Omega \cdot m$，$T \approx 66℃$）

## 5.2.1  低频近似

在这种类型的近似中，感应涡流的磁场是被忽视的。因此，基本磁场被假定为完全穿透导体。由于感应电流可以通过直流磁场模式计算，于是简化了数学求解。如果所有频率的精确解析解存在，低频近似给出的是泰勒展开式（级数）的第一项。

在电力电子元件中，阻抗的很大一部分不受涡流的影响，所以大部分情况下，电感的变化可以忽略不计。低频近似通常适用于（电阻的上升低于 5%）导体最大尺寸小于穿透深度 1.6 倍的场合。如果允许低频近似，损耗可以由并联在电感器两端的电阻来表示。这种方法大大简化了电路建模。

应该强调的是，"低频涡流近似是允许的"根本不意味涡流损耗低。

## 5.2.2  高频近似

如果一个交流磁场平行施加于平面导体的表面，该磁场将沿着导体的深度方向衰减。如果导体的厚度比穿透深度 $\delta$ 大得多，导体损耗可以与厚度为 $\delta$ 的等效薄层相关联，该薄层中有一个不受涡流影响的均匀电流。等效电感可以被解释为等效空气区域增加了 $\delta/2$。注意不同的是，对于电阻部分使用 $\delta$ 而对于电感部分则使用 $\delta/2$。

对于一个无限大的频率，没有磁场渗透到导体中去。这可以通过设置导体内部磁导率等于零或者令该磁场必须平行于表面（数值问题中的 Dirichlet 边界条件）来模拟。

### 5.2.3  损耗的叠加

因为涡流现象是线性的，所以涡流问题可以进行磁场的叠加。然而在一般情况下的损耗计算中，不同类型磁场的损耗叠加是不允许的。不过，可以简单地对不同类型磁场的损耗求和是一个有趣的现象。

让我们考虑导线截面中平均功率的以下计算方法：

$$P = \frac{l_c}{T} \int_{t,ref}^{t,ref+T} \int_{\text{conductor section}} \rho (J_a(x,y,t) + J_b(x,y,t))^2 \mathrm{d}x\mathrm{d}y\mathrm{d}t \tag{5.2}$$

$$P = \frac{l_c}{T} \int_{t,ref}^{t,ref+T} \int_{\text{conductor section}} \rho \big[ J_a(x,y,t)^2 + J_b(x,y,t)^2 + \tag{5.3}$$

$$2 J_a(x,y,t) J_b(x,y,t) \big] \mathrm{d}x\mathrm{d}y\mathrm{d}t$$

式中    $J_a(x,y,t)$——由磁场 $H_a(x,y,t)$ 产生的电流密度；

$J_b(x,y,t)$——由磁场 $H_b(x,y,t)$ 产生的电流密度。

为了对损耗求和却不考虑混合乘积项，下列积分等于 0 就足够了：

$$\int_{\text{time}} \int_{\text{conductor section}} J_a(x,y,t) J_b(x,y,t) \mathrm{d}x\mathrm{d}y\mathrm{d}t = 0 \tag{5.4}$$

允许进行损耗叠加的通常原因和条件如下：

1）在导线和磁场问题中有一个对称轴；一个电流密度是均匀的（或常数）而另一个电流密度为关于对称轴的奇函数。

2）使用两个不同的频率。

3）相同频率的电流密度有 90°的相位差。如果变压器具有低的漏电感并且负载是电阻性质的话，就可以是变压器的励磁磁场和漏磁场的情况。

4）在一般情况下，电流密度的空间分布是正交的。

如果在不被允许的情况下进行损耗叠加，则损耗可能在零到预期值的 2 倍之间变化。

### 5.2.4  宽频近似

如果一个低频率的解和高频率的解存在的话，在低频率和高频率之间的过渡解通常是平滑的，即使没有精确的解存在，仍然可以使用一些近似。一种近似的微调方法是使用有限元解或借鉴已知的分析案例。

## 5.3  矩形导体中的涡流损耗

这里只给出了一些主要的重点，数学推导过程以及更多的细节详见本章结尾的附录 5. A. 1。

### 5.3.1　横向磁场中矩形载流导体的涡流损耗精确解

矩形载流导体被放置于两个具有无穷大磁导率的磁性材料双壁之间（见图 5.2a）。由于所有的磁力线都垂直于材料表面，因此可以使用一维的解。这种情况也等价于一种磁场模式，即将多个（见图 5.2b）或无穷多个（见图 5.2c）载矩形载流导体以平行于磁场方向的形式放置于无限大磁导率的磁性材料壁之间。

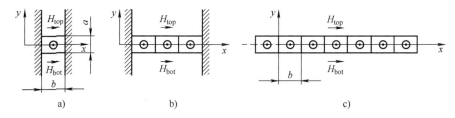

图 5.2　矩形载流导体平行于水平磁场放置

a) 单一导体　b) 若干导体　c) 大量（无穷多）导体

需要注意的是，如果我们不看导体外的磁场，那就意味着假设电流的返回路径可以看作是在导体的上方和下方的一个薄层。所以对返回路径的选择只会影响到一维解答中的电感部分。

我们得到复功率的表达式为

$$S = P - \mathrm{j}Q = VI^*  \tag{5.5}$$

式中　$P$——有功功率；

$Q$——无功功率；

$I^*$——电流的共轭复数。

正如附录 5.A.1 中给出的，矩形导体的损耗是

$$S(s) = 2bl_{\mathrm{c}}Z_0(s)\left( \left| \frac{H_{\mathrm{top}} - H_{\mathrm{bot}}}{2} \right|^2 \coth\left( \gamma(s)\,\frac{a}{2} \right) + \left| \frac{H_{\mathrm{top}} + H_{\mathrm{bot}}}{2} \right|^2 \tanh\left( \gamma(s)\,\frac{a}{2} \right) \right)$$

$$\tag{5.6}$$

式中　$l_{\mathrm{c}}$——导体的长度；

$a$——导体的厚度（见图 5.2）；

$b$——导体的宽度（见图 5.2）；

$T$——温度，单位为℃；

$s = \mathrm{j}\omega = \mathrm{j}2\pi f$；

$H_{\mathrm{top}}$——导体顶部在 $X$ 方向上的 $H$ 值；

$H_{\mathrm{bot}}$——导体底部在 $X$ 方向上的 $H$ 值。

阻抗、传递函数和穿透深度的变量定义式为

$$Z_0(s) = \left( \frac{s\mu}{\sigma} \right)^{1/2} = \sqrt{\mathrm{j}}\,\sqrt{\frac{\omega\mu}{\sigma}} = \frac{1+\mathrm{j}}{\sqrt{2}}\,\sqrt{\frac{\omega\mu}{\sigma}} = \frac{1+\mathrm{j}}{\sigma\delta(\omega)} = \frac{1-\mathrm{j}}{2}\mathrm{j}\omega\mu\delta(\omega) \tag{5.7}$$

$$\gamma(s) = (s\mu\sigma)^{1/2} = \frac{1+j}{\sqrt{2}}\sqrt{\omega\mu\sigma} = \frac{1+j}{\delta(\omega)} \tag{5.8}$$

$$\delta(\omega) = \sqrt{\frac{2}{\omega\mu\sigma}} = \sqrt{\frac{2\rho}{\omega\mu}} \tag{5.9}$$

式中   $\sigma = 1/\rho$——导体的电导率;

$\rho$——导体的比电阻率 [对于铜: $\rho = 17.3 \times 10^{-9}$ $(1 + 0.0039)$ $(T - 25)$]。

上述类型的方法中,式(5.6)因为对称而变得有趣。这个公式是通用的,因为它不仅可以用来计算导体中有电流的情况,还允许有其他的外加场。附录中给出了更多的细节和其他方法。我们可以用导体中的电流 $I$ 和平均横向磁场 $H_{av}$ 重写式(5.6)

$$S(s) = 2bl_w Z_0(s)\left[\left(\frac{|I|}{2b}\right)^2 \coth\left(\gamma(s)\frac{a}{2}\right) + |H_w|^2 \tanh\left(\gamma(s)\frac{a}{2}\right)\right] \tag{5.10}$$

$$H_{av} = \frac{H_{top} + H_{bot}}{2}, \quad H_{top} - H_{bot} = I/b \tag{5.11}$$

前面方法的优点是,不必知道平均横向磁场和电流(没有时间正交的要求)之间的相位关系,如式(5.10)和式(5.6)使用空间正交函数。

导体之间的空气对视在功率的影响为

$$S_{air} = s\mu_0 bl_c |H|^2 \Delta y \tag{5.12}$$

对于 $m$ 个带有相同电流的叠加层, $H = 0$ 在最低层下面,阻抗可与直流电阻进行比较计算:

$$Z = R_0\frac{1+j}{2}\frac{a}{\delta(\omega)}\left[\coth\left(\frac{1+j}{2}\frac{a}{\delta(\omega)}\right) + \left(\frac{4m^2-1}{3}\right)\tanh\left(\frac{1+j}{2}\frac{a}{\delta(\omega)}\right)\right] +$$

$$\frac{j\omega\mu l_c}{b}\sum_m a_{m,air}m^2$$

$$\tag{5.13}$$

该方程对 $m = 0.5$ 也有效。这就是该层中每个导体中磁场都为零的情况。这种情况被称为半层。

式(5.13)的右边最后一项(求和)给出了导体之间磁场的贡献。

## 5.3.2　矩形导体损耗的低频近似

### 5.3.2.1　无横向磁场的载流导体

对于低频近似,精确的解可以使用泰勒展开式。频率 $\omega$ 的偶数项对于电阻有贡献。第一项是直流电阻,第三项给出了低频涡流部分。第一项和第三项是

$$R(\omega) = \frac{l_c}{ab\sigma}\left(1 + \frac{a^4\omega^2\mu^2\sigma^2}{720}\right), \quad R_{DC} = R_0 = \frac{l_c}{ab\sigma} \tag{5.14}$$

$\omega$ 的奇数项给出了电感,这里我们只给第一项:

$$L = \frac{1}{12}\frac{\mu l_{\rm w} a}{b} \tag{5.15}$$

式（5.14）中的第二部分是频率 $\omega$ 的二次项，所以这种类型的损耗是电流导数的二次项。作如下假设也可以得到上述的结果：

1）磁场完全穿透导体，并产生电动势。

2）由涡流产生的平均电流密度始终为零；如果不是这样，则所施加的电流约束不能保持。

通过使用附录 5.A.1 的公式，可以计算扩展式中的很多项。然而，准确的方程比对大量的项求和更容易应用。与精确解相比，随着频率的增加，式（5.14）和式（5.15）给出了更高的电感值和更高的电阻值。

### 5.3.2.2　在横向磁场中的无电流导体

在 $x$ 和 $y$ 方向上的磁场中，无电流矩形导体的损耗 $P_{\rm tr,lf}$ 为

$$P_{\rm tr,lf} = \frac{l_{\rm c}}{12}\mu^2\omega^2\sigma\left(a^3 b\,|H_{{\rm av},x}|^2 + ab^3\,|H_{{\rm av},y}|^2\right) \tag{5.16}$$

式中　$P_{\rm tr,lf}$——使用低频近似的损耗；

$\qquad H_{{\rm av},x}$——在 $X$ 方向的平均横向磁场；

$\qquad H_{{\rm av},y}$——在 $Y$ 方向的平均横向磁场。

在这种情况下，没有直流损耗。在 $m$ 个叠加层的低频近似中，使用直流电阻表示的功率损耗为

$$R = R_0\left(1 + \frac{a^4\omega^2\mu^2\sigma^2}{720} + \frac{a^4\omega^2\mu^2\sigma^2}{48}\frac{4m^2-1}{3}\right) \tag{5.17}$$

$m$ 个叠加层的低频电感为

$$L = \frac{\mu l_{\rm c} a}{3b}m^2 + \sum_m \frac{\mu l_{\rm c} a_{m,{\rm air}}}{b}m^2 \tag{5.18}$$

式（5.18）中的第一项源于导体中平均静态磁场的能量；式（5.18）的第二项是导体之间的空气对电感的贡献。

## 5.3.3　矩形导体损耗的高频近似

### 5.3.3.1　理想情况

涡流产生一个磁场，它试图抵消导体内部的磁场。因为这个情况是对称的，所以该损耗相当于导体两侧的导电薄层中的导电损耗。使用式（5.13），没有横向磁场时导体的阻抗为

$$Z(j\omega) = \frac{R_0 a}{2\delta(\omega)}(1 + j) \tag{5.19}$$

式中　$R_0$——串联连接导体的直流电阻。

此结果对应了位于导体顶部和底部的厚度为 $\delta$ 的导电层。虚部（电抗）等于

电阻的部分，且两者都随着频率的二次方根而增大。

使用式（5.13），所得到 $m$ 叠加层导体阻抗的高频近似为

$$Z(\mathrm{j}\omega) = \frac{R_0 a}{\delta(\omega)}(1 + \mathrm{j})\left(\frac{2m^2 + 1}{3}\right) \tag{5.20}$$

这一结果也可以通过图 5.3 中所示的穿透深度的厚度对应的等效电流来得到。我们可以用上、下表面电流二次方的总和与导体电流二次方的比值来表示 $F$：$F = (I_{\mathrm{bot}}^2 + I_{\mathrm{top}}^2)/I^2$。表 5.1 给出了由于高频效应引起的涡流损耗的增加。

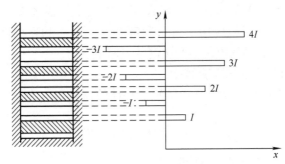

图 5.3　槽中载流 $I$ 的串联导线的高频近似（显示的电流在等效穿透深度中流动）

**表 5.1　高频效应引起的涡流损耗的增加**

| 导体数量 $m$ | 1 | 2 | 3 | 4 | 5 |
|---|---|---|---|---|---|
| $F = (I_{\mathrm{bot}}^2 + I_{\mathrm{top}}^2)/I^2$ | 1 | 1 + 4 | 4 + 9 | 9 + 16 | 16 + 25 |
| $\sum F^2$ | 1 | 6 | 19 | 44 | 85 |
| $m(2m^2 + 1)/3$ | 1 | 6 | 19 | 44 | 85 |

**备注**：当使用 $m$ 层时，直流电阻增加了一个系数 $m$。

### 5.3.4　间隔矩形导体的损耗

#### 5.3.4.1　经典方法

与 $a$ 和穿透深度 $d$ 相比，$b'$ 仍然很小的条件下，得出了损耗的近似值，因此磁场 $H$ 仍然几乎是水平方向的。

导体一定需要做绝缘，这相当于导体之间有一个最小距离。对于用空气或绝缘隔开的导体，经典的方法是增大 $x$ 方向的导体并填充空气，然后调整电导率来得到相同的直流电阻。采用这种方式，穿透深度和其他依赖于电导率的量都会发生变化。使用以下术语（见图 5.4）：

1）$a$ 是导体的厚度。

2）$b$ 是导体的宽度。

3）$b'$ 是在导体中心线之间的缝隙宽度或距离。

4）$b/b'$ 是（水平）填充因子。

穿透深度的定义式为

$$\delta'(\omega) = \sqrt{\frac{2\rho}{\omega\mu}\frac{b'}{b}} \tag{5.21}$$

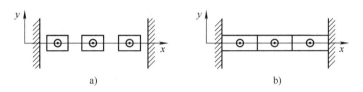

图 5.4　间隔导体

a）导体的对称布置　b）扩大 $x$ 方向上的导体

调整后的特征阻抗和传输函数为

$$Z_0'(s) = \left(\frac{s\mu}{\sigma'}\right)^{1/2} = \sqrt{j}\sqrt{\frac{\omega\mu}{\sigma}\frac{b}{b'}} = \frac{1+j}{\sqrt{2}}\sqrt{\frac{\omega\mu}{\sigma}}\sqrt{\frac{b}{b'}} \tag{5.22}$$

$$\gamma'(s) = (s\mu\sigma')^{1/2} = \frac{1+j}{\sqrt{2}}\sqrt{\frac{\omega\mu\sigma b}{b'}} = \frac{1+j}{\delta'(\omega)} \tag{5.23}$$

在降低 $b/b'$ 和增加频率时，不满足高频近似条件，但对于 $a = b$ 和 $b/b' > 0.5$，其近似仍然是可行的。式 (5.21) ~ 式 (5.23) 可由式 (5.6)、式 (5.10) 和式 (5.13) 给出的精确解代替。通过这种替换，精确的方程变成只有宽频近似值。多个导体的精确求解是一个二维问题，不容易解析求解。

这种类型的方法首先应用于电机的插槽问题，将矩形导体垂直放置在一个槽中，因为它们很容易以这种方式插入。水平尺寸小于穿透深度，并且导体之间的距离短。在这些条件下，该方法是一个很好的近似。

### 5.3.4.2　低填充系数和高频率

前面的情况并不总是存在于实际的情况中。

在接近独立导体的低填充系数下，垂直磁场也存在且式 (5.10) 不包含所有的损耗，因此低估了总损耗。在式 (5.22) 和式 (5.23) 中，如果 $b/b'$ 足够低，那么损耗趋于零，这与独立导体的实际情况不符。

这一结论表明，经典方法在低填充系数下会导致错误的结果，因为它忽略了垂直磁场分量。在低填充系数下的最好方法是使用有限元方法来解决矩形导体的问题。如果通过某种方法，可以估计顶部、底部和边缘位置的磁场 $H$，则可以扩展式 (5.6)，并获得相当好的近似值。

## 5.4　圆形导体的圆正交法

历史上有一个未能解决的数学问题：用尺子和圆规构造出一个与圆具有相同面积的正方形，我们将下面这种方法称为圆正交法。因为我们有矩形导体中涡流损耗的解，如果能把一个圆转换成一个正方形，则可以使用已经推导出的方法来近似圆形导体中的涡流损耗。这种方法通常被称为道威尔方法。

这里介绍的方法与传统道威尔方法略有不同，因为我们更喜欢使用正交函数，这样可以更好地利用损耗的叠加。通过使用其他函数，可以对该方法进行改进。我们称之为改进的圆正交法（IQOC）。

### 5.4.1　等效矩形原理

在等效矩形的原则下，原来的圆形导体用相同面积的正方形来近似，图 5.5 中 $\eta$ 为水平填充系数，$\eta = \dfrac{d}{b'}$。当使用相同电阻率时，这个假设可以保持相同的直流损耗。为了获得等效的正方形，可以使用

$$a = b = \sqrt{\pi r^2} = \sqrt{\frac{\pi d^2}{4}} = \frac{\sqrt{\pi}}{2}d \qquad (5.24)$$

正方形可以扩大成一个长方形，它填充在可使用的区域中，如图 5.5 所示，例如在磁心材料之间的矩形导体空间（槽）中。

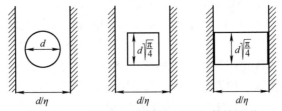

图 5.5　一个圆形及其等效正方形和等效矩形

### 5.4.2　改写后的方程

$m$ 个叠加导体的阻抗公式可以被改写。这里直接使用（铜）导线的直径 $d$。考虑到导体层之间空气的贡献，导体之间的距离必须随着 $a$ 和 $d$ 之间的差异而增加。

导体阻抗 $Z_{\text{cond}}$ 可以表示为

$$Z_{\text{cond}} = R_0 \frac{1 + \mathrm{j}}{2} \frac{\frac{\sqrt{\pi}}{2}d}{\delta'(\omega)} \left( \coth\left( \frac{1 + \mathrm{j}}{2} \frac{\frac{\sqrt{\pi}}{2}d}{\delta'(\omega)} \right) + \left( \frac{4m^2 - 1}{3} \right) \tanh\left( \frac{1 + \mathrm{j}}{2} \frac{\frac{\sqrt{\pi}}{2}d}{\delta'(\omega)} \right) \right)$$

$$(5.25)$$

直流电阻和局部磁场的损耗↑横向磁场的损耗↑

修正的穿透深度为

$$\delta'(\omega) = \sqrt{\frac{2\rho}{\omega\mu}\frac{b'}{d}\frac{2}{\sqrt{\pi}}} \tag{5.26}$$

空气阻抗 $Z_{\text{air}}$ 为

$$Z_{\text{air}} = \frac{\omega\mu l_c}{b}\sum_m \left(a_{m,\text{air}} + d\frac{\sqrt{\pi}}{2}\left(1 - \frac{\sqrt{\pi}}{2}\right)\right)m^2 \tag{5.27}$$

可以得出

$$Z = Z_{\text{cond}} + Z_{\text{air}} \tag{5.28}$$

可以再次使用原来的穿透深度重新改写那些方程，并在一个单独的函数中表示对 $\eta = d/b'$ 的依赖关系。因为使用了实际的穿透深度，而不依赖于频率和 $\eta$，所以这种方法简化了方程。

$$g_{\text{D}}(\eta) = \left(\frac{\pi}{4}\right)^{3/4}\eta^{1/2} \tag{5.29}$$

$$Z_{\text{D}}(f,\eta) = R_0\frac{1+j}{2}\frac{g_{\text{D}}(\eta)d}{\delta(f)}\left[\coth\left(\frac{1+j}{2}\frac{g_{\text{D}}(\eta)d}{\delta(f)}\right) + \left(\frac{4M^2-1}{3}\right)\tanh\left(\frac{1+j}{2}\frac{g_{\text{D}}(\eta)d}{\delta(f)}\right)\right] \tag{5.30}$$

### 5.4.3 低频近似

关于低频近似，使用附录 5.A.1 中的方程，$m$ 根重叠圆形导体阻抗的电阻部分 $R_{\text{ac,lf}}$ 可以表示为

$$\frac{R_{\text{ac,lf}}}{R_0} = 1 + \frac{1}{180}\left(\frac{\omega\mu\sigma}{2}\right)^2\frac{\left(\frac{\pi d^2}{4}\right)^3}{b'^2} + \left(\frac{4m^2-1}{3}\right)\frac{1}{12}\left(\frac{\omega\mu\sigma}{2}\right)^2\frac{\left(\frac{\pi d^2}{4}\right)^3}{b'^2} \tag{5.31}$$

横向磁场部分，即式（5.31）中的第三项，也可以直接在均匀磁场中计算，因为在低频条件下，涡流电流不影响横向磁场。

关于式（5.31）的备注：

1）可以看出，式（5.31）以系数 $\pi/3$ 高估了纯横向磁场的低频损耗。

2）局部磁场中的损耗（式中的第二项）偏差大于 $\pi/3$。式（5.31）表明对于大的 $b'$，这些损耗趋于零，因为自由导线也有损耗，所以对于局部涡流损耗来说这是不正确的。

对于低频近似，可以得到准确的二维解（见下一节），这使我们能够验证式（5.25）、式（5.30）和式（5.31）在低频下的准确性。我们检查了一个具有相反电流和相同直径的一次绕组和二次绕组的变压器的设计。导线层之间的垂直距离等于水平距离，并且使它等于铜的直径 $d$ 除以 $\eta$（见图 5.5）。将图 5.6 中的导线移动，以便在不同排列（正方形和六边形填充）之间进行平均。分析中只采用正

方形填充，发现在较低的填充系数情况下会导致损耗大得多。然而，这个最坏的情况是不现实的，因为实际线圈不是在正方形填充中绕线的。为比较不同的布置方式，可以使用一种三磁场法，此方法在分析低频问题时具有较高的精度，将在本章的后半部分进行讨论。

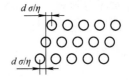

图 5.6  多条导线的导体排列，不同层导线的可变位移

**道威尔方法的准确性**

从图 5.7 的比较中可以看出，道威尔方法严重低估了低填充系数（$\eta$ 值低）下的损耗。在低填充系数情况下，层数 $m$ 较高时的近似精度更高。

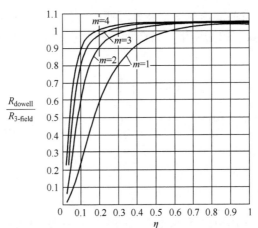

图 5.7  道威尔方法低频导线电阻增加除以低频三磁场法得到的电阻，见 5.7.2 节
（在低频的情况下该该方法是准确的），$m$ 是层数，导体已进行过移位

原因是在道威尔表达式［见式（5.30）］中局部磁场近似得不够准确。它在高填充系数的单层中匹配很好，这是高估了横向磁场和低估了局部磁场的综合结果。

如果考虑半层绕组的损耗（一层一次绕组被夹在两层二次绕组之间），局部磁场估计的准确性不足则更为明显。在这种情况下，$m = 0.5$。可以看出，在这种情况下，式（5.30）中的第三项为零。

如果再次将此时的解与精确的三磁场法进行比较，结果如图 5.8 所示。

从图 5.8 中可以看到，在道威尔方法中，对于所有填充系数的半层，低频局部磁场的涡流损耗都被低估。原因是道威尔方法仅考虑平行于层的磁场，并且在填充系数较低时，损耗不会趋于零。

当导体未移动时（即正方形填充），半层损耗增加的最大值为 2.5%，单层或多层的涡流损耗增加小于 1%。

## 5.4.4  改进的圆正交法

在知道上一节描述的道威尔方法中的错误后，我们可以尝试修正错误。因此，

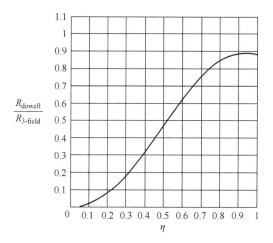

图 5.8　道威尔方法低频导线电阻增加除以由
低频三磁场法在半层（$m = 0.5$）条件下得到的电阻

我们提出了一种改进的圆正交法（IQOC）。该方法避免了经典道威尔方法的错误。

我们定义了两个 $g$ 函数，一个局部 $g_A$（$A$ 指周围磁场）和一个横向磁场 $g_T$（$T$ 来自横向磁场）。两个函数用公式表示如下

$$g_T(\eta) = \frac{\sqrt{\pi\sqrt{3}}}{2\sqrt{2}}\sqrt{\eta} \tag{5.32}$$

$$g_A(\eta) = \left(\frac{15}{64}(1 + \eta^4 1.3537)\right)^{1/4} \tag{5.33}$$

我们可以将这两个函数放在式（5.30）中，以获得改进的阻抗圆正交法近似值：

$$\begin{aligned}Z_{iqoc}(f,\eta) = R_0\frac{1 + j}{2\delta(f)}\Big[&g_A(\eta)d\coth\Big(\frac{1 + j}{2}\frac{g_A(\eta)d}{\delta(f)}\Big) + \\ &\Big(\frac{4M^2 - 1}{3}\Big)g_T(\eta)d\tanh\Big(\frac{1 + j}{2}\frac{g_T(\eta)d}{\delta(f)}\Big)\Big]\end{aligned} \tag{5.34}$$

**注意：**

1）$g_T$ 函数用来消除横向磁场中道威尔方法的 $\pi/3$ 典型误差。

2）函数 $g_A$ 适用于自由导线在 $\eta$ 趋于零的低频近似。为适应半层的情况已经对它进行过调整。这与最初的道威尔表达式有很大的不同。

图 5.9 显示了道威尔方法的 $g$ 函数和 IQOC 方法引入的 $g$ 函数的绘图。

当使用具有可变位移导线的 IQOC 方法时，它与低频三磁场法的匹配变得非常好。在整个填充系数和不同层范围内的偏差是小于 0.1% 的。必须承认发现这些函数需要一定的运气和必要的专业知识。

如果导体没有平均偏移，单层或多层的涡流损耗在正方形拟合（$\chi = 0$）时可

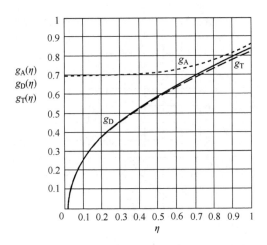

图 5.9  道威尔方法的 $g$ 函数和 IQOC 方法引入的 $g$ 函数的绘图

能增加 1%，在 $\chi = 0.5$ 时可能减少 1%。

图 5.10 显示了 IQOC 方法涡流损耗的结果和三磁场法的结果之间的比率。

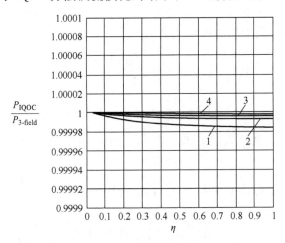

图 5.10  IQOC 方法涡流损耗的结果和三磁场法结果之间的比率，
从底部到顶部的曲线分别为 1、2、3 和 4 层

对于半层的涡流损耗，$\sigma = 0$ 时的涡流损耗差值为 $+2.5\%$，$\sigma = 0.5$ 时涡流损耗差值为 $-2.5\%$。

**注意**：若层与层之间的间隔距离大于线与线之间保持的距离，则在低频情况下减少的涡流损耗很小。

关于所述 IQOC 方法的准确性，应考虑以下几点：

1）在这种方法中，端部效应被忽略了（这里假设左侧和右侧的磁导率为无穷大）。

2）层之间的距离（其中心线）等于同一层中导线中心之间的距离；在研究过程中，这些距离会发生等量的变化。

3）没有考虑部分填充的层。

4）IQOC 方法不能提高高频情况下的计算精度。

5）它仍然是一个二维的求解公式，线圈端部的一些弯曲部分和差异仍然存在。

6）由于横向磁场主要部分不平行于层，所以在带有空气隙的电感器设计中，该方法是很难使用的。

## 5.4.5　圆正交法的讨论

（1）经典道威尔方法的结论

道威尔方法含有几种类型的近似：

1）从圆形导体变化到正方形导体（这不是误差的主要原因）会产生高达10%的涡流损耗偏差。

2）从正方形到矩形的变化会导致额外的偏差。

3）针对绕组和侧面磁性材料之间没有距离的设计问题，该方法可以精确求解。

4）磁场中可能有垂直分量，特别是在有空气间隙的电感器中，该方法没有考虑。

5）忽略了局部磁场中的垂直分量。

6）忽略了把解从二维扩展到三维带来的影响。

然而，由于横向磁场主要受空气隙的影响，道威尔方法不适用带有集中气隙的电感器。对于低填充因子和半层设计的情况，此方法的精度也较差。

已经尝试采用其他方法来改善道威尔方法，包括端部效应[5]。然而，该方法[5]是基于多元回归和大量的数据，因此这是不容易实现的。通常，大多数的方法主要适用于没有空气隙的类似于变压器的磁场引起的涡电流。

道威尔方法已被许多设计工程师使用了很长时间。事实上，在通常的填充系数下，这种近似对于实际设计是足够准确的。原因如下：

1）它是一个给出了阻抗的电阻部分和电感部分的宽频近似解。

2）高填充系数和低频范围内，除了半层外，不会出现过低估计损耗的情况。

3）由于直径的公差、导线的精确位置、温度和三维影响，很难通过测量发现这些差异。

然而，因为横向磁场主要受空气隙的影响，该方法对于有集中气隙的电感器是不能使用的。

（2）IQOC 方法的结论

IQOC 方法避免了经典的道威尔方法在低频情况下的一些弊端。原因如下：

1）对二维局部磁场进行了良好的建模，从而消除了半层的典型大误差。

2）还消除了从圆形到正方形的变化而产生的 π/3 典型误差。

改进的圆正交法具有额外的优点：

1）它不会低估低填充系数下的涡流损耗。

2）相比于经典的道威尔方法，它能更好地对半层建模。

由于这两种方法在精度上都有一定的局限性，因此可以考虑对方程进行修正。然而，通常认为，从已知的二维解析解出发，可以获得好得多的总精度。此类解决方案将在后面的章节中介绍。所提出的方法内容较多，但它同时支持带气隙的电感器。该方法在第 2 章中曾被使用。

## 5.5　圆形载流导体损耗的二维计算方法

在这一节中，我们假设导体附近没有其他导体和磁性材料。因此，导体上不存在平均的横向磁场。

### 5.5.1　精确解

参考文献 [6] 描述了载流圆柱体的情况。

我们首先定义一个与穿透深度 δ 相关的参数 ξ：

$$\xi = \sqrt{\frac{\mu\omega}{\rho}} r_0 = \frac{\sqrt{2}}{\delta} r_0 \tag{5.35}$$

式中　$r_0$——导体半径。

圆形载流导体的阻抗为

$$R(\omega) + j\omega L(\omega) = \overline{Z}(\omega) = \frac{\rho l_c}{2\pi r_0^2} j^{\frac{3}{2}} \xi \frac{J_0\left(j^{\frac{3}{2}}\xi\right)}{J_1\left(j^{\frac{3}{2}}\xi\right)} \tag{5.36}$$

或者

$$\overline{Z}(\omega) = \frac{\rho z}{2\pi r_0^2} j^{\frac{3}{2}} \xi \frac{\mathrm{ber}_0(\xi) + j\mathrm{bei}_0(\xi)}{\mathrm{ber}_1(\xi) + j\mathrm{bei}_1(\xi)} \tag{5.37}$$

式中　$J_0$，$J_1$——0 阶和 1 阶的贝塞尔函数，复数的输入变量；

$\mathrm{ber}_0$，$\mathrm{bei}_0$——开尔文形式的 0 阶贝塞尔函数的实部和虚部；

$\mathrm{ber}_1$，$\mathrm{bei}_1$——开尔文形式的 1 阶贝塞尔函数的实部和虚部；

$j = \sqrt{-1}$——复数；

$\mu$——绝对磁导率；

$l_c$——被考虑的导体的长度。

对于图 5.11，我们使用相对阻抗 $Z_r(\omega)$：

$$Z_r(\omega) = \frac{Z(\omega)}{R_0} \tag{5.38}$$

式中 $R_0$——直流电阻。

**注意**：该图适用于任何直径的导体；对于直径 $d = \alpha \times 0.5\mathrm{mm}$ 的导体，所使用的频率必须乘以 $\alpha^2$ 来获得等效频率 $f_{eq} = f\alpha^2$，再通过图 5.11 获得相对阻抗 $Z_r(\omega)$。注意在 $f_{eq} = 20\mathrm{kHz}$ 和所考虑的情况下，穿透深度等于导体直径。

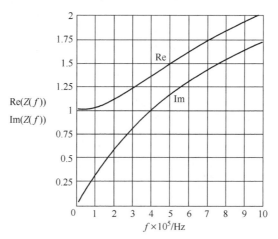

图 5.11　直径为 0.5mm 的自由导线阻抗的实部和虚部与频率（Hz）的关系（$\rho = 20 \times 10^{-9}$）

## 5.5.2　低频和高频近似

在泰勒展开式中，常数项后的第一项是频率的二次项。所以，在低频近似下的电阻 $R_1$ 方程中，有一个穿透深度的四次项：

$$R_1(\omega) = R_o\Big[1 + \frac{1}{48}\Big(\frac{r_o}{\delta}\Big)^4\Big] = R_o\Big[1 + \frac{1}{192}(\omega\mu\sigma r_o^2)^2\Big] \tag{5.39}$$

图 5.12 的区域 A 表示了用于计算电阻部分的高频近似值的区域。高频近似可以采用趋肤深度原理，如图 5.12 中的计算面积为

$$A = \pi(r_0)^2 - \pi(r_0 - \delta)^2 = \pi(d - \delta)\delta \tag{5.40}$$

然后，高频近似中的电阻部分 $R_h$ 为

$$R_h = \omega L_1 = \frac{l_w\rho}{\pi(d - \delta)\delta} \tag{5.41}$$

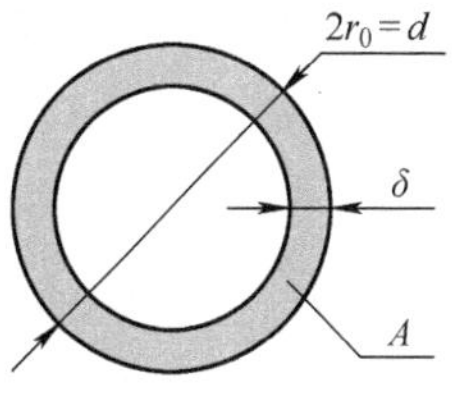

图 5.12　高频近似中阻抗的电阻部分的等效面积 A

当 $\delta > 0.5d$ 时，近似结果没有意义。

均匀电流密度的导体内的磁场（强度）随着半径线性增加。内部磁场的低频感抗为

$$X_1 = \omega L_1 = \frac{\omega l_c x}{8\pi} \tag{5.42}$$

高频感抗为

$$X_h = \omega L_h = \frac{l_c \mu_0 \delta/2}{\pi d} \tag{5.43}$$

**注意**：计算电感值的穿透深度参数应使用 $\delta/2$。图 5.13 给出了阻抗的低频近似解、高频近似解和精确解。

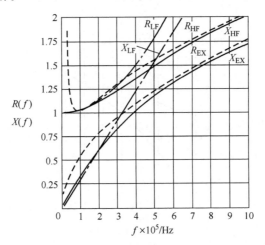

图 5.13　直径为 0.5mm 的自由导线阻抗的实部和虚部与频率函数关系的精确解与低频和高频近似解的比较（导线长度为 9.81m，直流电阻为 1Ω）（精确解：实线，EX；低频近似：点划线，LF；高频近似：虚线，HF）

### 5.5.3　宽频近似

不是每个人都喜欢使用贝塞尔函数。因此，我们给出了另一种近似解。我们更加专注于功率的电阻部分。新的公式更有助于工程师的直观理解。电阻部分为

$$R_{wf} = R_0 \left[ 1 + \frac{1}{48} \left( \frac{\zeta}{2} \right)^4 \frac{1}{\sqrt{1 + \frac{G_A(\zeta)}{36864}}} \right] \tag{5.44}$$

其中

$$\zeta = \frac{d}{\delta(f)} = \frac{d}{\sqrt{\dfrac{2\rho}{\omega \mu_0}}} = \frac{d}{\sqrt{\dfrac{2\rho}{2\pi f \mu_0}}} \tag{5.45}$$

$\zeta$ 是直径/穿透深度比，并且多项式函数 $G_A$ 为

$$G_A(\zeta) = \zeta^6 + 6.1\zeta^5 + 32\zeta^4 + 13\zeta^3 + 90\zeta^2 + 110\zeta \tag{5.46}$$

对多项式函数 $G_A$ 中的系数进行调整，使其在宽频近似下的精度达到 0.4%。数字 48 和 36864 不是调整得到的常数，而是来自于低频和高频精确解析的限值。

图 5.14 显示了宽频近似结果的电阻部分［见式（5.44）］与贝塞尔函数精确解的偏差［见式（5.36）和式（5.37）］。

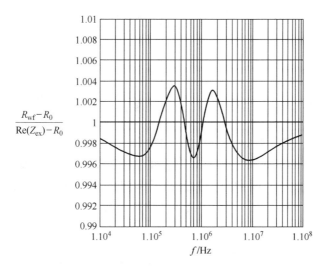

图 5.14　载流导线电阻的宽频近似值 [见式 (5.44)] 与精确值 [见式 (5.36) 和
式 (5.37)] 的偏差 (直径 $d = 0.5\text{mm}$, $\rho = 20 \times 10^{-9}\Omega \cdot \text{m}$)

## 5.6　均匀横向交流磁场中圆形导体的损耗

此类交流磁场通常是圆形导体涡流损耗的主要原因。因为这类交流磁场在导体
中产生奇函数的电流密度，所以这部分损耗可以叠加在偶函数电流（源于流过导
体本身的电流产生的磁场）的损耗上。横向磁场的强度可以被其他导体中的涡流
或环境中的磁性材料所改变。

### 5.6.1　精确解

当我们考虑在 $x$ 方向的外加磁场时，感应电流密度将是 $y$ 方向上的奇函数。因
此，它与流经导体的电流产生的磁场是正交的，从而产生偶函数的电流密度。

横向磁场中导体的有功功率和无功功率的表达不是一个简单的数学问题，需要
超过五页的贝塞尔方程和洛默尔积分[6]。总之，这是一个已知的解并且是可以使
用的。我们仅考虑导体的磁导率等于空气磁导率（非磁性导体）的情况。我们给
出了数学解，并与低频和高频近似解进行了比较。

功率损耗表示为

$$P(\xi) = 2\sqrt{2}\pi\rho H^2\xi \frac{\text{ber}_1(\xi)(\text{bei}_2(\xi) - \text{ber}_2(\xi)) - \text{bei}_1(\xi)(\text{ber}_2(\xi) + \text{bei}_2(\xi))}{\text{ber}_0(\xi)^2 + \text{bei}_0(\xi)^2}$$

(5.47)

$H$ 是未受干扰的（远端的）磁场。

引入辅助函数 $F$ 来表示无功功率。辅助函数 $F$ 为

$$F(\xi) = \mathrm{ber}_1(\xi)(\mathrm{ber}_2(\xi) + \mathrm{bei}_2(\xi)) + \mathrm{bei}_1(\xi)(\mathrm{bei}_2(\xi) - \mathrm{ber}_2(\xi))$$

$$(5.48)$$

无功功率为

$$Q(\xi) = \omega\mu_0\pi\frac{d^2}{4}H^2\frac{\dfrac{2\sqrt{2}}{\xi}F(\xi) + \dfrac{4}{\xi^2}\mathrm{ber}_1(\xi)^2 + \mathrm{bei}_1(\xi)^2}{\mathrm{ber}_0(\xi)^2 + \mathrm{bei}_0(\xi)^2} \qquad (5.49)$$

图 5.15 显示了横向磁场中导体的有功功率和无功功率与频率的函数关系。

1000A/m 场强的选择不是任意的。它可以由宽度为 0.5mm 槽中的 1A 电流在导体高度一半处产生。对两种类型的损耗（横向场和自身场）求和并不是最终的解，因为其他导线或磁性材料的接近程度仍然会影响所考虑导线中的损耗。

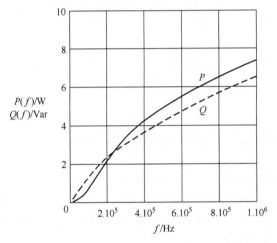

图 5.15　在强度为 1000A/m 的均匀横向磁场中，直径为 0.5mm 导线的有功功率（W）和无功功率（Var）与外加频率的关系（导体长度为 9.81m，直流电阻为 1Ω）

## 5.6.2　低频近似

与复杂的精确解不同，低频近似解可以很容易地计算和解析表示。

在低频情况下，功率损耗近似为

$$P_{\mathrm{LF}}(f) = \frac{l_{\mathrm{c}}\pi(\omega\mu_0 H)^2 d^4}{64\rho} \qquad (5.50)$$

式中　$l_{\mathrm{c}}$——导体长度。

在这个等式中，$H$ 是一个方均根值。可以看到，损耗事实上与磁场 $H$ 导数的方均根值成比例。

在低频时，涡流不会显著改变导体内部的磁场。导体内的能量为磁场的能量乘以脉动频率 $\omega$。该系数也可在式（5.44）中得到。因此，可以在低频情况下计算无功功率：

$$Q_{LF}(f) = l_c \omega \mu_0 \frac{\pi d^4}{4} H^2 \qquad (5.51)$$

可以看到，式（5.50）对应于式（5.16）的第一部分。

### 5.6.3　高频近似

对于高频近似，可以证明导体表面的电流沿导体圆周呈正弦分布。最大的表面电流密度是未受干扰的磁场的 2 倍。采用穿透深度，在高频近似下的功率损耗为

$$P_{HF}(f) = \frac{2\pi l_c H^2 \rho (d - \delta(f))}{\delta(f)} \qquad (5.52)$$

图 5.16 显示了低频和高频损耗近似解与精确解的对比情况。请注意，如果校正与直径有关的穿透深度系数的话，匹配结果就不会这么好。

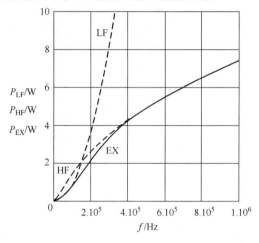

图 5.16　在 1000A/m 的磁场中，直径为 0.5mm 导线的高频和低频损耗近似解与精确解（导线长度为 9.81m，直流电阻为 1Ω）（HF：高频近似；LF：低频近似；EX：精确解）

### 5.6.4　宽频近似

这一节，我们给出了宽频近似的方法。我们使用的函数为

$$G_T(\zeta) = \zeta^6 + 2.7\zeta^5 - 1.3\zeta^4 - 17\zeta^3 + 85\zeta^2 - 43\zeta \qquad (5.53)$$

可以得到

$$\frac{R_{wf}}{R_0} = \frac{l_c \pi^2 \dfrac{d^2}{4} \zeta^4 \left(\dfrac{B}{\mu_0}\right)^2}{16} \frac{1}{\left[1 + \dfrac{(G_T(\zeta))}{1024}\right]^{1/2}} \qquad (5.54)$$

式中　$R_0$——直流电阻；

　　　$R_{wf}$——使用宽频近似方法得到的电阻。

由于趋肤效应，式（5.54）与式（5.44）非常相似。它满足导体在横向磁场中精确解的低频和高频限值。系数 16 和 1024 不是调整的常数，而是精确的低频和高频限值的结果。$G_T$ 中的系数经调整后与涡流损耗的精确解的匹配误差小于 1%，如图 5.17 所示。

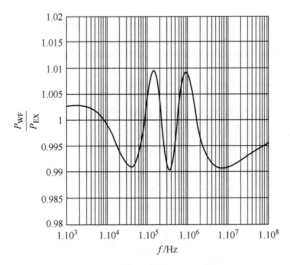

图 5.17  均匀横向磁场中自由圆形导体损耗的宽频近似解与精确解的偏差
（直径 $d = 0.5\mathrm{mm}$，$\rho = 20 \times 10^{-9}\,\Omega \cdot \mathrm{m}$）

### 5.6.5  讨论

如果可以计算出外加的均匀横向磁场，那么可以精确地知道自由导体在横向磁场中的导体损耗，并使用解析方法表示出来。

除了横向磁场损耗和趋肤效应损耗外，当导体彼此靠近或接近磁性材料时还存在其他的损耗。为了考虑这些影响，在下一节我们给出了低频近似下的有效解析方法。这些方法通过有限元计算在中频和高频中进行了调整。

## 5.7  圆形导体的低频二维近似方法

### 5.7.1  圆形导体的直接积分法

附录 5. A. 2 中详细讨论了该方法。在下述情况中，该方法是一个精确的解。

1）在低频近似下，涡流实际上不会影响导体内部的磁场。

2）导体有圆形截面。

3）问题可以转换为二维平面问题，并且不存在磁性材料。

最后一点要求可以通过在矩形绕线区域中进行镜像处理来满足。

假设绕组有 $m$ 层，一层中有 $N_m$ 匝线圈。为了能研究不同绕组的结构，我们使用图 5.18 所示绕组的排列和规格。我们使用复数来确定导线的中心。这样可以使毕奥 – 萨伐尔定律公式的应用变得简单。每层的第一个导体的（复数）坐标为 $q_m = q_{mx} + jq_{my}$。

$m$ 层中第 $n$ 根导体在坐标点 $z = x + jy$ 处产生的磁场如下

$$H_{ext} = \frac{-ji}{2\pi(z - (q_m + ns_m))^*} \tag{5.55}$$

$$\Phi_{ext}(z) = \frac{\mu_0 i_m}{2\pi} \sum_{m=1}^{M} \sum_{n=1}^{N_m} \varepsilon(m - m_c, n - n_c)\ln\left(\left|\frac{(z - (q_m + ns_m))^*}{(q_m + n_c s_{mc} - (q_m + ns_m))^*}\right|\right) \tag{5.56}$$

式中　对于 $m = m_c$ 和 $n = n_c$，$\varepsilon(m - m_c, n - n_c) = 0$；

对于其他所有情况，$\varepsilon(m - m_c, n - n_c) = 1$；

$n$——导体的数量（其磁场被考虑到了）；

$m$——导体的层数（其磁场被考虑到了）；

$n_c$——计算磁通量时的导体的数量；

$m_c$——计算磁通量时的导体的层数；

$M$——总层数；

$N_m$——在第 $m$ 层的总导体数；

*——表示复数的共轭。

导体本身对磁通的贡献是

$$\Phi_{int}(z) = \frac{\mu_0 i_1}{4\pi}\left(\frac{|z - (z_{mc} + n_c s_{mc})|^2}{r_{mc}^2}\right) \tag{5.57}$$

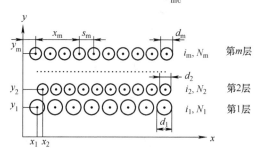

图 5.18　任意绕组的布置

然后，在某一点处的磁通量是

$$\Phi_{\Sigma}(x, y) = \Phi_{ext}(x, y) + \Phi_{int}(x, y) \tag{5.58}$$

平均磁通是一个积分常数，必须去除，因为它会产生涡流分量，进而产生非零的总电流：

$$\Phi_{av}(x,y) = \frac{1}{\pi r_1^2}\int_{-r_1}^{r_1}\int_{-\sqrt{r_1^2-y^2}}^{\sqrt{r_1^2-y^2}}\Phi_\Sigma(z-(z_{mc}+n_c s_{mc}))\,\mathrm{d}x\mathrm{d}y \tag{5.59}$$

然后，我们考虑如下磁通量：

$$\Phi(x,y) = \Phi_\Sigma(x,y) - \Phi_{av}(x,y) \tag{5.60}$$

利用感应的电动势和电阻率得到涡流损耗：

$$P_{eddy} = \frac{(2\pi f)^2}{\rho}\int_{-r_1}^{r_1}\int_{-\sqrt{r_1^2-y^2}}^{\sqrt{r_1^2-y^2}}\Phi[z-(z_{mc}+n_c s_{mc})]^2\,\mathrm{d}x\mathrm{d}y \tag{5.61}$$

这个功率是导体中的低频涡流损耗。因为只需要一个数值表面积分，所以该方法是非常准确的。然而，由于数值积分和磁通可能由许多导体产生，所以求解速度不是很快。

由于没有进行特殊的近似（低频涡流除外），因此这种类型的解可用于检查其他方法的求解。

## 5.7.2　三磁场近似

外部磁场在导体内变化缓慢，于是我们可以使用简化函数对直接积分法进行近似。

一个粗略的简化可称为零阶近似，是仅仅考虑均匀横向磁场［使用式（5.56）在导体中心处计算］相关的损耗

$$P_{eddy,tr} = \frac{\pi r_m^4 (2\pi f)^2 \mu_0^2 (|H_{tr}|)^2}{4\rho} \tag{5.62}$$

更好的近似是使用一阶导数。连同均匀的横向磁场，共有三种类型的磁场，并且它们是正交的，如图 5.19 所示。我们只关心导体中心磁场的一阶导数。该磁场是由外部导体产生的。方程（5.55）对 $z$ 求导数，

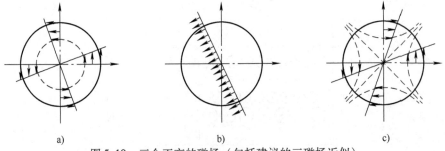

图 5.19　三个正交的磁场（包括建议的三磁场近似）

a）自身磁场　b）横向磁场　c）双曲线磁场

$$H'_{hy,m} = \frac{\mathrm{d}H_{hy,m}}{\mathrm{d}(z)} \tag{5.63}$$

$$H'_{hy,m} = \frac{i_m}{2\pi}\sum_{m=1}^{M}\sum_{n=1}^{N_m}\varepsilon(m-m_c,n-n_c)\frac{1}{((z_{mc}+\eta_c s_{mc})-(z_m+ns_m))^{*2}} \tag{5.64}$$

因为磁力线为双曲线形状，所以得到的磁场类型称为双曲线磁场（$H_{hy}$），如图 5.20 所示。与双曲线磁场相关的损耗为

$$P_{eddy,hy} = \frac{\pi r_m^6 (2\pi f)^2 \mu_0^2 |H'_{hy}|^2}{24\rho_m} \tag{5.65}$$

电流产生的磁场在导体中心也会产生一阶导数。然而，它在中间有一个奇点，所以分别计算三个磁场的损耗。其中一个磁场对应的损耗为

$$P_{eddy,own} = \frac{\pi r_m^2 (2\pi f)^2 \mu_0^2}{24\rho_m} \frac{(i_m/2\pi)^2}{2} \tag{5.66}$$

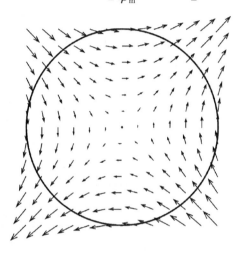

图 5.20 双曲线磁场的磁力线

因此，一根导体的总功率损耗为

$$P_{eddy,\Sigma} = P_{eddy,tr} + P_{eddy,own} + P_{eddy,hy} \tag{5.67}$$

因为没有数值积分也没有函数计算，所以三磁场法非常快。此外，可以避免计算幅值，因为二次方中没有包含函数计算，例如

$$|H_{tr}|^2 = \text{Re}(H_{tr})^2 + \text{Im}(H_{tr})^2 \tag{5.68}$$

对于一般的磁场问题，与积分方法相比，该方法的误差低于 0.1%。该方法的验证在附录 5. A. 2 中。其精度在一定程度上受更高阶模式磁场的影响，因为它们不会对导体中心的磁场导数产生影响。

### 5.7.3 在磁性窗口中使用镜像的方法

上一节中计算损耗的方法都没有考虑磁性材料。通常，这个结果对于变压器中漏磁场产生的涡流计算仍然是相当好的。当导体被无穷大磁导率的材料包围时，磁场强度 $H$ 垂直于磁壁。该特性可用于移除磁性问题中的磁壁。通过在 $y = 0$ 的镜像位置注入相同的电流，可以移除底部（对应于 $y = 0$）的墙。这样一来，磁场将垂

直于 $x$ 轴并且在窗口内可以得到相同的磁场问题。新的磁壁在 $y = -yw$ 处创建（$w$ 是窗口宽度）。也可以在 $y$ 轴上进行镜像以便移除 $y = 0$ 处的墙，并在 $x = -xw$ 处创建新的磁壁。继续这样的镜像处理，可以把磁壁移到更远的位置。然而，在前 2 次镜像后这个问题变得对称，在这样的方式下，镜像等于在 $y$ 方向移动 $2yw$ 或在 $x$ 方向移动 $2xw$。这在程序中是容易实现的。所述的镜像过程如图 5.21 所示。

通常，在所有情况下需要进行大量镜像才能达到 0.1% 的准确度。在 $x$ 轴和 $y$ 轴的镜像后，该磁场 $H$ 垂直于 $x$ 轴和 $y$ 轴，并且原点处的 $H = 0$。

需要额外的镜像来实现 $H$ 在 $x = xw$ 和 $y = yw$ 的垂直。检查这个特征的方法是检查角 $(xw, 0)$、$(0, yw)$ 和 $(xw, yw)$。远处的镜像会产生平滑的效果，这往往使角落处的 $H = 0$。可以通过创建具有该效果的平滑补偿函数来模拟它。这样，就可以减少耗时太多的镜像。通过选择特殊的函数，可以消除窗口四个角和其他对称点 $(0,0)$、$(\pm xw, 0)$、$(0, \pm yw)$ 和 $(\pm xw, \pm yw)$ 处的磁场。

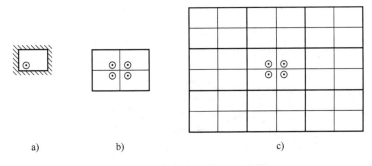

图 5.21  带有磁壁窗口的镜像

对于带有气隙的电感器，把一个反磁动势放在气隙中。在这种情况下，可认为它是第一层。

该分析不适用于总磁动势不为零的问题，如研究无气隙变压器中励磁电流的涡流的案例。这个问题与无穷大磁导率不兼容。

### 5.7.4  第一个无穷项求和的消除

在两个方向上镜像时，两个和是级联的。这降低了运算速度。为了消除第一个无穷项求和，可使用以下方程：

$$\frac{\dfrac{\pi}{a}}{\tan\left(z\,\dfrac{\pi}{a}\right)} = \sum_{n=-\infty}^{+\infty} \frac{1}{z+an} \tag{5.69}$$

该方程适用于 $z \neq 0$ 的横向磁场。当 $z = 0$ 时，其他导体的横向磁场为 0，因此不需要进行计算。

当 $z \neq 0$ 时，对于双曲线磁场，可以使用下述级数公式：

$$\frac{\dfrac{\pi}{a}}{\sin\left(z\,\dfrac{\pi}{a}\right)} = \sum_{n=-\infty}^{+\infty} \frac{1}{(z+an)^2} \tag{5.70}$$

对于导体中间的 $z=0$，同一层的贡献必须使用一个数学极限来计算：

$$\frac{\pi^2}{3} = \sum_{n=-\infty,\ \neq 0}^{+\infty} \frac{1}{(an)^2} \tag{5.71}$$

使用这些方法可以节省大量的计算时间，特别是对于曲线图的情况，它用以与圆正交法作比较。例如，使用 MathCAD 11 和 Pentium 4、2 GHz 的 PC 机，可以在大约一秒钟内生成一个包含 100 个点（改变填充因子）、导线相对位置的 50 次偏移和 10 个无限层的图形。

上述求和的结果是，感应磁场的主要影响是由磁场方向的层产生的。在不同的层中，当导线的相对位置发生移动时（也就意味着没有纯粹的正方形或六边形导体填充），在低频率的情况下，层间距离对损耗的平均影响是非常小的。

## 5.8　计算绕组涡流损耗的宽频方法

### 5.8.1　利用偶极子分析其他导线的高频效应

在高频情况下，其他导线涡流产生的磁场是不可忽略的。在非常高的频率下（$\delta \ll d$），涡流会抵消导体内的其他磁场。我们考虑横向磁场作用于一个无限大的单层导体上。为了简单起见，我们考虑在 $x$ 方向上的磁场和具有复数坐标 $z=0$ 的导体。为了简化解释，省略了部分中间步骤。对于独立导线，正弦的表面电流密度抵消了导线内部的磁场。电流密度 $\sigma(\theta)$ 的最大值是作用磁场的两倍：

$$\sigma(\theta) = \sigma_{max}\sin(\theta) = 2H_{ext}\sin(\theta) \tag{5.72}$$

式中　$\theta$——与 $x$ 轴的夹角；

$\quad\quad H_{ext}$——作用的磁场。

第 $n$ 个导体的感应磁场在导线的外部产生磁场。这个磁场与偶极子的磁场是相同的（见图 5.22）：

$$H_{exti} = \frac{-r_o^2\,\dfrac{\sigma_{max}}{2}}{((z-ns)^*)^2} \tag{5.73}$$

式中　$s$——导体中心线之间的距离；

$-r_o^2\,\dfrac{\sigma_{max}}{2}$——电流的偶极矩；

$\quad\quad n$——在层中的导体数量。

磁场强度 $H_{exti}$ 削弱或增强了影响其他导线的磁场。因此，我们从一个未知的正

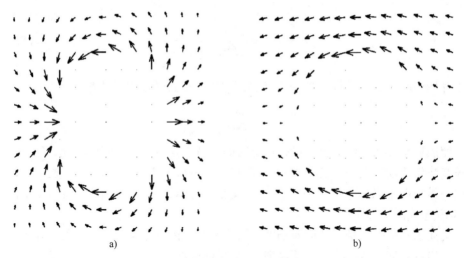

图 5.22　磁场矢量图

a）偶极子磁场的矢量图，b）在 $-x$ 方向施加了均匀磁场的偶极子磁场，

b）中的箭头的比例尺为二分之一

弦表面电流开始，它在每个导体中都是相同的。

可以证明由其他导线在该导线中间产生的磁场 $H_m$ 为

$$H_m = -r_o^2 \frac{\sigma_{max}}{2} \frac{\pi^2}{12}\Big(\frac{d}{s}\Big)^2 \tag{5.74}$$

这里忽略了均匀横向磁场以外的影响。在 $x$ 轴方向无限行排列的导体感应磁场的总和 $H_i$（包括导体内的磁场）是

$$H_i = \Big(\frac{\pi^2}{12}\Big(\frac{d}{s}\Big)^2 + 1\Big)\Big(-r_o^2 \frac{\sigma_{max}}{2}\Big) \tag{5.75}$$

对于给定的 $\sigma_{max}$，相比于单条导线的情况，式（5.75）增加了总磁场强度。这使得与单导线情况相比，较低的电流密度足以抵消导线内的磁场。在 $x$ 方向的横向磁场的衰减因子 $AFx$ 为

$$AFx = \Big(\frac{\pi^2}{12}\Big(\frac{d}{s}\Big)^2 + 1\Big) \tag{5.76}$$

在 $x$ 方向上横向磁场对损耗的影响 $F_{T,hf,x}$ 为

$$F_{T,hf,x} = \Big(1 + \frac{\pi^2}{12}\Big(\frac{d}{s}\Big)^2\Big)^{-2} \tag{5.77}$$

式中　$F_{T,hf,x}$——高频系数。

平行于某一层的磁场似乎以这种方式被该层导线的电流分布所屏蔽。可以注意到，偶极子在导体外区域（$y > d/2$ 和 $y < -d/2$）产生的磁场几乎可以忽略不计。在对不同导体的位移取平均值的情况下，该情况尤其正确。这种效应在变压器中很常见。因为层的厚度通常远低于绕组的宽度，所以这种影响是主要的。

关于垂直于层的磁场，在 $y$ 方向，类似的方法是可行的，但与单导线问题相比，电流有所增加。这种情况下产生的损耗影响因子 $F_{\mathrm{T,hf},y}$ 为

$$F_{\mathrm{T,hf},y} = \left(1 - \frac{\pi^2}{12}\left(\frac{d}{s}\right)^2\right)^{-2} \tag{5.78}$$

在这种情况下，导线之间的磁场有所增加。磁通必须在导线之间穿过，导致磁场强度 $H$ 和损耗都有所增加。这种影响存在于有中心气隙的电感器中。在绕组的主要部分中，磁场垂直于层。

为方便起见，考虑在层的方向上的填充因子为 $\eta$，垂直于层的填充因子为 $\lambda$。给出系数 $\eta$ 和 $\lambda$ 的定义为

$$\eta = d/s_x, \quad \lambda = d/s_y \tag{5.79}$$

这两个系数如图 5.23 所示。

前面给出的填充因子可以用来解决单层的情况。我们定义函数 $F_i$ 为

$$F_i = \eta^2 \quad \text{对于 } \lambda = 0 \tag{5.80}$$

$$F_i = -\lambda^2 \quad \text{对于 } \eta = 0 \tag{5.81}$$

然后，损耗的影响 $F_{\mathrm{T,hf},y}$ 改写为

$$F_{\mathrm{T,hf},y} = \left(1 - \frac{\pi^2}{12}F_i(\eta,\lambda)\right)^{-2} \tag{5.82}$$

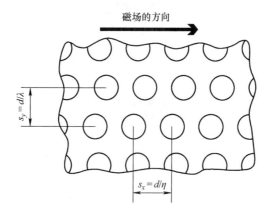

图 5.23　绕线区域中导体填充因子 $\eta$ 和 $\lambda$ 的定义

（在如图示例中，比率 $s_x$ 在水平方向上，$s_y$ 在垂直方向上）

这些极端的情况下设定 $F_i$ 限制：$-1 < F_i < 1$。

一般情况下，当 $\eta$ 和 $\lambda$ 都非零时，不容易进行解析分析。中频情况下的这些案例和频率相关性更易于通过有限元来分析。电力电子设备通常不满足条件 $\delta \ll d$，实际频率通常在低频和高频之间。

## 5.8.2 采用有限元调节的宽频方法

虽然纯解析法有助于寻找函数的性质，但是通常不能给出一般的二维（和三维）问题的实际解。然而，使用有限元进行调节可以给出近似的解析解。这种方法是电流驱动法，即需要先给出电流或磁动势，即便电压和电感值与频率值有关。因此该方法可以从低频开始，并且在高频也可以获得很好的近似。

### 5.8.2.1 在横向磁场中的导线

在这种情况下，施加的是平均的磁场强度 $H$，导线处于无限大的层，其他层在该层的上方或者下方。所考虑层的自身没有电流。根据实施的方式，这种情况对应于导线的正方形填充，它倾向于高估损耗。

图 5.24 显示了在横向磁场中导线的有限元模型，$d = 0.5\text{mm}$。

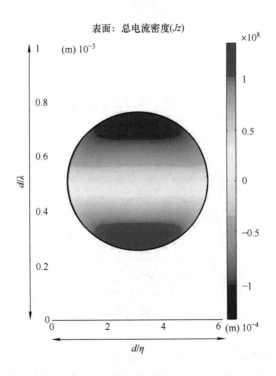

图 5.24　在横向磁场中导线的有限元模型（$d = 0.5\text{mm}$、$\lambda = 0.5$、$\eta = 0.8$）

函数 $F_T$（$T$ 是指横向磁场）为宽频近似和低频近似之间的比率。单根导线在横向磁场中的损耗 $P_{tr}$ 如下

$$P_{tr} = \frac{l_c \rho}{16}(\zeta)^4 \pi F_T(\zeta, \eta, \lambda)(\mu_0 H_{rms})^2 \qquad (5.83)$$

注意，在低频情况下 $F_T \cong 1$。我们提出以下的 $F_T$ 表达式：

$$F_{\text{T}} = \frac{1}{\sqrt{1 + \dfrac{G_{\text{T}}(\zeta)}{1024}\left(1 + \dfrac{\pi^2}{12}F_i(\lambda,\eta)\chi(\zeta)^2 - \left(1 - \dfrac{\pi^2}{12}\right)(\lambda^{10} + \eta^{10})\chi(\zeta)^{10}\right)^4}} \tag{5.84}$$

式中　$F_i$——与绕组层方向有关的偶极子感应磁场的影响。

函数 $F_{\text{T}}$ 只有三个参数：$\xi$、$\eta$ 和 $\lambda$。与穿透深度的相对直径为

$$\zeta(f) = \frac{d}{\delta(f)} \tag{5.85}$$

函数 $\chi$ 考虑到与频率有关的偶极效应，定义为

$$\chi(\zeta) = \frac{1}{1 + 1.5\zeta(f)} \tag{5.86}$$

函数 $F_i$ 可以近似为

$$F_i(\eta,\lambda) = \eta^2 \quad 对于 \ \eta > \lambda \tag{5.87}$$

$$F_i(\eta,\lambda) = -\lambda^2 + 2\eta\lambda \quad 对于 \ \eta \leqslant \lambda \tag{5.88}$$

下列情况是相关的：

1）$\eta \gg \lambda$，这种情况相当于屏蔽效应的情况，变压器是典型的情况。

2）$\eta \ll \lambda$，这种情况对应于隧道效应的情况，它出现在有气隙的电感器中。

3）特殊情况下：对于 $\eta = 1$ 有 $F_i = 1$；对于 $\lambda = 1$ 和 $\eta = 0$ 有 $F_i = -1$。

4）当 $\eta = \lambda$ 时，函数 $F_i$ 和它的导数是连续的。

5）因子 $2\eta\lambda$ 是有限元调节的结果。

（1）有限元优化条件

我们对式（5.84）中的函数进行了有限元调节（使用 MATLAB 并采用 GETDP 进行了检查），考虑到了下列条件和范围：

1）比例 $\lambda/\eta$ 设置在 0.1、0.5、1、2、10 的范围中。

2）$\lambda$ 和 $\eta$ 的最高值被设置为 0.2、0.5、0.7、0.8、0.9 和 0.999。

3）测试频率为 20kHz、50kHz、100kHz、200kHz、500kHz、1000kHz 和 10MHz。

4）导线直径为 $d = 0.5\text{mm}$。

在上述的参数变化范围下，产生了 210 个问题的仿真案例。

（2）仿真的精度

高至 1MHz（该频率下的导线直径低于七倍的穿透深度）的典型误差约为 3%，最大为 10%。在较高的频率下，偏差稍大。在这些情况下，有限元解方法显示出更大的损耗，主要是因为有限元模拟是针对正方形填充进行的，而解析解考虑的是变量的平均偏移。

（3）总结

1）低填充因子下的低频和高频情况很容易拟合，因为它们接近已知的解析解。

2）在高频情况下，需要额外考虑局部磁场的损耗。

## 5.8.2.2 半层中的导线

在这种情况下，导体没有平均的横向磁场。导体中有电流 $I$。该导体上方和下方的导体各自承载一半的反方向电流。这种情况通常被称为半层。尽管不存在平均磁场，这种情况不仅包括载流自由导线的损耗，还包括其周围导体的局部磁场产生的损耗。

因为半层的情况与横向磁场的损耗是正交的（偶函数和奇函数的电流分布），所以这些损耗可以直接相加。图 5.25 显示了一个电流为 $I$ 的载流导体和两个载流 $-I/2$ 回流导体的有限元模型。

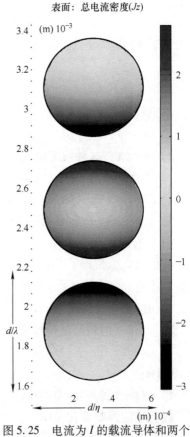

表面：总电流密度($Jz$)

函数 $F_A$ 用来描述一个自由导线的宽频近似与低频近似之间的比率。指数 $A$ 来自导体附近的磁场。半层中一根自由导线的损耗使用函数 $F_A$ 表示如下

$$P_A = \frac{l_c \rho}{16 \times 12} (\zeta)^4 F_A(\zeta, \eta, \lambda) I_{rms}^2$$
（5.89）

式中 $l_c$——导线长度。

函数 $F_A$ 定义为

$$F_A = \frac{1}{\sqrt{(1 + 1.3537\eta^4)^{-2} + \frac{G_A(\zeta)}{36864} \left(1 - \frac{\pi}{12}(\eta^{2.5} + 0.3\lambda^{10})\right)^4}}$$
（5.90）

比较的总结：

1）低频情况下，$(1 + 1.3537\eta^4)^{-2}$ 项与使用三磁场法计算的连续（平均偏移）层相比很接近（优于 $0.1\%$）。在低频情况下（且 $\eta = 1$），损耗大约只有自由导线情况的 2 倍。

图 5.25  电流为 $I$ 的载流导体和两个载流 $-I/2$ 的回流导体的有限元建模

2）在高频、高填充系数 $\lambda = 1$ 和 $\eta = 1$ 时，损耗大约比只有自由导线情况高 2 ~ 3 倍。这种增加类似于低频情况。

在半层情况下，不存在横向磁场。自由导线的损耗不能准确预测正常填充系数下的损耗。

#### 5.8.2.3 变压器绕组在一般情况下的损耗

在变压器中，横向磁场是由其他层引起的，并且深受所考虑层的磁场增加的影响。可以在考虑上述情况的基础上，编制一个预测损耗的公式。我们前面已经解决了矩形截面条件下的类似问题。这里并没有给出计算的所有细节；更多的详细信息，请参见附录 5. A。

对于变压器，把涡流损耗与直流电阻中的交流损耗的比率称为涡流系数 $k_{c,tr}$：

$$k_{c,tr} = \frac{P_{eddy}}{R_0 I_{ac}^2} \tag{5.91}$$

可以得出 $k_{c,tr}$ 为

$$k_{c,tr}(m,\zeta,\eta,\lambda) = \frac{1}{16}(\zeta)^4 \left( \eta^2 \frac{m^2 - \frac{1}{4}}{3} \frac{\pi^2}{4} F_T(\zeta,\eta,\lambda) + \frac{F_A(\zeta,\eta,\lambda)}{48} \right) \tag{5.92}$$

式中　$m$——垂直于磁场方向的层数。

考虑到磁力线的典型长度，$\eta$ 和 $\lambda$ 可以近似为

$$\eta = \frac{nd}{w} \tag{5.93}$$

式中　$w$——绕组宽度；

　　　$n$——每层中导体的数量。

$$\lambda = \frac{md}{h} \tag{5.94}$$

式中　$h$——绕组高度；

　　　$m$——层数。

注意，$\eta$ 和 $\lambda$，$m$，$n$，$d$，$w$ 和 $h$ 不是独立的。这些参数由式（5.93）和式（5.94）相关联。

涡流损耗可以表示为

$$P_{eddy} = (R_0 I_{ac}^2) k_{c,tr}(m_E, \zeta(f,d), \eta, \lambda) \tag{5.95}$$

精度限制

即使绕线区域的宽度更大，绕组宽度 $w$ 也仍被选作磁通返回路径，因此绕线区域宽度的重要性比绕组宽度的重要性更小。绕组高度 $h$ 用作为 $y$ 方向的磁力线从中心支柱到外面支柱的高度。对于变压器，参数 $\lambda$ 不怎么重要，因为 $\lambda > \eta$ 时才需要考虑 $\lambda$，但变压器一般都不是这种情况。在线圈的两端，$h$ 更高，导致 $\lambda$ 更低。在实际应用中，精度通常为 10% 或更高。与近似方法的误差相比，精度更多地受精确机械参数（如精确的导线直径和绕组宽度、温度）的限制。

#### 5.8.2.4 电感线圈的损耗

在一般的变压器中，横向磁场主要平行于绕组的层。对于变压器，这种假设是合理的。但是，对于电感器，这样假设就不合理了。垂直于各层的磁场在导线之间形成回路时，会引起更多的损耗。横向磁场主要是由气隙引起的。

在大部分的电感器绕组中，磁场甚至与每层都是垂直的。

为了表示电感绕组的损耗，我们定义一个校正磁场的因子 $k_F$，在 $x$ 方向的贡献（平行于该层）和在 $y$ 方向的贡献（垂直于该层）如下

$$k_{Fx} = \frac{\int\limits_{\text{winding}} H_x^2}{\frac{1}{3}\left(\frac{NI}{wK}\right)^2} \tag{5.96}$$

$$k_{Fy} = \frac{\int\limits_{\text{winding}} H_y^2}{\frac{1}{3}\left(\frac{NI}{wK}\right)^2} \tag{5.97}$$

式中　$k_{Fx}$ 和 $k_{Fy}$——系数 $k_F$ 的 $x$ 和 $y$ 分量；

$\qquad H_x$——层方向上的横向磁场；

$\qquad H_y$——在垂直于层方向的横向磁场；

$\qquad K$——对称因子（对于 EE，$K = 2$；对于 EI 磁心，$K = 1$）；

$\qquad N$——匝数。

如果不考虑方向的影响，则总的 $k_F$ 值为

$$k_F = \frac{\int\limits_{\text{winding}} H_{tr}^2}{\frac{1}{3}\left(\frac{NI}{wK}\right)^2} \tag{5.98}$$

$$k_F = k_{Fx} + k_{Fy} \tag{5.99}$$

式中　$H_{tr}$——横向磁场值。

（1）评论

1）变压器和多层绕组的系数 $k_F \cong 1$，横向磁场在绕组中线性增加。

2）通常的同心式绕组变压器，有 $k_{Fx} \cong 1$、$k_{Fy} \cong 0$。对于多层绕组也是如此，其中磁场平行于各层并在绕组中线性增加。

3）电感器的 $k_{Fx}$ 值和 $k_{Fy}$ 值有相同的数量级。

（2）电感器完整方程

使用引入的系数 $k_F$，电感器的涡流损耗因子 $k_{c,in}$ 可以表示为

$$k_{c,in}(m,\zeta,\eta,\lambda) = \frac{1}{16}(\zeta)^4\left(\eta^2\frac{m^2 - \frac{1}{4}}{3}\frac{\pi^2}{4}k_{Fx}F_T(\zeta,\eta,\lambda)\right) +$$

$$\frac{1}{16}(\zeta)^4\left(\lambda^2\frac{n^2 - \frac{1}{4}}{3}\frac{\pi^2}{4}k_{Fy}F_T(\zeta,\lambda,\eta)\right) + \tag{5.100}$$

$$\frac{1}{16}(\zeta)^4\left(\frac{F_A(\zeta,\lambda,\eta)}{48}\right)$$

式 (5.100) 被称为电感器的完整方程。在某些特殊情况下，$k_{Fx}$值和$k_{Fy}$值可以进行解析求解，但也可以通过有限元分析获得。这些因子在低频情况下考虑了磁场强度 $H$。连同填充因子 $\eta$ 和 $\lambda$，可以得到很好的高频损耗估计值。附录中给出了详细的信息。这里，我们给出 $k_{Fx}$ 和 $k_{Fy}$ 的近似公式：

$$k_{Fx}(\kappa) = \frac{1.55(0.38 - \kappa)^2 + 0.517}{\kappa} \tag{5.101}$$

$$k_{Fy}(\kappa) = \frac{1.88(0.609 - \kappa)^2 + 0.126}{\kappa} \tag{5.102}$$

参数 $\kappa$ 为特征距离比，定义为

$$\kappa = \frac{d_{wl} + t_w/3}{w/K} \tag{5.103}$$

式中 　$d_{wl}$——绕组和磁心支柱之间的距离；

　　　$t_w$——绕组的厚度；

　　　$h$——窗口的高度；

　　　$w$——窗口的宽度；

　　　$K$——对称因子（对于 EE，$K=2$；对于 EI 磁心，$K=1$）。

以这种方式定义参数 $\kappa$，使得 $\kappa$ 为常数时磁场因子对于 $t_w$ 和 $h$ 的变化很不敏感（<10%）。

（3）电感器的简化方程

可以对式（5.100）进行简化。由于横向磁场的损耗通常大得多，所以局部磁场损耗 $F_A$ 可以忽略不计。对于中频和较大的 $m$、$n$ 值，式（5.100）可以近似为

$$k_{c,in}(m,\zeta,\eta,\lambda) = \frac{1}{16}(\zeta)^4 \left( \frac{N^2 d^2}{3w^2} \frac{\pi^2}{4} k_F F_{Tb}(f,d) \right) \tag{5.104}$$

简化函数 $F_{Tb}$ 对应了自由导体的损耗，为

$$F_{Tb}(f,d) = \frac{1}{\sqrt{1 + \dfrac{G_T(f,d)}{1024}}} \tag{5.105}$$

$k_F$ 近似为

$$k_F(\kappa) = \frac{3.5(0.5 - \kappa)^2 + 0.69}{\kappa} \tag{5.106}$$

式（5.104）为电感器的简化方程。这种简化在第 2 章的电感器中使用过。它具有简单并且不用对 $\eta$ 和 $\lambda$ 进行评估的优点。因为电感器的磁场是平行和垂直的组合，所以可以进行简化。这种类型的简化在变压器中是不允许的，因为忽略了屏蔽效应，结果会系统性地高估损耗。

（4）准确性

在低频情况下涡流损耗的计算精度约为10%，在高频情况下约为20%。然而，

在实践中，误差的主要原因是机械尺寸的精度，例如 $k_{Fx}$ 和 $k_{Fy}$ 对于绕组到中心支柱的距离是非常敏感的。但因为涡流损耗仅占总损耗的一部分，所以仍然可以做到良好的整体设计。

该方法降低了低匝数（例如，低于5）电感器的精度。原因是，$k_{Fx}$ 和 $k_{Fy}$ 的推导使用了均匀的电流分布，在低匝数情况下这个近似很不准确。不管怎样，这样的情况很容易使用有限元分析。

### 5.8.3 高频率、高填充因子的影响

当 $\eta = 1$ 且频率趋于无穷大时，水平方向导线直径处的磁场趋于零。这种影响可以通过定义各层之间的损耗比值（而不是具体的数值）来处理，如本章的5.3.4节的情况。虽然圆导线与矩形导体的损耗不同，但这种关系也适用于圆导线。因此，我们可以用 $k_c$ 中表示 $m$ 层的额外损耗因子，而不是一层的 $k_c$ 值。

对于 $\eta = 1$（独立于 $\lambda$）且频率趋向于无穷大的情况（例如，对于穿透深度低于直径的1%），应满足以下关系：

$$\lim_{f \to \infty}\left(\frac{k_c(m,f)}{k_c(1,f)}\right) = \left(\frac{2m^2+1}{3}\right), 对于 \ 0 < \lambda < 1, m \ 的每个值 \qquad (5.107)$$

式中 $k_c(1,f)$ ——单层的涡流因数。

在做近似推导时，已经考虑到了这个属性，虽然它的频率往往超出了电力电子的实际应用范围。图5.26显示了在高频率情况下 $k_c(m,f)/k_c(1,f)$ 比值与 $\lambda$ 值的关系。

使用式（5.84）和式（5.90），可以推导出如下所示的调节系数间的关系：

$$\lim_{f \to \infty}\left(\frac{F_A(f)}{F_T(f)}\right) = 3\pi^2, 对于 \ 0 < \lambda < 1 \qquad (5.108)$$

请注意，一维近似法和圆正交法（道威尔和IQOC）也满足这一节所述的高频率、高填充因子的关系。

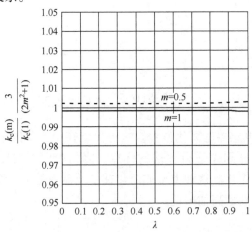

图5.26 在高频率情况下 $k_c(m,f)/k_c(1,f)$ 与 $\lambda$ 值的关系

### 5.8.4　宽频方法的总结

结合前面章节的内容，可以对宽频方法进行总结。为了使式（2.27）可以在更大的直径和更宽的频率范围下有效，推导了涡流损耗与磁性元件绕组的欧姆电阻损耗的比率因子 $k_c(m_E, \zeta, \eta, \lambda)$。针对电感器，给出了因子 $k_c$ 的完整方程和简化方程表示。

我们使用相对直径 $\zeta$ 来减少参数。感应电流的影响（偶极子效应）与频率有关。我们通过经验因子 $\chi$（通过有限元分析得到）来考虑这个影响。作为层方向偶极子的感应磁场的影响由函数 $F_i$ 确定。横向磁场损耗的调整因子表示为 $F_T$，局部磁场损耗的调整因子为 $F_A$。

磁场因子 $k_F$ 反映了磁场的类型。对于变压器，磁场因子接近 1。磁场因子 $k_F$ 是高度依赖于绕组到中心支柱的等效相对距离，因此电感器的 $k_F$ 值的典型范围为 $0.6 \sim 15$。

### 5.8.5　解析方法的比较

#### 5.8.5.1　低频方法

低频方法虽然可以使用不同的磁场计算方法，但只能处理静态磁场的问题。它们很容易应用，因为它们在有限元模型中需要较少的参数和较少的计算时间。另一个优点是损耗与电流导数的二次方成正比，模型可以简化成一个并联的损耗电阻器。因此，低频方法在什么条件下适用仍然值得进一步研究。将该方法与宽频方法进行对比。

（1）仅考虑横向磁场的方法

当导体直径小于穿透深度的 1.6 倍时，使用横向磁场的低频近似可以很好地描述横向磁场的损耗，精度甚至超过 10%。偏差用函数 $F_T$ 表示。最大偏差发生在磁场方向有高填充因子的地方。单层、填充良好的变压器就是这种情况。当磁场方向上的填充因子较低，而垂直于磁场方向上的填充因子较高时，偏差最小。

图 5.27 给出了单一导线低频求解的两种极端情况，对于 0.5mm 的导线，在 50kHz、$\eta = 1$、$\lambda = 0$（变压器案例）的条件下，偏差为 10%。在该频率下，直径/穿透深度之比为 1.57，但实际填充时的该比值通常高于 1.6。

（2）三磁场法

仅考虑横向磁场的方法始终是近似的方法。这些方法会导致半层、单层和低填充系数情况下的明显误差。提高精度的一种方法是同时考虑导体中心磁场的空间导数。这种方法使三种类型的磁场分离。

图 5.28 显示了半层绕组的损耗修正系数，此时把它当作单根导线进行低频下的求解。偏差为函数 $F_A$。我们看到单导线的解仅在非常低的填充时才正确，低频率下完全填充时增加到 2.35 倍（在 $\eta = 0.9$ 情况下增加到 1.9）。在高频率情况下

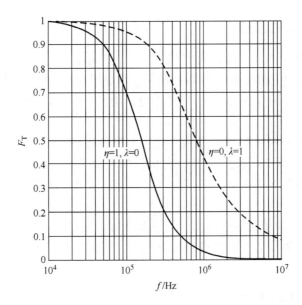

图 5.27  系数 $F_T$ 与频率的函数关系（在 $d = 0.5\text{mm}$, $\rho = 20 \times 10^{-9} \Omega \cdot \text{m}$ 的单根导体情况下）。
实线：$\eta = 1$, $\lambda = 0$ （平行于单层的磁场）；虚线：$\eta = 0$, $\lambda = 1$ （垂直于单层的磁场）

该比值基本不变。这个结论可以推翻这样一个谬论：在单根自由导线的解中，只要加上横向磁场损耗就可以得到总损耗。

对于单层和多层，当填充因子不太低时，横向磁场损耗占主导地位，局部磁场损耗的影响相对较小。

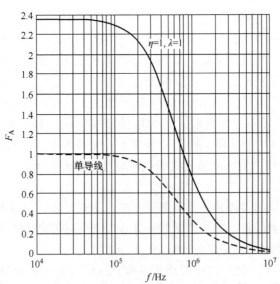

图 5.28  系数 $F_A$ 与频率的函数关系（在 $d = 0.5\text{mm}$, $\rho = 20 \times 10^{-9} \Omega \cdot \text{m}$ 单根导线的条件下）。
实线：高填充窗口 （$\eta = \lambda = 1$）；虚线：单导线的解决方案

#### 5.8.5.2　宽频方法和圆正交法

宽频方法同时也考虑了二维高频效应，而圆正交法是基于一维的方法。IQOC 方法针对低频工况及局部磁场进行了修正。从几个例子中可以看出道威尔方法、IQOC 方法和宽频方法得到的涡流损耗存在的偏差情况。

（1）变压器类型磁场的案例比较

图 5.29 对比了道威尔方法、IQOC 方法和宽频方法的涡流损耗。比较的条件是参数 $\eta = 0.8$，$0 < \lambda < 0.8$（变压器中典型的填充因子），导线直径为 0.5mm。

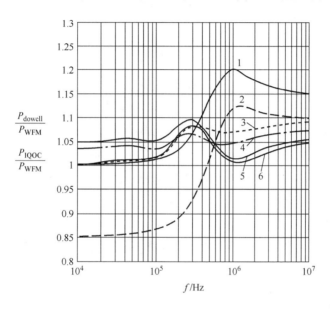

图 5.29　道威尔方法、IQOC 方法和宽频方法的损耗
（$\eta = 0.8$，$0 < \lambda < 0.8$，变压器的典型值，$d = 0.5$mm）

$1—\dfrac{P_{\text{IQOC}}}{P_{\text{WFM}}}$，$m = 0.5$　$2—\dfrac{P_{\text{dowell}}}{P_{\text{WFM}}}$，$m = 0.5$　$3—\dfrac{P_{\text{IQOC}}}{P_{\text{WFM}}}$，$m = 1$

$4—\dfrac{P_{\text{dowell}}}{P_{\text{WFM}}}$，$m = 1$　$5—\dfrac{P_{\text{IQOC}}}{P_{\text{WFM}}}$，$m = 3$　$6—\dfrac{P_{\text{dowell}}}{P_{\text{WFM}}}$，$m = 3$

图 5.30 在 $\eta = 0.4$，$0 < \lambda < 0.4$，$d = 0.5$mm 的情况下，对比了道威尔方法、IQOC 方法和宽频方法的损耗。填充系数非常低的变压器是这种情况。根据图 5.29 和图 5.30 可以得到变压器相关的下述结论：

1）在高填充因子 $\eta > 0.7$ 及以上时（误差均小于 25%），圆正交法很适用。

2）道威尔方法明显低估了半层的涡流损耗，但与单层的涡流损耗相比，这些损耗是较低的。

3）IQOC 方法在低频率情况下效果较好，在高频率情况下会高估损耗。

重要的结论是，不应在低填充系数下使用圆正交法，因为会导致较大的误差。

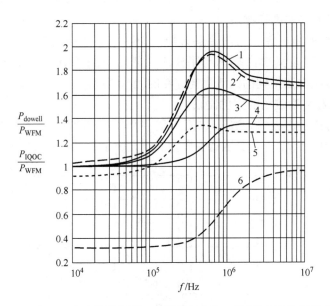

图 5.30　在 $\eta = 0.4$，$0 < \lambda < 0.4$ 的条件下，由道威尔方法、IQOC 方法和宽频方法得到的损耗
（填充系数非常低的变压器是这种情况，其中 $d = 0.5\text{mm}$）

$$1-\frac{P_{\text{IQOC}}}{P_{\text{WFM}}}, \; m=3 \quad 2-\frac{P_{\text{dowell}}}{P_{\text{WFM}}}, \; m=3 \quad 3-\frac{P_{\text{IQOC}}}{P_{\text{WFM}}}, \; m=1$$

$$4-\frac{P_{\text{IQOC}}}{P_{\text{WFM}}}, \; m=0.5 \quad 5-\frac{P_{\text{dowell}}}{P_{\text{WFM}}}, \; m=1 \quad 6-\frac{P_{\text{dowell}}}{P_{\text{WFM}}}, \; m=0.5$$

（2）电感类型磁场的比较

1）不应该对电感器使用圆正交法。

2）以经典的方式使用圆正交法时，忽略了系数 $k_F$，所以当绕组接近气隙时会导致损耗被严重地低估（例如相差 10 倍）。

3）层数通常较低，通常有 $\lambda = 0.1 \sim 0.3$ 和 $\eta = 0.9$。

4）对于较大的频率范围，最好使用 5.8 节中的宽频方法或包括趋肤效应的有限元方法。对于较低的频率，可以像附录 5.A.2.4 中基于毕奥 – 萨伐尔定律使用的三磁场法，或结合三磁场法与一个静态的有限元解。

# 5.9　箔式绕组损耗

## 5.9.1　平行于箔片的均匀磁场

理想的情况下，磁力线平行于箔片。理想的箔式绕组如图 5.31 所示。当箔片的边缘几乎触及磁心时，可以使磁力线平行于箔片（例如，在罐芯或开放式盒子中使用包漆的铜箔）。在变比等于 1 的变压器中，交换一次侧箔式绕组和二次侧箔式绕组，依然可以使磁力线平行于箔片并且可以得到非常低的涡流损耗。

因为这里的绕组的层数等于匝数，所以可以使用 5.3 节中矩形导体的公式计算绕组阻抗：

$$R_h + jX_h = R_0 \frac{1+j}{2} \frac{t_{cu}}{\delta(\omega)}\left(\coth\left(\frac{1+j}{2}\frac{t_{cu}}{\delta(\omega)}\right) + \left(\frac{4N^2-1}{3}\right)\tanh\left(\frac{1+j}{2}\frac{t_{cu}}{\delta(\omega)}\right)\right) +$$

$$\frac{jw\mu_0 l_T}{w}\sum_m a_{m,air}m^2 \qquad (5.109)$$

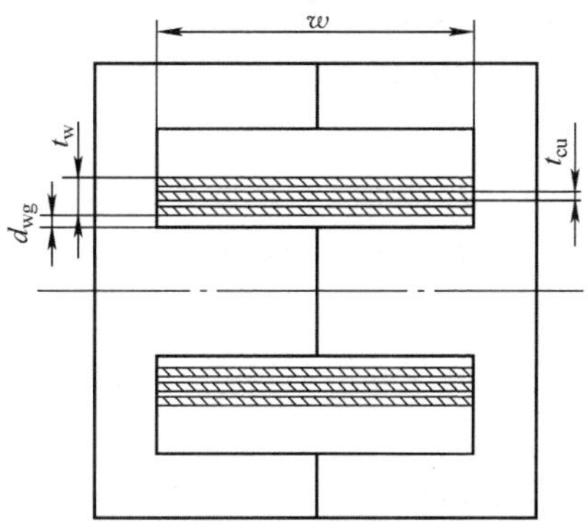

图 5.31　一种理想的箔式绕组

式中　$R_0$——箔导体的直流电阻；

　　　$N$——匝数，这种情况下为层数；

　　　$t_{cu}$——箔片的厚度；

　　　$l_T$——一匝的长度；

　　　$w$——箔片的宽度；

　　　$\delta$——穿透深度；

　　　$m$——第 $m$ 个导体，从外侧（无磁场）开始计数；

　　　$a_{m,air}$——第 $m$ 个导体间的空间距离（朝向磁场增加的一侧）。

公式的实部为阻抗的电阻部分，并且该电阻还包含了直流电阻。虚部表示了与绕组耦合的漏抗：

$$X_\sigma = wL_\sigma \qquad (5.110)$$

**注意**：在下一节中不考虑漏电感。

使电感器接近理想条件的一种方法是在罐形铁心中使用没有线圈架的箔式绕组，或者用铁氧体板覆盖外侧的线圈端部。一种特殊的结构是箱式结构，其中间支柱被移除，例如移除中间支柱的平面磁心。

使变压器接近理想条件的一种方法是使用交错绕组，可以使磁力线在箔片外有很短的返回路径。

应注意穿入和穿出的连接条或导线，因为如果不经过仔细设计，它们可能会在总损耗中占相当大的一部分。

## 5.9.2　气隙引起的损耗

### 5.9.2.1　解析模型

我们考虑下述的简化后的一维理想情况：

1）箔式绕组的边缘非常接近磁性材料。

2）气隙位于中心支柱上。

3）气隙的长度比中心支柱到箔片的距离明显更小。

4）穿透深度明显低于绕组的总铜厚度 $t_w$。

5）如果绕组包含多个匝，则箔片的厚度和绕组的绝缘距离都应明显低于穿透深度。

在这些条件下，简化建模是可行的。

**注意**：当总铜厚度高于穿透深度时，箔片屏蔽了垂直于它的磁场。这种情况可以建模为一种垂直于箔片的零磁导率材料。

如本章 5.9.1 节讨论的内容，平均电流密度对应了均匀磁场。剩余部分的电流密度不会在绕组端部产生电压。内部短路的电路中有环流。对于这种类型的电流，绕组可以由一匝均匀的短路线匝替换，该匝绕组的铜厚度为 $t_{cu}$，绕组厚度为 $t_w$，调整后的电阻率为 $\rho'$（见图 5.32）：

$$\rho' = \rho \frac{N t_{cu}}{t_w} \qquad (5.111)$$

式中 $t_{cu}$——箔片的厚度；

$t_w$——箔式绕组的厚度。

调整后的电阻率对应了调整后的穿透深度：

$$\delta'(f) = \delta(f) \sqrt{\frac{t_w}{N t_{cu}}} \qquad (5.112)$$

上述讨论的替换如图 5.32 所示。

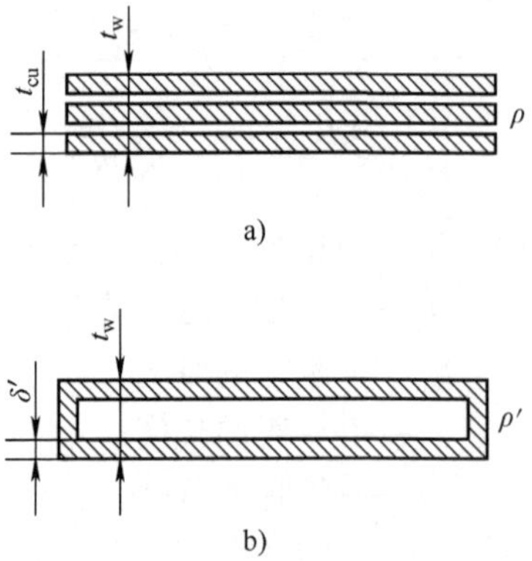

图 5.32　非均匀电流密度
a）箔式绕组被　b）等效短路绕组替换
（没有平均电流密度）

在规定的条件下，由于绕组的厚度远大于穿透深度，且穿透深度比箔片的厚度小，因此可以使用二维毕奥 - 萨伐尔方法和镜像方法来求解磁场问题。这里我们省略了推导的细节。

因为垂直磁场在几个穿透深度的位置几乎为零，表面电流密度 $\sigma(x)$ [A/m] 等于平行于该层的磁场强度（A/m）。单个气隙引起的无限大箔片（电流为 $I$，匝数为 $N$）的表面电流密度为

$$\sigma(x) = \frac{NI}{2 d_{wg}} \frac{1}{\cosh\left(\dfrac{x\pi}{2 d_{wg}}\right)} \qquad (5.113)$$

其中 $d_{wg}$ 是从中心支柱到箔片的距离（见图 5.31）。

对于磁心窗口宽度为 $w$、宽度同为 $w$ 的箔片，一个集中气隙情况下的电流密度对应的损耗为

$$P_g(d_{wg}) = \frac{\rho' l_T (NI_{ac})^2}{\delta'} \left\{ \int_{-p/2}^{p/2} \left[ \sum_{k=-\infty}^{+\infty} \frac{1}{2 d_{wg} \cosh\left(\dfrac{(x+kp)\pi}{2 d_{wg}}\right)} \right]^2 dx - \frac{1}{p} \right\}$$

$$(5.114)$$

式中　$p$——磁场的周期。在单个气隙的情况下，它等于绕线区域的宽度 $\omega$：$p = \omega$。

因为平均电流对应的损耗是正交的并且它对应了平行层的均匀磁场（这个问题在本章 5.9.1 节讨论过了），所以它被移除了。为了方便计算，定义了一个额外的系数 $K_g$，然后重写式（5.114）：

$$P_g(d_{wg}) = \frac{\rho' l_T (NI_{ac})^2}{\delta' \pi d_{wg}} K_g\left(\frac{d_{wg}}{p}\right) \tag{5.115}$$

对于低 $d_{wg}$ 值，系数 $K_g$ 趋于 1。因此，对于低 $d_{wg}$ 值，损耗几乎与 $d_{wg}$ 成反比。图 5.34 显示了 $K_g$ 与 $d_{wg}/p$ 的关系。

图 5.33 给出了集中式气隙产生的 $H_g$ 与 $x/p$ 在 $x$ 方向上的关系。

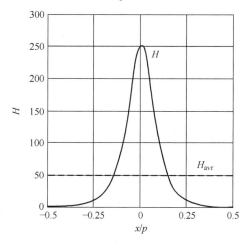

图 5.33　集中式气隙产生的在 $x$ 方向上的磁场 $H_g$ 与距离 $x/p$ 的关系，实线是磁场 $H_g$，虚线是平均磁场 $H_g$，单位都是（A/m）（$NI = 1$，$d_{wg} = 2\text{mm}$，$p = 20\text{mm}$）

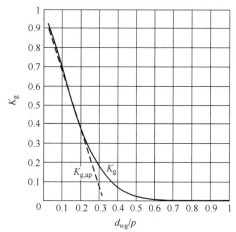

图 5.34　系数 $K_g$（实线）和在低 $d_{wg}$ 值下近似的 $K_{g,ap}$（虚线）与比值 $d_{wg}/p$ 的函数关系（$K_{g,ap} = 1 - \pi d_{wg}/p$）

减少气隙磁场影响的方法是：

1）将绕组与中间支柱之间留有一定距离。但是，这种方法增加了箔式绕组的直流电阻。

2）使用多个更小的气隙，例如，多个气隙可以通过对称性来减小 $p$。

3）使用低磁导率的中间支柱，例如，平均分布的气隙。

4）将气隙放在外部支柱上。然而，这产生更多的远处磁场，可能产生 EMI（电磁干扰）问题。

评价：

1）可以用类似的方式处理其他影响：一次绕组使用一匝圆导线，二次绕组使用箔式绕组。

2）当箔式绕组半径远大于中间支柱的半径时，由于较大的表面漏磁通（3 维效应）降低了磁场，导致高估了损耗。

### 5.9.3 箔导体的边缘电流

在这一节中，我们忽略空气隙的影响。一般来说，第 5 章给出的间隔排列的导体的近似结果一般不再适用，因为箔片的宽度远大于穿透深度。

如果箔片边缘与磁性材料有一些距离，则存在垂直于箔片的磁场分量 $H_{tip}$，如图 5.35 所示。该磁场分量在距离顶部一定距离处被穿透深度内的尖端电流所中和。一侧箔式绕组在离铁心小距离范围内的相应损耗 $P_{tip,1}$ 为

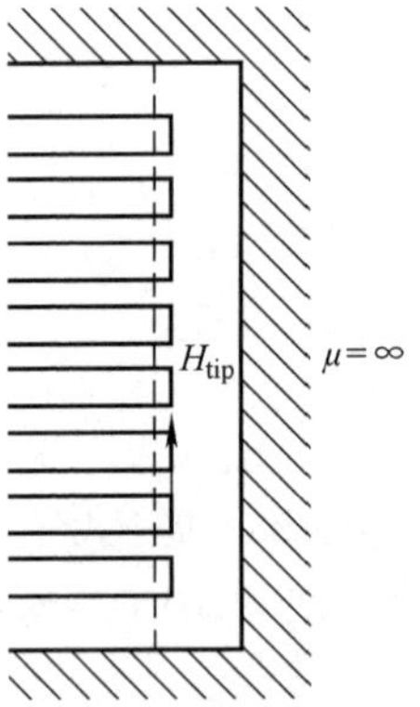

$$P_{tip,1} = \rho' l_T H_{tip,a}^2 \frac{t_w}{\delta'(f)} \quad (5.116)$$

图 5.35 在箔导体边缘的磁场 $H_{tip}$

式中 $l_T$——一匝的平均长度；

  $t_w$——箔式绕组的厚度；

 $\delta'(f)$——调整后的穿透深度。

（1）箔式电感器

对于箔片到磁心距离很小的电感器，$H_{tip,a}$ 可以被估计为

$$H_{tip,a} = \frac{NI_{ac}e_a}{(w + e_a + e_b)t_w} \quad (5.117)$$

式中 $I_{ac}$——在箔片中的总交流电流；

 $H_{tip,a}$——箔片 $a$ 端的磁场；

 $e_a$ 和 $e_b$——从箔片边缘到磁心的距离（见图 5.36）；

  $w$——铜箔的宽度；

  $t_w$——箔式绕组的厚度。

把式 (5.117) 代入式 (5.116) 中，我们得到的边缘损耗为

$$P_{\text{tip}} = \frac{\rho' l_{\text{T}}}{\delta' t_{\text{w}}} \frac{N^2 I_{\text{ac}}^2 (e_{\text{a}}^2 + e_{\text{b}}^2)}{(w + e_{\text{a}} + e_{\text{b}})^2} \tag{5.118}$$

当磁心与箔片边缘距离较远时，边缘损耗可能非常高。无论如何，当几乎所有的电流都集中在边缘时，会产生最大的损耗，近似为

$$P_{\text{tip,max}} \approx \frac{\rho' l_{\text{T}}}{\delta'(f) t_{\text{w}}} \frac{N^2 I_{\text{ac}}^2}{2} \tag{5.119}$$

由于这种情况下的损耗很大，因此只有当电流中的交流分量比直流分量小时，才会使用这种结构。

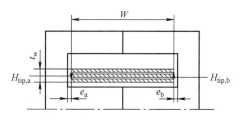

图 5.36　箔式绕组的布置及尺寸

（2）箔式变压器

对于变压器，很难实现箔片边缘和铁心之间的小距离。原因是变压器绕组需要更多的连接。幸运的是，顶部磁力线的长度是有限的，因为这里的磁场是漏磁场。

对于变压器，距离大小的实际数量级可以设置为

$$e_{\text{a}} = e_{\text{b}} = K_{\text{t}} t_{\text{w}} \tag{5.120}$$

式中　$K_{\text{t}} = 0.5 \sim 1$ 并且交错式绕组的 $K_{\text{t}}$ 值最低；

$t_{\text{w}}$——箔式绕组的厚度。

（3）关于边缘电流的结论

1）当一次绕组和二次绕组交错时，箔式绕组中的边缘损耗可以显著降低，因为这样可以减少绕组的厚度。

2）边缘中的电流会降低箔片中的平均电流。

## 5.9.4　箔式绕组的结论

箔片边缘的电流会降低平均磁场，这一点必须考虑。结合本章的前几节，对于 1 号变压器绕组，涡流损耗可以表示为

$$P_1 = I_{\text{ac}}^2 \left( \frac{w}{w + 2K_{\text{t}} t_{\text{w1}}} \right)^2 R_{\text{h}} + \frac{I_{\text{ac}}^2 N^2 \rho' l_{\text{T}}}{\delta'(f) t_{\text{w}}} \frac{2(K_{\text{t}} t_{\text{w1}})^2}{(w + 2K_{\text{t}} t_{\text{w1}})^2} \tag{5.121}$$

使用 5.9.1 节和 5.9.3 节，带有中心支柱气隙的电感绕组的损耗为

$$P = I_{\text{ac}}^2 \left( \frac{w}{w + e_{\text{a}} + e_{\text{b}}} \right)^2 R_{\text{h}} + \frac{I_{\text{ac}}^2 \rho' l_{\text{f}} N}{\delta' \pi s} K_{\text{g}} \left( \frac{s}{p} \right) + \frac{I_{\text{ac}}^2 \rho' l_{\text{f}}}{\delta' t_{\text{w}}} \frac{(e_{\text{a}}^2 + e_{\text{b}}^2)}{(w + e_{\text{a}} + e_{\text{b}})^2} \tag{5.122}$$

**注意:**

为简单起见,我们忽略了气隙和边缘电流的影响。

虽然在适当的设计中可以实现非常低的涡流损耗,但实现具有低寄生效应(例如低尖端电流和低非均匀电流分布效应)的变压器和电感器并不容易。

按以下条件可以最好地使用箔式绕组:

1) 箔式绕组边缘靠近磁心。

2) 箔式绕组的位置远离气隙。

3) 对于变压器,交错的一次绕组和二次绕组。

4) 对于混合箔式绕组和导线绕组的变压器:避免绕组靠近边缘。

## 5.10 平面绕组的损耗

平面绕组通常通过蚀刻(多层)印制电路板(PCB)来获得。绕组垂直于磁性支柱,如图 5.37 所示。在实验装置中,也可以把铜箔弯曲到 45°以下。

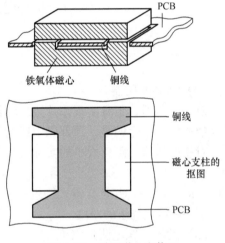

图 5.37 平面磁心和绕组

(1) 平面磁心的优点

1) 平面磁心可以整合到 PCB 设计中,因此不再需要绕线。此外,由于导线的相对位置精确,寄生电容和漏感也得到了很好的控制。

2) 对于变压器,通过交错的一次绕组和二次绕组(多层 PCB)可以降低损耗和漏感。

3) 平面磁心(和绕组)可以通过散热器冷却。

4) 平面磁心的厚度较小,所以传热较好。

(2) 平面磁性元件的损耗

一般来说,箔式绕组中也会出现相似类型的损耗。然而,平面绕组往往与理想模型相差较大,所以需要进行数值建模(三维有限元模型)。这种设计特别适用于高频和匝数较少的情况。

(3) 特性

对于变压器,通常需要一定的爬电距离和一定厚度的绝缘凹槽。如果一次绕组在 PCB 的一层,二次绕组在另一层,这些距离就很容易获得。如果使用多层或交错绕组,则需要利用过孔进行电气连接。在这种情况下,设计就更多地包括爬电距离和凹槽绝缘距离。

对于电感器，应注意避免靠近空气隙。空气隙可以通过边缘磁场的感应产生电流。

平面绕组往往采用平面磁心。当使用 PCB 时，通常获得非常低的铜填充系数。因此，其他类型的绕组（如 Litz 线）可能在同一铁心中具有更低的铜损耗。然而，在那种情况下（平面绕组）就不容易制造了。

## 附录 5. A. 1　矩形导体涡流的一维模型

一维方法有助于对导体和磁性材料中的涡流进行求解。基本的数学知识与 RL 传输线及一维动态热问题相似。应注意使用正交函数，以便可以叠加损耗。本附录使用麦克斯韦和坡印廷定律建立了相关的理论。因此，推导出具体方法的条件变得很清晰。

导体和磁片都会受到平均磁场的影响，并且都会因涡流而产生损耗。该理论统一了载流导体和磁场中的磁片及磁心中的涡流。它们的公式是相似的，不同的地方为：

1）磁片具有更高的磁导率并且它们通常不带电流。

2）导体的特性比磁性材料的线性度更好。

磁性材料和导体中的电容效应通常可以忽略不计。在本节中，也没有考虑磁性材料中的磁滞损耗及额外损耗。

使用了 $E$ 和 $H$ 的复数方均根值（当它们与时间不是显性相关时）。

在本书结尾的附录 D 中给出了相关数学函数的一些性质。

### 5. A. 1. 1　基本推导

图 5A. 1 显示了左右两侧都具有无限大磁导率材料的导体。$y = 0$ 的参考平面是放置在导体中间的。根据微分形式的麦克斯韦定理[7]，在二维情况下，可以得出以下公式：

$$\frac{\partial E(y,t)}{\partial y} = -\mu \frac{\partial H(y,t)}{\partial t} \tag{5A. 1}$$

$$\frac{\partial H(y,t)}{\partial y} = -\sigma E(y,t) \tag{5A. 2}$$

式中　$E(y,t)$ ——时域内的电场，单位为 V/m;

$\quad\quad H(y,t)$ ——时域内的磁场，单位为 A/m;

$\quad\quad \sigma$ ——比电导率，$\sigma = 1/\rho$，单位为 $\Omega \cdot$ m;

$\quad\quad \mu$ ——磁导率，$\mu = \mu_r \mu_0$，对于铜和铝，$\mu_r = 1$，单位为 $s\Omega \cdot$ m。

在时域的拉普拉斯变换为

$$E(y,s) = \int_0^\infty E(y,t) e^{-st} dt \tag{5A. 3}$$

$$H(y,s) = \int_0^\infty H(y,t) e^{-st} dt \tag{5A. 4}$$

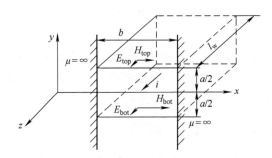

图 5A. 1　左右两侧都是无限大磁导率材料的导体

（磁场 $H$ 在 $x$ 方向上，电场 $E$ 在 $z$ 方向上）

式中　$E(y,s)$——拉普拉斯域的电场，单位为 Vrms/m；

　　　$H(y,s)$——拉普拉斯域的磁场，单位为 Arms/m；

　　　　$s$——拉普拉斯算子（$s=\mathrm{j}\omega$ 表示正弦信号），单位为 1/s。

对式（5A. 1）和式（5A. 2）进行变换，可得到

$$\frac{\mathrm{d}E(y,s)}{\mathrm{d}y} = -\mu s H(y,s) \tag{5A. 5}$$

$$\frac{\mathrm{d}H(y,s)}{\mathrm{d}y} = -\sigma E(y,s) \tag{5A. 6}$$

对式（5A. 6）求微分后代入式（5A. 5），并对式（5A. 5）求微分后代入式（5A. 6），可以得到

$$\frac{\mathrm{d}^2 E(y,s)}{\mathrm{d}y^2} = \gamma(s)^2 E(y,s) \tag{5A. 7}$$

$$\frac{\mathrm{d}^2 H(y,s)}{\mathrm{d}y^2} = \gamma(s)^2 H(y,s) \tag{5A. 8}$$

其中

$$\gamma(s) = (s\mu\sigma)^{1/2} \tag{5A. 9}$$

函数 $\gamma(s)$ 被称为传播函数，它具有量纲（$\mathrm{m}^{-1}$）。该微分方程的通解形式如下

$$E(y,s) = A(s)\mathrm{e}^{-\gamma(s)y} + B(s)\mathrm{e}^{+\gamma(s)y} \tag{5A. 10}$$

$$H(y,s) = \frac{A(s)}{Z_0(s)}\mathrm{e}^{-\gamma(s)y} - \frac{B(s)}{Z_0(s)}\mathrm{e}^{+\gamma(s)y} \tag{5A. 11}$$

这里的 $A(s)$ 和 $B(s)$ 是独立于 $y$ 的系数。函数 $Z_0(s)$ 是导体材料的特征阻抗，并表示为

$$Z_0(s) = \left(\frac{s\mu}{\sigma}\right)^{1/2} \tag{5A. 12}$$

此阻抗是复数的，因为介质不是没有损耗的。对于 $y=0$ 的参考平面，我们考虑 $E$ 和 $H$ 的下述参考值：

$$E_{\mathrm{ref}}(s) = A(s) + B(s) \tag{5A. 13}$$

$$H_{\text{ref}}(s) = \frac{A(s) - B(s)}{Z_0(s)} \tag{5A.14}$$

求解 $A(s)$ 和 $B(s)$ 的结果是

$$A(s) = \frac{E_{\text{ref}}(s) + Z_0(s)H_{\text{ref}}(s)}{2} \tag{5A.15}$$

$$B(s) = \frac{E_{\text{ref}}(s) - Z_0(s)H_{\text{ref}}(s)}{2} \tag{5A.16}$$

利用式 (5A.10)，$E$ 和 $H$ 可以通过 $E_{\text{ref}}$ 和 $H_{\text{ref}}$ 表示。

$$E(y,s) = E_{\text{ref}}(s)\cosh(\gamma(s)y) - Z_0(s)H_{\text{ref}}(s)\sinh(\gamma(s)y) \tag{5A.17}$$

$$H(y,s) = H_{\text{ref}}(s)\cosh(\gamma(s)y) - \frac{E_{\text{ref}}(s)}{Z_0(s)}\sinh(\gamma(s)y) \tag{5A.18}$$

我们可以推导出顶部磁场的方程。假设在 $y = a/2$ 处导体的顶部电场为 $E_{\text{top}}$、磁场为 $H_{\text{top}}$，如图 5A.1 所示。那么，我们可以得到

$$E_{\text{top}} = E_{\text{ref}}(s)\cosh\left(\gamma(s)\frac{a}{2}\right) - Z_0(s)H_{\text{ref}}(s)\sinh\left(\gamma(s)\frac{a}{2}\right) \tag{5A.19}$$

$$H_{\text{top}} = H_{\text{ref}}(s)\cosh\left(\gamma(s)\frac{a}{2}\right) - \frac{E_{\text{ref}}(s)}{Z_0(s)}\sinh\left(\gamma(s)\frac{a}{2}\right) \tag{5A.20}$$

相同的方程适用于 $y = -a/2$ 处的底部导体。流过表面的局部功率流可以使用坡印廷向量计算，可以得出瞬时功率的方向和大小为

$$\mathrm{d}P(y,t) = (\boldsymbol{E}(y,t) \times \boldsymbol{H}(y,t)) \cdot \mathrm{d}\boldsymbol{S} \tag{5A.21}$$

利用这个方程，我们可以计算出流过导体的复数视在功率为

$$S = P - \mathrm{j}Q = VI^* = \int_O (\boldsymbol{E}(y,s) \times \boldsymbol{H}^*(y,s)) \cdot \mathrm{d}\boldsymbol{S} \tag{5A.22}$$

式中　$P$——有功（真实的）功率；

　　　$Q$——无功功率；

　　　$O$——导体的侧表面；

　　　$*$——复数共轭值。

在导体的两侧，磁场 $H$ 垂直于表面并且它对功率没有影响。磁场仅在顶部和底部不为零，导体的复功率 $S$ 为

$$S = (E_{\text{bot}}H_{\text{bot}}^* - E_{\text{top}}H_{\text{top}}^*)bl_c \tag{5A.23}$$

式中　$b$——导体/片材的宽度；

　　　$l_c$——导体/片材的长度。

我们也可以通过参考平面（$y = 0$）来计算功率。有趣的是参考平面上功率为零的情况。在参考位置处电场 $E$ 或磁场 $H$ 为零就足够了。在这两种情况下，我们计算顶部的功率：

1) $H_{\text{ref}} = 0$。这种情况发生在 $H_{\text{top}} + H_{\text{bot}} = 0$。利用式 (5A.19) 和式 (5A.20) 可以得到

$$\frac{S}{bl_c} = E^*_{\text{ref}}\cosh\left(\gamma(s)\frac{a}{2}\right)H_{\text{top}} = Z_0(s)\,|\,H_{\text{top}}\,|^2\coth\left(\gamma(s)\frac{a}{2}\right) \quad (5\text{A}.24)$$

与这种案例对应的实际情况是没有平均磁场的载流导体。电场是到参考平面距离的奇函数。

2）当 $H_{\text{top}} = H_{\text{bot}}$ 时，$E_{\text{ref}} = 0$。利用式（5A.19）和式（5A.20），可以得到

$$\frac{S}{bl_c} = E^*_{\text{ref}}\sinh\left(\gamma(s)\frac{a}{2}\right)H_{\text{top}} = Z_0(s)\,|\,H_{\text{top}}\,|^2\tanh\left(\gamma(s)\frac{a}{2}\right) \quad (5\text{A}.25)$$

与该案例对应的实际情况是导体或磁片中没有电流的横向磁场。电场是到参考平面距离的偶函数。当参考平面上的电场 $E$ 或磁场 $H$ 为零时，会产生正交分布的电流，因为它们是 $y$ 的偶函数和奇函数。因此，对于顶部和底部功率，我们可以分别计算然后叠加得到总损耗：

$$S(s) = 2bl_w Z_0(s)\left(\left|\frac{H_{\text{top}} - H_{\text{bot}}}{2}\right|^2\coth\left(\gamma(s)\frac{a}{2}\right) + \left|\frac{H_{\text{top}} + H_{\text{bot}}}{2}\right|^2\tanh\left(\gamma(s)\frac{a}{2}\right)\right)$$

$$(5\text{A}.26)$$

这个方程非常重要，因为它求解了位于顶部和底部的给定磁场的一维模型中的损耗。虚部为负的无功功率，这是导体中的无功功率。对于垂直截面 $\Delta y$，均匀磁场 $H$ 中导体上方或下方的复功率可以表示为

$$S_{\text{air}} = s\mu_0 bl_c\,|\,H\,|^2\Delta y \quad (5\text{A}.27)$$

实际上，顶部和底部磁场之间的差异来自于矩形导体本身的电流。所以电流 $I$ 为

$$I = \oint_{\substack{\text{around a}\\ \text{conductor}}} Hdl = H_{\text{top}}b - H_{\text{bot}}b = (H_{\text{top}} - H_{\text{bot}})b \quad (5\text{A}.28)$$

$$S(s) = 2bl_c Z_0(s)\left(\left(\frac{|I|}{2b}\right)^2\coth\left(\gamma(s)\frac{a}{2}\right) + |H_{\text{av}}|^2\tanh\left(\gamma(s)\frac{a}{2}\right)\right)$$

$$(5\text{A}.29)$$

这些系数与诸多变量之间的关系可以表示为

$$H_{\text{av}} = \frac{H_{\text{top}} + H_{\text{bot}}}{2} \quad (5\text{A}.30)$$

$$Z_0(s) = \left(\frac{s\mu}{\sigma}\right)^{1/2} = \sqrt{j}\sqrt{\frac{\omega\mu}{\sigma}} = \frac{1+j}{\sqrt{2}}\sqrt{\frac{\omega\mu}{\sigma}} = \frac{1+j}{\sigma\delta(\omega)} = \frac{1-j}{2}j\omega\mu\delta(\omega)$$

$$(5\text{A}.31)$$

$$\gamma(s) = (s\mu\sigma)^{1/2} = \frac{1+j}{\sqrt{2}}\sqrt{\omega\mu\sigma} = \frac{1+j}{\delta(\omega)} \quad (5\text{A}.32)$$

在这里，穿透深度 $\delta(\omega)$ 定义为

$$\delta(\omega) = \sqrt{\frac{2}{\omega\mu\sigma}} = \sqrt{\frac{2\rho}{\omega\mu}} \quad (5\text{A}.33)$$

在边界范围内（矩形导体、没有空气、一维），上述方程可用于所有的一维情

形。磁场 $H$（在 $x$ 方向）可以通过其他可能载有不同相位电流的导体产生，或者由空气隙产生。注意，对于 $s = 0$，功率反映的是直流电阻的功率损耗。因此，使用直流电阻得到

$$S(s) = R_0 \frac{1+\mathrm{j}}{\delta(\omega)} \frac{a}{2} \left( |I|^2 \coth\left(\frac{1+\mathrm{j}}{\delta(\omega)} \frac{a}{2}\right) + 4b^2 |H_{\mathrm{av}}|^2 \tanh\left(\frac{1+\mathrm{j}}{\delta(\omega)} \frac{a}{2}\right) \right)$$

(5A. 34)

然后，可以使用该功率计算出导体的阻抗。如果平均磁场 $H_{\mathrm{av}}$ 可以表示为导体电流的函数，该表达式就是有意义的。

阻抗是

$$Z = R_{\mathrm{s}} + \mathrm{j}\omega L_{\mathrm{s}}$$

(5A. 35)

式中 $Z$——导体的阻抗；

$R_{\mathrm{s}}$，$L_{\mathrm{s}}$——等效串联的电阻值和电感值。

然后可以得到

$$Z = 2bl_{\mathrm{c}}Z_0(s) \left( \left(\frac{1}{2b}\right)^2 \coth\left(\gamma(s)\frac{a}{2}\right) + \left(\frac{|H_{\mathrm{av}}(I)|}{|I|}\right)^2 \tanh\left(\gamma(s)\frac{a}{2}\right) \right)$$

(5A. 36)

由直流电阻和穿透深度表示的阻抗为

$$Z = R_0 \frac{1+\mathrm{j}}{\delta(\omega)} \frac{a}{2} \left( \coth\left(\frac{1+\mathrm{j}}{\delta(\omega)} \frac{a}{2}\right) + \left(\frac{2b|H_{\mathrm{av}}(I)|}{|I|}\right)^2 \tanh\left(\frac{1+\mathrm{j}}{\delta(\omega)} \frac{a}{2}\right) \right)$$

(5A. 37)

在已知横向磁场和电流之间关系的情况下，这两个方程很重要。这在电感器中很常见。而且在变压器空载试验或短路试验中，只有一个电流时也是适用的。在接下来的两节中，会给出平均磁场和电流相关联的例子。

### 5. A. 1. 2　槽中的单根导线

图 5A. 2 显示了在三面都有高磁导率材料的槽或绕线区域中一根导体的布置。对于槽中的单个导体，底部的场强为零，$H_{\mathrm{bot}} = 0$。平均磁场是 $H_{\mathrm{av}} = I/(2b)$。使用本附录末尾的函数性质，对应的阻抗为

$$Z = \frac{l_{\mathrm{c}}}{b} Z_0(s) \left( \coth(\gamma(s)a) \right)$$

(5A. 38)

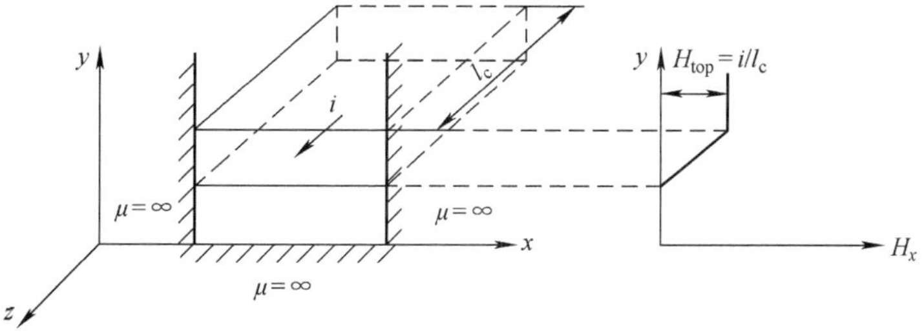

图 5A. 2　槽中的单个导体和在 $x$ 方向的静态磁场 $H_x$

或

$$Z = \frac{l_c}{b}\sqrt{\frac{s\mu}{\sigma}}(\coth(\sqrt{s\mu\sigma}a)) = \frac{l_c}{b\sigma}\frac{(1+j)}{\delta(\omega)}\coth\left(a\frac{(1+j)}{\delta(\omega)}\right) \quad (5A.39)$$

对于 $\omega$ 趋于零，$Z$ 值趋于直流电阻值（$\coth(z) \rightarrow 1/z$），可以得到

$$R_0 = \frac{l_c}{ab\sigma} \quad (5A.40)$$

对于较高 $\omega$ 值，有 $\coth(z) \rightarrow 1$，通过式（5A.31），可以得到

$$Z(j\omega) = \frac{l_c(1+j)}{b\sigma\delta(\omega)} = \frac{j\omega l_c(1-j)\delta(\omega)}{2a} \quad (5A.41)$$

由式（5A.41）可以得出以下结论：

1）等效电阻是在导体顶部的厚度为 $\delta$、宽度为 $b$ 的薄层的电阻值。

2）实部和虚部是相等的，相位角等于 45°。

3）等效电感是导体顶部厚度为 $\delta/2$ 的薄层空气的电感。电感的等效长度为 $b$；等效面积为 $A_m = l_w\delta/2$。应该注意，远处电感的等效空气厚度为 $\delta/2$。

重写式（5A.34）的实部和虚部（对应于串联等效电路）：

$$R_s = \frac{R_0 a}{\delta(\omega)}\frac{\sinh(2a/\delta(\omega)) + \sin(2a/\delta(\omega))}{\cosh(2a/\delta(\omega)) - \cos(2a/\delta(\omega))} \quad (5A.42)$$

$$L_s = \frac{R_0 a}{\omega\delta(\omega)}\frac{\sinh(2a/\delta(\omega)) - \sin(2a/\delta(\omega))}{\cosh(2a/\delta(\omega)) - \cos(2a/\delta(\omega))} \quad (5A.43)$$

式（5A.38）、式（5A.42）和式（5A.43）与参考文献［6］和参考文献［8］中关于单导体的公式以及后来的一些出版物相一致。虽然式（5A.42）和式（5A.43）是实数函数，但它们并不容易处理。例如当 $\omega$ 趋于 0 时计算其值或其导数值。

关于槽中单个导体公式的另一个问题是，磁场不是按照正交函数分解的。因此，应该注意这些函数在不同情况下的应用。虽然单根导线的解很简单，但当存在其他导体时，就会变得更复杂，因为分解不是正交的，并且会存在混合乘积项。

### 5. A. 1. 3　槽中叠放的矩形导体

我们考虑具有相同电流的几个导体叠放的情况，如图 5A. 3 所示。

每根导线都受到其自身磁场和其下方导体磁场的影响。对于第 $m$ 个导体，平均磁场为

$$H_{av} = \left(m - \frac{1}{2}\right)\frac{I}{b} = F\frac{I}{2b} \quad (5A.44)$$

式中　$F = 2m - 1$。

损耗依赖于 $H_{av}^2$。为了得到总损耗，需要对所有导体求和。因此，需要 $F^2$ 的总和。表 5A. 1 给出了 $\Sigma F^2$。

我们使用式（5A.29），其中的平均磁场用式（5A.44）代替。导体总长度为 $ml_c$。导体串联总阻抗为

$$Z = \frac{1}{2b} l_c Z_0(s) m \left( \coth\left(\gamma(s)\, \frac{a}{2}\right) + \left(\frac{4m^2 - 1}{3}\right) \tanh\left(\gamma(s)\, \frac{a}{2}\right) \right) \quad (5A.45)$$

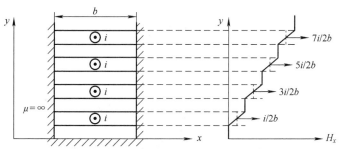

图 5A.3　槽中的多个导体和在 $x$ 方向的静态磁场 $H_x$

表 5A.1　总和 $\sum F^2$

| 导体编号 | 1 | 2 | 3 | 4 | 5 |
|---|---|---|---|---|---|
| $F$ | 1 | 3 | 5 | 7 | 9 |
| $F^2$ | 1 | 9 | 25 | 49 | 81 |
| $\sum F^2$ | 1 | 10 | 35 | 84 | 165 |
| $m(4m^2 - 1)/3$ | 1 | 10 | 35 | 84 | 165 |

引入总导线的直流电阻和穿透深度，可以得到

$$Z = R_0 \frac{1 + j}{\delta(\omega)}\, \frac{a}{2} \left( \coth\left(\frac{1 + j}{\delta(\omega)}\, \frac{a}{2}\right) + \left(\frac{2b\,|H_{av}(I)|}{|I|}\right)^2 \tanh\left(\frac{1 + j}{\delta(\omega)}\, \frac{a}{2}\right) \right)$$

$$(5A.46)$$

可以验证，没有平均磁场的情况对应于 $m = 1/2$。这种情况发生在导体在槽底部的镜像位置，并且导体中间没有磁场 $H$。这通常被称为半层，对应于给定的电流具有最小的损耗。

很明显，由于横向磁场引起的损耗随着层数 $m$ 的增大而显著增加。图 5A.4 显示了式（5A.46）和不同层数的计算结果，其中 $R_0 = 1$。图 5A.4 显示了槽中 $m$ 个矩形导体的电阻性阻抗和电抗性阻抗（与直流电阻的比值）与相对频率 $\omega_r$ 的函数关系。

这里使用相对频率 $\omega_r$，$\omega_r = 1$ 时有 $\delta = a$，相对频率 $\omega_r = \dfrac{\omega}{\omega_a}$ 和 $\omega_r = \dfrac{\omega\sigma\mu a^2}{2}$。绝对频率 $\omega_a$ 定义为穿透深度 $\delta$ 等于导体厚度，即 $\delta = a$ 时的频率，$\omega_a = \dfrac{2}{\sigma\mu a^2}$。

$m = 0.5$ 时的阻抗与频率提高四倍时、$m = 1$ 的情况相等。注意电阻部分几乎增加了 $m$ 的二次方倍。阻抗的电阻部分在低频情况下取决于 $\omega^2$，在高频情况下随 $\sqrt{\omega}$ 而增加。

结论是，对于给定的绕组面积，当磁场在一个方向上时，损耗主要取决于匝

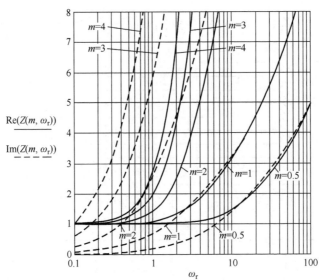

图 5A. 4  一个槽中 $m$ 个矩形导体的电阻性阻抗和电抗性阻抗（与直流电阻的比值）与相对
频率 $\omega_r$ 的函数关系（$\omega_r = 1$ 对应于 $a = \delta$。$m = 0.5$ 的情况是没有横向磁场的）

数。在低频情况下使用单层是有一些优势的。

### 5. A. 1. 4  槽中叠加矩形导体的泰勒展开式和低频近似

复函数可以用泰勒级数展开为 $\omega$ 的函数（例如使用 Mathcad）。可以使用软件
中的符号运算的方法。因此，再次使用相对频率；对于 $\omega_r = 1$，穿透深度 $\delta$ 等于导
体的厚度 $a$。

$$\delta(\omega_a) = a \quad \omega_a = \frac{2}{\mu\sigma a^2} \quad \omega_r = \frac{\omega}{\omega_a} = \frac{\omega\mu\sigma a^2}{2} \tag{5A. 47}$$

式中  $\omega_a$——绝对频率，该频率下的穿透深度 $\delta$ 等于导体的厚度 $a$。

对于没有磁场的电流，可以写为

$$Z = R_0 \sqrt{\frac{j\omega_r}{2}}\coth\left(\sqrt{\frac{j\omega_r}{2}}\right) = R_0 \frac{(1 + j)}{2}\sqrt{\omega_r}\coth\left(\frac{(1 + j)}{2}\sqrt{\omega_r}\right) \tag{5A. 48}$$

$$\frac{Z}{R_0} = 1 + \frac{j}{6}\omega_r + \frac{1}{180}\omega_r^2 - \frac{j}{3780}\omega_r^3 - \frac{1}{75600}\omega_r^4 +$$

$$\frac{j}{1496800}\omega_r^5 + \frac{691}{20432412000}\omega_r^6 + \cdots \tag{5A. 49}$$

式（5A. 49）展开式的第一项只是导体的电阻值。第二项是低频电感值；

$$L = \frac{l_c}{12}\frac{\mu a}{b} \tag{5A. 50}$$

第三项是相比于直流电阻的低频电阻增量。第一项和第三项在一起可以得到

$$R(\omega) = \frac{l_c}{ab\sigma}\left(1 + \frac{a^4\omega^2\sigma^2\mu^2}{720}\right) \tag{5A. 51}$$

横向磁场的阻抗是

$$Z = \left(\frac{2H_{av}b}{I}\right)^2 R_0 \sqrt{\frac{j\omega}{2}}\tanh\left(\sqrt{\frac{j\omega}{2}}\right) \tag{5A. 52}$$

$$\sqrt{\frac{j\omega_r}{2}}\tanh\left(\sqrt{\frac{j\omega_r}{2}}\right) = 0 + \frac{j}{2}\omega_r + \frac{1}{12}\omega_r^2 - \frac{j}{60}\omega_r^3 - \frac{17}{5040}\omega_r^4 +$$
$$\frac{j31}{45360}\omega_r^5 + \frac{691}{4989600}\omega_r^6 + \cdots \tag{5A. 53}$$

槽中单一导体的阻抗为

$$Z = R_0 \sqrt{\frac{j\omega_r}{2}}\left(\coth\left(\sqrt{\frac{j\omega_r}{2}}\right) + \tanh\left(\sqrt{\frac{j\omega_r}{2}}\right)\right) = R_0 \sqrt{j\omega_r}\coth(\sqrt{j\omega_r}) \tag{5A. 54}$$

$$\frac{Z}{R_0} = 1 + \frac{j2}{3}\omega_r + \frac{4}{45}\omega_r^2 - \frac{j16}{945}\omega_r^3 - \frac{16}{4725}\omega_r^4 +$$
$$\frac{j64}{93555}\omega_r^5 + \frac{88448}{638512875}\omega_r^6 + \cdots \tag{5A. 55}$$

式（5A. 52）和式（5A. 54）的结论为：

1）前三项为低频近似下的典型项。

2）随着频率的增加，第四项会减小电感值，因此不再适用于低频模型。相比之下，这种偏差在横向磁场的情况下会更早出现。

3）厚度 $a$ 增大到约 $1.6\delta$ 之前，前三项计算的涡流损耗的精度可以达到10%。

4）低频模型中的损耗是频率和电压的二次方，因此可以将其建模为电感两端并联的电阻器。这一点可以用来简化电路建模。

在低频下，横向磁场的解与导体周围的空气多少无关，只要有方法找出上下侧之间的平均磁场值。这意味着低频近似也可用于与 $x$ 轴方向不同的磁场。横向磁场分为 $x$ 方向和 $y$ 方向的两个部分。在 $x$ 方向上产生的电流分布（对于 $H_x$）是奇函数，在 $y$ 方向上的电流分布（$H_y$）是偶函数，这有利于得到正交函数，因此损耗可以叠加。

在横向磁场下的低频功率损耗 $P_{tr,lf}$ 为

$$P_{tr,lf} = \frac{l_c}{12}\mu^2\omega^2\sigma\left(a^3b\,|H_{av,x}|^2 + ab^3\,|H_{av,y}|^2\right) \tag{5A. 56}$$

使用直流电阻表示的功率损耗为

$$P_{tr,lf} = \frac{R_0}{12}\omega^2\mu^2\sigma^2a^2b^2\left(a^2\,|H_{av,x}|^2 + b^2\,|H_{av,y}|^2\right) \tag{5A. 57}$$

### 5. A. 1. 5 带有空气的矩形导体的近似

在实际情况下，导体之间有绝缘或空气，并且导体与磁性材料有间隔。在这些情况下，不容易得到精确的解析解。

### 5. A. 1. 5. 1 经典方法

经典的推导方法考虑了狭窄的空间和狭窄的导体。如果空间和导体的宽度相比于穿透深度小很多，磁场 $H$ 仍然在 $x$ 方向。如图5A.5所示。

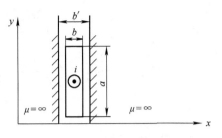

图 5A.5　带有空气的矩形导体

近似后得到的解中认定磁场在 $x$ 方向。于是这个问题就可以转化为单个导体问题，其水平电场的电导率随空气量的增加而降低。调整后的电导率为

$$\sigma' = \frac{b}{b'}\sigma \tag{5A.58}$$

调整的电导率也产生了调整的穿透深度 $\delta'(\omega)$、特征阻抗 $Z_0'(s)$ 和传播函数 $\gamma'(s)$，分别表示为

$$\delta'(\omega) = \sqrt{\frac{2\rho}{\omega\mu}\frac{b'}{b}} \tag{5A.59}$$

$$Z_0'(s) = \left(\frac{s\mu}{\sigma'}\right)^{1/2} = \sqrt{j}\sqrt{\frac{\omega\mu}{\sigma}\frac{b}{b'}} = \frac{1+j}{\sqrt{2}}\sqrt{\frac{\omega\mu}{\sigma}}\sqrt{\frac{b}{b'}} \tag{5A.60}$$

$$\gamma'(s) = (s\mu\sigma')^{1/2} = \frac{1+j}{\sqrt{2}}\sqrt{\frac{\omega\mu\sigma b}{b'}} = \frac{1+j}{\delta'(\omega)} \tag{5A.61}$$

应考虑以下几点评价：

1）对于低的 $b/b'$ 比值，预测的损耗并不准确。自由导体的预测损耗为零，这与实际情况不符。

2）调整的穿透深度是没有物理意义的。在非常高的频率下，导体内的穿透深度仍与原来的相同。

虽然该方法并不适用于 $b/b'$ 比值较低的情况，但在正常情况下仍可获得合理的计算精度。对于单层，参考文献［9］将近似值与有限元的解进行了比较。简化结论为：

1）对于 $b/b' > 0.8$，损耗被高估了约2.5%。

2）对于 $b/b' = 0.5$，在低频情况下，损耗被低估了约1%；在中间频率，损耗被高估了10%。

事实上，我们不建议在 $b/b'$ 小于0.5的情况下使用该方法，因为较多的低估和高估都有可能发生。该约束通常不限制单层中的导体。但是，在实践中，这意味着近似值不适用于绕线区域 $y$ 方向的磁场，因为在 $y$ 方向上，可能有比导体更多的空气。这种磁场通常存在于具有集中气隙的电感器中。

## 附录5. A. 2 圆导线中涡流损耗的低频二维模型

### 5. A. 2. 1 低频方法

对于低频方法，绕组中的感应涡流不会显著改变绕组中的外加磁场。磁场穿过导体，并且圆导线的损耗与频率成二次关系。当 $d \leqslant 1.6\delta$ 时，低频方法估计的涡流损耗误差约为 10%，其中 $d$ 为导线的直径，$\delta$ 为工作频率下的穿透深度[10]。在低频范围内，与经典的道威尔方法[6]相比，给出的精确解析解具有更符合实际的磁场模式，因此在低频下也更准确，因为该方法是直接从圆形导线推导的。经典的一维方法[3]的主要问题是，在理想情况下磁场仅在单层中是均匀的。在科技文献中二维解析解的近似主要集中在均匀的横向磁场（临近损耗）和导线自身的磁场（趋肤效应损耗）[11-14]。参考文献［15-17］给出了在变压器和电感器设计中拓宽到非正弦波形的应用方法。

在这里，我们提出了使用二维低频方法近似计算圆导线中涡流损耗的方法：

1）首先，推导出一个精确的解，包含每根导线产生的磁通总和。导线中的损耗可以使用表面积分得到，但是积分降低了计算的速度。

2）为了加快计算，提出使用三磁场的近似方法：均匀横向磁场、旋转磁场和双曲磁场。因为这三个磁场不需要积分计算和函数计算，所以计算变得容易而且快速。

在限制范围内，正常绕组结构的近似精度通常优于 0.1%。提出的三磁场近似法的特点是计算时间短，并且对以下几个方面进行研究和优化：与层距相关的损耗差异；导线采用正方形还是六边形填充；气隙磁场的影响以及到磁性材料距离的影响。

### 5. A. 2. 2 绕组布置的二维定义

我们用复数来表示导体的位置和距离向量。因此可以容易地对不同绕组的结构进行分析（见图 5A. 6），第 $m$ 层的定义为：

1）第 $m$ 层中第一导体中心的复坐标为 $z_{m,1} = x_m + jy_m$。

2）导体中心间的距离为 $s_m$。

3）导体中的电流为 $i_m$。

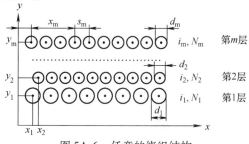

图 5A. 6 任意的绕组结构

4）第 $m$ 层中导体的数量为 $N_m$。

5）$m$ 为待分析的层。

6）总共有 $m$ 层。

气隙可以用虚拟的无涡流导体代替，导体中的电流为气隙两端的磁动势。

### 5. A. 2. 3　涡流损耗的直接积分法

低频情况下，单个导体中电流 $i$ 在导体内部产生的磁场为

$$H_{in} = \frac{a}{r}\frac{ij}{2\pi r} \tag{5A.62}$$

式中　$i$——导体中的电流；

　　　$r$——导体的半径；

　　　$a$——考虑的点到导体中心的距离向量（$|a| < r$）；

　　　j——虚数单位（$y$ 轴正方向，旋转矢量，$+90°$）。

低频情况下，单个导体中电流 $i$ 在导体外部（$a > r$）产生的磁场为

$$H_{ext} = \frac{ij}{2\pi a^*} \tag{5A.63}$$

式中　$a^*$——$a$ 的共轭复数，$a^* = x - jy$，（$|a^*| = |a| > r$）。

多个导体在所分析导体中的合成磁场等于该导体的内部磁场（自身磁场）和绕组中其他导体产生的外部磁场之和。所分析的导体是在 $m_c$ 层、第 $n_c$ 个导体。

距离载流导体 $a_2$ 处空间内某一点的磁通量 $\Phi$ 为

$$\Phi = \mu\int\frac{H}{j}dl = \mu Re\left\{\int_{a_1}^{a_2}\frac{i}{2\pi a^*}da\right\} = \frac{\mu i}{2\pi}(\ln(|a_2|) - \ln(|a_1|)) = \frac{\mu i}{2\pi}\ln\left(\left|\frac{a_2}{a_1}\right|\right) \tag{5A.64}$$

式中　$a_1$——两导体中心之间的距离向量，如图 5A.7所示；

　　　$a_2$——点（$z$）距离第 $n$ 个导体中心的距离向量。

注意，如果使用共轭复数，结果也不会改变。

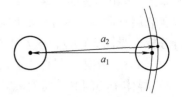

图 5A.7　两导体中心之间的距离向量 $a_1$ 和点（$z$）与第 $n$ 个导体中心之间的距离向量 $a_2$

第 $m$ 层的第 $n$ 个导体（$z_{m,n}$）在分析导体（$z_{mc,nc}$-第 $m_c$ 层第 $n_c$ 个）的点（$z$）处产生的磁通量 $\Phi(z)$ 为

$$\Phi_{m,n}(z) = \frac{\mu i_m}{2\pi}\ln\left(\left|\frac{z - z_{m,n}}{z_{mc,nc} - z_{m,n}}\right|\right) \tag{5A.65}$$

式中　$n$——考虑其磁场的导体的编号；

　　　$m$——考虑其磁场的导体的层号；

$n_c$——计算其磁通量的导体的编号；

$m_c$——所分析的导体的层号。

在点（$z$）处所有导体的外部磁通 $\Phi_{m,n}(z)$ 的总和为

$$\Phi_{ext}(z) = \frac{\mu}{2\pi}\sum_{m=1}^{M} i_m \sum_{n=1}^{N_m} \varepsilon(m - m_c, n - n_c)\ln\left(\left|\frac{z - z_{m,n}}{z_{mc,nc} - z_{m,n}}\right|\right) \quad (5A.66)$$

式中　对于 $m = m_c$ 和 $n = n_c$，有 $\varepsilon(m - m_c, n - n_c) = 0$。对于其他所有情况，有 $\varepsilon(m - m_c, n - n_c) = 1$。

所分析导体自身的磁通是

$$\Phi_{int}(z) = \frac{\mu i_{mc}}{4\pi}\left(\frac{|z - z_{mc,nc}|^2}{r_{mc}^2}\right) \quad (5A.67)$$

然后，可以得到导体内部电流和外部电流产生的总磁通：

$$\Phi_{\Sigma}(z) = \Phi_{ext}(z) + \Phi_{int}(z) \quad (5A.68)$$

导线中的涡流在导体中沿着轴向流动。电流密度的大小是磁通量对时间的导数除以比电阻率 $\rho$。选择磁通的积分常数时，必须使导线截面的感应涡流为零。

为了删除积分常数，我们减去导体横截面 $S = \pi r^2$ 的磁通的平均值 $\Phi_{av}$。所分析导体的磁通平均值为

$$\Phi_{av} = \frac{1}{\pi r_{mc}^2}\int_{-r_1}^{r_1}\int_{-\sqrt{r_1^2-y^2}}^{\sqrt{r_1^2-y^2}}\Phi_{\Sigma}(z_{mc,nc} - (x + jy))\mathrm{d}x\mathrm{d}y \quad (5A.69)$$

注意，对于圆形导体，主要来自于内部电流产生的磁场。

现在可以表示出产生涡流的磁通 $\Phi(z)$：

$$\Phi(z) = \Phi_{\Sigma}(z) - \Phi_{av} \quad (5A.70)$$

沿导体表面对局部涡流损耗/体积进行积分，可以得到所分析导体的单位长度的功率损耗为

$$P_{eddy} = \frac{(2\pi f)^2}{\rho_m}\int_{-r_1}^{r_1}\int_{-\sqrt{r_1^2-y^2}}^{\sqrt{r_1^2-y^2}}[\Phi(z_{mc,nc} - (x + jy))]^2\mathrm{d}x\mathrm{d}y \quad (5A.71)$$

式中　$f$——激励频率；

$\rho_m$——导体的电阻率。

所提出的方法允许使用最实用的布置，即使是不能使用假设磁场方向平行于层的方法（如道威尔方法）进行分析的情况。

由于只需对一个曲面积分进行数值计算，因此该方法的计算速度较好（对于 50 根导线，使用 Mathcad 只需几分钟）。不管怎样，该方法足够快，可以用来检查采用更多近似处理的方法。

## 5. A. 2. 4　三正交磁场方法

加快积分的一种方法是用一阶近似估计值。然而，在一般情况下，$x$ 和 $y$ 的一阶导数不是正交的，所以损耗不能相加。因此，建议使用三磁场方法，如图 5A. 8

所示:

1) 单一的载流导体独自产生的磁场,包含了单一旋转方向的磁场的一阶导数。

2) 均匀横向磁场。

3) 双曲线磁场,它包含了相反旋转方向的磁场的一阶导数。

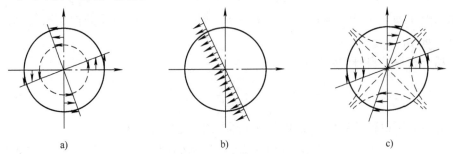

图 5A.8 提出的三磁场近似法包含的三个正交的磁场

a) 自身磁场  b) 横向磁场  c) 双曲线磁场

这些磁场对应产生以下的电流分布:

1) 与方向 $\theta$ 无关的电流密度,模式 0。

2) 随着 $\sin(\theta - \varphi_1)$ 变化的电流密度,模式 1。

3) 随着 $\sin(2\theta - \varphi_2)$ 变化的电流密度,模式 2。

这三个组成部分是正交的,因为它们的混合乘积项在整个导体上积分时消失了。

所有层的其他导体所产生的磁场 $H$ 可以通过导体中心的磁场值 $H_0$ 和空间中 $H$ 的导数(泰勒展开式)近似得到:

$$H = H_0 + \frac{dH}{dz}a + \frac{d^2H}{d^2z}a^2 + \cdots \text{ 和 } H = H_0 + \frac{dH}{dz^*}a^* + \cdots \qquad (5A.72)$$

### 5.A.2.4.1  导体的磁场

在所考虑导体内部某一点上,由同一导体的电流产生的磁场为

$$H_m = \frac{a}{r_{in}^2}\frac{i_{mc}j}{2\pi} \qquad (5A.73)$$

### 5.A.2.4.2  横向磁场

如果磁场 $H_0$ 作用于整个导体的截面,我们称之为横向磁场 $H_{tr}$。在所分析的导体中心,由所有导体产生的总横向磁场的值是

$$H_{tr} = \frac{j}{2\pi}\sum_{m=1}^{M} i_m \sum_{n=1}^{N_m} \varepsilon(m - m_c, n - n_c)\frac{1}{z_{mc,nc}^* - z_{m,n}^*} \qquad (5A.74)$$

该磁场作用在整个导体区域(见图 5A.8b)。

### 5.A.2.4.3  双曲线磁场

在被考虑导体的中心,由所有层中其他导体产生的磁场对距离的导数为

$$\frac{\mathrm{d}H}{\mathrm{d}z^*} = \frac{-\mathrm{j}}{2\pi} \sum_{m=1}^{M} i_m \sum_{n=1}^{N_m} \varepsilon(m - m_\mathrm{c}, n - n_\mathrm{c}) \frac{1}{(z_{mc,nc}^* - z_{m,n}^*)^2} \qquad (5\mathrm{A}.75)$$

根据式（5A.72），磁场为

$$H_1 = \frac{\mathrm{d}H}{\mathrm{d}z^*} a^* \qquad (5\mathrm{A}.76)$$

把其他导体产生磁场的微分引起的偏差表示为双曲线磁场，如下

$$H_\mathrm{hy} = \frac{\mathrm{d}H}{\mathrm{d}z^*} a^* = H_\mathrm{hy}' a^* \qquad (5\mathrm{A}.77)$$

式（5A.77）产生了双曲线磁场模式的磁力线（见图5A.9）。注意，因为该磁场不包含电流产生的磁场，所以该分量的旋转磁场为零。因此，双曲线磁场分量并不影响磁动势的平均值。

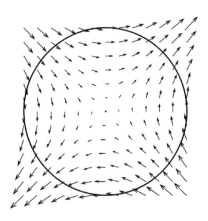

图5A.9 在圆形导体中的双曲线磁场分布$\left( \left| \frac{\mathrm{d}H}{\mathrm{d}z^*} \right| = 1 \right)$

### 5. A. 2. 4. 4 剩余磁场

积分法中使用的实际磁场与三磁场的总和之间的差称为剩余磁场（泰勒展开式中的第2项和更高项）。这个磁场通常很小。它在导体的中间是零，它的一阶导数也是零。在验证中，可以观察到剩余磁场与该方法准确性之间的关联性。

### 5. A. 2. 4. 5 三正交磁场产生的涡流损耗

针对三个磁场（$H_\mathrm{in}$，$H_\mathrm{tr}$，$H_\mathrm{hy}$），可以找出三个分量中每一个对应产生的涡流损耗，正如之前在直接积分法中使用的步骤：首先计算磁通 $\Phi$，再减去磁通的平均值 $\Phi_\mathrm{av}$，最后沿导体表面积分计算涡流损耗以获得待分析导体单位长度的功率损耗。

- 对于单个载流导线的磁场（自身磁场），涡流损耗为

$$P_\mathrm{eddy,own} = \frac{\pi r_\mathrm{m}^2 (2\pi f)^2 \mu_0^2}{24 \rho_\mathrm{m}} \frac{(i_\mathrm{m}/2\pi)^2}{2} \qquad (5\mathrm{A}.78)$$

这是一根自由导体趋肤效应损耗宽频精确解的泰勒级数的第一项[11,18]。

- 对于横向磁场，单位长度的损耗为[13]

$$P_{\text{eddy,tr}} = \frac{\pi r_{\text{m}}^4 (2\pi f)^2 \mu_0^2 |H'_{\text{tr}}|^2}{4\rho_{\text{m}}} \qquad (5\text{A}.79)$$

这是自由导线在均匀横向磁场中宽频临近损耗精确解的泰勒级数的第一项[11,18]。

- 双曲线磁场损耗为

$$P_{\text{eddy,hy}} = \frac{\pi r_{\text{m}}^6 (2\pi f)^2 \mu_0^2 |H'_{\text{hy}}|^2}{24\rho_{\text{m}}} \qquad (5\text{A}.80)$$

通过计算双曲线磁场的磁通量对涡流损耗进行求解。多数文献中的解析解通常不考虑双曲线磁场，也意味着它们的求解不能获得磁场的一阶近似精度。

- 总损耗为

$$P_{\text{eddy},\Sigma} = P_{\text{eddy,own}} + P_{\text{eddy,tr}} + P_{\text{eddy,hy}} \qquad (5\text{A}.81)$$

注意，这个结果只使用了加法、乘法和除法，不需要任何函数运算。例如，式（5A.79）中模的平方运算可以写为

$$|H_{\text{tr}}|^2 = \text{Re}(H_{\text{tr}})^2 + \text{Im}(H_{\text{tr}})^2 \qquad (5\text{A}.82)$$

### 5. A. 2. 5　提出的三磁场近似法的有效性

为了验证涡流计算的近似方法，给出了下面参数的例子，如图5A.10所示：

- 第一层（一次绕组）$N_1 = 10$，$i_1 = 1\text{A}$，$d_1 = 0.25\text{mm}$，$s_1 = 0.30\text{mm}$，$x_1 = 0.15\text{mm}$，$y_1 = 0$。

- 第二层（一次绕组）$N_2 = 10$，$i_2 = 1\text{A}$，$d_2 = 0.25\text{mm}$，$s_2 = 0.30\text{mm}$，$x_2 = 0.15\text{mm}$，$y_2 = 0.30\text{mm}$。

- 第三层（二次绕组）$N_3 = 5$，$i_3 = -4\text{A}$，$d_3 = 0.5\text{mm}$，$s_3 = 0.60\text{mm}$，$x_3 = 0.30\text{mm}$，$y_3 = 0.80\text{mm}$。

- $\rho_{\text{m}} = 20 \times 10^{-9}\Omega \cdot \text{m}$。

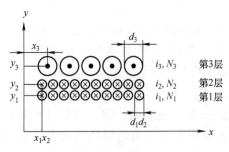

图5A.10　计算实例的双绕组变压器布置

频率为50kHz（低频情况），在50kHz下的穿透深度为$\delta_{50\text{kHz}} = 0.338\text{mm}$，$d_3 = 0.5\text{mm}$满足$d_3 \leqslant 1.6\delta$。

表 5A.2 给出了第 3 层的每个导体采用建议的近似方法给出的涡流损耗值 $P_{eddy,ap}$ 和直接积分法的涡流损耗值 $P_{eddy,in}$ 以及两者的偏差。偏差是由剩余磁场导致的，但仍低于 $0.1\%$。考虑到所提出方法的计算时间非常少，该方法的精度是相当好的。在更多层的例子中，由于主要损耗是由横向磁场产生的，所以精度会有所提高。

**表 5A.2　第 3 层中每个导体的涡流损耗**（见图 5A.10）

（提出的三磁场方法 $P_{eddy,ap}$ 和直接积分法 $P_{eddy,in}$ 以及两个值之间的偏差）

| 每米损耗/W | 第一个导体 | 第二个导体 | 第三个导体 | 第四个导体 | 第五个导体 |
|---|---|---|---|---|---|
| $P_{eddy,ap}$ | 0.116425372 | 0.15459682 | 0.167083425 | 0.15459682 | 0.116425372 |
| $P_{eddy,in}$ | 0.116522823 | 0.15461503 | 0.167100871 | 0.15461503 | 0.116522823 |
| $\dfrac{P_{eddy,ap}-P_{eddy,in}}{P_{eddy,in}}$ | − 0.00083632 | − 0.00011775 | − 0.00010440 | − 0.00011776 | − 0.00083632 |

用积分法计算 25 个导体布置的所有导体损耗的时间为 1min 15s。用三磁场法在相同的时间内可以计算出 $10^3$ 个导体的损耗。可以看到，计算时间与导体总数的二次方成正比。

### 5.A.2.6　解的推广

注意，例子是在没有磁性材料的情况下推导出来的。可以考虑使用镜像方法或有限元方法来计算横向磁场的影响，但这超出了本附录的范围。

如果不同的导体载有不同的带有谐波的电流，每个电流都可以写成傅里叶正余弦的展开形式。每个频率的所有正弦分量的贡献在时间上与余弦分量的贡献是正交的。基于这个性质，不同分量的功率损耗可以相加。

这意味着可以解决变压器绕组中电流相移的问题。必须记住所考虑的频率满足 $d \leqslant 1.6\delta$ 的条件。如果是高频情况，该方法会高估损耗。

## 附录 5.A.3　电感器的磁场因子

磁场因子 $k_F$ 用于考虑因气隙（例如电感器）而产生的非均匀磁场中的横向磁场损耗。选择 $k_F$ 必须注意：对于变压器，因子 $k_F$ 接近于 1；如果电感器的绕组远离气隙，因子 $k_F$ 也接近于 1。

### 5.A.3.1　磁场因子 $k_F$ 的二维解析近似解

如果一层绕组占满了绕线区域的宽度，那么绕组的磁场可以当作绕组的线性增加的磁场与气隙产生的在磁心壁上被镜像的磁场的叠加。

气隙可以使用气隙中心的集中磁动势建模

$$H(z) = \frac{\mathrm{j}}{2\pi} \frac{NI}{z^*} \tag{5A.83}$$

式中 $z = x + \mathrm{j}y$ 是点的复坐标形式。

在 $y = 0$ 处的镜像会使电流翻倍。在 $x$ 方向的镜像是以 $a$ （窗口宽度）为周期的，在 $y$ 方向的镜像是以 $2h$ （窗口高度，见图 5A.11）为周期的。

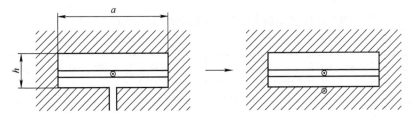

图 5A.11 电感器磁心的窗口和尺寸

气隙的磁场为

$$H_{\mathrm{g}}(z) = \frac{2\mathrm{j}NI}{2\pi} \sum_{k=-\infty}^{\infty} \sum_{m=-\infty}^{\infty} \frac{1}{z^* + 2\mathrm{j}kh + am} \tag{5A.84}$$

式（5A.84）中的一个无穷项求和可以转化为一个函数，并提高了计算精度和速度：

$$H_{\mathrm{g}}(z) = \frac{2\mathrm{j}NI}{2\pi} \sum_{k=-\infty}^{\infty} \frac{\pi}{a} \cot \frac{(z^* + 2\mathrm{j}kh)\pi}{a} \tag{5A.85}$$

绕组可以采用电流密度建模。当它在 $x$ 方向上镜像时，它就会独立于 $x$。窗口的磁场 $H_{\mathrm{w}}$ 为

$$H_{\mathrm{w}}(z) = 0 \quad 对于 \operatorname{Im}(z) < d_{\mathrm{wg}}$$

$$H_{\mathrm{w}}(z) = NI \quad 对于 \operatorname{Im}(z) > d_{\mathrm{wg}} + t_{\mathrm{w}} \tag{5A.86}$$

$$H_{\mathrm{w}}(z) = NI \frac{\operatorname{Im}(z) - d_{\mathrm{wg}}}{t_{\mathrm{w}}} \quad 对于 d_{\mathrm{wg}} + t_{\mathrm{w}} > \operatorname{Im}(z) > d_{\mathrm{wg}}$$

$H_{\mathrm{g}}$ 和 $H_{\mathrm{w}}$ （绕组的磁场）的总和等于窗口区域的磁场 $H$：

$$H(z) = H_{\mathrm{g}}(z) + H_{\mathrm{w}}(z) \tag{5A.87}$$

可以验证磁场 $H$ 在磁心壁上没有切向的分量。磁场 $H$ 向量如图 5A.12 所示，其幅值限制在 50A/m。

$x$ 方向的磁场的二次方在截面上的平均值为

$$\langle H_x^2 \rangle_{\mathrm{av}} = \frac{1}{t_{\mathrm{w}} a/2} \int_{d_{\mathrm{wg}}}^{d_{\mathrm{wg}}+t_{\mathrm{w}}} \int_{a}^{a/2} (\operatorname{Re}(H(z, d_{\mathrm{wg}}, t_{\mathrm{w}})))^2 \mathrm{d}x \mathrm{d}y \tag{5A.88}$$

$y$ 方向磁场的二次方在截面上的平均值为

$$\langle H_y^2 \rangle_{\mathrm{av}} = \frac{1}{t_{\mathrm{w}} a/2} \int_{d_{\mathrm{wg}}}^{d_{\mathrm{wg}}+t_{\mathrm{w}}} \int_{a}^{a/2} (\operatorname{Im}(H(z, d_{\mathrm{wg}}, t_{\mathrm{w}})))^2 \mathrm{d}x \mathrm{d}y \tag{5A.89}$$

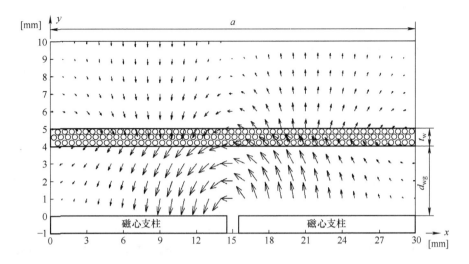

图5A.12　在 $x$ 轴和 $y$ 轴方向的磁场向量，绕组在 4 ~ 5mm 之间（绕组区域是
30mm 宽、10mm 高，磁动势被设定为 1A·t）

如果绕组远离气隙，穿过绕组的磁场线性增加，磁场二次方的平均值为

$$\langle H^2 \rangle_{\mathrm{av}} = \frac{1}{3}\left(\frac{NI}{a}\right)^2 \tag{5A.90}$$

这个等效磁场作为参考解。磁场因子 $k_{\mathrm{F}}$ 的两个分量定义为

$$k_{\mathrm{F}x} = \frac{\langle H_x^2 \rangle_{\mathrm{av}}}{\frac{1}{3}\left(\frac{NI}{w}\right)^2} \tag{5A.91}$$

$$k_{\mathrm{F}y} = \frac{\langle H_y^2 \rangle_{\mathrm{av}}}{\frac{1}{3}\left(\frac{NI}{w}\right)^2} \tag{5A.92}$$

填充因子 $\eta$ 与 $x$ 方向上的磁场相关，填充因子 $\lambda$ 与 $y$ 方向上的磁场相关。

### 5. A. 3. 2　简化的方法

当平行和垂直于层的两个方向的磁场产生相同的损耗时，$k_{\mathrm{F}}$ 可以简化为

$$k_{\mathrm{F}} = k_{\mathrm{F}x} + k_{\mathrm{F}y} \tag{5A.93}$$

**注意：**

1）这种简化在低频情况下适用。

2）在高频的简化方法中，我们考虑磁场是平行还是垂直于层、填充系数高时磁场是否不属于更高阶的局部磁场。因为在电感器中，$k_{\mathrm{F}x}$ 和 $k_{\mathrm{F}y}$ 通常是相同的数量级，所以这种方法是可行的，然而在变压器中 $k_{\mathrm{F}x}$ 占主导地位。

3）在电感器的简化方法中，可以使用横向磁场中单根导体的损耗。第 2 章使

用的是该方法。

4）在大多数情况下，该方法可以达到足够的精度。

### 5. A. 3. 3　$k_F$ 的平行和垂直分量

在这种方法中，我们将磁场分解为平行于层的磁场和垂直于层的磁场两个部分。

$k_F$、$k_{Fx}$ 和 $k_{Fy}$ 的近似值为

$$k_F(\kappa) = \frac{3.44 \times (0.505 - \kappa)^2 + 0.688}{\kappa} \tag{5A.94}$$

$$k_{Fx}(\kappa) = \frac{1.55 \times (0.38 - \kappa)^2 + 0.517}{\kappa} \tag{5A.95}$$

$$k_{Fy}(\kappa) = \frac{1.88 \times (0.609 - \kappa)^2 + 0.126}{\kappa} \tag{5A.96}$$

图 5A. 13 ~ 图 5A. 15 显示了 $k_F$、$k_{Fx}$ 和 $k_{Fy}$ 为不同磁心系数 $\kappa$（矩形和圆形支柱）和不同绕组位置（在支柱间和线圈两端）的函数。

对于不同磁心及案例中，表 5A. 3 给出了 $k_F$ 的值，表 5A. 4 给出了 $k_{Fx}$ 的值，表 5A. 5 给出了 $k_{Fy}$ 值。

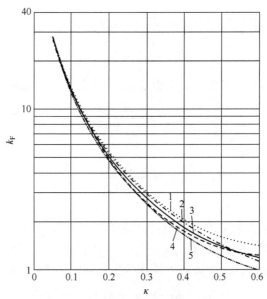

图 5A. 13　磁场因子 $k_F$ 与 $\kappa$ 的函数关系

1—支柱间绕组的二维平面解，例如：EE 磁心设计（见图 2.8），切片 A

2—线圈端部的二维平面解，例如：EE 磁心设计（见图 2.8），切片 B

3—由解析近似法给出的平均解

4—支柱间绕组的轴对称解，例如：罐状磁心设计，ETD 磁心设计，切片 A

5—线圈端部的轴对称解，例如：ETD 磁心设计，切片 B

表5A.3　不同 $\kappa$ 值下的系数 $k_\mathrm{F}$ 值

| $\kappa$ | $k_\mathrm{F}$，支柱间绕组的二维平面解 | $k_\mathrm{F}$，线圈端部的二维平面解 | $k_\mathrm{F}$，平均解 | $k_\mathrm{F}$，支柱间绕组的轴对称解 | $k_\mathrm{F}$，线圈端部的轴对称解 |
|---|---|---|---|---|---|
| 0.05 | 28.3315 | 27.7809 | 28.2293 | 28.7165 | 28.0884 |
| 0.1 | 13.0077 | 12.5958 | 12.671 | 12.75 | 12.3303 |
| 0.15 | 7.8694 | 7.5813 | 7.4945 | 7.3945 | 7.1328 |
| 0.2 | 5.3515 | 5.159 | 5.0058 | 4.8343 | 4.6785 |
| 0.25 | 3.9065 | 3.7782 | 3.607 | 3.419 | 3.3243 |
| 0.3 | 3.0061 | 2.9127 | 2.75 | 2.5748 | 2.5066 |
| 0.35 | 2.4183 | 2.3348 | 2.1956 | 2.0482 | 1.9813 |
| 0.4 | 2.0245 | 1.9306 | 1.8236 | 1.7108 | 1.6283 |
| 0.45 | 1.7585 | 1.6382 | 1.5678 | 1.4918 | 1.3826 |
| 0.5 | 1.5809 | 1.421 | 1.3897 | 1.3497 | 1.2071 |
| 0.55 | 1.4681 | 1.2565 | 1.2658 | 1.2595 | 1.0791 |
| 0.6 | 1.4062 | 1.1303 | 1.184 | 1.2149 | 0.9845 |

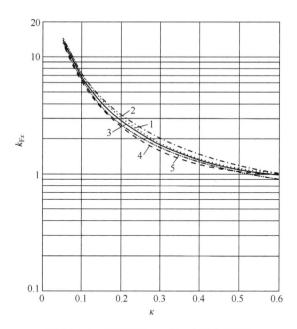

图5A.14　磁场因子 $k_{\mathrm{F}x}$ 与 $\kappa$ 的函数关系

1—支柱间绕组的二维平面解，例如：EE 磁心设计（见图2.8），切片 A

2—线圈端部的二维平面解，例如：EE 磁心设计（见图2.8），切片 B

3—由解析近似法给出的平均解

4—支柱间绕组的轴对称解，例如：罐状磁心设计，ETD 磁心设计，切片 A

5—线圈端部的轴对称解，例如：ETD 磁心设计，切片 B

**表 5A.4  不同 $\kappa$ 值下的系数 $k_{Fx}$ 值**

| $\kappa$ | $k_{Fx}$，支柱间绕组的二维平面解 | $k_{Fx}$，线圈端部的二维平面解 | $k_{Fx}$，平均解 | $k_{Fx}$，支柱间绕组的轴对称解 | $k_{Fx}$，线圈端部的轴对称解 |
|---|---|---|---|---|---|
| 0.05 | 14.4764 | 14.4715 | 13.8627 | 13.2515 | 13.2515 |
| 0.1 | 6.8142 | 6.8737 | 6.4151 | 5.9558 | 6.0167 |
| 0.15 | 4.2453 | 4.3592 | 3.9767 | 3.5987 | 3.7036 |
| 0.2 | 2.9864 | 3.1384 | 2.8111 | 2.4956 | 2.6238 |
| 0.25 | 2.2639 | 2.4363 | 2.1551 | 1.8940 | 2.0263 |
| 0.3 | 1.8137 | 1.9902 | 1.7507 | 1.5388 | 1.6599 |
| 0.35 | 1.5198 | 1.6866 | 1.4859 | 1.3196 | 1.4177 |
| 0.4 | 1.3229 | 1.4689 | 1.3053 | 1.1810 | 1.2483 |
| 0.45 | 1.1899 | 1.3065 | 1.1784 | 1.0929 | 1.1241 |
| 0.5 | 1.1011 | 1.1814 | 1.0875 | 1.0376 | 1.0298 |
| 0.55 | 1.0447 | 1.0827 | 1.022 | 1.0046 | 0.9561 |
| 0.6 | 1.0138 | 1.0034 | 0.9772 | 0.9944 | 0.8973 |

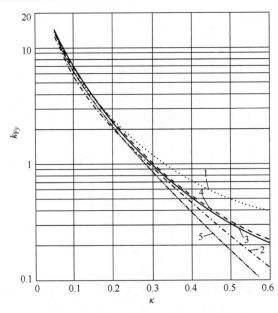

图 5A.15  磁场因子 $k_{Fy}$ 与 $\kappa$ 的函数关系

1—支柱间绕组的二维平面解，例如：EE 磁心设计（图 2.8），切片 A

2—线圈端部的二维平面解，例如：EE 磁心设计（见图 2.8），切片 B

3—由解析近似法给出的平均解

4—支柱间绕组的轴对称解，例如：罐状磁心设计，ETD 磁心设计，切片 A

5—线圈端部的轴对称解，例如：ETD 磁心设计，切片 B

表 5A.5  不同 $\kappa$ 值下的系数 $k_{Fy}$ 值

| $\kappa$ | $k_{Fy}$, 支柱间绕组的二维平面解 | $k_{Fy}$, 线圈端部的二维平面解 | $k_{Fy}$, 平均解 | $k_{Fy}$, 支柱间绕组的轴对称解 | $k_{Fy}$, 线圈端部的轴对称解 |
|---|---|---|---|---|---|
| 0.05 | 13.8551 | 13.3094 | 14.3666 | 15.4650 | 14.8369 |
| 0.1 | 6.1935 | 5.7221 | 6.2559 | 6.7942 | 6.3136 |
| 0.15 | 3.6241 | 3.2221 | 3.5178 | 3.7958 | 3.4292 |
| 0.2 | 2.3651 | 2.0206 | 2.1948 | 2.3387 | 2.0547 |
| 0.25 | 1.6426 | 1.3419 | 1.4519 | 1.5250 | 1.2980 |
| 0.3 | 1.1924 | 0.9225 | 0.9994 | 1.0360 | 0.8467 |
| 0.35 | 0.8985 | 0.6482 | 0.7097 | 0.7286 | 0.5636 |
| 0.4 | 0.7016 | 0.4617 | 0.5183 | 0.5298 | 0.3800 |
| 0.45 | 0.5686 | 0.3317 | 0.3894 | 0.3989 | 0.2585 |
| 0.5 | 0.4798 | 0.2396 | 0.3022 | 0.3121 | 0.1773 |
| 0.55 | 0.4234 | 0.1738 | 0.2438 | 0.2549 | 0.1230 |
| 0.6 | 0.3924 | 0.1269 | 0.2068 | 0.2205 | 0.0872 |

# 参 考 文 献

[1] Vashy, A., Traité d' Électricité et de Magnétisme, Tome premier Paris, Librairie polytechnique, Baudry et Cie, 15, rue de saints pères,15, 1890, Chapitre III, §174 Cas d'un câble à conducteurs concentriques and § État variable du courant dans un circuit.

[2] Snoek, J.L., *New Developments in Ferromagnetic Materials*, Elsevier Publishing Company, Inc., New York and Amsterdam, 1947.

[3] Snelling, E.C., *Soft Ferrites: Properties and Applications*, 2nd ed., Butterworth, London, 1988.

[4] Dowell, P.L., Effects of eddy currents in transformer windings, *IEE Proceedings*, vol. 113, No. 8, August, 1966, pp. 1387–1394.

[5] Frederic, R., Modelisation et simulation de transformateurs pour alimentations a decoupage, PhD thesis, Universite Libre de Bruxelles, 2000, vol. 1 and vol. 2.

[6] Lammeraner, J., and Stafl, M., *Eddy Currents*, Iliffe Books, London, 1966.

[7] Foglier, 1996, *The Handbook of Electrical Engineering*, REA Staff of Research and Education Association, Piscataway, NJ, ISBN 0-87891-981-3.

[8] Lebourgeois, R., Bérenguer, S., Ramiarinjaona, C., and Waeckerlé T., Analysis of the initial complex permeability versus frequency of soft nanocrystalline ribbons and derived composites, *Journal of Magnetism and Magnetic Materials*, vol. 254–255, January 1, 2003, pp. 191–194.

[9] Frederic, R., A closed-form formula for 2-D ohmic losses calculation in SMPS transformers, *IEEE Transactions on Power Electronics*, vol. 16, No. 3, May 2001, pp. 437–444.

[10] Valchev, V., and Van den Bossche, A., Design method for power electronic magnetic components including eddy current losses, 1st International Congress, MEET-MARIND, Varna, Bulgaria, 7–11 October, 2002, pp. 311–321.

[11] Wallmeier, P., Frohleke, N., and Grotstollen, H., Improved analytical modelling of conductive losses in gapped high-frequency inductors, IEEE-IAS Annual Meeting, 1998, pp. 913–920.

[12] Severns, R., Additional losses in high frequency magnetics due to non ideal field distributions, APEC'92, 7th Annual IEEE Applications Power Electronics Conference, 1992, pp. 333–338.

[13] Sullivan, C.R., Winding loss calculation with multiple windings, arbitrary waveforms and 2-D field geometry, IEEE IAS Annual Meeting, 1999, pp. 2093–2099.

[14] Carsten, B., Designing filter inductors for simultaneous minimization of dc and high frequency ac conductor losses, PCIM'94, Dallas, TX, 17–22 Sept. 1994, pp. 19–37.

[15] Hurley, W.G., Gath, E., and Breslin, J.G., Optimised transformer design: inclusive of high-frequency effects, *IEEE Transactions on Power Electronics*, vol. 13, No. 4, July 1998, pp. 651–658.

[16] Hurley, W.G., Gath, E., and Breslin, J.G. Optimising the ac resistance of multilayer transformer windings with arbitrary current waveforms, *IEEE Transactions on Power Electronics*, vol. 15, No. 2, March 2000, pp. 369–376.

[17] Petkov, R., Optimum design of a high-power, high-frequency transformer, *IEEE Transactions on Power Electronics*, vol. 11, No. 1, January 1996, pp. 33–42.

[18] Ferreira, J., Analytical computation of AC resistance of round and rectangular litz wire windings, *IEEE Proceedings—B*, vol. 139, No. 1, 1992, pp. 21–25.

# 第6章 热 方 面

在本章中，我们将讨论确定磁性元件工作温度的传热知识。元件工作温度是环境温度与元件温升之和。

在电力电子设备中，并非所有的设计都需要最大的精度，而是通常只需要与传热尺寸相关的必要变量的数量级。因此，我们提出了三种不同等级的散热设计方法。0级和1级的方法不需要专门的传热知识。这些方法很简单，但它们也不可以被忽视。由于对流系数的不确定性，有时使用一个更精细的方法是没有意义的。我们从0级和1级的设计来开始这一章，让那些渴望快速进行散热设计的读者在本简介之后可以立即找到所需的内容。

本章介绍了传热的三种机制：传导、对流和辐射以及基本的传热规律。本章使用等效电路并对其进行详细解释，等效电路可以把磁元件的热流和对应电气变量进行类比。2级设计方法，包括了一个磁性元件的热阻网络表示，在已经介绍了基本原理的基础上进行讨论。这个热阻网络可以由磁元件不同部分的热惯性构成。完整的模型支持分析不同的工作模式：

1）稳态条件，长期运行在满载持续负荷下。

2）瞬态热行为，短期运行在重负荷下。

3）绝热加载条件，在很短的时间间隔内施加非常高的负荷，因此，除了元件温度升高外，不会发生真正的传热。

本章对磁性元件的传热特性进行了特殊处理，并介绍了一种改进的电力电子磁性元件对流和辐射热传递的热模型。

## 6.1 快速热设计方法（0级热设计）

在某些情况下，通过计算物体所有的表面及必要的参数来获得物体的精确散热预计是十分耗费时间的。我们可以简单地观察到在给定磁心尺寸上可以耗散多少功率（即允许的耗散功率与磁心尺寸的相关性）。我们将这种方法称为"0级"设计。50Hz变压器的实验数据表明磁心允许的耗散功率可以用下面的经验公式来近似：

$$P_{\text{loss}} = p \times a \times h \tag{6.1}$$

式中 $p$——"比耗散"功率的系数，并且在 $1500 \sim 2500 \text{W/m}^2$ 范围内；

$a$——磁心的最大水平尺寸，单位为 m；

$h$——磁心的高度，单位为 m。

**注意：**

1）在式（6.1）中，磁心尺寸 $a$ 和 $h$ 的单位是 m，得到的允许耗散功率单位是 W。

2）没有考虑磁心水平方向的其他（较小）的尺寸，因为对于散热，水平表面总是不如垂直表面更有效的。

3）如果铜绕组的尺寸高于磁心尺寸，那么，在式（6.1）中使用铜绕组尺寸。这是环状和芯（壳）型变压器和电感器的情况。

4）假定磁性元件在垂直位置，并且线圈骨架是垂直的。这通常是最好的传热位置。

利用制造商数据[1]，考虑了在40℃环境温度和115℃铜热点温度下铁质饼式变压器的允许耗散功率后，推导了式（6.1）。系数 $p$（不同堆叠宽度和磁心等级的平均值）与磁心特征尺寸 $a$（所分析数据中的磁心 $a=h$）的依赖关系如图6.1所示。堆叠的宽度（磁心的第三维度）对 $p$ 值的影响只有百分之几。对于小型的50Hz变压器，几乎所有的损耗都在铜上，因此，磁心的开放表面，通常甚至大于铜的开放表面，没有用来进行有效的散热。这导致了较低的 $p$ 值。

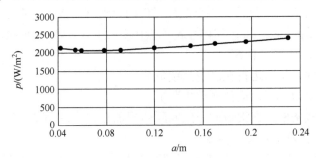

图6.1　式（6.1）的比耗散功率系数 $p$ 的值与最大水平尺寸 $a$ 的关系，在40℃环境温度和铜热点温度115℃下的50Hz饼式变压器（数据来自参考文献［1］）

### 6.1.1　铁氧体的比耗散功率 $p$

对于铁氧体，更高的 $p$ 值是可以容许的，因为即使是小尺寸器件，总损耗会更均匀地分布在铜导线和磁心之间，因此，可以实现更好的散热。一方面，铁氧体的工作环境温度往往高于50Hz的铁质变压器，这是由于铁氧体磁心元件通常使用在封闭式箱体设备中。因此，铁氧体的环境温度为60℃更为现实，这导致铜的允许温升较低，约为50℃。但从另一方面来看，典型的铁氧体磁心的特征尺寸值低于60mm，有利于传热。

记住所有提到的关于铁氧体散热细节的考虑，在 $2000\sim2500W/m^2$ 范围内的 $p$ 值适用于使用铁氧体磁心的大多数设计中。为了安全起见，在环境温度高于60℃的应用中，我们建议在 $p=1500\sim2000W/m^2$ 范围内取值。

**举例：**

1）对于两个主要尺寸等于 0.039m 的 ETD39 铁氧体磁心，允许的耗散功率为

$$P_{loss} = 2500 \times 0.039 \times 0.039 = 3.8W \quad 对于 \quad p = 2500W/m^2$$

2）对于两个主要尺寸等于 0.065m 的 EE65 铁氧体磁心，允许的耗散功率为

$$P_{loss} = 2500 \times 0.065 \times 0.065 = 10.56W \quad 对于 \quad p = 2500W/m^2$$

3）对于垂直安装的环状磁心（环形）T102/65/25，其中 $a = h = 0.102 + 0.004 = 0.106m$（0.004m 是铜绕组厚度），得到的结果是：对于 $p = 2500W/m^2$，$P_{loss} = 2500 \times 0.106 \times 0.106 = 28W$。在这种情况下，从一面看开放的表面积不是 $A = ah$，但从另一面看，由于还需考虑元件的内表面，因此实际的开放表面积是大于 $A = \pi a^2/4$，所做的近似处理还是足够准确的。

### 6.1.2　0 级热设计的结论

0 级设计方法允许快速检查磁性元件的允许耗散功率。其优点是计算很简单，甚至可以在头脑中完成。然而，在需要更高准确性的地方，则不应该停留在这个水平上，而应该使用更复杂的 1 级或 2 级设计。

## 6.2　单个热阻设计方法（1 级热设计）

为了更好地理解磁性元件的传热过程，可以把热学变量及方程与表 6.1 中给出的电气变量类比联系起来。使用这个类比，可以用电气模拟电路表示一个传热系统。在该电路中，传热速率用电流表示，温度差用电压表示，热阻用电阻表示。

表 6.1　热学变量和电气变量的类比

| 热学变量与定律 | 电气变量与定律 |
|---|---|
| 传热速率，$q$（或 $P_{loss}$）/W | 电流，$I/A$ |
| 温度差 $\Delta T/℃$ | 电位差，电压，$V/V$ |
| 热阻，$R_\theta/(℃/W)$ | 电阻，$R/\Omega$ |
| $q = \Delta T/R_\theta$，单位为 W | $I = V/R$ |

1 级热设计的方法是使用一个单一的热阻表示磁性元件，这个电阻的电阻值与温度有关（见图 6.2）。热传导率 $q$ 等于元件中的总功率损耗 $P_{loss}$。温升 $\Delta T$ 是元件热点温度 $T_{hs}$ 和环境温度 $T_a$ 之间的差值。

使用图 6.2 和与电气变量的类比，可以得到

$$P_{loss} = \frac{\Delta T}{R_\theta} \tag{6.2}$$

式中　$P_{loss}$——总功率损耗，等于磁心损耗和铜损耗总和；

　　　$\Delta T$——温升，$\Delta T = T_{hs} - T_a$；

　　　$R_\theta$——元件的总热阻。

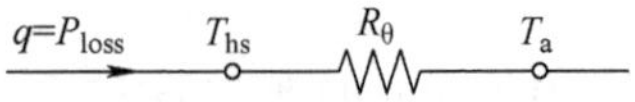

$$q=P_{\text{loss}} \quad T_{\text{hs}} \qquad R_\theta \qquad T_a$$

图 6.2 磁性元件中热传递的电气模拟电路（仅使用一个热阻）

磁性元件中对流和辐射的热阻路径是并联的，所以 $R_\theta$ 值为

$$\frac{1}{R_\theta} = \frac{1}{R_{\theta,\text{conv}}} + \frac{1}{R_{\theta,\text{rad}}} = h_c A + h_R A = A(h_c + h_R) \tag{6.3}$$

式中　$A$——磁性元件的总开放面积，单位为 $\text{m}^2$；

　　　$h_c$——元件的对流传热系数；

　　　$h_R$——元件的辐射传热系数。

温升 $\Delta T$ 是

$$\Delta T = T_{\text{hs}} - T_a = P_{\text{loss}} R_\theta = \frac{P_{\text{loss}}}{A(h_c + h_R)} \tag{6.4}$$

式中　$T_{\text{hs}}$——元件的热点温度；

　　　$T_a$——环境温度。

**注意**：对流和辐射的传热系数不是常数；实际上它们与温度有关。一些制造商为铁心提供了热阻，但如果没有提供温差，就应注意该热阻值，因为热阻依赖于温差 $\Delta T$。

当元件 $A$ 的表面积和温升 $\Delta T$ 是已知的，为了得到允许的耗散功率 $P_{\text{loss}}$，可以使用下列经验公式：

$$P_{\text{loss}} = (\Delta T)^{1.1} A \tag{6.5}$$

式中　$A$ 的单位是 $\text{cm}^2$ 并且 $P_{\text{loss}}$ 的单位是 $\text{mW}$。

式 (6.5) 的目的是直接给出温差和面积对功率耗散能力的影响。类似于式 (6.5) 的相关性在参考文献 [1] 中提出。

**举例**：

让我们考虑一个 EE42 磁心套件的磁元件。元件的总开放表面积为：$A = 2 \times 42^2 + 4 \times 42 \times 15 + 8 \times 29 \times 8 = 7904\text{mm}^2 = 79.04\text{cm}^2$。如果 $\Delta T = 50℃$，那么得到 $P_{\text{loss}} = (50)^{1.1} \times 79.04 = 5844\text{mW} = 5.844\text{W}$。相比之下，在本章第 5 节给出了精确的方法，在相同的结构和条件下得到 $P_{\text{loss}} = 5.35\text{W}$[2]。

# 6.3　经典传热机制

传热机制有三种：传导、对流和辐射。在这一节中，我们将解释这些机制，并给出决定它们行为的主要物理定律。

## 6.3.1　传导传热

传导传热是物体沿着温度梯度从高温度区域到低温度区域的能量传递。传热速

率 $q$ 是与正在进行热传递的横截面面积 $A$ 及在热流方向（垂直于 $A$）的温度梯度 $\dfrac{\partial T}{\partial x}$ 成比例的：

$$q \sim A\frac{\partial T}{\partial x} \tag{6.6}$$

引入一个正的常数 $k$（称为热传导率），为

$$q = -kA\frac{\partial T}{\partial x} \tag{6.7}$$

式中  $q$——传热速率，单位为 W；

　　　$k$——材料的导热系数，单位为 W/(m·℃)；

　　　$A$——正在进行热传导的横截面面积，单位为 m²。

式（6.7）被称为傅里叶定律。负号表示热量沿温度下降的方向传递。式（6.7）中的关键参数是导热系数。

使用单位体积的能量平衡，一般的三维热平衡方程为

$$\frac{\partial^2 T}{\partial x^2} + \frac{\partial^2 T}{\partial y^2} + \frac{\partial^2 T}{\partial z^2} + \frac{E}{k} = \frac{1}{\alpha}\frac{\partial T}{\partial t} \tag{6.8}$$

式中  $E$——每单位体积产生的能量，单位为 W/m³；

　　　$\alpha = \dfrac{k}{\rho c_p}$——材料的热扩散率，单位为 m²/s；

　　　$\rho$——物质密度，单位为 kg/m³；

　　　$c_p$——物质的比热容，单位为 J/(kg·℃)。

$\alpha$ 是热量通过材料的扩散率。高 $\alpha$ 值意味着高的导热系数 $k$ 或低的热容量 $\rho c_p$，$\alpha$ 导致材料中更快的热扩散。

由于理论分析产生的结果不准确，数据表中给出的 $k$ 值和实际应用中所使用的值通常是由实验获得的。表 6.2 中部分材料的导热系数是在 100℃ 下给出的。

**表 6.2　$T = 100$℃的某些材料的导热系数[3,4]**

| 材料 | 导热系数 $k/[\text{W}/(\text{m}\cdot℃)]$ |
| --- | --- |
| 铝，Al | 206 |
| 铁氧体（MnZn，NiZn） | 3.8 |
| 纯铁，Fe | 67 |
| 碳钢，C≈0.5% | 52 |
| 碳钢，C≈1.5% | 36 |
| 殷钢，Ni=36% | 10.7 |
| 镍钢，Ni≈80% | 35 |
| 镍（纯），Ni | 83 |
| 铜（纯），Cu | 379 |

（续）

| 材料 | 导热系数 $k/[W/(m \cdot ℃)]$ |
|------|------|
| 锡 | 59 |
| 铅，Pb | 33 |
| 银 | 440 |
| 锌（纯），Zn | 109 |
| 镁（纯） | 168 |
| 玻璃 | 0.78 |
| 环氧树脂（未填充） | 0.25 |
| 环氧树脂（填充） | 1.1 |
| 聚乙烯 | 0.33 |
| 聚氯乙烯 | 0.09 |
| 聚丙烯 | 0.16 |
| 聚酰亚胺薄膜 | 0.40 |
| 变压器油 | 0.12 |
| 纸板 | 0.04 |
| 牛皮纸 | 0.11 |
| 纤维，绝缘板 | 0.05 |
| 石棉 | 0.07 ~ 0.17 |
| 木材 | 0.11 ~ 0.15 |
| 水，$H_2O$，$T=20℃$ | 0.60 |
| 空气，$T=30℃$ | 0.026 |
| 空气，$T=70℃$ | 0.030 |
| 二氧化碳，$CO_2$ | 0.022 |
| 氧气，$O_2$ | 0.033 |
| 氢气，$H_2$ | 0.21 |

注：数据表格选自《传热学》（Holman J. P，第 8 版，McGraw - Hill，纽约，1997 年[3]）和《变压器设计手册应用》（Flanagan，W. M.，第 2 版，McGraw - Hill，纽约，1992 年[4]）（经 McGraw - Hill 许可）

## 6.3.2 对流传热

对流传热是一个复杂的过程，它包含了对流流体边界的传导。对流的物理机制与靠近加热体表面的流体薄边界层的热传导有关。传热速率由流体吹向被加热表面的速度和流体的类型（空气、水、油）决定。对流过程还包括流体密度随温度、黏度和流体运动的变化。

牛顿冷却定律为对流传热的整个过程给出了一个简单的表达式：

$$q = h_c A(T_w - T_a) \tag{6.9}$$

式中 $q$——对流的传热速率,单位为 W;

$h_c$——材料的热对流系数,单位为 $W/(m^2 \cdot ℃)$;

$A$——加热体的表面积,单位为 $m^2$;

$T_w$——表面温度(材料表面);

$T_a$——环境温度。

热对流系数有时表示为薄膜传导率,因为热传导过程发生在加热体和流体的边缘薄膜之间。

### 6.3.2.1 自然对流和强制对流

如果加热体暴露在没有受到外部运动影响的周围空气中,那么空气的运动只是由靠近表面的密度梯度产生的。这种类型的对流被称为自然或自由对流。如果有一个风扇吹的风流过加热体,那么这个过程被称为强制对流。

### 6.3.2.2 热对流系数 $h_c$

在式(6.9)中,关键参数是热对流系数 $h_c$。对于垂直板,$h_c$ 通常是板的高度 $H$ 的函数,并被表示为

$$h_c = 1.42 \left( \frac{\Delta T}{H} \right)^{1/4} \tag{6.10}$$

式中 $\Delta T$——温升 $T_w - T_a$,单位为℃;

$H$——元件的高度,单位为 m。

Holman[3]的经典书籍给出了在层流和湍流的情况下计算各种表面的 $h_c$,这可用于更精确的估计热对流系数。然而,在参考文献〔3〕中的大多数方法是难以用于磁性元件设计的。

为了明确热对流系数 $h_c$ 的不确定性,我们进行了实验研究,并在本章第 5 节给出了结果。

## 6.3.3 辐射传热

辐射传热的物理机制不同于热传导和热对流机理,其中后者的热量是通过材料介质(流体)传送的。辐射传热的机理是电磁辐射,热量甚至可以通过真空进行传送。辐射传热可由斯特藩 - 玻尔兹曼热辐射定律描述:

$$q = \varepsilon \sigma A T^4 \tag{6.11}$$

式中 $q$——辐射的传热速率,单位为 W;

$\varepsilon$——辐射面的辐射率;

$\sigma$——斯特藩 - 玻尔兹曼常数,$\sigma = 5.67 \times 10^{-8} W/(m^2 \cdot K^4)$;

$T$——绝对温度,单位为 K;

$A$——辐射面积(对于磁性元件,这是元件的开放面积),单位为 $m^2$。

因子 $\varepsilon$(辐射率)表示给定表面与 $\varepsilon = 1$ 的黑色表面的热传输速率 $q$ 的比率。

几乎所有颜色油漆表面的辐射率约为 0.9。光亮的金属表面的辐射率低得多，为 0.05 ~ 0.1。

绝对温度 $T_1$ 的热体和绝对温度 $T_2$ 的封闭体之间的辐射能量交换是与绝对温度的四次方之差成正比的：

$$q = \varepsilon \sigma A (T_1^4 - T_2^4) \tag{6.12}$$

式中 $T_1$——热体的绝对温度；

$T_2$——封闭体的绝对温度。

磁性元件表面温度的热辐射波长是在红外范围内。

表 6.3 列出了接近磁性元件工作温度（约 100℃）的各种表面的辐射率的数值。

**表 6.3 接近 100℃某些表面的总辐射率[3,4]**

| 材料 | 辐射率 $\varepsilon$ |
|---|---|
| 铝，抛光 | 0.04 |
| 铝，氧化 | 0.25 |
| 黄铜（CuZn），抛光 | 0.03 |
| 生锈的黄铜 | 0.2 |
| 铁氧体 | 0.95 |
| 铜，抛光 | 0.052 |
| 铜，生锈 | 0.40 |
| 铜，覆盖氧化物层 | 0.78 |
| 铸铁 | 0.7 |
| 钢，抛光 | 0.066 |
| 钢，氧化层 | 0.80 |
| 钢板 | 0.55 |
| 镀锡钢板 | 0.04 ~ 0.06 |
| 镍，抛光 | 0.072 |
| 油漆，所有颜色 | 0.90 ~ 0.94 |
| 橡胶 | 0.94 |
| 瓷器 | 0.92 |
| 搪瓷 | 0.9 |
| 漆包铜 | 0.8 |
| 绝缘纸 | 0.9 |

数据表格选自《传热学》（Holman J. P, 第 8 版，McGraw - Hill，纽约，1997 年[3]）和《变压器设计手册应用》（Flanagan，W. M.，第 2 版，McGraw - Hill，纽约，1992 年[4]）（经 McGraw - Hill 许可）

为了统一三种传热机制的传热速率的方程（6.7）、（6.9）和（6.12），方

程（6.12）可以简化为

$$q = h_R A(T_1 - T_2) \tag{6.13}$$

式中　$h_R$——热辐射系数，即

$$h_R = \frac{\varepsilon \sigma (T_1^4 - T_2^4)}{T_1 - T_2} = \frac{\varepsilon 5.67 \times 10^{-8} (T_1^4 - T_2^4)}{T_1 - T_2} \tag{6.14}$$

## 6.4　使用热阻网络的热设计（2 级热设计）

为了更详细地描述磁性元件的传热，则需要一个由多个热阻构成的网络。通过电气电路和电气变量的类比，我们可以使用详细的等效电路描述一个传热系统。这种电路有助于更好地表示传热过程和计算磁性元件的温升。关键参数是热系数 $k$、$h_c$ 和 $h_R$，这取决于温度和磁性元件的几何形状。

假设：所有的铜表面都有相同的温度，所有的磁心表面也有相同的温度。

### 6.4.1　热阻

在此，我们提出了一个热阻网络（见图 6.3），它包括以下热阻：

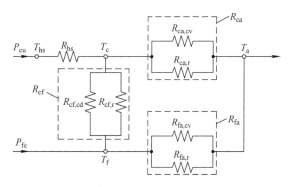

图 6.3　用热阻网络模拟磁性元件中的热传递（2 级）

1）$R_{\theta, hs}$，这代表了热点之间的热传导，被假定是在铜绕组和铜线圈表面。为简单起见，我们认为铜表面的温度是相同的。这种热阻主要取决于线圈中的寄生空气隙。$R_{\theta, hs}$ 表示为

$$R_{\theta, hs} = \frac{l_{cw}}{k(A_{cf} + A_{ca})} \tag{6.15}$$

式中　$l_{cw}$——等效气隙，表示绕组内的空气以及绕组和线圈架之间的寄生空气隙；
　　　　　　$l_{cw}$ 取决于导线类型、绝缘和线圈内的温度分布；
　　　　$A_{cf}$——槽中铜线圈的表面面积（实现线圈和磁心之间热传导的面积），或铜 - 铁氧体的面积；
　　　　$A_{ca}$——铜线圈开放表面的面积（直接将热量传递到环境空气的开放表面），

或铜对环境空气的面积；

$k$——空气的热传导系数；在100℃时 $k = 0.031 \text{W}/(\text{m} \cdot \text{℃})$，在30℃时 $k = 0.026 \text{W}/(\text{m} \cdot \text{℃})$ [3]。

2）$R_{\theta,\text{cf}}$，该热阻是槽中的铜线圈和磁心（铜 – 铁氧体热阻）之间的传导与辐射热阻的倒数之和的倒数，即 $R_{\theta,\text{cf,cd}}$ 和 $R_{\theta,\text{cf,r}}$ 为

$$\frac{1}{R_{\theta,\text{cf}}} = \frac{1}{R_{\theta,\text{cf,cd}}} + \frac{1}{R_{\theta,\text{cf,r}}} \tag{6.16}$$

$R_{\theta,\text{cf,cd}}$ 的值为

$$R_{\theta,\text{cf,cd}} = \frac{l_{\text{cf}}}{kA_{\text{cf}}} \tag{6.17}$$

式中 $l_{\text{cf}}$——线圈和磁心之间的空气空间对应的等效气隙。

$R_{\theta,\text{cf,r}}$ 的值为

$$R_{\theta,\text{cf,r}} = \frac{1}{h_{\text{R,cf}}A_{\text{cf}}} = \frac{T_{\text{c}} - T_{\text{f}}}{\varepsilon\sigma(T_{\text{c}}^4 - T_{\text{f}}^4)A_{\text{cf}}} \tag{6.18}$$

式中 $h_{\text{R,cf}}$——线圈的热辐射系数；

$T_{\text{c}}$——线圈的绝对温度，单位为 K；

$T_{\text{f}}$——磁心的绝对温度，单位为 K；

$\varepsilon$——线圈表面的辐射率，$\varepsilon = 0.8$（见表6.4）；

$\sigma$——斯特藩 – 玻尔兹曼常数；$\sigma = 5.67 \times 10^{-8} \text{W}/(\text{m}^2 \cdot \text{K}^4)$。

表6.4 不同表面的辐射率

| 材料 | 铝表面，$\varepsilon_{\text{al}}$ | 未抛光铜，$\varepsilon_{\text{cu}}$ | 漆包铜，$\varepsilon_{\text{en}}$ | 黑漆表面，$\varepsilon_{\text{bp}}$ |
|---|---|---|---|---|
| 辐射率 | 0.07 | 0.14 | 0.81 | 0.925 |

**注意：**

将 $R_{\theta,\text{cf,cd}}$ 和 $R_{\theta,\text{cf,r}}$ 一起考虑。这些电阻是并联的。在一个简单的例子中，$l_{\text{cf}} = 3\text{mm}$，$T_{\text{c}} = 374\text{K}$，$T_{\text{f}} = 373\text{K}$（线圈和磁心温度之间有1K的差异）产生了几乎相同的热阻：

$$R_{\theta,\text{cf,cd}}/A_{\text{cf}} = \frac{l_{\text{cf}}}{k} = \frac{0.003}{0.031} = 0.097$$

$$R_{\theta,\text{cf,r}}/A_{\text{cf}} = \frac{1}{0.9 \times 5.67 \times 10^{-8}(374^4 - 373^4)} = 0.094$$

3）$R_{\theta,\text{ca}}$，这种热阻是线圈开放表面与周围空气之间的对流和辐射热阻（铜到环境的热阻）的组合，分别为 $R_{\theta,\text{ca,cv}}$ 和 $R_{\theta,\text{ca,r}}$。这些热阻是并联的，因此

$$\frac{1}{R_{\theta,\text{ca}}} = \frac{1}{R_{\theta,\text{ca,cv}}} + \frac{1}{R_{\theta,\text{ca,r}}} \tag{6.19}$$

$R_{\theta,\text{ca,cv}}$ 和 $R_{\theta,\text{ca,r}}$ 的值为

$$R_{\theta,\text{ca,cv}} = \frac{1}{h_c A_{\text{ca}}} \tag{6.20}$$

$$R_{\theta,\text{ca,r}} = \frac{1}{h_{\text{R,ca}} A_{\text{ca}}} = \frac{T_c - T_a}{\varepsilon \sigma (T_c^4 - T_a^4) A_{\text{ca}}} \tag{6.21}$$

式中  $h_{\text{R,ca}}$——线圈开放区域的热辐射系数;

$T_c$——线圈开放区域的绝对温度,单位为 K;

$T_a$——环境空气的绝对温度,单位为 K;

$\varepsilon$——线圈开放表面的辐射率,$\varepsilon = 0.8$(见表 6.4)。

4) $R_{\theta,\text{fa}}$,这种热阻是磁心开放表面与周围空气之间的对流和辐射热阻(铁氧体到环境热阻)的组合,分别为 $R_{\theta,\text{fa,cv}}$ 和 $R_{\theta,\text{fa,r}}$。这些热阻也是并联的,因此

$$\frac{1}{R_{\theta,\text{fa}}} = \frac{1}{R_{\theta,\text{fa,cv}}} + \frac{1}{R_{\theta,\text{fa,r}}} \tag{6.22}$$

$R_{\theta,\text{fa,c}}$ 的值为

$$R_{\theta,\text{fa,c}} = \frac{1}{h_c A_{\text{fa}}} \tag{6.23}$$

式中  $A_{\text{fa}}$——磁心端部面积(传热到环境空气中的磁心开放表面),或铁氧体到周围环境的面积。

$R_{\theta,\text{fa,r}}$ 的值为

$$R_{\theta,\text{fa,r}} = \frac{1}{h_{\text{R,fa}} A_{\text{fa}}} = \frac{T_f - T_a}{\varepsilon \sigma (T_f^4 - T_a^4) A_{\text{fa}}} \tag{6.24}$$

式中  $h_{\text{R,fa}}$——磁心端面的热辐射系数;

$T_f$——磁心端面的绝对温度,单位为 K;

$\varepsilon$——磁心表面的辐射率,$\varepsilon = 0.9 \sim 0.95$(见表 6.4)。

包含上述热阻的等效电路如图 6.3 所示。

**注意**:对于具有强迫对流或由散热器冷却的元件,在磁心中的热点和磁心表面之间需要增加一个额外的热阻。

## 6.4.2  确定温升

在磁性元件中有 2 个热源:铜损 $P_{\text{cu}}$ 和铁损 $P_{\text{fe}}$(见图 6.3)。为了确定磁性元件的温升 $\Delta T$,我们使用叠加原理。

首先,我们考虑由铁损 $P_{\text{fe}}$ 引起的线圈温升 $\Delta T_{\text{c,f}}$。这些损耗可以当作是等效电路中的一个电流源(见图 6.3)。我们必须找到由铁损 $P_{\text{fe}}$ 引起的"电位差" $\Delta T_{\text{c,f}} = T_c - T_a$。使用已知的电路定律和图 6.4,可以得到 $P_{\text{fe,c}}$ 为

$$P_{\text{fe,c}} = \frac{P_{\text{fe}} R_{\text{fa}}}{R_{\text{ca}} + R_{\text{cf}} + R_{\text{fa}}} \tag{6.25}$$

$$\Delta T_{\text{c,f}} = P_{\text{fe,c}} R_{\text{ca}} = P_{\text{fe}} \frac{R_{\text{fa}} R_{\text{ca}}}{R_{\text{ca}} + R_{\text{cf}} + R_{\text{fa}}} \tag{6.26}$$

其次，确定由铜损 $P_{cu}$ 引起的铜的温升 $\Delta T_{c,c}$。热传递过程是由图 6.5 所示的等效电路表示的。根据图 6.5，可以得到

$$\Delta T_{c,c} = P_{cu} R_{eqv} = P_{cu} \left( R_{hs} + \frac{R_{ca}(R_{cf} + R_{fa})}{R_{ca} + R_{cf} + R_{fa}} \right) \qquad (6.27)$$

现在，知道了铜损和磁心损耗引起的温升，可以得到这些值的总和，即总温升 $\Delta T$ 为

$$\Delta T = \Delta T_{c,c} + \Delta T_{c,f} = P_{cu} \left( R_{hs} + \frac{R_{ca}(R_{cf} + R_{fa})}{R_{ca} + R_{cf} + R_{fa}} \right) + P_{fe} \frac{R_{fa} R_{ca}}{R_{ca} + R_{cf} + R_{fa}}$$

$$(6.28)$$

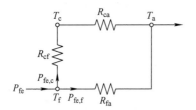

图 6.4 由铁损 $P_{fe}$ 引起的
线圈温升 $\Delta T_{c,f}$ 的等效电路

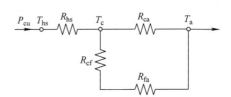

图 6.5 由铜损 $P_{cu}$ 引起的
线圈温升 $\Delta T_{c,c}$ 的等效电路

式（6.28）使我们能够找到给定铜损和铁损下的磁性元件的温升。有时，在实际操作中需要几次迭代才能找到准确的温升，因为式（6.28）中使用的热阻以及铁损和铜损都与温度有关。

## 6.5 磁性元件传热理论的贡献

磁性元件的热设计通常在一定程度上被忽视，因为往往不是非常清楚应该使用哪个理论和哪些系数。此外，这些实验也很耗时且不容易。在一个实际的设计中，存在着许多使建模复杂化的构造细节。这对于经典方法和数值方法都是如此。这里，我们想要给出一些参考公式和结论用来对经典方法与其他方法进行很好的调节。

无论是经典方法[4-6]还是新的热模型[7,8]，都有其优点和应用价值。在等温面模型（元件所有的开放表面都具有相同的温度）中，描述元件散热能力的总传热速率 $q$ 可以如下表示

$$q = q_d + q_r + q_c \qquad (6.29)$$

式中 $q_d$，$q_r$，$q_c$——已经讨论的传导、辐射和对流传热速率。

代入相关公式，可以得到

$$q = kA_k \frac{T_w - T_d}{l_k} + \varepsilon\sigma A_r (T_w^4 - T_a^4) + h_c A_c (T_w - T_a) \qquad (6.30)$$

式中　　　$k$——材料的导热系数，单位为 $W/(m^2 \cdot K)$;

　　　　　$A_k$——正在进行传导热量的横截面积，单位为 $m^2$;

　　　　　$l_k$——热传导路径的等效长度;

　　　　　$\varepsilon$——辐射表面的辐射率;

　　　　　$\sigma$——斯特藩 - 玻尔兹曼常数; $\sigma = 5.67 \times 10^{-8} W/(m^2 \cdot K^4)$;

　　　　　$A_r$——辐射面积，即元件的开放表面积，单位为 $m^2$;

　　　　　$h_c$——材料的热对流系数，单位为 $W/(m^2 \cdot ℃)$;

　　　　　$A_c$——元件的开放表面积，单位为 $m^2$, $A_c = A_r$;

$T_w - T_a = \Delta T$——温升，$T_w$ 是元件的表面温度，$T_a$ 是环境温度。

　　从磁性元件到环境空气的传热过程中，热传导通常可以忽略不计，所以我们会只关注辐射和对流传热。

　　系数 $k$、$\varepsilon$ 和 $h_c$ 的不确定性导致应用于磁性元件的式（6.30）的精度不够。特别是系数 $h_c$ 和 $\varepsilon$ 很关键。著名的系数 $h_c$ 公式为

$$h_c = 1.42 \left( \frac{\Delta T}{L} \right)^{0.25} \tag{6.31}$$

式中　$\Delta T$——温升 $T_w - T_a$，单位为 ℃;

　　　　$L$——元件的高度，单位为 m。

　　此方程仅在特定条件下是有效的，有些因素限制了该公式在磁性元件设计中的有效性:

　　1) 对流传热是一个相当复杂的过程，式（6.31）是由无限大表面条件下推导出来的，并不完全适用于磁性元件。

　　2) 在使用公式的温度范围内，导热率、黏度和空气密度都假定为常数，但这个假设只是一个近似。

　　3) 在封闭的自然对流空间或靠近其他受热面的情况下，式（6.31）并不适用。通常环境温度会趋向于箱体内某区域内的平均温度。

　　**举例**:

　　对于 $L = 0.042m$ 的 EE42 磁心，温升 $\Delta T = 50℃$，根据式（6.31），热对流系数为 $h_c = 8.34 W/(m^2 \cdot ℃)$。根据参考文献［9，10］，电力电子中使用的磁心，典型的 $h_c$ 值分布在 $6 \sim 10 W/(m^2 \cdot ℃)$ 范围内。

　　式（6.31）的上述局限性以及 $\varepsilon$ 和 $h_c$ 的不确定性，导致了热对流估算有 20% ~30% 的误差、总的散热量估算约有 15% 的误差。这种不准确性真的会影响一些设计。

## 6.5.1　实践经验

　　我们进行了一些实验来研究电力电子元件的一些典型表面的辐射率 $\varepsilon$ 值（见本章附录）。主要结果总结在表 6.4 中。

实验结论和关于磁元件的姿势与位置的结果是：

1）磁性元件直接放置在 PCB（印制电路板）上改善了传热，与元件不接触 PCB 的情况相比，温升降低了 6%~8%。

2）散热能力几乎不取决于磁性元件的姿势（垂直或水平）。

3）在高的环境温度下，由于热辐射的增加，相同耗散功率 $P_{diss}$ 下的允许温升 $\Delta T$ 略微降低。

更多详情见本章附录。

## 6.5.2 自然对流系数 $h_c$ 的精确表达

磁性元件并不像经典热传递中的形状（无限大或薄板），因此，传热系数 $h_c$ 应该可以更好地定义，但仍然不同于经典热方法中的水平板或垂直板。在这里，我们提出了用于电力电子磁性元件热对流的改进的热模型。

### 6.5.2.1 对流系数 $h_c$ 的推导

对流过程是一个相当复杂的现象。在 250~400K 考虑的温度范围内，如热传导率 $k$、运动黏度 $v$ 和比重（密度）$\rho$ 等影响对流过程的空气属性会有很大的变化。因此，经典对流传热理论中使用的传热参数，如努塞尔数 Nu、格拉晓夫数 Gr、普朗特数 Pr 和瑞利数 Ra 等受温度影响很大，从而导致其简化结果的合理性 $h_c \sim (\Delta T/L)^{0.25}$ 在真实的实验中不能被验证。

$h_c$ 与 $\Delta T$ 的准确依赖关系不同于式（6.31）中给出的简化关系。为了获得经典表达式与式（6.31）之间的良好匹配，其中的指数应该被精细地调整。我们考虑以下近似：

$$h_c = C \frac{(\Delta T)^{\alpha_T}}{L^{\alpha_L}} \qquad (6.32)$$

其中，参数 $\alpha_T$ 和 $\alpha_L$ 不再是式（6.31）中的 0.25。要完成式（6.32）的表达式，并推导出 $h_c$ 关于压力 $p$、环境温度 $T_a$ 和元件姿势的依赖性，我们提出以下表达式：

$$h_c = C \left(\frac{p}{p_{ref}}\right)^{\alpha_p} \left(\frac{T_a}{T_{a,ref}}\right)^{\alpha_{Ta}} \frac{(\Delta T)^{\alpha_T}}{L^{\alpha_L}} \qquad (6.33)$$

其中，指数 $\alpha_p$ 和 $\alpha_{Ta}$ 以及取决于元件姿势的系数 $C$ 需要予以确定。

指数 $\alpha_T$、$\alpha_L$、$\alpha_p$、$\alpha_{Ta}$ 以及系数 $C$ 的精确值通过表格数据和解析结果的匹配获得（见本章附录）。通过比较经典的 $h_c$ 完整公式的结果和包含一个调整系数及相应变量 $\Delta T$、$T_a$、$L$、$p$ 的表达式的结果，分别得到每个指数。

使用参数 $\alpha_T$、$\alpha_L$、$\alpha_p$、$\alpha_{Ta}$ 和 $C$ 的值，我们给出以下热对流系数 $h_c$ 的完整表达：

$$h_c = C \left(\frac{p}{p_{ref}}\right)^{0.477} \left(\frac{T_a}{T_{a,ref}}\right)^{-0.218} \frac{(\Delta T)^{0.225}}{L^{0.285}} \qquad (6.34)$$

式中　　$C$——在开放式外壳中元件的水平位置为 $C_h = 1.53$，元件的垂直位置为 $C_v = 1.58$；在封闭的外壳中（封闭箱）$C_e = 1.35$；

　　　　$L$——空气冷却元件时的总行程（见图 6.6）；

　　　　$\Delta T$——温升，$\Delta T = T_w - T_a$，单位为 K；

　　　　$p_{ref}$——海平面的参考压力，$p_{ref} = 101.32\text{kPa}$；

　　　　$T_{a,ref}$——环境绝对温度的参考值，$T_{a,ref} = (273.15 + 25)\text{K}$。

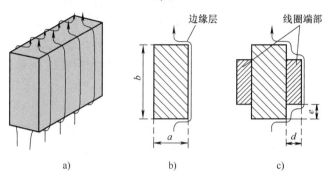

图 6.6　参数 $L$ 作为边界层的总长：b）$L = a + b$；c）$L \cong a + b - 2e + 2\sqrt{d^2 + e^2}$

得到的指数 $\alpha_T = 0.225$，与参考文献［3］中软件获得的 250 ~ 400K 考虑的温度范围内的垂直板和水平板热对流的结果匹配良好。注意当环境温度 $T_a$ 增加时，相同温升 $\Delta T$ 的热对流减少。然而，与辐射和 $T_a$ 的相关性相比，这种相关性相当小。

值 $\alpha_p = 0.5$ 也可用于式（6.34）中，因为与 $\alpha_p = 0.477$ 相比，它只造成一个非常小的差异。类似的相关性 $h_c \sim \sqrt{p}$ 也可以在参考文献［3］中找到。

式（6.34）的导出表达式也可用于更复杂的热模型中，可以包括内部热阻和铜与铁材料的不同温度，这些都表明了元件构成细节的复杂性。

该方法的更多细节可以在参考文献［2，11，12］中找到。

### 6.5.2.2 $h_c$ 与参数 $L$ 和位置及形状的依赖性

这里给出式（6.34）中提出的 $h_c$ 与参数 $L$ 和元件的位置及形状细节的讨论。

（1）$h_c$ 对参数 $L$ 的依赖性

针对磁性元件含有垂直表面和水平表面结合的情况，$h_c$ 对它的相关性包括三个新的方面：

1）在考虑范围 $L = 10 ~ 400\text{mm}$ 内，$L$ 的更精确的指数是 $\alpha_L = 0.285$，相对于实验结果有 4% 的偏差。该偏差是在该范围的边界出现的。通过比较，指数 $\alpha_L = 0.25$ 导致了在考虑范围内产生 22% 以上的偏差。

2）参数 $L$ 是冷却元件的空气的总行程［例如，元件的边缘流动层的长度（见图 6.6）］。一般情况下，$L$ 可以被描述为"环绕物体周围的垂直中段长度的最短路径的一半"。注意，$L$ 不是元件的高度。例如，在 EE42 尺寸的盒状模型中参数 $L$ 为 $L = a + b = 57\text{mm}$（见图 6.6b）。对于 EE 磁心变压器形状，作为整个表面的一个总的参数，我们给出 $L \cong a + b - 2e + 2\sqrt{d^2 + e^2}$（见图 6.6c）。对于 EE42 变压器，我们得到 $L \cong a + b - 2e + 2\sqrt{d^2 + e^2} = 64\text{mm}$。

3）磁性元件通常安装在 PCB 上。为了简单，对于直接安装在 PCB 上的磁性元件，式（6.34）和式（6.30）保持了相同的 $L$ 和表面积。调查表明，与元件高于 PCB 的情况相比，当元件被安装在 PCB 上时，元件的总传热量提高了 6% ~ 8%。一方面，底部表面对总传热的贡献是低的，主要由空气的导热率决定。另一方面，向 PCB 的热传导似乎是与之相关的，当有铜线存在时则是确定的。然而，对这种情况的详细研究超出了本书的范围。

（2）$h_c$ 对元件的位置及外壳的依赖关系

实验证明，元件在水平和垂直的位置时的对流差异较小。这种差异可以由两个位置下的系数 $C$ 的不同值来描述。在开放式外壳中，对于水平和垂直姿势的元件，实验获得的数据分别是 $C_h = 1.53$，$C_v = 1.58$，在封闭箱（封闭箱的尺寸为 $0.5\text{m} \times 0.3\text{m}$，高度等于 $0.3\text{m}$）中获得的数据是 $C_e = 1.35$，其中的对流是低于放入开放箱体时的情况。

（3）$h_c$ 对元件形状（"包络面"）的依赖

对于磁性元件的形状，我们提出了使用特定的等效表面来更准确地呈现热对流和热辐射，而不使用该元件的总开放表面。对于辐射，这个表面 $S_{rad}$ 接近元件的包络表面。角之间的表面减小，因为在这些区域中，表面相互辐射，实际的辐射表面低于总表面（见图 6.7a）。关于对流，等效表面 $S_{con}$ 包含元件所有的垂直部分，因为所有的垂直表面在热对流过程中都能有效地发挥作用（见图 6.7b）。

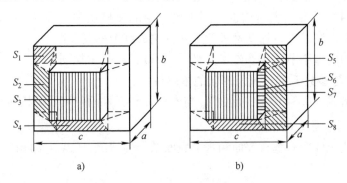

图 6.7　EE 磁心变压器的等效面

a）辐射的"包络"表面，$S_{env} = S_{rad} = 2ab + 2ac + 2\left(4S_1 + 2S_2 + S_3 + 2S_4\right)$

b）热对流的等效表面，$S_{con} = 2ab + 2ac + 2\left(2S_5 + 2S_6 + S_7 + 2S_8\right)$

对于一个 EE 磁心变压器，外壳包络表面 $S_{env} = S_{rad}$ 和对流的等效面积 $S_{con}$（与

图 6.7 是一致的）为

$$S_{env} = S_{rad} = 2ab + 2ac + 2(4S_1 + 2S_2 + S_3 + 2S_4) \qquad (6.35)$$

$$S_{con} = 2ab + 2ac + 2(2S_5 + 2S_6 + S_7 + 2S_8) \qquad (6.36)$$

盒子表面积 $S_{box}$ 是 $S_{box} = 2ab + 2ac + 2bc$。EE 磁心变压器的这三个面积的值和参数 $L$ 列在表 6.5 中。

变压器与相应的黑漆盒测量的耗散功率差异仅为 10.5%。这种差异可以由上述提出的变压器等效传热表面、特征参数 $L$ 的差异以及两种情况下的总辐射率的差异来很好地解释。

**表 6.5　EE42 磁心变压器的表面积和参数 $L$**

| EE42 | 盒子 | 变压器 | 变压器/盒子<br>的差异 |
|---|---|---|---|
| 总面积/$(10^{-6} \cdot m^2)$ | 6048 | 7904 | 30% |
| $S_{env} = S_{rad}/(10^{-6} \cdot m^2)$ | 6048 | 6895 | 14% |
| $S_{con}/(10^{-6} \cdot m^2)$ | 6048 | 7324 | 21% |
| 参数 $L/(10^{-3} \cdot m)$ | 57 | 64.26 | 12.7% |

## 6.5.3　强制对流

### 6.5.3.1　经典方法

由于热流分离过程的复杂性，解析计算强制热对流中的平均传热系数是不可能的。然而，一些实验数据[3,13]表明跨圆柱体流动的平均传热系数可以用以下公式计算：

$$\frac{h_c d}{k_f} = C\left(\frac{u_\infty d}{v_f}\right)^n Pr_f^{1/3} \qquad (6.37)$$

式中　$h_c$——平均热对流系数；

　　　$d$——磁性元件的高度；

　$C$ 和 $n$——常数；

　　　$u_\infty$——来流的速度；

　　　$v_f$——在薄膜温度下估计的运动黏度；

　　　$Pr_f$——在薄膜温度下估计的普朗特数；

　　　$k_f$——在薄膜温度下估计的空气的导热系数。

运动黏度被定义为

$$v_f = \frac{\mu_f}{\rho_f} \qquad (6.38)$$

式中　$\mu_f$——动态黏度；

　　　$\rho_f$——密度，这两个性能都在薄膜温度下评价。

为了方便使用式（6.37），我们把运动黏度 $v$、导热系数 $k$ 和在大气压力下空气的普朗特数的值 Pr 列成表格（见表 6.6）。

**表 6.6　大气压力下的空气特性**

| $T/K$ | $v \cdot 10^6/(m^2/s)$ | $k/[W/(m \cdot ℃)]$ | Pr |
|---|---|---|---|
| 300 | 15.69 | 0.02624 | 0.708 |
| 350 | 20.76 | 0.03003 | 0.697 |
| 400 | 25.90 | 0.03365 | 0.689 |

《传热学》中数据表格的某一部分，Holman J. P，第 8 版，McGraw – Hill，纽约，1997 年[3]（经 McGraw – Hill 许可）

　　根据物体几何形状，表 6.7 列出了系数 $C$ 和 $n$。表 6.7 考虑了物体的横截面，另一维度的尺寸则认为是无限大的。表 6.7 中给出的值使用了在薄膜温度 $T_f$ 下估计的雷诺兹数 $Re_f$：

$$Re_f = \frac{\rho_f u_\infty d}{\mu_f} \tag{6.39}$$

**表 6.7　由式（6.37）表示的用于强制对流的参数 $C$ 和 $n$**

| 几何形状 | 情况 | $C$ | $n$ |
|---|---|---|---|
| $u_\infty$ 六边形 | 情况 1 | 0.246 | 0.588 |
| $u_\infty$ 正方形 | 情况 2 | 0.102 | 0.675 |
| $u_\infty$ 菱形 | 情况 3 | 0.153 | 0.638 |

《传热学》数据表格的某一部分，Holman J. P，第 8 版，McGraw – Hill，纽约，1997 年[3]（经 McGraw – Hill 许可）

　　薄膜温度 $T_f$ 被定义为

$$T_f = \left( \frac{T_w + T_\infty}{2} \right) \tag{6.40}$$

式中　$T_w$——元件的表面温度；

　　　　$T_\infty$——来流温度。

　　现在已经有了 $h_c$，我们可以给出对流传热速率 $q$ 为

$$q = h_c A (T_w - T_\infty) \tag{6.41}$$

式中　$A$——热流靠近的磁性元件面积；$A = dl$，其中 $l$ 是元件的水平长度。

　　式（6.37）的第一个优点是，它有助于分析空气压力和流体种类等参数对热对流系数值的影响。第二个优点是，系数 $C$ 和 $n$ 给出了对流系数与冷却流如何到达磁元件表面的关系。例如，表 6.7 中情况 1 的对角线的来流比情况 2 的侧面来流提供了更好的冷却。

### 6.5.3.2　调整的方法

为了简化式（6.37）的计算，对在大气压力下的强迫对流，提出了以下的表达式：

$$h_c = (3.33 + 4.8u_\infty^{0.8})L^{-0.288} \tag{6.42}$$

式中　$L$——元件的边缘层的总距离（见图 6.6）。

最高到 $u_\infty = 12\text{m/s}$，式（6.42）是符合经典参考书［10］以及式（6.37）情况 2[3] 的。式（6.42）的优点是它结合了自然对流和强制对流的过程。当来流速度 $u_\infty$ 为零时，相应曲线的偏移量对应于由式（6.34）给出的自然对流系数 $h_c$ 的值。图 6.8 按照式（6.42）给出了 30℃温差下、不同的参数 $L$ 值下的热对流系数 $h_c$。图 6.8 给出了对于强迫热对流系数 $h_c$ 的快速计算结果，它包括了元件尺寸的规模效应。

在强迫冷却中，要考虑很多细节才能找到准确的传热，如该元件相对于附近元件组的姿势和位置。因此，式（6.42）的精度为 10% ~ 15%，对于大多数电力电子设计是可以接受的。

关于强制对流，应给予一些提醒：

1）强制对流减少了元件表面对环境的热阻，但并不改变内部热点到环境的热阻。

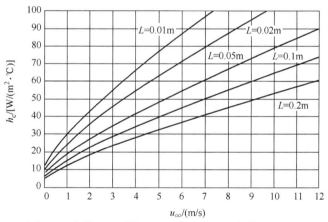

图 6.8　参数 $L$ 不同值下、30℃温差下，与式（6.42）
一致的热对流系数 $h_c$ 与流速 $u_\infty$ 的关系

2）高强度的强制冷却导致元件内的温度梯度较高。在极端情况下，由这种冷却引起的热应力会破坏铁氧体或减少绝缘寿命。

### 6.5.4　热阻网络的关系

前面给出的磁性元件的热对流和热辐射的精确表达式可用在图 6.3 中所示的热阻网络中。为了分离出铜到环境和铁心到环境的热阻，必须分离铜和铁心各自对应的表面。一个实用的解决方案是认为各热阻与各自对应的磁心和铜表面积成比例。热阻网络中的其他热阻与本章6.4.1节的定义是相同的。

# 6.6 瞬态传热

在这一节中，我们考虑瞬态传热的基本知识和它们在磁性元件设计中的应用。

## 6.6.1 磁性元件的热电容

热阻网络可以由磁性元件零件的热电容完成。热电容是类似于电路中的电容（等效为热传输）。要找到一个零件的热电容 $C_\theta$，我们需要比热值 $c$ 和该零件的质量 $m$：

$$C_\theta = c\rho V = cm \tag{6.43}$$

式中　$\rho$——材料的密度，单位为 $kg/m^3$；

　　　$V$——零件的体积，单位为 $m^3$；

　　　$m$——零件的质量，单位为 $kg$。

元件的热电容 $C_\theta$ 是元件所有零件的热电容之和：

$$C_\theta = C_{\theta,cu} + C_{\theta,fe} + C_{\theta,co} + C_{\theta,i} = c_{cu}m_{cu} + c_{fe}m_{fe} + c_{co}m_{co} + c_i m_i \tag{6.44}$$

式中　$c_{cu}$，$c_{fe}$，$c_{co}$，$c_i$——铜、磁心、线圈架和绝缘材料的比热值，单位为 $kJ/(kg \cdot \text{℃})$；

　　　$m_{cu}$，$m_{fe}$，$m_{co}$，$m_i$——铜、磁心、线圈架和绝缘材料的质量，单位为 $kg$。

备注：

1）对于短时间的传热过程，热阻可以忽略不计，并且元件的热模型中只包含热电容。

2）热电容主要由磁性元件的零件重量决定，因为它们的比热容值（$\rho c$）是彼此接近的。

3）热电容值通常比热电阻值更准确。

一些常见材料的比热 $c$ 和密度 $\rho$（在20℃下）的值见表6.8[3]。

表 6.8　20℃时的某些常用材料的比热 $c$ 和密度 $\rho$[3]

| 材料 | 比热 $c_p/[kJ/(kg \cdot \text{℃})]$ | 密度 $\rho/(kg/m^3)$ |
|---|---|---|
| 铝，Al | 0.896 | 2707 |
| 铁氧体（MnZn，NiZn） | 1.07 | 4800 |
| 纯铁，Fe | 0.452 | 7897 |
| 碳钢，C≈0.5% | 0.465 | 7833 |
| 碳钢，C≈1.5% | 0.486 | 7753 |

（续）

| 材料 | 比热 $c_p$/[kJ/(kg·℃)] | 密度 $\rho$/(kg/m³) |
|---|---|---|
| 殷钢，Ni≈40% | 0.46 | 8137 |
| 镍钢，Ni≈80% | 0.46 | 8618 |
| 镍（纯），Ni | 0.45 | 8906 |
| 铜（纯），Cu | 0.383 | 8954 |
| 锡 | 0.226 | 7304 |
| 铅，Pb | 0.13 | 1137 |
| 银 | 0.234 | 1052 |
| 锌（纯），Zn | 0.384 | 7144 |
| 玻璃纤维 | 0.84 | 32 |
| 聚乙烯 | 2.1 | 930 |
| 聚氯乙烯 | 1.1 | 1700 |
| 聚丙烯 | 1.9 | 1150 |
| 聚酰亚胺薄膜 | — | 1420 |
| 石棉 | 0.816 | 500 |
| 水，$H_2O$，$T=30℃$ | 4.296 | 918 |
| 空气，$T=30℃$ | 1.0056 | 1.177 |
| 二氧化碳，$CO_2$ | 0.871 | 1.80 |
| 氧气，$O_2$ | 0.92 | 1.3 |
| 氢气，$H_2$ | 14.43 | 0.082 |

《传热学》数据表格某一部分，Holman J. P.，第 8 版，McGraw – Hill，纽约，1997 年[3]（经 McGraw – Hill 许可）

## 6.6.2 瞬态加热

在磁性元件发热过程（工作过程）开始后，必须经过一段时间后才能达到温度平衡。磁性元件的温升 $\Delta T$ 从磁性元件开始运行后逐步增加，遵循由元件的热时间常数 $\tau_\theta$ 确定的指数规律。相同的时间常数也确定了该元件的冷却过程。

磁性元件温升的瞬态过程与时间的关系 $\Delta T(t)$ 可以表示为

$$\Delta T(t) = \Delta T(1 - e^{-t/\tau_\theta}) \tag{6.45}$$

式中　$\tau_\theta$——磁性元件的热时间常数；

　　　$\Delta T$——相对于环境温度的稳态温升。

应注意的是，式（6.45）的温升值是整个元件的平均值。

磁性元件的热时间常数 $\tau_\theta$ 是

$$\tau_\theta = R_\theta C_\theta \tag{6.46}$$

式中　$R_\theta$——元件的平均热阻，单位为℃/W；

$\quad\quad C_\theta$——元件的平均热电容，单位为 kJ/℃。

了解 $\tau_\theta$ 的值在磁性元件短时过载的情况下是有用的。如果我们知道温升 $\Delta T_N$ 和损耗 $P_{loss,N}$ 的额定值（标称值），可以得到热阻：

$$R_\theta = \frac{\Delta T_N}{P_{loss,N}} \tag{6.47}$$

然后，对于给定的过载损耗 $P_{loss,ov}$ 的值，可以得到相应的稳态温升 $\Delta T_{ov}$：

$$\Delta T_{ov} = R_\theta P_{loss,ov} = \frac{P_{loss,ov}}{P_{loss,N}}\Delta T_N \tag{6.48}$$

现在可以得到在过载条件下的温升与时间的关系：

$$\Delta T(t) = \Delta T_{ov}(1 - e^{-t/\tau_\theta}) = \frac{P_{loss,ov}}{P_{loss,N}}\Delta T_N(1 - e^{-t/R_\theta C_\theta}) \tag{6.49}$$

利用式（6.48）并且代入 $\Delta T(t) = \Delta T_N$，我们也能找到在过载条件下的温升达到允许（额定）温升所需的时间：

$$\Delta t = R_\theta C_\theta \ln \frac{P_{loss,ov}}{P_{loss,ov} - P_{loss,N}} \tag{6.50}$$

## 6.6.3　绝热负载条件

如果在很短的时间间隔内，绕组通过大电流并且在磁性元件中没有发生热传递，则称这些条件和过程为绝热加载。在这种条件下的临界参数是导线绝缘的最高允许温度或线圈架的允许温度。假设在磁性元件中没有热传递，该热过程可以用电流源对等于绕组热电容的电容器充电来表示。这种情况下的电流源是铜耗（见图6.9）。

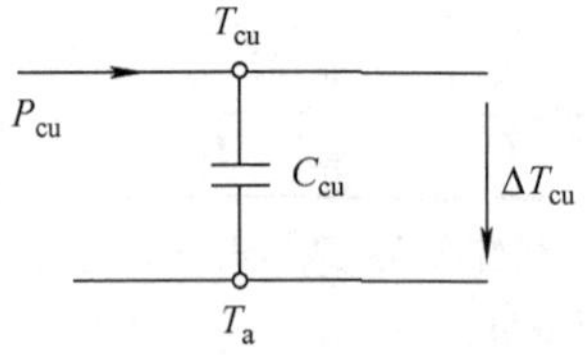

考虑到图6.9，我们可以写出

图 6.9　绝热负载的等效电路

$$\int_0^t (i(t))^2 R\mathrm{d}t = \Delta T_{cu} C_{cu} \tag{6.51}$$

$$I^2 R\Delta t = \Delta T_{cu} C_{cu} \tag{6.52}$$

$$\Delta T_{cu} = \frac{I^2 R\Delta t}{C_{cu}} \tag{6.53}$$

式中　$I$——时间间隔 $\Delta t$ 内的绕组电流方均根值，单位为 A；

$\quad\quad R$——导线的（AC）电阻，单位为 Ω；

$\quad\Delta T_{cu}$——温升，$\Delta T_{cu} = T_{cu} - T_a$；$T_{cu}$ 是铜的温度，单位为℃；

$\quad\quad C_{cu}$——绕组的热容量，$C_{cu} = c_{cu} m_{cu}$；对于纯铜，在 20℃ 下，比热是 $c_{cu} = 0.383$。

表6.9中给出了最高允许温度在85～180℃范围内的一些绝缘类型和线圈架。

表 6.9　一些绝缘类型和线圈架材料的最高允许工作温度

| 材料 | 最高工作温度/℃ |
|---|---|
| 聚对苯二甲酸丁二醇酯（PBT） | 155 |
| 热塑性聚酯 | 150 |
| 聚酰胺（PA） | 85 ~ 130 |
| 液晶聚合物（LCP） | 155 |
| 酚醛（PF） | 150 ~ 180 |

《传热学》数据表格的某一部分，Holman J. P，第 8 版，McGraw – Hill，纽约，1997 年[3]（经 McGraw – Hill 许可）

## 6.7　总结

本章提出了三个不同等级的热设计。0 级和 1 级热设计不需要传热方面的特别知识。这些方法相对简单。由于对流系数的不确定性，有时使用更精细的方法是没有意义的。2 级设计使用了磁性元件的热阻网络表示，它是基于前面章节已经介绍的基本原理。

本章提出了一种改进的热对流和热辐射的热模型。该模型包含了热对流系数 $h_c$ 与温升 $\Delta T$、环境温度 $T_a$、压力、磁性元件的尺寸和位置以及外壳类型的精确的相关性。该模型使用 $h_c$ 的扩展表达式，但与参数 $\Delta T$ 和特征尺寸 $L$ 有更精确的指数值。不是变压器总的开放表面，而是使用特征参数 $L$ 和减少的表面来定义，这有助于热对流与热辐射的精确建模。本章提出的等温面模型，也可以用于对更复杂、多热阻的磁元件进行建模。

三级方法包括在所有表面上的热辐射和热对流的有限元表示，以及在所有元件零件上的热传导。该设计需要了解有限元方法。描述这种类型的设计不在本书的范围内。

## 附录
## 6. A　磁性元件的精确的自然对流模型

大多作者[3,14]给出了以下 $h_c$ 的简化表达：

$$h_c = C \left( \frac{\Delta T}{L} \right)^{1/4} \tag{6A. 1}$$

式中　对于垂直面，$C$ 在 1.32 ~ 1.42 的范围内，对于水平面，$C = 0.59$；

$\Delta T$——温升，$\Delta T = T_s - T_a$，单位为 K；

$L$——元件的高度，单位为 m；在经典理论中，$L$ 是等于一个无限大垂直表面的高度的特征尺寸。

对于磁性元件，在温升 $\Delta T = 50K^{[8-10]}$ 时，$h_c$ 的值在 $6 \sim 10W/(m^2 \cdot ℃)$ 很宽的范围内取值。

关于自然对流过程和热对流系数 $h_c$，我们提出了一项研究并给出其结果，结果是与电力电子磁元件设计及其他设备相关的。

## 6. A. 1  实验设计

实验使用的两种磁心形状是：

1）尺寸为 42/42/15mm 的盒状（平行六面体）尺寸，这是 EE42 磁心套装的外尺寸。

2）类似变压器的形状，其尺寸是线圈架全部绕线的 EE42 磁心变压器的准确尺寸。

实验模型采用 1mm 厚的铜制成。温度采用 NTC 热敏电阻测量。模型内使用两个发热电阻对模型进行加热（见图 6A.1）。因为铜的传热率是相当高的，所以该模型是接近等温面模型的。

**注意**：详细的实验设置、实验结果和分析演示在参考文献〔2〕中给出。

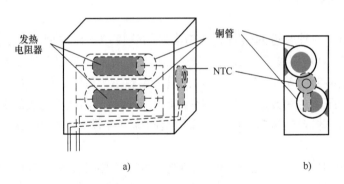

图 6A.1  实验箱模型的草图
a）透视图  b）侧面横截面

## 6. A. 2  箱式模型的热测量

箱式模型的实验目的是收集足够的数据来获得更精确的 $h_c$ 表达式。实验是在模型的四个不同表面进行的：新的但未抛光的铜；漆包铜，这是真正的开放表面绕组；黑漆的表面，辐射率接近变压器铁和铁氧体的辐射率；明亮的铝面模型。

为了找出水平和垂直表面积对系数 $h_c$ 的影响，针对模型的水平和垂直方向都进行了测量。测量的辐射系数如下：黑漆表面：$\varepsilon_{en} = 0.925$；漆包铜：$\varepsilon_{en} = 0.81$；未抛光铜：$\varepsilon_{cu} = 0.14$；明亮的铝：$\varepsilon_{al} = 0.07$。

## 6. A. 3 基于 EE 变压器模型的热测量

### 6. A. 3. 1 环境温度 25℃下的热测量

对该模型进行了一组测量，它的表面完全类似于一个真实的变压器。与铁氧体表面对应的模型表面涂上黑色，线圈端部对应的表面是包漆的铜面。图 6A. 2 显示了模型的垂直和水平位置以及模型在 PCB 上的实验测量结果。

### 6. A. 3. 2 环境温度 60℃下的热测量

最后一组的热测量是在环境温度为 60℃下，在封闭的外壳中进行的。该模型被放在黑漆的、有恒定内部温度的封闭箱内。

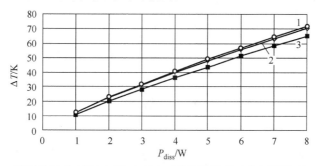

图 6A. 2　测得的温升 $\Delta T$ 与耗散功率 $P_{\text{diss}}$ 的函数关系（变压器模型，EE 磁心 42mm/42mm/15mm，结果被归一化到 25℃环境温度）

1—黑漆和漆包线模型，水平位置　2—黑漆和漆包线模型，垂直位置　3—黑漆和漆包线模型，PCB 上

操作实验的结果和结论在本章 6.5 节被提到。

## 6. A. 4　对流系数 $h_c$ 的精确表达式的推导

实验结果数据图与基于广泛使用的式（6.10）的曲线拟合图很不匹配。其原因是对流过程是一个相当复杂的现象。在考虑的温度范围 250 ~ 400K（见表 6A. 1[3]）内，影响对流过程的空气性质，如热传导率 $k$、运动黏度 $v$、比重（密度）$\rho$ 等变化很大。因此，努塞尔数 Nu、格拉晓夫数 Gr、普朗特数 Pr 和瑞利数 Ra 等，这些用于经典热对流理论的热传递参数受温度的严重影响，结果造成在真实的实验中不能观察到 $h_c \times (\Delta T/L)^{0.25}$ 简化的合理性。

表 6A. 1　在温度范围 250 ~ 400K[3] 内的空气的性质

[如热传导率 $k$、运动黏度 $v$、比重（密度）$\rho$]

| 温度/K | 250 | 300 | 350 | 400 |
|---|---|---|---|---|
| 导热率 $k/[\text{W}/(\text{m} \cdot \text{K})]$ | 0.02227 | 0.02624 | 0.03003 | 0.03365 |
| 运动黏度 $v/(10^{-6}\text{m}^2/\text{s})$ | 11.31 | 15.69 | 20.76 | 25.29 |
| 密度 $\rho/(\text{kg}/\text{m}^3)$ | 1.4128 | 1.1774 | 1.0091 | 0.8826 |
| 普朗特数 Pr（·） | 0.722 | 0.708 | 0.697 | 0.689 |

普朗特数 Pr、格拉晓夫数 Gr 和瑞利数 Ra 的定义为

$$Pr = \frac{v}{\alpha} \tag{6A.2}$$

$$Gr = \frac{g\left(\dfrac{2}{T_s + T_a}\right)(T_s - T_a)L^3}{v^2} \tag{6A.3}$$

$$Ra = GrPr \tag{6A.4}$$

式中  $v$——运动黏度，单位为 $m^2/s$；

  $\alpha$——调节系数，单位为 $s/m^2$；

  $g$——重力加速度，$g = 9.81 m^2/s$。

热对流系数 $h_c$ 由努塞尔数 Nu 定义如下

$$h_c = Nu \frac{k}{L} \tag{6A.5}$$

式中  $k$——导热率。

Churchill 和 Chu[15] 提供了一个精确的努塞尔数的表达式，对于很大范围内瑞利数都适用：

$$Nu = 0.68 + \frac{0.670 Ra^{1/4}}{(1 + (0.492/Pr)^{9/16})^{4/9}} \quad 对于 Ra < 10^9 \tag{6A.6}$$

将式（6A.2）~式（6A.4）代入式（6A.6），然后将得到的努塞尔数的关系代入式（6A.5）中，得到下面的 $h_c$ 表达式：

$$h_c = \left[ 0.68 + \frac{0.670\left\{ g\left(\dfrac{2}{T_s + T_a}\right)(T_s - T_a)L^3 Pr/v^2 \right\}^{1/4}}{\left\{ 1 + (0.492/Pr)^{9/16} \right\}^{4/9}} \right]\frac{k}{L} \tag{6A.7}$$

**备注：**

考虑到 $v$ 和 $\alpha$ 对温度的依赖性，所以使用了它们关于环境温度和表面温度的平均值。

从式（6A.7）来看，很明显：

1）因为 $T_s$、$v$、Pr 和 $k$ 与温度依赖性较强，因此描述 $h_c$ 对温升的最终依赖性的指数小于 0.25。

2）由于式（6A.6）和式（6A.7）中的附加项为 0.68，所以 $h_c$ 对高度 $L$ 依赖性的指数高于 0.25。

上述结论意味着必须使用这些指数的更精确的值。考虑到这些事实，我们的研究目标如下：

1）为了获得 $h_c$ 在简化表达式中更精确的指数值：

$$h_c = C \frac{(\Delta T)^{\alpha_T}}{L^{\alpha_L}} \tag{6A.8}$$

其中，目标是找到指数 $\alpha_T$、$\alpha_L$ 和系数 $C$（注意，$\alpha_T$ 和 $\alpha_L$ 并不像式（6A.1）中

那样是相等的）。

2）为了扩展式（6A.8）并推导出 $h_c$ 对压力 $p$、对环境温度 $T_a$ 和对元件方向（水平或垂直）的相关性，故而以下面的方式定义 $h_c$ 的完整表达式：

$$h_c = C \left( \frac{p}{p_{\text{ref}}} \right)^{\alpha_p} \left( \frac{T_a}{T_{a,\text{ref}}} \right)^{\alpha_{Ta}} \frac{(\Delta T)^{\alpha_T}}{L^{\alpha_L}} \qquad (6A.9)$$

其中，目标是找到指数 $\alpha_p$、$\alpha_{Ta}$ 以及系数 $C$（取决于元件的方向）。

首先，使用 Mathcad 和表格数据[3]，我们得到如下的解析表达式：$k = f_1(T)$、$\mu = f_2(T)$、$\rho = f_3(T)$、$\text{Pr} = f_4(T)$，它们可以很好地匹配对应的表格数据，并且偏差小于 $0.1\%$（$\mu$ 是动态黏度，$v = \mu/\rho$）。其次，这些表达式在式（6A.9）中被替换，我们得到 $h_c$ 的完整的经典表达式：

$$h_c = F(\Delta T, T_a, L, p) \qquad (6A.10)$$

在式（6A.9）中，指数 $\alpha_T$、$\alpha_L$、$\alpha_p$ 和 $\alpha_{Ta}$ 的值经过调整以满足式（6A.7），从而得到式（6A.11）：

$$h_c = C \left( \frac{p}{p_{\text{ref}}} \right)^{0.477} \left( \frac{T_a}{T_{a,\text{ref}}} \right)^{-0.218} \frac{(\Delta T)^{0.225}}{L^{0.285}} \qquad (6A.11)$$

式中 对于元件的水平方向，$C_h = 1.53$，对于元件的垂直方向，$C_v = 1.58$；

$L$——空气冷却元件时的总行程（见图 6.6）；

$\Delta T$——温升，$\Delta T = T_s - T_a$，单位为 K；

$p_{\text{ref}}$——海平面的参考压力；

$T_{a,\text{ref}}$——参考环境温度，$T_{a,\text{ref}} = 25 + 273\,℃$。

**备注：**

$\alpha_p = 0.5$ 的值也可以用在式（6A.11）中，因为它与 $\alpha_p = 0.477$ 相比只有非常小的差异。

## 6. A. 5 实验结果和提出的热模型的比较

实验结果与通过最终的拟合公式［式（6A.11）］得到的解析曲线进行了比较，并且对变压器形状模型的热对流和热辐射使用建议的包络面。当环境温度 $T_a = 25\,℃$ 时，在开放和封闭外壳中的未抛光的、黑漆的、漆包线的变压器模型的实验数据与理论曲线如图 6A.3 所示。环境温度 $T_a = 60\,℃$ 下的封闭外壳，对于黑漆的、漆包线的变压器模型的对比数据如图 6A.4 所示。在所有情况下，实验结果和模型结果之间的匹配都很好。

匹配的接近性证明了提出的 $h_c$ 表达式的有效性，证明了漆包线和未抛光铜和黑漆表面辐射率数据的合理性，证明了提出的使用真实磁元件包络面方法的有效性。

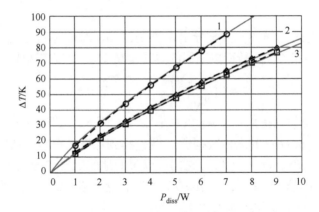

图 6A. 3　温升 $\Delta T$ 与变压器耗散功率 $P_{\text{diss}}$ 的函数关系（EE 磁心 42mm/42mm/15mm，$T_a = 25{}^{\circ}\!\text{C}$）

1—在开放的外壳中的未抛光的表面　2—在封闭的外壳中（封闭的盒子）的黑漆表面

3—在开放的外壳中的黑漆表面

实线（灰色）曲线是模型结果；虚线曲线是实验结果

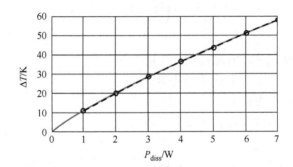

图 6A. 4　温升 $\Delta T$ 与变压器耗散功率 $P_{\text{diss}}$ 的函数关系（EE 磁心 42mm/42mm/15mm，$T_a = 60{}^{\circ}\!\text{C}$）

封闭外壳中的黑漆表面。实线（灰色）曲线是模型结果；虚线曲线是实验结果

# 参 考 文 献

[1] Waasner, *Trafo-Steckkerne Trafo-Kernbleche Zubehor*, Katalog T 15/1-87, Berlin, 1987, pp. 35–105.

[2] Van den Bossche, A., Valchev, V., and Melkebeek, J., Improved thermal modeling of magnetic components for power electronics, *European Power Electron. J.-EPE*, 12:2, 7–11, 2002.

[3] Holman, J.P., *Heat Transfer*, 8th ed., McGraw-Hill, New York, 1997.

[4] Flanagan, W.M., *Handbook of Transformer Design and Applications*, 2nd ed., McGraw-Hill, New York, 1992.

[5] McLyman, W.T., *Transformer and Inductor Design Handbook*, 2nd ed., Marcel Dekker, New York, 1988.

[6] Snelling, E.C., *Soft Ferrites and Applications*, 2nd ed., Butterworths, London, 1988, pp. 22–64,176,191,202.

[7] Odendaal, W.G. and Ferreira, J.A., A thermal model for high-frequency mag-
netic components, *IEEE Transactions on Industry Applications*, vol. 35. No. 4,
July/August 1999, pp. 924–930.

[8] Petkov, R., Optimum design of a high power, high frequency transformer, *IEEE
Transactions on Power Electronics*, vol. 11. No. 1, January 1996, pp. 33–42.

[9] Mulder, A.S., Fit formulae for power loss in ferrites and their use in transformer
design, in proceedings of *Power Conversion*, Nurnberg, June, 1993, pp. 345–359.

[10] Richter, R., *Elektrische Mashinen, Allgemeine Berechnungselemente, Die Gleich-
strommaschinen*, Springler, Berlin, 1924, pp. 318–321.

[11] Valchev, V. and Van den Bossche, A., Accurate natural convection model for
magnetic components, *Microelectronics Reliability*, vol. 43, No. 5, May 2003,
pp. 795–802.

[12] Van den Bossche, A., Valchev, V., and Melkebeek, J., Thermal modelling of E-
type magnetic components, *IECON'2*, Sevilla, Spain, November 5–8, 2002,
pp. 1312–1317.

[13] Hilperr, R., Wärmeabgabe von geheizen Drahten und Rohren, *Forschung Geb.
Ingenieurwes.*, Berlin, vol. 4, 1933, p. 220.

[14] Hurley, W. G., Wolfle W. H., and Breselin J.G., Optimized transformer design:
Inclusive of high-frequency effects, *IEEE Transactions on Power Electronics*, vol.
13. No. 4, July 1998, pp. 651–659.

[15] Churchill S. and Chu, H.H., Correlating equations for laminar and turbulent
free convection from a vertical plate, *International Journal of Heat and Mass
Transfer*, vol. 18, 1975, pp. 1323–1330.

# 第 7 章　磁性元件的寄生电容

本章介绍了磁性元件的寄生电容、它们的测量以及减少这些通常不期望的电容值的一些方法。在非常高的频率甚至寄生电容都不足以描述磁性元件的完整行为，因为传播或传输线效应变得非常重要。在宽频带电流探头[1,2]中也会遇到这些效应。因此，在非常高的频率下，建议使用特殊的测量技术如阻抗分析仪（在第 11 章中讨论）。在参考文献［3，4］中提出了电磁兼容滤波器元件的具体描述。

在高频率或高电压下，寄生电容不能被忽略，在磁性元件的设计和应用中必须被考虑到。我们将逐步讨论影响磁性元件设计的典型的电容：

1）绕组间的电容（互电容）。
2）绕组的自电容（内部电容）。
3）绕组和磁性材料（磁心）之间的电容。

**备注**：

在本章中，我们主要考虑的是寄生电容的低频效应。

## 7.1　绕组间的电容：互电容

绕组间的电容也表示为磁性元件中绕组的互电容。

### 7.1.1　互电容的影响

绕组间的电容往往在电气绝缘的变换器中产生共模电流。这是一个典型的 EMI（电磁干扰）产生源头。通常情况下，获得低共模电流（特别是在医疗设备中）是一个安全问题。另一个需要低电容变压器的典型例子是桥式变换器高压侧驱动器的供电电源。

在这里，我们将解释互电容影响的机理。让我们考虑图 7.1 所示的变压器。当我们在一次绕组和二次绕组之间的共模电压上加入阶跃电压时（见图 7.1a），可以得到图 7.1b 所示的共模电流。通过阶跃电压 $\Delta V$，注入了平均电荷 $Q = \Delta V C_{inter}$。对应的电流的方均根值通常相当高，$I_{rms} >> f\Delta V C_{inter}$，因为发生了振铃现象，使得电荷向前和向后流动。寄生电容 $C_{inter}$ 与寄生漏电感 $L_p$ 产生谐振（见图 7.1c 中的等效串联电路）。为降低共模电流方均根值，可以添加共模扼流圈到该电路中。

### 7.1.2　计算互电容和等效电压

互电容可以表示为

$$C_{\text{inter}} = \varepsilon_{\text{o}}\varepsilon_{\text{r}}\frac{S}{d} \tag{7.1}$$

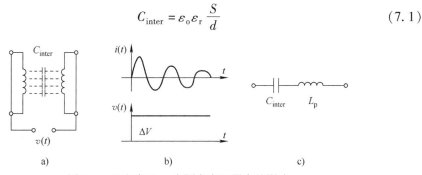

图 7.1　互电容 $C_{\text{inter}}$ 在隔离变压器中的影响

a）隔离变压器　b）在阶跃电压 $v(t)$ 下的共模电流 $i(t)$　c）共模电流的等效电路

式中　$S$——绕组之间的面积；

$\quad\quad d$——在相邻层的导线之间的距离；

$\quad\quad \varepsilon_{\text{o}}$——空气的介电常数；

$\quad\quad \varepsilon_{\text{r}}$——相对介电常数。

注意，$d$ 并不是恒定的，而且 $\varepsilon_{\text{r}}$ 还取决于搪瓷、绝缘片、浸渍漆和空气等，所以，事实上，出现了相当复杂的问题。

我们先估算传输的电荷。如果一个绕组两端被加上了交流电压，那么可以得出总电荷，它取决于相邻表面之间的电压 $V'$ 与 $V''$。总电荷 $Q$ 是

$$Q = \int (V' - V'')\varepsilon_{\text{o}}\varepsilon_{\text{r}}\frac{\mathrm{d}S}{d} \tag{7.2}$$

式中　$V' - V''$——不同层的相邻导线之间的电压；

$\quad\quad d$——在相邻层的导线之间的距离；

$\quad\quad \mathrm{d}S$——曲面元。

为了描述考虑共模电压和电流的变压器，我们可以使用图 7.2 所示的等效电路。利用式（7.1）和式（7.2），图 7.2 中的等效电压 $V_{\text{eq}}$ 可以计算为

$$V_{\text{eq}} = \frac{Q}{C_{\text{inter}}} \tag{7.3}$$

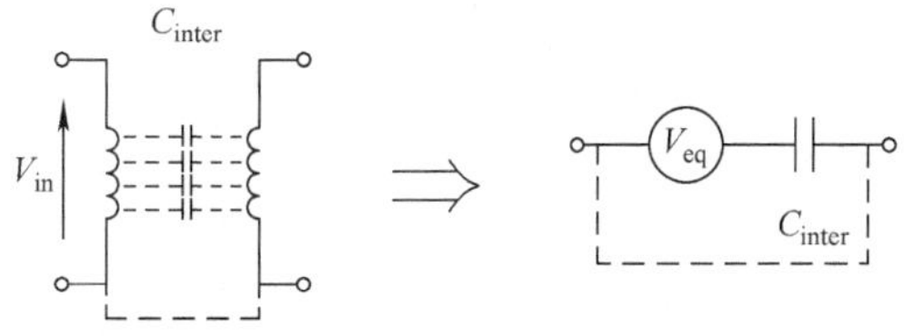

图 7.2　考虑共模电压和电流的变压器的等效电路

然而，互电容是很容易使用低频率试验来测量的。在实践中，测试比计算电容值更容易进行。

## 7.1.3　互电容的测量

通常情况下，可以很容易地用电容计来完成测量，或者在低频（1kHz 或更低）使用 RLC 测试仪，其中由电容电流引起的绕组电压可以忽略不计。应注意测

量装置内部电容对测试的影响。

非常低的电容测量（10pF 及以下）需要特殊的测量技术，例如第 11 章中描述的方法。

## 7.2  绕组的自电容：内部电容

绕组的自电容也表示为其内部电容。首先，我们将展示这些电容对包括磁性元件的电路性能的负面影响。

### 7.2.1  内部电容的影响

这种电容通常是不期望的，并且试图去保持在较低的值。磁性元件的内部电容通常导致其与元件的励磁电感或漏电感发生并联谐振。

让我们考虑图 7.3a 所示的 Boost（升压）变换器。不连续模式下的电感电压和电流如图 7.3b 所示。这些电压和电流波形的波动是由于电感器绕组的内部电容 $C_{intra}$ 和电感 $L$ 之间发生的谐振。在这里，我们也应该考虑到半导体器件的外部体电容，事实上，对交流分量电路而言，它与 $C_{intra}$ 是并联的。这些纹波是窄带干扰，这对变换器的 EMC（电磁兼容）是有害的。

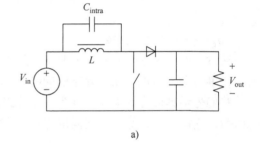

a)

在某些情况下，当开环增益具有局部的反相增益时[5]，纹波甚至会导致变换器反馈控制出现不稳定。当 $C_{intra}$ 和 $L$ 组成的电路的谐振频率与开关频率相比不是很高时，这些问题实际上是相关联的。为了减小纹波的振幅，应该通过附加元件实现阻尼。

在某些设计中，开关频率可以接近变频器的谐振频率。这对于从低压

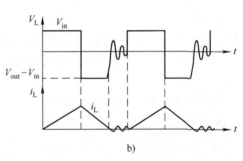

图 7.3  内部电容 $C_{intra}$ 的影响

a）Boost 变换器  b）不连续模式下的电感电压 $V_L$ 和电流 $i_L$ 的波形

到高压的变换器是典型的情况。这类变换器的工作点通常设计为接近高压绕组的谐振频率；因此变换器在工作时，一次侧开关器件的工作电流更低。

### 7.2.2  计算绕组的内部电容

在低频时，层间的电容可以转换为两端之间的等效电容。为了计算电容，使用

电容器能量的方法通常是首选的，因为它似乎是最简单的。假设正弦电压施加在绕组的两端。利用不同层的匝间电压分布，可以估计其基本储能并变换得到表示绕组内部电容的等效电容 $C_{\text{intra}}$ 的总能量 $W$：

$$W = \frac{C_{\text{intra}} v^2}{2} \qquad (7.4)$$

$$W = \int \frac{(v' - v'')^2 \varepsilon_{\text{o}} \varepsilon_{\text{r}}}{2d} \mathrm{d}S \qquad (7.5)$$

式中　$W$——等效电容 $C_{\text{intra}}$ 中累积的总能量；

　　　$v' - v''$——不同层的相邻导线之间的电压；

　　　$d$——在相邻层的导线之间的距离。

基本能量被集成在不同层的表面。然后，用式（7.4）式（7.5），变换到一次绕组上的等效电容 $C_{\text{intra}}$ 是

$$C_{\text{intra}} = \frac{2W}{v^2} \qquad (7.6)$$

式中　$v$——被考虑绕组的两端电压。

实际问题是，相邻层之间的距离不是常量［在式（7.5）中的 $d$ 不是常量］，而且，通常有一些空气在绕组间。解决方法是通过实际的测试来测量层间的电容。为了做到这一点，可以先切割层之间的连接，然后测量层之间的电容，就像测量互电容。

通常情况下，各层导体之间的电压呈线性增加。在这种情况下，两层之间的内部电容可以基于式（7.2）、式（7.5）和式（7.6）近似得出：

$$C_{\text{intra}} = \frac{1}{3} \sum C_{\text{intra},i} \qquad (7.7)$$

式中　$C_{\text{intra},i}$——被考虑绕组的每两个相邻层之间的电容。

**备注：**

在铁氧体磁心元件中，导线的电容并不是形成等效内部电容的唯一因素。铁氧体材料本身的谐振性能也可以增加视在的等效内部电容。

## 7.2.3　测量绕组的内部电容

绕组内部电容的测量通常是通过测量谐振频率实现的。在这种情况下，测量设备的电容也应考虑进去。可以使用串联一个电阻器的正弦波发生器。根据所考虑的等效方案，可以使用不同的测试方案。

### 7.2.3.1　单寄生电容模型

该模型主要适用于电感器，因为它们只有两个端子。在一个具有低压和高压绕组的变压器中，主要的影响是在高压绕组中。为了减少探针电容对结果的影响，建议使用变压器的低压绕组测量谐振频率 $f_{\text{r}}$ 而将高压绕组开路，如图 7.4 所示。因

此，寄生电容可以建模为高压绕组侧的单一电容器（见图7.4）。

对于一个电感器，有时很容易给磁心增加一圈，然后在同样的方式下对单匝进行测量是可能的，因为它可以当作低压绕组使用，此时采用正弦信号发生器供电。待测试的设备采用串联电阻比谐振阻抗（通常 > 10kΩ）更高的正弦波发生器供电，有：

$$C_{\text{intra}} = \frac{1}{L_1 (2\pi f_r)^2} - \left(\frac{N_2}{N_1}\right)^2 C_{\text{probe}} \tag{7.8}$$

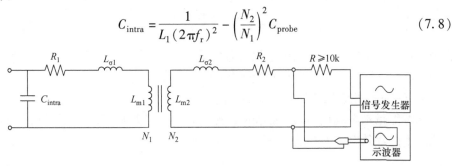

图7.4　使用单寄生电容等效电路的测量（变压器在低压绕组上供电）

式中　$L_1 = L_{m1} + L_{\sigma 1}$——高压绕组的电感，在低频情况下测量（见图7.4）；

$\qquad\qquad f_r$——被测量的共振频率；

$N_1 \gg N_2$；$N_1$，$N_2$——一次绕组和二次绕组的匝数；

$\qquad\qquad C_{\text{probe}}$——探头的电容。

注意，在式（7.8）中不包括 $L_{\sigma 2}$，因为信号源放置的二次绕组中的电流与 $L_1$ 和 $C_{\text{intra}}$ 组成的谐振电路的电流相比较是非常小的。

### 7.2.3.2　每个绕组带有寄生电容的模型

这是有匝数比接近于1或更小的绕组的变压器的典型情况。除了测量绕组，其他所有的绕组是短路的。在图7.5中的测量绕组是一次绕组，并且在这种情况下测量的电容是 $C_{\text{intra},1}$。电容可以使用7.2.3.1节描述类似的方式来估计。对于每次测量，信号发生器连接到对应的绕组。用于计算的电感是从该绕组看到的等效串联漏感 $L_{\sigma,e}$。此电感应该使用足够高的频率来测量，以避免绕组的串联电阻带来的偏差，因为励磁电感 $L_m$ 与电阻相比并不总是比较高的（见第11章）。

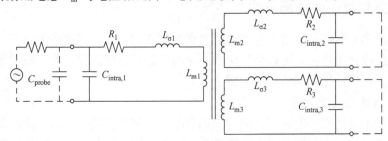

图7.5　每个绕组带有寄生电容的等效电路（测量电路在虚线处）

那么测量绕组的寄生电容 $C_{\text{intra}}$ 是

$$C_{\text{intra}} = \frac{1}{L_{\sigma,\text{e}}(2\pi f_{\text{r}})^2} - C_{\text{probe}} \qquad (7.9)$$

式中 $L_{\sigma,\text{e}}$——在励磁（测量）绕组侧测得的等效串联漏感。

在 7.2.3.2 节中描述的测量是不容易的。为了提高这种测量情况下的精度，也可以使用阻抗分析仪。

## 7.3 绕组和磁性材料之间的电容

到现在为止，我们在计算时忽略了绕组和磁性材料之间的电容。有时把磁心接地以减少绕组间的容性电流。磁心接地或不接地会影响到内部电容和互电容，因此，它影响了磁性元件的谐振频率。当磁心（磁性材料）接地时，电容会增加，反之亦然。绕组和磁性材料之间的电容是在参考文献 ［3］ 中讨论的。

## 7.4 减少寄生电容影响的实用方法

### 7.4.1 降低绕组内部电容

绕组获得较低的内部电容的实现方式有：层之间有更长的距离、每层有更少的匝数、更低的 $\varepsilon_{\text{r}}$ 值。由于增加了 $\varepsilon_{\text{r}}$，浸渍或浸在油中的绕组电容有明显的增加。

这里，我们给出了一个结构的方法——使用一种特殊的绕组方式以减少内部电容（见图 7.6）。在这种情况下相邻匝数的电压总是 $v'' - v' = v/2$，其中 $v$ 是层之间的总电压。然后，绕组的总电容量为

$$C_{\text{intra}} = \frac{1}{4} \sum C_{\text{intra},i} \qquad (7.10)$$

式中 $C_{\text{intra},i}$——绕组的每两个相邻层间的电容。此值与通常结构绕组的值 $C_{\text{intra}} = \frac{1}{3} \sum C_{\text{intra},i}$ 相比有所下降。

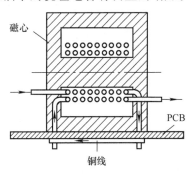

图 7.6 减少绕组内部电容的线圈架结构

这种设计的其他优点是：

1）在相邻匝之间的最大电压总是等于施加在绕组上的总电压的 1/2。

2）绕组的螺距具有相同的方向；因此很容易获得六边形布置，这有助于绕组更好地传热。

3）这一安排对电晕效应更好。此外，该布置减少了局部放电，而局部放电对元件的寿命是有害的。

## 7.4.2 减少互电容的影响

好的设计思想是减少互电容本身。一种方式是在一次绕组和二次绕组之间提供更多的距离。这可以通过在同心绕组的一次绕组和二次绕组之间放置更多的绝缘材料来实现，也可以在单独的空间中绕制。然而，减少电容的好的解决方案往往导致磁性元件的漏感和涡流损耗的大量增加。

减小变压器互电容的影响（容性电流）的一种方法是以对称的方式绕制绕组，此时一次绕组和二次绕组的相邻层包含相同的匝数（见图7.7）。

为了弄明白互电容的影响，我们只考虑一次绕组和二次绕组之间的处于边缘的两个相邻层，因为这些层对其他层有屏蔽作用。在图7.7所示的结构中，在一次绕组和二次绕组的两个边界层的相邻匝之间的电压和参考点是相同的。

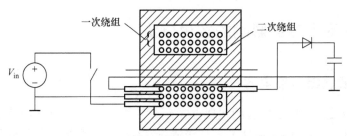

图7.7 减少共模电流的一次绕组和二级绕组的对称相邻层

因此，在一次绕组和二次绕组的相邻匝之间没有电压。所以，如果我们使用图7.2中所示的等效方案，其中的等效电压 $V_{eq}$ 为零，这意味着在这种情况下（几乎）没有共模电流。

在某些情况下，仅仅通过磁性元件的设计很难减少寄生互电容的影响。另一个解决方案是添加额外的外部电容，如图7.8所示。在这种情况下，得到了一个"电容分压器"，等效共模电流就会低得多。额外的外部电容典型值是2.2nF（2kV或以上）。如果共模扼流圈有1mH的电感，那么就可以得到低于150kHz的谐振频

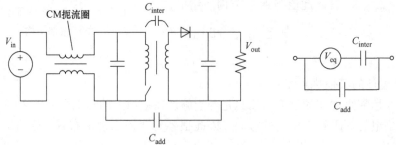

图7.8 通过增加外部电容抑制互电容影响的一种方法

率。与共模扼流圈的一些阻尼（低 tanδ）一起考虑，就可以满足电磁兼容性要求。

增加外部电容来降低寄生互电容的方法，对于采用桥式变换器的高端驱动的电源，或者在电气隔离的两侧存在高 d$v$/d$t$ 的应用场合是不建议采用的。

### 7.4.3　屏蔽

有时使用屏蔽来减少容性电流。这种效果是通过降低等效电压 $V_{eq}$ 获得的，尽管寄生电容值通常较高。屏蔽可以当作是单匝的绕组。屏蔽中还是可以产生涡流的。所有这些意味着制造高品质的磁性元件仍然是一门艺术。

### 参 考 文 献

[1] Van den Bossche, A. and Ghijselen, J., EMC combined di/dt current probe, *IEEE International Symposium On Electromagnetic Compatibility*, August 21–25, 2000, Washington, D.C., CD-ROM.

[2] Sergeant, P. and Van den Bossche, A., High sensitivity 50 Hz-1 MHz probe for B and dB/dt, *IEEE International Symposium on Electromagnetic Compatibility*, Vol. 1, Minneapolis, August 19–23, 2002, pp. 55–60.

[3] Goedbloed, J.J., *Electromagnetische Compatibiliteit*, 3rd ed., Kluwer Technische Boeken, Antwerpen, 1993, pp. 86–92.

[4] Tihanyi, L., *Electromagnetic Compatibility in Power Electronics*, Butterworth-Heinemann, Oxford, 1995, pp. 275–309.

[5] De Gussemé, K., Van de Sype, D.M., Van den Bossche, A.P., and Melkebeek, J.A., in *Proceedings of the 34th Annual IEEE Power Electronics Specialists Conference (PESC03)*, Acapulco, 2003, pp.1685–1690.

# 第 8 章　电感器的设计

本章将阐述电感器设计的具体方面以及特殊电感器的设计。

首先介绍了空心线圈（无磁心线圈）和环形磁心的电感。空心线圈在历史上很重要，而且目前在需要精确电感值时仍然会使用，因为它们不受磁性材料特性的影响。与空心电感相比，使用磁性材料作为磁心的电感器具有更高的能量和视在功率密度。对于高磁导率材料的磁心，气隙是必要的，它用来提高电感器储存的能量。本章介绍了常见的叠层磁心形状。对于具有气隙的电感器，还给出了由边缘磁通引起的附加磁导的估算方法。

在本章的第二部分中，讨论了不同类型电感器的设计细节。并给出了 DC（直流）电感器、HF（高频率）电感器和 DC – HF 组合式电感器的设计差异。几个具体的例子如下所述：

1）升压变换器中的电感器。

2）耦合的共模电感器。

3）反激式变压器。

在本章的最后，还提供了附录，给出了有气隙的绕线电感器的边缘系数以及 DC – HF 组合式电感器的设计细节。

## 8.1　空心线圈及其形状

### 8.1.1　空心线圈

空心线圈有几个应用，如：

1）高峰值电流和低占空比的电感器。

2）精确线圈，因为没有磁性材料特性的影响（例如低的初始磁导率和饱和磁密）。

3）配电网中使用的尺寸非常大的电感器。

4）换相电感器（在晶闸管和谐振换流电路中）。

空心线圈的典型形状是：

1）螺线管。

2）环形线圈。

3）具有矩形横截面绕组的线圈。

在小尺寸的设计中应注意，空心线圈通常比有磁性材料磁心线圈的设计具有更大的直流电阻和更多的涡流损耗。

## 8.1.2　螺线管

对于长度远大于直径的螺线管（见图 8.1），第一个近似是可以忽略磁通返回路径（线圈外的磁通路径）的磁阻，因为返回路径磁阻通常比螺线管内部的磁阻小 5 ~ 20 倍。螺线管内部的磁通路径比外部的路径窄得多。于是，忽略外部磁通路径磁阻的螺线管的电感值为

$$L = \mu_0 N^2 \frac{A}{l} \tag{8.1}$$

式中　$\mu_0 = 4\pi \times 10^{-7}$——真空的磁导率，单位为 H/m；

$N$——匝数；

$A$——线圈的横截面积，单位为 $m^2$，$A = \pi d^2 / 4$；

$l$——线圈的长度，单位为 m。

式（8.1）的精度不高，除非磁通返回路径经由高磁导率的磁性材料形成回路。

如果线圈内部是高磁导率的磁心，就只需考虑返回路径的磁阻。在这种情况下，线圈的电感值通常增加 5 ~ 10 倍。这种结构结合了低直流电阻和高功率/重量比。但是，杂散磁场非常高，因此这种结构不符合 EMC 要求。

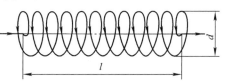

图 8.1　螺线管空心电感器（$l$ 是长度，$d$ 是螺线管的直径）

## 8.1.3　环形线圈

当螺线管"弯曲"成环形（见图 8.2a）且两端连接在一起时，线圈称为"环形"。环形空心线圈的电感值可通过式（8.2）计算。在这种情况下，允许忽略磁通的返回路径。如果线圈内部使用相对磁导率为 $\mu_r$ 的磁性材料作为磁心，则该电感值将增加 $\mu_r$ 倍，于是它变为

$$L = \mu_0 \mu_r N^2 \frac{A}{l_c} \tag{8.2}$$

式中　$l_c$——磁通路径的平均长度；

$N$——匝数；

$\mu_r$——内部磁心的相对磁导率；

$\mu_0$——真空的磁导率。

如果环形内部填充了高磁导率材料，它被称为环形磁心。因为磁路是闭合的，所以很容易饱和。采用低磁导率材料时能储存较多的能量。然而，在高磁感应强度条件下找到同时具有低损耗和低磁导率的材料并不容易，因此必须仔细选择材料。

空气隙也可以换作高磁导率的材料，同时可以获得良好的能量储存，但失去了低杂散磁场的优势。

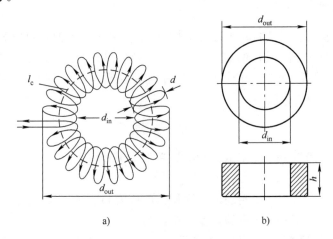

图 8.2　环形线圈

a）环形空心线圈：$l_c$ 为长度，$d$ 为线圈直径，$d_{in}$、$d_{out}$ 为线圈
的内径和外径　b）绕组横截面为矩形的环形磁心

对于具有矩形横截面的环形磁心（见图 8.2b），可以很容易地校正曲率。计算电感前，首先要计算磁链 $\Psi = \Phi N$。线圈总磁动势是 $MMF = Ni$。物理磁通是

$$\Phi = \mu_0 \mu_r b \int_{d/2}^{D/2} \frac{Ni}{2\pi r} dr = \frac{\mu_0 \mu_r h Ni \ln(d_{out}/d_{in})}{2\pi} \tag{8.3}$$

在这种情况下的电感值是

$$L = \frac{\Psi}{i} = \frac{\Phi N}{i} = \mu_0 \mu_r N^2 \frac{h \ln(d_{out}/d_{in})}{2\pi} \tag{8.4}$$

式中　$d_{in}$，$d_{out}$——线圈的内径和外径（见图 8.2b）；

　　　　$h$——线圈的高度。

环形线圈的优点是，它们的外部磁场几乎为零。此外，线圈端部的电压没有受到外部磁场的影响。一个例外是有载流导线穿过线圈内部孔径的情况。在开路时，电感器的端电压与电流的导数成正比。如果没有使用磁心，线圈可以看作是一个封闭的罗氏线圈。

环形空心线圈的典型缺点是能量密度比其他空心线圈低很多，如矩形截面的空心线圈。

## 8.1.4　矩形截面线圈

### 8.1.4.1　一般情况

矩形截面的空心线圈如图 8.3 所示。在参考文献 [1] 中提出的韦尔斯比

（Welsby）实验，给出了电感值比较准确的结果：

$$L = \frac{\mu_0 N^2 \pi a^2}{b} \frac{1}{1 + 0.9(a/b) + 0.32(c/a) + 0.84(c/b)} \tag{8.5}$$

式中　$a$——绕组区域的轴线与线圈轴线之间的距离（$a$、

　　　　$b$、$c$ 如图 8.3 所示）；

　　　$b$——绕组横截面的宽度；

　　　$c$——绕组横截面的高度。

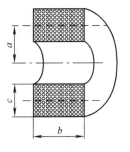

图 8.3　矩形横截面绕组的圆柱形空心线圈

式（8.5）的精度通常优于 2%。对于螺线管 $c$ 和盘式线圈 $b$，该表达式也给出了良好的计算结果。对于较小的 $c$ 值，式（8.5）类似于螺线管电感值的近似解，需要将 $0.9a$ 的距离添加到 $b$ 以补偿回路的磁阻。然而，在参数 $c$ 和 $b$ 都比 $a$ 小的情况下，式（8.5）不够准确。

圆柱线圈产生高杂散磁场。在实际应用中，需要在电路周围提供一些导体屏蔽。这降低了电感值并增加了损耗。在有铁质外壳的情况下，还会产生噪声。

### 8.1.4.2　"正方形"横截面的圆柱形空心线圈

Brooks 提出了"正方形"横截面的空心电感器（见图 8.4[1]）。对于给定的导线长度 $l_w$，他提出的线圈结构可以得到最大的电感 $L$。最佳截面形状是接近"正方形"横截面的线圈，并且电感值是

$$L = 2.029 \mu_0 c N^2 \tag{8.6}$$

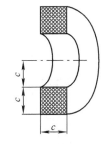

图 8.4　"正方形"横截面的圆柱形空心线圈

在环境温度条件下，对于给定的直流电阻和电感值，"正方形"横截面的空心电感器具有最短的导线，但它并不是最优的。在散热和涡流损耗方面，长螺线管的形状比"正方形"横截面的空心电感器性能更好。

对于其他截面形状，如六边形绕组横截面或圆形绕组横截面，几乎没有改善；对于相同长度的导线，电感值增加几乎不到 1%。

## 8.2　电感器的形状

对于低于 1kHz 的频率，叠层铁心的电感器还仍然应用到电力电子产品中。典型应用包括网侧整流器的直流侧或交流侧的平滑电感器（用于减少谐波含量）、变换器直流环节中的储能电感器以及低频灯镇流器。其优点是低成本、高饱和磁密和大尺寸的产品。与叠层铁心变压器相比，具有叠层铁心的电感器在结构和组装上有所不同。在大多数类型中，它们需要比变压器更多的机械结构件。在一般情况下，

也应注意避免出现电路环流进入结构件的短路路径，这将对机械结构件（例如螺栓）进行加热。叠层铁心电感器正常设计的最大磁感应强度为 1.5T。

下面，我们介绍用于叠层铁心的常见电感器形状。

（1）EI 形状（见图 8.5）

如果 E 和 I 部分彼此匹配，EI 形状就被称作无废料的形状。在这种情况下，叠片被冲压制成且没有材料损耗。所有尺寸都是特征尺寸的倍数（I 部分的厚度）。中柱的横截面面积等于外部支柱的横截面面积总和。对于不是无废料 E–I 类型，绕组区的高度大于 I 部分的厚度。气隙可通过 E 部分和 I 部分之间的间隔距离获得。这个距离是通过所谓的"间隔物"（垫片）实现的。如果仅仅是缩短了中柱的长度，那么就被称为"中柱气隙"。在商业化产品中，由于减少了漏磁场和噪声，通常采用中柱气隙。由于"边缘"磁场的影响，为了获得相同的电感值，中柱气隙长度需要有两倍以上的垫片厚度（在本章后面有更详细的讨论）。

（2）UU 形状（见图 8.6）

在 UU 形状中，通常两个支柱绕制有相等的线圈。UU 形状的优点是在 MMF 源头的附近有气隙。这使得沿磁心路径的磁感应强度相等，从而避免产生瓶颈。

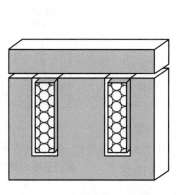

图 8.5　EI 叠层铁心电感器

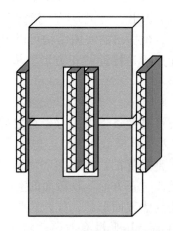

图 8.6　UU 叠层铁心电感器

（3）4I 形状（见图 8.7）

4I 结构有四个气隙。绕组位于两个边柱之间。这种铁心很容易切割，无需特殊工具。它通常使用在大磁心中。

（4）M 形状（见图 8.8）

M 形状的铁心可以有气隙（电感器中）或没有气隙（变压器中）。这种铁心的优点是几乎没有杂散场。此外，不需要特殊的机械部件将元件固定在一起。由于机械结构坚固，因此噪声比较低。

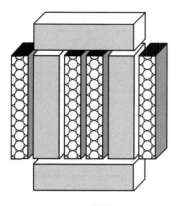

图 8.7 4I 叠层铁心电感器

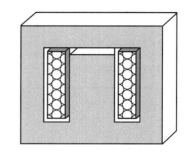

图 8.8 M 叠层铁心电感器

## 8.3 典型的铁氧体电感器形状

本书末尾的一个特别附录专门讨论这个问题。附录 B 给出了一些常用铁氧体磁心形状的几何数据。在表中，我们给出了关于以下参数的数据：

1）$l_e$：有效磁路长度。

2）$A_e$：有效磁场面积。

3）$A_{min}$：最小磁场面积。

4）$W_a$：最小绕组面积。

5）MLT：每匝平均长度。

6）MWW：最小绕组宽度（在书中也表示为 $w$）。

## 8.4 带磁心的绕线电感器的边缘效应

这里主要考虑铁氧体类型的电感器，因为它们是电力电子中最常见的电感器。

### 8.4.1 中柱气隙、垫片和边柱气隙的电感器

图 8.9 显示了不同方式的带有气隙的电感器。

中柱气隙电感器（见图 8.9a）在工业设计中是常见的，因为它们产生的电磁干扰比在边柱气隙的电感器更少。不过制造中柱气隙需要特殊的水冷金刚石工具，而且中柱气隙也是不容易进行调整的。

在实际中，第一批实验室原型电感器通常使用垫片制作，如图 8.9b 所示。优点是，在电路设计的整个过程中都可以很容易地改变气隙。这些电感器产生的涡流损耗比中柱气隙电感器的更低。缺点是它们在距离磁心一定距离的空间范围内产生更多的杂散磁场。

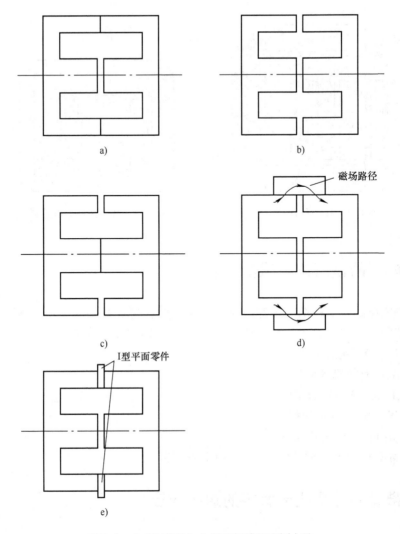

图 8.9 在 EE 型磁心中实现气隙的不同方法
a）中柱气隙电感器 b）垫片气隙电感器 c）边柱气隙电感器
d）有边柱分流器的电感器 e）在边柱上有 I 型平面磁心部件的电感器

当产品从垫片气隙的样品变为使用中柱气隙的批量生产时，可能会出现一些问题。第一个问题是所需的中柱气隙长度超过垫片厚度的两倍。第二个问题是导体中的涡流损耗增加。一个好方法是，即使在设计带有垫片的样品时，也考虑中柱气隙的损耗从而避免后面出现问题。

只带有边柱气隙的磁心（见图 8.9c）通常比带垫片的磁心产生更低的涡流损耗。只有边柱气隙的磁心问题是中柱载有最大的磁通量（及损耗）并且它是很容易饱和的（也是因为磁性元件内部产生了更高的温度）。

实验中，模拟中柱气隙的一种实用的方法是使用分流外支柱（见图 8.9d）或在边柱使用平面磁心部件（见图 8.9e）。当使用垫片或分流外支柱时，电感值可以通过试凑法轻松调整。通常，由于边缘磁场，电感值将高于预期。如果匝数设计合理，则不应减少匝数，而应增加气隙。电感值的差异是由于气隙的磁导率造成的。在高边缘磁场下减少线圈匝数会导致磁心过早地饱和。

## 8.4.2　中柱气隙电感器的简化设计方法

带有实心导线或者利兹线绕组的电感器是最常见的结构。对于小气隙的简化方法中的电感值计算，如果只考虑主磁通路径，可以使用线圈电感值的简单表达式。这就得到了以下公式：

$$L = \mu_0 N^2 \frac{A_g}{\sum l_g + l_{fe}/\mu_r} \tag{8.7}$$

式中　$\sum l_g$——磁路中气隙长度的总和；

　　　　$A_g$——空气隙的截面积，等于磁心的截面积；

　　　　$l_{fe}$——在磁心材料中的磁通路径的等效长度；

　　　　$\mu_r$——磁心材料的相对磁导率；

　　　　$N$——匝数。

式（8.7）中的 $\mu_r$ 取决于磁材料的类型、饱和磁感应强度以及所施加的电压和电流波形的类型。关于 $\mu_r$ 的更多细节见第 3 章。

然而，对于一般的空气隙，气隙外的其他磁场路径（边缘路径）的磁导不可忽略。它导致电感值 $L$ 比式（8.7）的预测值大得多。在几乎所有的电力电子带气隙电感器的设计中，都应考虑边缘磁场，因此，在大多数实际情况下，式（8.7）给出的近似值精度很差。对于有气隙的 UU 磁心和有气隙的 EE 磁心，更好的近似解是（间隙在一个或多个支柱中）McLyman 方程式[2]：

$$L' = L \cdot X_f, X_f = 1 + \frac{l_g}{\sqrt{A_g}} \ln\left(\frac{2w}{l_g}\right) \tag{8.8}$$

式中　$L'$——边缘校正后的电感值；

　　　　$X_f$——边缘系数；

　　　　$w$——绕组的总宽度（层宽度）；

　　　　$l_g$——气隙长度。

可以使用圆形和矩形横截面的调节系数 $q$ 来提高式（8.8）的精度：

$$L'_q = LX_f, X'_f = 1 + \frac{ql_g}{\sqrt{A_g}} \ln\left(\frac{2w}{l_g}\right) \tag{8.9}$$

式中　在圆形磁心下（例如 ETD 磁心），$q = 0.85 \sim 0.95$；

　　　　在矩形磁心下（例如 EE 磁心），$q = 1 \sim 1.1$。

对于 EE42/21/15 磁心（12/15mm 中柱），使用制造商数据对 $q$ 值进行微调，并与有限元法[3]求解的结果进行比较。式（8.7）~式（8.9）的结果以及制造商数据如图 8.10 所示，系数 $q$ 的值为 1.05。对于 ETD44 磁心（15mm 中柱），图 8.11（$q = 0.85$）给出了式（8.7）~式（8.9）的结果与制造商数据之间的比较。

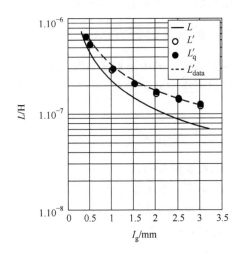

图 8.10　对于 EE42/21/15 磁心，式（8.7）~式（8.9）（$q = 1.05$）
计算的电感值和制造商的数据比较

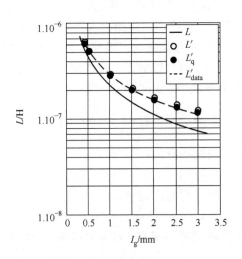

图 8.11　对于 ETD44 磁心，式（8.7）~式（8.9）（$q = 0.85$）
计算的电感值和制造商的数据比较

上述方法的优点是非常简单，并且可以快速了解使用中柱气隙时的边缘效应的影响。缺点是，它只适用于中柱气隙的电感器，而很难扩展到边柱有气隙的电感器。

参考文献 [4-7] 详细地给出了计算气隙电感器的通用方法。

### 8.4.3　气隙电感器边缘磁导近似值的修正

这里我们讨论计算电感磁心气隙周围边缘磁通的近似解析方法。

#### 8.4.3.1　边缘系数

很明显，在二维问题中，边缘磁导与第三维尺寸成正比（磁导 $\Lambda$ 是 $\Lambda = 1/\Re$，其中 $\Re$ 是磁路的磁阻）。边缘磁导主要影响气隙磁导率的修正，对剩余磁心的磁导影响较小。气隙磁导是

$$\Lambda_g = \mu_0 \frac{A_g}{l_g} + \mu_0 \sum_{\text{all sides}} C_g F \tag{8.10}$$

式中　$\Lambda_g$——气隙的磁导；

$\quad\quad A_g$——气隙的表面积；

$\quad\quad C_g$——磁心总圆周的一部分；

$\quad\quad l_g$——气隙的总长度；

$\quad\quad F$——对应于给定 $C_g$ 部分的边缘系数（见附录 8.A.1）。

我们给出空气隙设计的几种基本案例中的边缘系数 $F$ 的解析表达式，并且建议的系数可以用来计算最常见的对称和不对称的气隙电感器。在本章末尾的附录 8.A.1 中给出了基本案例的边缘系数 $F$ 值以及对称和不对称的案例计算。附录给出了表达式的推导及其与有限元计算的比较。

#### 8.4.3.2　等效面积

图形化的解释可以用来理解边缘效应。不考虑转角效应。边缘系数 $F$ 乘以 $l_g$ 可以被视为扩大了原始的横截面边界以此得到真正的磁导：

$$\frac{1}{\Re_g} = \Lambda_g = \mu_o \frac{A'_g}{l_g} \tag{8.11}$$

式中　$A'_g$——计及边缘磁场的增大后的气隙面积。

对于单个气隙，磁路的总磁导是

$$\Lambda_g = \cfrac{1}{\cfrac{l_g}{\mu_o A'_g} + \cfrac{l_c}{\mu_r A_m}} \tag{8.12}$$

式中　$A_m$——磁路的有效横截面面积。

在所提出的解决方案中，只包括二维效应。在三维演示中，也有转角磁导的贡献，其结果导致了磁导的增加。然而，在三维演示中，磁力线的返回路径更接近于气隙支柱，其结果是转角对磁导的贡献仅有少量的增加。

**注意**：因为机械尺寸的公差通常会显著影响结果，所以数学表达式精度的提高是有限的。

#### 8.4.3.3　单个和多个气隙的情况

如果有一个以上的空气隙，磁阻网络可以用来描述完整的磁路磁导（或磁阻 $\Re_g = 1/\Lambda_g$）。

**例 1**

在中柱气隙的情况下，其中轭－轭磁阻（$R_{YY}$）消失，如图 8.12 所示。

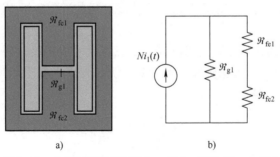

a)　　　　　　　　　　　b)

图 8.12　中柱气隙的 EE 磁心。例 1，匝数 $N$，电流 $i$
a) 磁通路径定义　b) 磁阻网络

**例 2**

在中柱上有多个空气隙时，磁路可由如图 8.13 所示的磁阻网络表示。

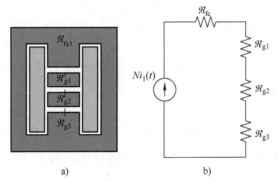

a)　　　　　　　　　　　b)

图 8.13　中柱有多个气隙的 EE 磁心，例 2
a) 磁通路径定义　b) 磁阻网络

**例 3**

本例介绍了使用垫片增加气隙的方法。通过这种方式，所有支柱都会产生气隙（见图 8.14）。

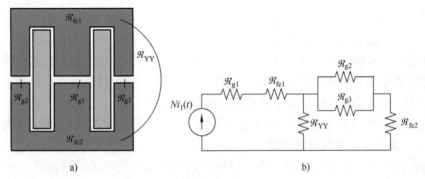

a)　　　　　　　　　　　b)

图 8.14　垫片气隙的 EE 磁心，例 3
a) 磁通路径定义　b) 磁阻网络

**例 4**

UU 磁心。两个支柱的 MMF 可以相同或不同（甚至为零）。很显然，在对称的情况下，顶部到底部的磁导不影响结果（见图 8.15）。

**备注：**

在使用多个空气隙时，应注意中柱磁心的散热。气隙材料应首选导热并且电气绝缘好的材料填充。

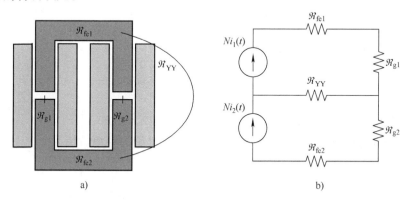

图 8.15　有气隙的 UU 磁心，例 4

a）磁通路径定义　b）磁阻网络

## 8.5　电感绕组的涡流

### 8.5.1　已有方法介绍

电感器中涡流损耗的主要部分是由横向磁场引起的。对于中柱气隙的 EI、EE 电感器，一些方法已经在本书中给出。

第 2 章介绍了一种近似的方法，该方法引入一个系数 $k_F$ 来考虑气隙产生的损耗。第 5 章对该方法进行了改进，因为在层方向或垂直于层方向的 $H$ 场所造成的损耗对层方向和垂直于层方向的磁场系数敏感。该方法包含磁场系数 $k_{Fx}$ 和 $k_{Fy}$。

与中柱气隙电感器相比，带有垫片的电感器通过边缘效应可以减少大约两倍的涡流损耗。实际上，气隙的磁动势被分成两个气隙，每个气隙产生的磁场减少了两倍，因此产生了两个约四分之一的损耗贡献。然而，磁场问题是一个三维问题。

### 8.5.2　多气隙电感器

到目前为止，在计算 $k_F$ 时，对称因子 $K$ 值对于 EI 磁心等于 1，对于 EE 磁心 $K$ 等于 2。但如果使用 $N_g$ 个空气隙，该磁场模式可以与具有相同磁场类型的 $K = 2N_g$ 情况具有对称性。对于这样的情况，可以采用新的 $K$ 值进行大致相同形式的

$k_F$ 计算。其效果是，对于中柱的同一距离，如果 $K$ 增加，那么参数 $\kappa$ 增加很多，从而使产生的涡流损耗与 $k_F \approx 1$ 变压器绕组的情况相近。

**注意**：经常有三个空气隙被使用（金刚石带锯一次性切割每一个支柱），这种方法减少了很多的损耗。

当使用多个气隙时，可能会因为铁氧体片没有很好地冷却而产生热点问题。在铁氧体磁心中，太高的温度导致较低的饱和磁感应强度和较高的损耗，这可能会导致热损坏。一个好的做法是用导热绝缘材料填充"气隙"。

### 8.5.3　避免绕组靠近气隙

图 8.16 显示了电感器窗口区域中绕组的不同布置。

1）完全填充的绕线区域，情况 A。

2）部分填充的绕线区域，情况 B。

3）部分填充的绕线区域，并且与空气隙具有足够的距离，情况 C。

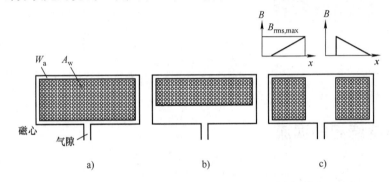

图 8.16　电感器窗口区域中绕组的不同布置

a) 完全填充的绕线区域，情况 A　b) 部分填充的绕线区域，情况 B

c) 部分填充的绕线区域，并且与空气隙具有足够的距离，情况 C

图 8.16b 和图 8.16c 中所示布置的目的是为了减少绕组中的涡流损耗。

图 8.16b 显示了一种解决方案，其中线圈和中心支柱之间保持一定的距离。这是在第 2 章中所描述的，并体现在使用全局磁场因子系数 $k_F$ 的计算中。更多的细节出现在第 5 章中，并取决于水平和垂直方向的磁场因子系数 $k_{Fx}$ 和 $k_{Fy}$。这种方法大大减少了涡流损耗。不利的是，一匝线圈的平均长度和直流电阻会增加。

图 8.16c 显示了与气隙保持距离的另一种解决方案。这种类型的优点是一匝线圈的平均长度等于完全填充区域的线圈值。它还避免了在绕组区域的中间出现热点。

## 8.6　箔式绕组电感器

大交流电流的高频箔式电感器需要仔细设计，以避免高的交流导通损耗。在理想情况下，当磁场平行于箔片时，可以获得低水平的高频涡流损耗。

在一般情况下，有三种不同类型的绕组损耗效应（机理），在有气隙的箔式绕组电感器中可以区分出来（见第 5 章）：

1）平行于箔的均匀磁场产生的损耗。

2）平行于箔的非均匀磁场产生的损耗，该磁场通常来自于气隙边缘磁场。

3）在箔的尖端（边）磁场产生的损耗。

第一种损耗的影响较低是箔式绕组吸引人的特点。然而，第二种和第三种影响才是真正重要的，在高频情况下它们可以产生绕组损耗的主要部分。

## 8.6.1　箔式电感器——理想情况

图 8.17 显示了罐状磁心的箔式电感器。若要视为理想情况，箔的宽度必须等于绕线区域的宽度。箔的尖端接触到分布在整个圆周的高磁导率材料。中柱是由低磁导率材料制成的（或空气），由此充当了分布式气隙。这是解决气隙边缘问题的最佳方案。在这种情况下，磁力线平行于导体。均匀分布气隙设计中的等效交流电阻较低。

在讨论的理想情况下，矩形导体的理论是完美适用的，因为所有磁场都平行于箔的表面。当不使用线圈骨架时，像 EE 和 ETD 的形状几乎可以满足理想情况条件（到磁心顶部和底部的距离可以忽略不计），并且导体的边缘被铁氧体盘覆盖着。低磁导率的中柱可以使用多个气隙来模拟。

**注意：**

1）如果平面磁心的中柱被拆除了，可以得到一个空心盒子，而导体边缘覆盖着铁氧体，于是箔式绕组可以插入其中。

2）一般来说，可以用漆包铜箔来减少绝缘层的厚度。

对于图 8.17 所示的理想情况，用于计算电感值的解析解是存在的。为简单起见，假设绕组横截面积中的电流密度均匀且厚度恒定。在这种情况下，可以使用符号积分求取储存能量后除以 $\frac{1}{2}i^2$ 获得精确的结果，电感值为

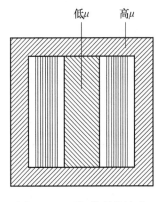

图 8.17　理想情况的箔式电感器

$$L = \mu_0 \frac{N^2}{w}\left(\mu_r A_1 + A_2 + \frac{1}{3}t_w\left(t_{min} + \frac{l_{max} - l_{min}}{4}\right)\right)$$

(8.13)

式中　$L$——线圈的总电感值；

　　　$\mu_r$——中柱的相对磁导率；

$A_1$——中柱的横截面积；

$A_2$——第一绕组和中柱之间的表面面积；

$l_{min}$——第一匝内部的周长（最靠近中柱的一匝线圈）；

$l_{max}$——最外面一匝的周长。

这个特殊形状的磁场问题是很特别的。式（8.13）是我们能得到的最简单的形式。它对应于在绕组厚度的 1/4 处测量的一匝等效长度。虽然方程是在轴对称情况中推导出来的，但对于可变曲率的情况下仍然适用（但也具有恒定的电流密度并且保持 $t_w$ 为常数）。绕组也可以是直线的和轴对称零件的结合，如矩形中柱。

**注意：**

1）上述定义的等效长度也适用于涡流损耗。

2）等效长度与我们计算直流电阻时的长度不同，因为需要考虑在厚度 1/2 处的长度。

## 8.6.2 单个和多个气隙的箔式电感器设计

低磁导率材料有一些缺点，因为它们通常比高磁导率材料（例如铁氧体）具有更低的饱和磁感应强度或更高的损耗。因此，使用分布式气隙通常是一个很好的折衷方案。设计离散分布的气隙是减少箔片边缘附近的垂直磁场分量的方法。单一气隙的电感器如图 8.18 所示。

**注意：**在这里，我们不考虑边缘（尖端）损耗，因此，当箔式绕组触及磁心的顶部和底部时，我们采取理想的情况。

图 8.19 显示了一个离散分布的气隙电感器，其中气隙位于中心支柱。气隙位于箔片附近，但与集总（单一）的气隙设计相比，多个气隙的长度都非常小。参考文献［8］中的研究显示，靠近空气隙的层的交流电阻相比于其他层高很多。这是气隙的边缘磁场感应涡流的作用结果。当箔片与气隙之间的距离（图 8.18 中用 $s$ 表示）减小时，箔片容易受到边缘磁场的影响，交流损耗显著增加。在第 5 章中对距离 $s$ 以及其他几何参数 $l_g$ 和 $p$ 对于箔片涡流损耗的影响进行了讨论。

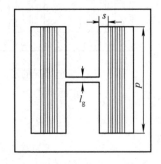

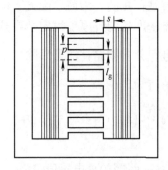

图 8.18　箔式绕组电感器中的单个空气隙　　图 8.19　箔式绕组电感器中的离散分布的气隙

### 8.6.3 气隙电感器中箔式绕组的涡流损耗

第 5 章和参考文献［8 - 11］中详细地给出了不同气隙的设计和箔式绕组电感器的高频损耗。

### 8.6.4 平面电感器

由于封装限制、散热考虑和改进的生产技术，平面结构通常适用于电感器。平面结构的电感器通常使用印制电路板绕组。图 8.20 给出了一个带有空气隙的平面电感器。在某些情况下，设计参数可以在没有气隙的情况下实现（或分布式间隙）。根据具体的电感值，低磁导率材料是必要的。

平面电感器结构的绕组中可能会承受高涡流损耗。磁路的气隙往往会引入垂直的磁场。为了获得可接受的涡流损耗，导线应与气隙保持足够的距离。平面电感器的最佳解决方案是使用低磁导率材料来实现分布气隙[12,13]，如图 8.21 所示的结构。另一种解决方案是使用离散分布的空气隙，如图 8.22 所示。在这种结构中，电感器的设计过程和损耗分析与上一节中介绍的带有离散分布气隙的箔式电感器类似。

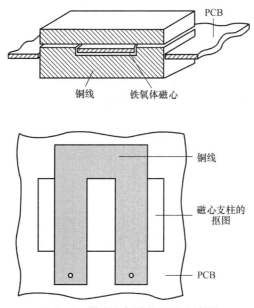

图 8.20 带有空气隙的平面电感器

不同的是在线圈端部的损耗。靠近中心支柱的线圈端部的电流密度高于外边缘，因此，会有更高的涡流损耗（但垂直磁场可能很低，因为内侧是接近高 μ 值的材料，铁氧体）。外边缘也具有同样的损耗，但由于半径较小，电流密度较低。平面电感器的损耗精确估计需要使用三维有限元计算。

在使用印制电路板绕组的情况下,更高的匝数可以通过增加电路板层数或在一层中增加匝数得到。先进的设计甚至可以为不同的层使用不同的(铜箔)厚度,其中较厚的层远离气隙以减少涡流损耗。

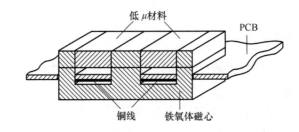

图 8.21 具有低磁导率分布气隙的平面电感器

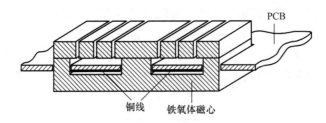

图 8.22 具有离散分布气隙的平面电感器

在平面电感器中使绕组并联并不容易。电感器设计中值得一提的是平面磁心可以与圆导线、利兹线或箔导体组装。在许多实际情况下,与只使用印制电路板绕组相比,使用上述类型的绕组可以得到更好的结果。

## 8.7 不同应用场合的电感器

### 8.7.1 直流电感器

真正的直流电感器并不存在。如果使用一个电感器,总是有一些交流分量的电流,这需要更高的交流阻抗。交流电流分量较小的应用通常是 EMI 滤波器和具有低峰峰值交流电流的连续导通模式的电感器。

举例:

在电感器中,峰峰值的交流电流纹波约为直流电流值的 10%。对于三角形电流波形,我们得到的交流电流方均根值约为直流电流的 3%。而且,如果涡流因数是 $k_c = 100$(粗导线,多层结构,例如在第 2 章中的小例子),则元件中会产生额外的 10% 的铜损耗。在某些情况下,$k_c$ 值甚至可以达到几百。因此,不应该武断地说电感器是一个真正的直流电感器。

对于涡流和铁氧体材料而言,低频率(如 50Hz、60Hz、100Hz 和 120Hz)通常被认为几乎是直流电。这些频率是并网应用中低频元件的典型频率。

直流电感器通常使用实心导线绕制且几乎填满。该方法的优点是获得高填充因子，并且使得直流电阻损耗较低。

对于直流电感器的磁心，使用高饱和磁感应强度的材料是有益的，如低频铁氧体或铁粉。铁粉材料的优点是它们结合了低磁导率（分布式气隙）和高饱和磁感应强度。铁粉的磁心有几种类型：

1）软铁的类型，饱和磁密高达 1.4T。

2）铁硅合金（铁硅铝，Kool‐mu），饱和磁密约为 1.1T。

3）Fe‐Ni 类型（坡莫合金），饱和磁密约为 0.8T。

4）纳米铁粉心（价格高）。

软铁型的磁心具有高饱和磁密的优点。然而，如果同时存在较多的低频分量（例如逆变器输出滤波器在低频下的损耗），就应该特别注意。对于 60Hz 的交流电，1T，根据材料等级，损耗可能是 40 ~ 100mW/cm³。也就是 5 ~ 13W/kg，这是远远高于性能良好的变压器的铁心损耗。原因是磁畴壁的尺寸减小后，磁滞损耗增大。其他粉末等级降低了损耗，但也降低了饱和磁感应强度。粉末材料在 MHz 区域也受欢迎，因为它们具有平滑的特性，并且不会表现出降低磁导率的容性谐振频率。

对于中频，电磁兼容滤波电感器中的铁心损耗可能是有用的，它可以减少寄生谐振的幅度。对于中频，我们指的是低于开关频率但高于直流或低频分量的频率。这些谐振会增加 EMI 频谱，也可能会导致变换器的控制出现不稳定。

### 8.7.2　高频电感器

高频电感器是谐振变换器中的典型元件。我们也将交流电感器归为高频电感器，其中导线中的涡流损耗是不可忽略的。这是电力电子中实际使用的常见频率。

关于高频电感器的注意事项：

1）实心导线设计通常不是高频电感器的首选。

2）至少与气隙保持一定的距离。

3）首选的设计是并联导线（但避免环流）或利兹线。

4）通常绕线区域没有完全填充，因为它会产生过大的涡流损耗。

由于每层使用了很多的匝数，因此必须选择较小的导线直径以减少涡流损耗，因此很自然地就可以使用低频近似的设计。后者可以使设计简化，因为可以使用简化的方程。此外，由于涡流损耗可以建模成与电感器并联的电阻器，因此建模更容易。

利兹线设计的缺点是低填充因子和由于更多绝缘材料的存在导致散热差。此外，利兹线在缠绕过程中更脆弱，更难焊接。在高电流和有限的匝数时，也可以考虑使用箔式绕组，需要注意尖端和边缘损耗。

高频电感器的电流和电压都是交流的，而且电流没有直流分量。高频电感器和滤波电感器的主要区别是高频电感器的环路 $B(t) = F(H(t))$ 是高的（即激励很大），但直流（滤波器）电感器是一个所谓的小环路。高频电感器的磁心损耗大并且在元件散热设计中应该考虑。由于这种电感器的交流电阻大，所以铜损耗也大，高频电感器的设计是一个典型的、非饱和的、热限制的设计（见第 2 章）。

### 8.7.3 DC – HF 组合式电感器

在 DC – HF 组合式电感器中，与直流或低频损耗相比，高频成分的损耗通常是不可忽略的。这种类型的电感器在功率因数控制器、降压和升压变换器中非常常见。它涉及具有高纹波的连续运行模式、边界运行模式或不连续运行模式。

#### 8.7.3.1 经典的解决方案

电流中的直流或低频分量受益于实心导线，但涡流损耗是该设计的瓶颈。可以使用利兹线，但较低的填充因子导致它有较大的直流电阻。还可以使用靠近气隙的一个绕组来"屏蔽"高频率磁场，剩余的绕线区域用于放置一个并联绕组，该绕组几乎只携带直流电流。参考文献［14］中提出了将箔式绕组或单层圆线绕组用作具有多个或分布式气隙的"高频屏蔽"层。

#### 8.7.3.2 特殊的组合设计：利兹线 – 实心导线电感器绕组

在这里，我们提出了使用利兹线绕组来屏蔽高频磁场，同时使用单气隙的设计。本章附录 8. A. 2 详细介绍了特殊的组合设计：利兹线 – 实心导线解决方案。我们使用利兹线屏蔽空气隙的高频磁动势；在剩余部分的绕线区域用实心导线填充。这种类型的解决方案结合了利兹线和实心导线的优点。此外，如果可以实现特殊的布置，则只需计算利兹线中的高频损耗。特殊的布置如图 8.23 所示；最初是在参考文献［15］中提出它的。

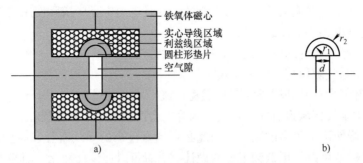

图 8.23 利兹线 – 实心导线组合电感器的横截面
a）完整的横截面 b）空气隙的细节

设计要求几乎所有的高频磁动势都被利兹线抵消。因此，几乎所有的高频电流都会在利兹线中流动。利兹绕组中的每匝平均磁通量略低于实心导线。这会导致利兹线中的匝数略高于实心导线绕组的匝数。实际上，总有一些局部漏磁也会产生一些电压降，因此利兹线的匝数几乎可以等于实心导线的匝数。

一个切实可行的解决方案是向利兹线馈入高频电压并同时进行测试，测量绕组之间的电压差。该电压差应该较低，如果不是则可以调整一匝线圈。

### 8.7.3.3　实心导线－利兹线组合式电感器的解析模型

附录 8.A.2 给出了一个解析模型。它允许人们计算损耗以及利兹线和实心导线绕组所需的匝数。

$$P_{\mathrm{cu,eddy,Litz}}(t) = \frac{\pi l_{\mathrm{w}} d_{\mathrm{s}}^4 p}{64 \rho_{\mathrm{c}}} \left( \frac{\mu_0 \varepsilon f N_{\mathrm{L}} I}{2 \pi r_1} \right)^2 \frac{1}{3} k_{\mathrm{L}} \left( \frac{r_2}{r_1} \right) \tag{8.14}$$

式中　$p$——利兹线的股数；

$d_{\mathrm{s}}$——多股线的直径。

实验结果表明，虽然利兹线绕组的直流电阻远高于实心导线的直流电阻，但是这两种类型导线的组合却有低得多的损耗。

图 8.24 显示了用利兹线缠绕前后的线圈架。

图 8.24　用利兹线缠绕之前和之后的组合式电感器的线圈架

# 8.8　不同类型电感器的设计实例

## 8.8.1　升压变换器电感器的设计

在 DC/DC 变换器中通常使用电感器（直流扼流圈）。这样的升压变换器如图 8.25 所示，电感器的电流和电压波形如图 8.26 所示。这种拓扑结构中电感器的目的是减少电流纹波，并实现电压从其输入值增加到所需的输出值。这个目的决定了电感的期望值。气隙用于防止磁心的峰值电流 $I_{\mathrm{L,peak}} = I_{\mathrm{L,DC}} + \Delta I_{\mathrm{peak}}$ 时电感器出现饱和。磁心损耗比铜损耗小。因此，根据第 2 章中图 2.1 给定的

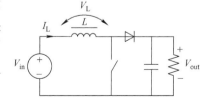

图 8.25　升压 DC/DC 变换器

分类，这样的设计可以被定义为饱和、热限制设计。

设计的基本约束是：

1）获得一个给定的电感值 $L$。

2）保持低于饱和值 $B_{sat}$ 的峰值磁感应强度 $B_p$。

3）保持温度有限。

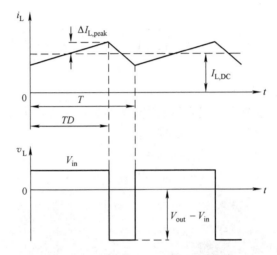

图 8.26　电感器的电流和电压波形

这里我们计算一个电感器的设计参数。我们需要电感值、电感器电压和电流的方均根值。例子中的变换器参数为：

输入电压：$V_{in} = 100\mathrm{V}$

输出电压：$V_{out} = 400\mathrm{V}$

工作频率：$f_{op} = 20\mathrm{kHz}$

输出功率：$P_{out} = 1\mathrm{kW}$

电感器电流纹波的峰值幅度设定为电感器直流电流的 20%。

开关控制的占空比 $D$ 是

$$\frac{V_{out}}{V_{in}} = \frac{1}{1-D} \Rightarrow D = \frac{V_{out} - V_{in}}{V_{out}} = 0.75 \tag{8.15}$$

电感器的直流电流分量为

$$I_{L,DC} = \frac{I_{out}}{1-D} = \frac{P_{out}/U_{out}}{1-D} = 10\mathrm{A} \tag{8.16}$$

电感器的电流纹波 $\Delta I_{L,peak}$ 的峰值幅度是

$$\Delta I_{L,peak} = \frac{V_{in} D T_{op}}{2L} \tag{8.17}$$

式中　$T_{op}$——工作周期，$T_{op} = 1/f_{op}$。

因为需要 $\Delta I_{L,peak}$ 等于 $I_{L,DC}$ 的 20%，可以得到所需的电感值：

$$L = \frac{V_{\text{in}}DT_{\text{op}}}{2\Delta I_{\text{L,peak}}}, \Delta I_{\text{L,peak}} = 0.2I_{\text{L,DC}} \Rightarrow L = \frac{V_{\text{in}}DT_{\text{op}}}{0.4I_{\text{L,DC}}} \Rightarrow L = 937\mu\text{H} \quad (8.18)$$

电感器电流的方均根值是

$$I_{\text{L,rms}} = \sqrt{I_{\text{L,DC}}^2 + (\Delta I_{\text{L,peak}})^2/3} = 10.07\text{A} \quad (8.19)$$

电感器电压的方均根值是

$$V_{\text{L,rms}} = \sqrt{DV_{\text{in}}^2 + (1-D)(V_{\text{out}} - V_{\text{in}})^2} = 173.2\text{V} \quad (8.20)$$

现在我们有了正在设计的电感器的所有输入参数：

期望的电感值：$L = 937.5\mu\text{H}$

电感器电流的方均根值：$I_{\text{L,rms}} = 10.07\text{A}$

电感器电压的方均根值：$V_{\text{L,rms}} = 173.2\text{V}$

工作频率：$f_{\text{op}} = 20\text{kHz}$

接下来，可以按照第 2 章介绍的设计过程实施。

如果是低频设计（$d < 1.6\delta$），绕组中的涡流损耗可以用表观频率计算：

$$f_{\text{ap}} = \frac{V_{\text{L,rms}}}{2\pi L} = \frac{173.2}{2\pi \times 937.5 \times 10^{-6}} = 29.4\text{kHz} \quad (8.21)$$

如果低频条件（$d < 1.6\delta$）不满足，所计算的表观频率是最坏情况下的频率值。

## 8.8.2　耦合电感器的设计

耦合电感器是具有多个绕组的滤波电感器。电感器设计成对共模电流呈高电感，对差分电流呈低电感。可能的应用如双路输出正激变换器中的耦合电感器或者共模扼流圈。图 8.27 给出了共模扼流圈的一个例子，它实际上是一个耦合的电感器。电感的绕组绕制在相同的磁心上。两个绕组中都有明显的直流电流（或低频）分量。因为电感电流纹波相比于直流电流分量小，所以 B－H 磁滞回线的面积小。

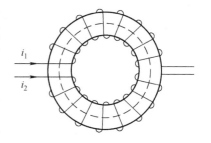

图 8.27　用作共模扼流圈的
耦合电感器例子

我们把磁场模式分为两类：

1）在两个绕组中的电流总和 $i_1 + i_2$ 引起的励磁磁场。

2）在这两个绕组中电流之间的差异 $i_1 - i_2$ 引起的漏磁场。

励磁磁场沿高磁导路径流动（通过磁心）。漏磁场遇到低磁导路径（通过空气），可以将电流分成两个分量：

1）共模分量，$i_{\text{com}}$。

2）差模分量，$i_{\text{dif}}$。

这两个电流是

$$i_{com} = \frac{i_1 + i_2}{2} \text{ 和 } i_{dif} = \frac{i_1 - i_2}{2} \qquad (8.22)$$

$$L_{com} = N_1^2 \Lambda_m = N_2^2 \Lambda_m \qquad (8.23)$$

$$L_{dif} = N_1^2 \Lambda_\sigma = N_2^2 \Lambda_\sigma \qquad (8.24)$$

这里的励磁磁导 $\Lambda_m$ 值由制造商给定（$A_L$ 值）。

关于 $L_{com}$，磁性元件表现为两绕组并联的电感器。我们按照第 2 章中给出的损耗计算。这个绕组的宽度 $w$ 等于磁心的内圆周长。因为提供了合适的磁通路径，所以 $L_{com}$ 饱和值非常低。

对于 $L_{dif}$，磁性元件的作用相当于变压器。一次绕组和二次绕组彼此远离。变压器部分的设计并不容易，因为该磁场模式是三维类型的。因为漏磁导不是很低，所以这个 $L_{dif}$ 的饱和值不是很高。因此，需要校验这个值的大小。环形磁心的实际漏磁导几乎是与内径 $d_{int}$ 成正比的。比例因子 $A$ 几乎是独立于材料的，一定程度上取决于磁心是如何被绕制的。漏磁导近似为

$$\Lambda_\sigma = A d_{int} (\mu H) \qquad (8.25)$$

式中 $A$ 通常为 $2.3\mu H/m$；

$d_{int}$——内径，单位是 m。

两个部分的涡流损耗（共模分量 $i_{com}$ 和差模分量 $i_{dif}$）可以相加。因为共模和差模电流包含不同的频率，所以总损耗通常允许两个部分相加。如果不区分为共模和差模模式，设计就很难进行下去。

举例

铁氧体环形磁心的尺寸如下（包含涂层）：

1）内直径：$18.4mm$。

2）外直径：$32.7mm$。

3）高度：$13.3mm$。

两个绕组都有 20 匝。共模或励磁磁导 $\Lambda_m$ 为 $2.0\mu H/t^2$。差模磁导约为 $2.3\mu H \times 0.019m = 44nH/t^2$。共模电感值计算为

$$L_{com} = 20^2 \times 2.0\mu H = 800\mu H$$

差模电感值为

$$L_{dif} = 20^2 \times 44nH = 17.6\mu H$$

为了进行比较，所绕制电感器的实测值为：$L_{com} = 874\mu H$ 和 $L_{dif} = 17.4\mu H$。测量是通过将绕组串联和反串联，并将结果除以 4 得到的。

### 8.8.3 反激式变压器的设计

反激式变压器是一个两绕组的电感器，因此，我们在这一章中讨论这个问题。它也可以表示为一个耦合电感器，其电流波形已广为知晓。当开关 S 闭合时，一次

绕组流过电流，当二极管 D 导通时，二次绕组流过电流（见图 8.28）。尽管该装置有两个相互影响的绕组，并且用与变压器相同的符号表示，但该磁性元件的更具描述性的名称是双绕组电感器。变压器和反激式变压器之间的主要区别在于，反激式变压器中的电流

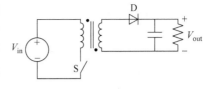

图 8.28　反激式变压器

不会像普通变压器那样同时在两个绕组中流动。反激式变压器的作用是在开关导通间隔期间内储存能量，并且在二极管的导通间隔期间内向外输出能量。

B – H 环路取决于变换器的电流模式。在 DCM（非连续电流模式）下的环路比 CCM（连续电流模式）大并且磁心损耗较高。在反激式变压器中，两种类型的磁场同时存在：

1）励磁磁场有能量储存作用，就像在电感器中。

2）漏磁场表现出变压器功能。

然而，损耗可以分离为励磁和漏磁两种类型的道理并不明显。假设绕组的总磁场是励磁磁场 $B_m(t)$ 和漏磁场 $B_1(t)$ 的总和：

$$B(t) = B_m(t) + B_1(t) \tag{8.26}$$

涡流损耗主要由磁场 $B(t)$ 的二次方决定的。那么我们可以写出：

$$P_{eddy} \sim B_m^2(t) + B_1^2(t) + 2B_m(t)B_1(t) \tag{8.27}$$

为了能够分离出损耗，交叉乘积项［式（8.27）中的第三项］的平均值应该为零。实现它的一种方法是在一次绕组和二次绕组之间按照某种方式分配励磁磁动势，以便使整个时间段的平均后的交叉乘积项消失。图 8.29 显示了一次绕组和二次绕组磁场的分解，这允许考虑装置中的两种类型磁场（电感器和变压器类型）。这种方法可以更清晰、更精确地表示涡流损耗。

对于图 8.29，给出下列关系式：

$$F_1 = N_1 i_1$$
$$F_2 = N_2 i_2$$
$$F_1 = F_{m1} + F_{l1}$$
$$F_2 = F_{m2} + F_{l2}$$
$$F_m = N_1 i_1 + N_2 i_2$$
$$F_{l1} = -F_{l2}$$
$$F_{m1} = F_{m1} = \frac{F_m}{2} \tag{8.28}$$

式中　$F_1$，$F_2$——一次绕组和二次绕组的磁动势；

　　$F_{m1}$，$F_{m2}$——一次绕组和二次绕组的励磁磁场分量；

　　$F_{l1}$，$F_{l2}$——一次绕组和二次绕组的漏磁场分量；

　　　　$F_m$——元件的总励磁磁场。

$F_{m1}$、$F_{m2}$、$F_{l1}$、$F_{l2}$的选择是在对一个周期进行平均时，$F_{m1}$和$F_{l1}$的交叉乘积项会变为零，对于$F_{m2}$和$F_{l2}$也是如此。这使得励磁类型电流损耗以及漏磁场类型电流损耗可以叠加，而不必考虑其交叉乘积项。

考虑到励磁磁场$F_{m1}$和$F_{m2}$，我们分析元件中的电感器类型的磁场。这允许给出并计算出与每个绕组气隙附近边缘磁场相关的涡流损耗。在考虑漏磁场$F_{l1}$和$F_{l2}$的情况下，分析变压器类型的磁场，并得出了相应的损耗。

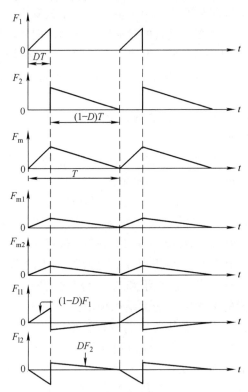

图 8.29　反激式变压器的一次绕组和二次绕组中电流的分解

**备注：**

在单中心间隙设计中，最好将最薄的绕组（或利兹线）靠近气隙，将最厚的绕组（或箔导体绕组）与气隙保持足够的距离。这种布置可以减少边缘磁场造成的涡流损耗。

现在，我们可以分别计算励磁磁场和漏磁场的损耗并对其求和。对于励磁磁场，可以通过电感器的求解进行计算。对于漏磁场，磁场模式与变压器中的相同。

反激式变换器不适合大功率应用的原因有两个：

1）在一次绕组和二次绕组之间的漏感会引起晶体管的关断损耗。减少这种漏电感是很难的，因为在一次绕组和二次绕组之间的绝缘电压往往是必需的，而且，一次绕组和二次绕组之间的低电容也是期望的。这些限制增加了一次绕组和二次绕组之间的距离，从而增加了漏感值。

2）该元件的磁设计需要折衷考虑，因为这两个磁场模式是存在于同一元件中的，因此，它们使设计更加困难。

## 附录 8. A. 1　有气隙的绕线电感器的边缘系数

这里，我们给出了沿气隙两侧的边缘系数的计算。用所提出的方程得到的电感值的数学近似精度对于各类参数通常都优于 3%。近似解是由完全填充的窗口推导得出的。使用实际绕组的真实精度略低，因为绕组区域未被完全填满，但足以满足常规设计。与气隙有一定距离的绕组表现出较高的边缘系数；与气隙距离近的绕组表现出较低的边缘系数。把求解数据与实验相比较，可以得到很好的总体匹配效果。影响计算结果的因素有气隙设置为零时的寄生气隙、机械公差以及相同气隙的不同制造商数据之间的差异。

### 8. A. 1. 1　基本情况

#### 8. A. 1. 1. 1　基本情况 1

在基本情况 1 中，气隙以外的导体被磁性材料包围（见图 8A. 1）。导体区域（铜）中的电流密度假定是均匀的。

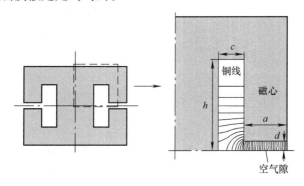

图 8A. 1　基本情况 1 中的磁场（导体被磁心围绕）

假设磁性材料的磁导率是无限的。那么，该系数 $F_1$ 的近似值是由下述表达式给出的：

$$F_1(d,c,h) = \frac{2}{\pi}\ln\left(\frac{\left(\frac{1}{c}\right)+\left(\frac{1}{d}\right)}{\left(\frac{1}{c}\right)+\left(\frac{1}{h}\right)}\right) + \frac{(h-d)^2(h-0.26d-0.5c)}{3ch^2} + \frac{c}{3h} \quad (8A. 1)$$

式中　$F_1$——基本情况 1 中的边缘系数；

$d$——空气隙到参考平面的距离，单位为 m；

$c$——绕组的厚度，单位为 m；

$h$——绕组的宽度（见图 8A. 1），单位为 m。

**注意**：附录的推导是相对独立的，尺寸（$c$，$h$，$d$）的定义与其他章节中使用的定义不同。

当 $c$ 很小或当 $d = h$ 并且 $d$ 较小时，式（8A.1）对应于解析解。调节常数（0.26 和 0.5）使用 Finite Element Method Magnetics（FEMM3.1）[3] 分析软件进行了匹配。对于小的 $d$ 值，式（8A.1）关于 $c$ 和 $h$ 对称。

图 8A.2 所示的边缘系数 $F_1$ 是 $d/h$ 比值的函数，$c$ 是一个参变量（$c/h = 0.5$，1，2）。

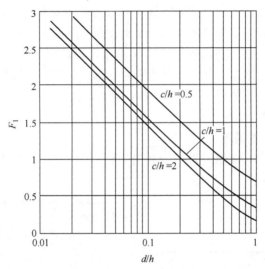

图 8A.2　边缘系数 $F_1$ 是 $d/h$ 比值的函数，$c$ 是一个参变量（$c/h = 0.5$，1，2）

### 8.A.1.1.2　基本情况 2

在基本情况 2 中，绕组接触到磁心，但绕组的所有其他面都被空气包围（见图 8A.3）。在这种情况下，边缘磁场也呈同心状且主要集中在气隙附近。边缘系数 $F_2$ 近似为

$$F_2(d,c,h) = \frac{2}{\pi}\ln\left(\sqrt{\frac{0.44(h^2 + c^2) - 0.218dh + 0.67cd + 0.33hc + 0.7825d^2}{d^2}}\right)$$

（8A.2）

对于小的 $d$ 值，式（8A.2）关于 $c$ 和 $h$ 对称。

请注意，当 $c$ 等于 $h$ 时，情况 1 和情况 2 是类似的。这是正常的，因为在情况 2 中，当 $c = h$ 时，导体区域外几乎不存在磁力线，因此铁氧体壁的存在不会对结果产生太多的影响。

对于这两种情况，解析近似解和有限元解之间的偏差都在 2% 以内。

边缘系数 $F_2$ 如图 8A.4 所示，它是 $d/h$ 比值的函数，并且 $c$ 是一个参变量（$c/h = 0.5$，1，2）。

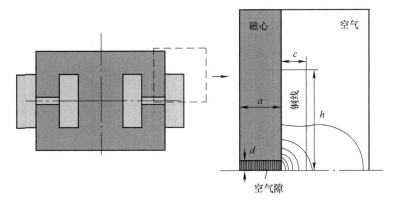

图 8A. 3　基本情况 2 中的磁场（导体在开放空间内）

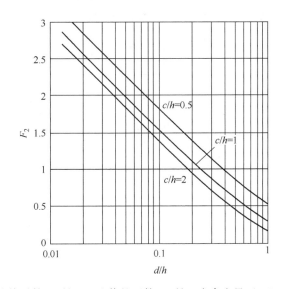

图 8A. 4　边缘系数 $F_2$ 是 $d/h$ 比值的函数，$c$ 是一个参变量（$c/h =0.5$，1，2）

### 8. A. 1. 1. 3　基本情况 3

基本情况 3 代表一个新的问题，因为没有导体（见图 8A. 5），磁动势可以放在气隙中。这是没有绕线的外部支柱的情况（例如 EE、EFD、ER 磁心）。总高度大于绕组高度，所以我们用 $g$ 代替 $h$。

边缘系数近似为

$$F_3(d,g) = \frac{1}{\pi}a\cosh\left[ 3.4\left(\frac{g}{d}\right)^2 + 1.3 \right] \tag{8A. 3}$$

图 8A. 6 所示的边缘系数 $F_3$ 是 $d/h$ 比值的函数。

### 8. A. 1. 1. 4　基本情况 4

基本情况 4 代表了一个顶部到底部的问题，不涉及导体（见图 8A. 7）。这种磁

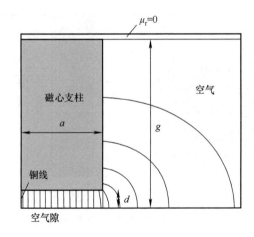

图 8A.5　基本情况 3 中的磁场（典型例子是外部支柱）

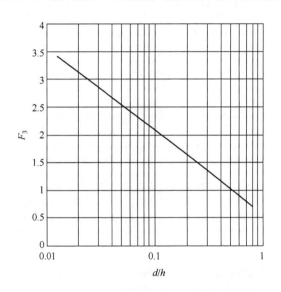

图 8A.6　边缘系数 $F_3$ 是 $d/h$ 比值的函数

场模式发生在轭 – 轭架的磁动势不为零的情况中。它不能与情况 3 分离。情况 3 和情况 4 一起构成了完整的问题。虽然理论上不明显，但在实际应用中，情况 3 和情况 4 中的磁场问题对于正常的 $d$ 值（$d<0.8g$）是解耦的。边缘系数 $F_4$ 为

$$F_4(a,g) = \frac{1}{\pi} a\cosh\left[1.4\left(\frac{a}{g}\right)^{0.38} + 1\right] \tag{8A.4}$$

从式（8A.4）中可以看出，当 $a$ 比较小时，$F_4$ 值减少甚至几乎消失。

$F_4$ 对于总磁导的贡献通常较低，但带有垫片的平面 EE 或 EI 铁氧体除外。

对于真实的情况（三维），$a$ 的最佳选择是磁心厚度的一半。与周长一起，这将在一定程度上高估顶面或底面，从而补偿了转角贡献的缺失。注意，$a$ 的精确值

对结果影响不大。

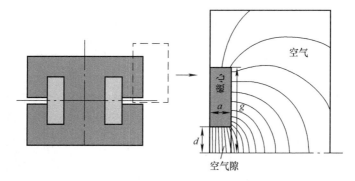

图 8A.7　基本情况 3 和情况 4 组合的磁场

如果外部支架有绕组并且轭 – 轭之间的磁动势不为零，基本情况 4 也可以与基本情况 2 组合。如果只有一个支架被绕制绕组，这种情况将出现在垫片气隙 UU 磁心中。

图 8A.8 所示的边缘系数 $F_4$ 是 $a/g$ 比值的函数。与有限元的偏差在 4% 以内。

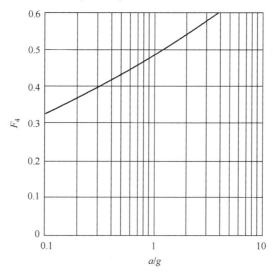

图 8A.8　边缘系数 $F_4$ 是 $a/g$ 比值的函数

## 8.A.1.2　对称的情况

在一般情况下，所有对称的情况都可以拆分为两个不对称的情况，其中对称轴被 $\mu = \infty$ 代替。

### 8.A.1.2.1　情况 1s

在中柱有绕组且气隙在支柱中间的对称情况 1 中，每一边都有与基本情况 1 相同的磁场模式。在这种情况下，$d = l_g/2$。因此，气隙的磁导应该除以 2，并且相应

的边缘系数 $F_{1s}$ 是

$$F_{1s}(l_g,c,w) = \frac{F_1(l_g/2,c,w/2)}{2} \tag{8A.5}$$

如图 8A.9 中 $c$ 和 $w$ 的定义。

#### 8.A.1.2.2　情况 2s

对称的情况 2s 代表基本情况 2 的两倍。对应的边缘系数 $F_{2s}$ 是

$$F_{2s}(l_g,c,w) = \frac{F_2(l_g/2,c,w/2)}{2} \tag{8A.6}$$

图 8A.9 显示了情况 1s 和情况 2s 的磁心横截面。我们使用了关于磁心中心呈轴对称作为模拟。

#### 8.A.1.2.3　情况 3s

在这种情况下，磁元件的高度是 $g$。这个外部高度 $g$ 是略高于内部高度 $h$ 的（或绕组宽度 $w$）。该情况是接近基本情况 3 的。边缘系数 $F_{3s}$ 是

$$F_{3s}(l_g,g) = \frac{F_3(l_g/2,g/2)}{2} \tag{8A.7}$$

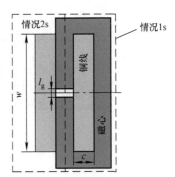

图 8A.9　情况 1s 和情况 2s 的磁心横截面

#### 8.A.1.2.4　情况 4s

在这种情况下，存在从顶部到底部的磁场部分。图 8A.10 显示了对称情况 3s 和 4s 下的磁心的横截面：

$$F_{4s}(a_t,g) = \frac{F_4(a_t/2,g)}{2} \tag{8A.8}$$

#### 8.A.1.3　带气隙的矩形磁心的应用

在所有的设计结构中，基本情况和对称情况可以组合在一起获得电感值（中柱气隙磁心、垫片气隙磁心、UU 磁心等）。

我们给出带有中心气隙的 EE 磁心例子。在窗口本身中，通常可以观察到情况 1 类型的磁场。在线圈两端垂直于平面的位置存在情况 2 类型的磁场（见图 8A.11）。

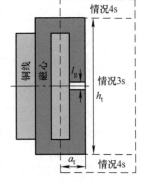

图 8A.10　情况 3s 和情况 4s 中的磁心横截面

在转角位置的磁导部分还必须增加进去；然而，其值较小。考虑上述分析，对于矩形的中柱有气隙情况下的总磁导为

$$\Lambda_{\text{centre}} = \frac{1}{2}\mu_0(2F_1q + 2p_cF_2 + A_c) \tag{8A.9}$$

式中　$A_c$——中柱的横截面积。

#### 8.A.1.4　中柱气隙的矩形磁心的应用

在图 8A.12 中，我们展示了带有气隙的矩形磁心的边缘系数 $F_1$、$F_2$ 和 $F_3$。

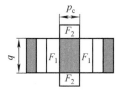

图 8A.11 开气隙的矩形中柱横截面的边缘系数 $F_1$ 和 $F_2$

通过垫片的磁导的串联连接也可以计算：

$$A_{\text{spacer}} = \frac{1}{2}\mu_0 \left( \frac{1}{\dfrac{1}{2F_1q + 2p_cF_2 + A_c} + \dfrac{1}{2F_1q + 2F_3q + 4F_3p_s + 2A_s}} \right)$$

式中 $A_s$——边柱的截面积。

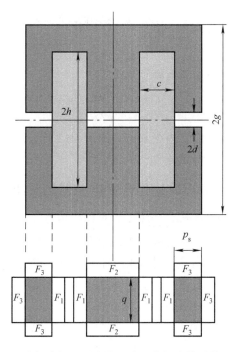

图 8A.12 垫片气隙的矩形支柱电感器中的边缘系数 $F_1$、$F_2$ 和 $F_3$

### 8.A.1.5 中柱气隙圆形磁心的应用

在圆形中柱气隙的磁心（ETD、PM、RM）中，存在情况 1 和情况 2 的混合；然而，其中每个磁场类型终止在哪里是不明显的。接近空气隙时，情况 1 和情况 2 下的磁场是一样的。当比率 $h/c$ 较小时则存在较大的差别。一个更好的选择是在 $c/4$ 的等效半径下确定一个角度（见图 8A.13）。于是，根据在半径 $r = r_1 + c/4$ 处被铁氧体覆盖的圆弧，来按比例地计算情况 1 与情况 2 的贡献：

$$\alpha_1 = a\cos\left(\frac{q/2}{r_1 + c/4}\right) \tag{8A.10}$$

$$\alpha_2 = \frac{\pi}{2} - \alpha_1 \tag{8A.11}$$

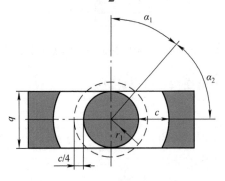

图 8A.13  中柱气隙圆形支架的几何形状

式中  $q$——磁心的厚度。

在对称的情况下，该中柱的总磁导率为

$$\Lambda_{\mathrm{round,s}} = \mu_0 \left[ \left(\frac{\alpha_1 F_{1s} + \alpha_2 F_{2s}}{\pi/2}\right) 2\pi r_1 \right] \tag{8A.12}$$

理论上，该方法稍微低估了边缘效应，因为与二维情况相比，三维情况下有更多的边缘磁通返回路径。

## 附录 8.A.2  利兹线 – 实心导线组合式电感器的解析模型

我们在这里讨论的主要是在利兹线 – 实心导线组合式电感器中利兹线绕组中的涡流损耗。它的解是基于二维模拟的结果，结合了正确的每匝平均长度。利兹线区域受到气隙距离的限制（即内径与外径）。对于高频，我们假设只有利兹线承载电流，因此半径大于利兹线绕组外半径的空间几乎不存在磁场。根据这些假设，通过利兹线区域的磁力线也几乎为圆形。

磁场 $H$ 依赖于闭合的磁动势，并且它是与其到空气隙的距离成反比的：

$$H = \frac{N_{\mathrm{L}}i}{2\pi r}\frac{r_2^2 - r^2}{r_2^2 - r_1^2} \tag{8A.13}$$

式中  $N_{\mathrm{L}}$——利兹线的匝数；

$r_1$——利兹线区域的内半径；

$r_2$——利兹线区域的外半径。

我们用 $H_1$ 表示半径 $r_1$ 处的磁场，如下

$$H_1 = \frac{N_{\mathrm{L}}i}{2\pi r_1} \tag{8A.14}$$

利兹线里面的磁场 $H$ 是

$$H = H_1 \frac{r_1}{r} \frac{r_2^2 - r^2}{r_2^2 - r_1^2} \tag{8A.15}$$

磁场的二次方在利兹线区域表面的积分是（通过符号积分得到）

$$\int_{S_{\text{litz}}} H^2 \, \mathrm{d}V = \pi \frac{H_1^2 r_1^2}{4(q^2 - 1)} \left[ 1 - 3q^2 + \frac{4q^2 \ln(q)}{(q^2 - 1)} \right] \tag{8A.16}$$

式中  $q = \dfrac{r_2}{r_1}$;

$S_{\text{litz}}$——利兹线区域的表面积。

我们把式（8A.16）的结果除以利兹线面积来得到磁场二次方的平均值：

$$\langle H^2 \rangle_{S_{\text{litz}}} = \pi \frac{H_1^2}{2(q^2 - 1)^2} \left[ 1 - 3q^2 + \frac{4q^2 \ln(q)}{(q^2 - 1)} \right] \tag{8A.17}$$

我们定义一个系数 $k_L$，它仅取决于 $q$：

$$k_L(q) = 3 \frac{\langle H^2 \rangle_{S_{\text{litz}}}}{H_1^2} \tag{8A.18}$$

注意系数 $k_L$ 在薄的利兹线区域下趋于 1。系数 $k_L$ 如图 8A.14 所示，它是 $q = r_2/r_1$ 比值的函数。因为目的是减小涡流损耗，所以利兹线直径 $d \ll 1.6\delta$ 是正常的。

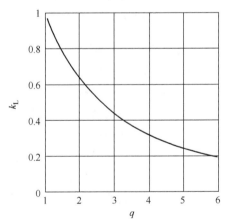

图 8A.14 系数 $k_L$ 表现为 $q = r_2/r_1$ 比值的函数

因此，基于第 5 章和参考文献 [16, 17] 中的低频涡流损耗的近似，$p$ 股导线可以使用下面的表达式：

$$P_{\text{LF}}(f) = \frac{l_c \pi (\omega \mu_0 H)^2 d^4}{64\rho} p \tag{8A.19}$$

$$P_{\text{cu,eddy,Litz}} = \frac{\pi l_w d_s^4 p}{64\rho_c} \left( \frac{\mu_0 N_L \omega I}{2\pi r_1} \right)^2 \frac{1}{3} k_L \left( \frac{r_2}{r_1} \right) \tag{8A.20}$$

式中　$p$——导线的股数；

　　　$d_s$——一股的直径；

　　　$l_w$——利兹线的长度。

**备注：**

利兹线 – 实心导线组合式电感器的简化等效方案如图 8A.15 所示。当选择匝数以获得与利兹线电压几乎相等的实心导线感应电压（$L_{LW} = M_{LW,FW}$）时，该方案是合理的。

利兹线的长度 $l_w$ 应乘以约 1.05 的系数，因为利兹线导线的内部长度大于线的外部长度。

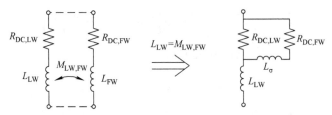

图 8A.15　利兹线 – 实心导线组合式电感器的简化等效方案

$R_{DC,LW}$—利兹线的直流电阻　　$R_{DC,FW}$—实心导线的直流电阻

$L_{LW}$ 和 $L_{FW}$—利兹线和实心导线各自的自感

$M_{LW,FW}$—利兹线与实心导线的互感

### 8.A.2.1　利兹线 – 实心导线组合式电感器举例

设计一个电感器适用于直流电流的方均根值 $I_{LF} = 5A$、100kHz 和 50% 的占空比下的高频电流 $I_{HF} = 1A$ RMS 的场合。电流波形是三角形，峰峰值电流 $I_{pp} = 3.46A$。这个波形对应于 $(di/dt)_{rms} = 0.693A/\mu s$。磁心是 EE42/15 型，铁氧体材料为 N67，可用的绕线面积为 7.5mm × 16.3mm。

该电感器的设计对应于频率 100kHz、210V/5A 直流输入、420V 直流输出的升压斩波装置。选择 5mm 的大气隙以允许较高的峰值电流。饱和电流约为 10A。根据其规格，该电感器还可用于输入电压为 $210V_{rms}$ 的连续模式单相功率因数校正电路，功率约为 1050W。利兹绕组的匝数为 60，每条利兹线包含 30 股的直径为 0.1mm 的导线。从利兹绕组到铁氧体的距离约为 1.5mm（这没有建模）。实心导线绕组包含两个 59 匝 0.8mm 导线的并联线圈，一个在线圈架的左边，一个在线圈架的右边。为了测试是否实现了实心导线与利兹线的正确匝数比，可以在利兹线上施加电压，观察实心导线上的开路电压。

图 8A.15 给出了电感器的等效方案。通过选择特殊的匝数比，等效方案可以简化成 L 方案，这个方案可以很好地描述系统的高频性能，涡流损耗可以用并联在 $L_L$ 与 $L_\sigma$ 两端的电阻损耗来描述。

#### 8. A. 2. 2  实验结果

制作了一个与上述示例对应的线圈。为了保持与气隙的距离，在缠绕利兹线之前使用了一个圆柱形垫片。在绕制实心导线之前，利兹线先用环氧树脂浸渍。低频电感值测量为

$$L_{\mathrm{L}} = 300\,\mu\mathrm{H},\ L_{\sigma} = 300\,\mu\mathrm{H}$$

为了对交流损耗有足够的精度，只采用交流电压（在这种情况下，用全桥变换器产生方波电压）。

为了比较和证明设计案例的优势，第二个线圈架不使用利兹线，使用两个 60 匝的 0.8mm 导线并联。测量中使用了具有 5mm 气隙的相同铁氧体磁心。用一片铁氧体填充空气隙，并且使用相同的利兹线正常绕线 60 匝的线圈架时，测量的铁氧体损耗是 0.9W。通过精度为 5% 的流量量热仪[18]测得实际的损耗。

组合式电感器的铜损耗是

$$P_{\mathrm{com}} = 1.61 - 0.9 = 0.71\mathrm{W}$$

这个值比只用实心导线的电感器的铜损耗低约 5 倍：

$$P_{\mathrm{cu}} = 4.3 - 0.9 = 3.4\mathrm{W}$$

组合式电感器和无利兹线电感器的测量结果见表 8A.1。

5A 的直流电流增加了约 2.42W 到铜损耗上，但计算和实验表明，该组合式电感器的总损耗可以被耗散掉，即无需强制冷却。实验表明，一个不使用利兹线的类似绕组尽管与气隙有 6.5mm 的距离，但在 210V 的电压下会产生 4.3W 的铜损耗，这对于铜损耗来说已经太多了，所以没有直流电流可以再增加。

表 8A. 1  组合式电感器和无利兹线电感器的测量结果，铁氧体损耗是 0.9W

| 施加直流电压 | 组合式电感器的测量，总损耗 | | | 无利兹线的电感器测量 | | | 利兹线的损耗计算值 | |
|---|---|---|---|---|---|---|---|---|
| | 峰值电流 /A | 方均根值电流/A | 功率损耗/W | 峰值电流/A | 方均根值电流/A | 功率损耗/W | 利兹线中 $P_{\mathrm{eddy}}$/W | 利兹线中总 $P_{\mathrm{cu}}$/W |
| 210V | 1.75 | 1.01 | 1.61 | 1.5 | 0.80 | 4.3 | 0.114 | 0.634 |

评论：

1）我们没有把电感器与没有与气隙保持距离的电感器进行比较。这将导致过多损耗，并使靠近气隙的线圈架熔化。

2）只使用利兹线的电感器也是可能的，但性能不如利兹线 - 实心导线组合式电感器。其中一个原因是直流电阻增大了很多，另一个原因是必须使用具有多股数的导线。

3）所提出的形状确实是更难制造的，但这往往是高功率密度和低损耗相结合的代价。

#### 8. A. 2. 3  结论

介绍了一个单气隙、利兹线 - 实心导线组合式电感器的设计方案。它是为混合

高频/直流电流设计的。采用特殊的形状可以显著降低铜损耗。

# 参 考 文 献

[1] Murgatroyd, P.N., The Brooks inductor: A study of optimal solenoid cross sections, *IEE Proceedings*, vol. 133, pt. B, no. 5, September 1986.

[2] McLyman, Col. Wm., *Transformer and Inductor Design Handbook*, Marcel Dekker, New York, 1988.

[3] Meeker, D., Finite Element Method Magnetics (FEMM), http://femm.ber-lios.de/

[4] Evans, P.D. and Saied, B.M., Calculation of effective inductance of gapped core assemblies, *IEE Proceedings*, vol. 133, no. 1, 1986, pp. 41–45.

[5] Chandler, P.L, Yan, X., and Paterson, D.J., Novel high-power ferrite inductor design with improved design accuracy and overall performance, IEE 32nd Annual PESC, vol. 4, pp. 2090–2094, 2001.

[6] Rahmi-Kain, A., Keyhani, A., and Powell, J., Minimum loss design of 100 kHz inductor with Litz wire, IAS Conference Proceedings, New Orleans, 1997, CD-ROM.

[7] Van den Bossche, A., Valchev, V., and Filchev, T., Improved approximation for permeances of gapped inductors, IEE-IAS 37th Annual Meeting, Pittsburgh, October 13–18, 2002, CD-ROM.

[8] Kutkut, N.H. and Divan, D.M., Optimal air-gap design in high-frequency foil windings, *IEE Transactions on Power Electronics*, vol. 13, No. 5, September 1998, pp. 942–949.

[9] Kutkut, N.H., A simple technique to evaluate winding losses including two-dimensional edge effects, *IEE Transactions on Power Electronics*, vol. 13, No. 5, September 1998, pp. 950–957.

[10] Nysveen, A. and Hernes, M., Minimum loss design of a 100 kHz inductor with foil windings, EPE Conference Proceedings, 1993, pp 106–111.

[11] Valchev, V. and Van den Bossche, A., Eddy current losses and inductance of gapped foil inductors, IECON'02, Sevilla, Spain, November 5–8, 2002, pp. 1190–1195.

[12] Daniel, L. and Sullivan, C.R., Design of microfabricated inductors, *IEE Transactions on Power Electronics*, vol. 14, no. 4, July 1999, pp. 709–716.

[13] Hu, J. and Sullivan, C.R., AC resistance of planar power inductors and the quasidistributed gap technique, *IEE Transactions on Power Electronics*, vol. 16, no. 4, July 2001, pp. 558–567.

[14] Carsten, B., Designing filter inductors for simultaneous minimization of DC and high frequency AC conductor losses, PCIM'94, Dallas, TX, September 17–22, 1994, pp. 19–37.

[15] Van den Bossche, A., Design of inductors with both DC and HF components, IEE Benelux meeting, Eindhoven, The Netherlands, October 1, 2003, CD-ROM.

[16] Sullivan, C.R., Computationally efficient winding loss calculation with multiple windings, arbitrary waveforms, and two-dimensional or three-dimensional field geometry, *IEE Transactions on Power Electronics*, vol. 16, no. 4, January 2001, pp. 142–150.

[17] Pollock, J.D., Abdallah, T., and Sullivan, C.R.,Easy-to use CAD tools for Litz-wire winding optimisation, APEC, February 9–13, 2003, CD-ROM.

[18] Van den Bossche, A., Flow calorimeter for power electronic converters, EPE Conference, Graz, August 27–29, 2001, CD-ROM.

# 第9章 变压器的设计

## 9.1 电力电子变压器的设计

电力电子变压器的设计有很多内容，其中大部分内容在本书的不同章节分别讨论。

本章主要讨论有关变压器设计的具体问题。变压器的许多特性都会影响电力电子变换器的设计，例如励磁电感、漏感、电压、电流、频率、功率损耗、绝缘电压、寄生电容等。寄生特性对电力电子变换器中变压器的性能有重要的影响。

## 9.2 励磁电感

通常情况下，励磁磁通决定了变压器的空载电流。一般来说，磁性材料是非线性的。为简单起见，我们在此不考虑磁性材料的磁滞损耗。

使用气隙是电感器设计的一个特点，在这里不讨论。

### 9.2.1 基础

我们将磁链表示为

$$\psi(i(t)) = \int (v(t) - Ri(t)) \, \mathrm{d}t \, (\mathrm{Vs}) \tag{9.1}$$

幅度–励磁电感 $L_a$ 可以用峰值电流 $I_p$ 表示为

$$L_a(I_p) = \frac{\psi_p}{I_p} (\mathrm{H}) \tag{9.2}$$

该方法通常用于确定峰值励磁电流，并且它与材料的幅值（弦）磁导率相关（见图9.1）。阴影面积为线圈中储存的能量。

差分励磁电感 $L_d$ 被定义为

$$L_d(i) = \frac{\mathrm{d}\psi}{\mathrm{d}i} = \frac{V}{\dfrac{\mathrm{d}i}{\mathrm{d}t}} (\mathrm{H}) \tag{9.3}$$

式中 $V$ 和 $i$——线圈的电压和电流。

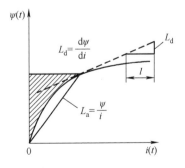

图9.1 作为峰值电流 $I_p$ 函数的峰值磁链 $\psi_p$ 及 $L_a$ 和 $L_d$ 的定义

它对应于材料的增量（微分、可逆）磁导率，用于确定叠加在直流励磁电流上的纹波电流。

**注意**：在正常磁感应强度水平（$0.1 \sim 0.2\text{T}$）下，铁氧体的振幅励磁电感 $L_a$ 通常比几 mT（这是亨利计的典型磁感应强度水平）的低磁感应强度值下的振幅励磁电感高 1.5 倍。

当磁心接近饱和时（功率铁氧体为 $0.35 \sim 0.4\text{T}$），差分电感值会迅速下降。因此，应该考虑以下关系：

1）在低磁感应强度水平，$L_a(I) < L_d(I)$。

2）在高磁感应强度水平，$L_a(I) > L_d(I)$。

**备注**：

对于线性材料，$L_a(I) = L_d(I)$。

饱和点取决于判断饱和的依据。如果没有给出特殊要求，电力电子学的实用标准是使用差分电感值等于其最大值一半的点。

## 9.2.2  设计

瞬时磁链 $\psi$ 除以匝数得到每匝的瞬时平均磁通 $\Phi$：

$$\Phi = \frac{\psi_1}{N_1}(\text{Wb}) \tag{9.4}$$

峰值磁通为（见第 2 章中的图 2.5）：

$$\Phi_p = \frac{\psi_{p1}}{N_1} = B_p A_m (\text{Wb}) \tag{9.5}$$

式中  $A_m$——最小的磁心截面积。

通常用这个方程确定匝数。在饱和限制设计中，$B_p = B_{sat}$。在非饱和设计中，$B_p$ 可由允许的磁心损耗来确定（见第 2 章）。

磁通 $\Phi_p$ 也被称为物理磁通量。如果不计漏磁通，磁通 $\Phi_p$ 为磁心中的磁通。注意，建议对磁链（单位为 Vs）和每匝线圈的磁通（单位为 Wb）使用不同的单位。

**磁导**

物理磁通 $\Phi_p$ 和峰值磁动势 $F_p$（单位为 A·t）的比率为磁导 $\Lambda$。在铁氧体中，磁导也被表示为 $A_L$：

$$\Lambda = A_L = \frac{\Phi_p}{F_p} = \frac{\psi_{p1}}{N_1^2 I_{p1}} \tag{9.6}$$

上式定义的（非线性）磁导给出了峰值磁链和峰值励磁电流之间的关系。因此，可以确定峰值励磁电流，它通常是晶体管关断电流的一部分。磁导 $\Lambda$ 为

$$\Lambda = \mu_r \mu_0 \frac{A_e}{l_e} \tag{9.7}$$

式中　$A_e$——等效磁心的截面积；

　　　$l_e$——等效磁路的长度；

　　　$\mu_r$——相对磁导率（可以根据需要使用幅值磁导率或增量磁导率，见第 3 章）。

等效磁心的截面积 $A_e$ 与等效磁路的长度 $l_e$ 对应于虚拟的环形磁心，并且它们具有相同磁导和相同的损耗。此值通常由制造商给出。有效截面积通常略高于中间支柱的截面积，中间支柱的截面积通常为最小的截面积。

现在我们可以写出一次绕组的励磁电感的简化方程：

$$L_{m1} = N_1^2 \mu_r \mu_0 \frac{A_e}{l_e} \tag{9.8}$$

## 9.3　漏感

漏感对于一些设计有非常不利的影响，如反激式变换器。但是，在一些谐振变换器中，它可以改善开关管的波形，并且具有所需的漏感值。

### 9.3.1　同心绕组的漏感

在这种结构情况下，磁场模式非常明确，漏感可以被准确估计。

确定漏感的最简单方法是利用漏磁场附近的储能。要做到这一点，我们需要理想化的短路试验，其中在一次绕组和二次绕组的安匝数总和为零。在这种情况下，在励磁电感中的能量为零。

绕组之间的磁场 $H$ 为

$$H_a = N_1 \frac{I_1}{w} = N_2 \frac{I_2}{w} \tag{9.9}$$

式中　$w$——绕组宽度（见图 9.2）；

　　　$H_a$——线圈之间的磁场；

$N_1$，$N_2$——匝数。

**注意**：我们忽略了磁通返回路径的磁阻，这通常是不错的近似。

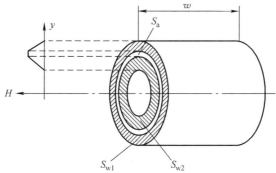

图 9.2　同心绕组的尺寸和横截面

对应的能量为

$$W_a = \frac{1}{2}\mu_0 \int_{\text{Volume}} H_a^2 dV \qquad (9.10)$$

$$W_a = \frac{1}{2}\mu_0 H_a^2 V_a \qquad (9.11)$$

式中 $V_a$——绕组之间的体积。

在绕组中,从外部到绕组之间的空间,磁场的强度是线性增加的。这部分磁场对能量/体积的贡献是 1/3。

$$W_a = \frac{1}{2}\frac{1}{3}\mu_0 H_a^2 V_w \qquad (9.12)$$

式中 $V_w$——绕组的体积。

漏磁场的总能量为

$$W_\sigma = \frac{1}{2}L_\sigma I^2 \qquad (9.13)$$

因此,通过式(9.9)和式(9.13),可以得到

$$L_{\sigma 1} = \mu_0 \left( V_a + \frac{V_{w1} + V_{w2}}{3} \right) \left( \frac{N_1}{w} \right)^2 \qquad (9.14)$$

式中 $V_{w1}$——一次绕组的体积;

$V_{w2}$——二次绕组的体积;

$w$——绕组的宽度。

如果我们用圆柱的横截面积 $S$ 和高度 $w$ 表示其体积(见图9.2),可以得出

$$L_{\sigma 1} = \mu_0 \left( S_a + \frac{S_{w1} + S_{w2}}{3} \right) \frac{N_1^2}{w} \qquad (9.15)$$

使用同样的方法,漏磁导为

$$\Lambda_\sigma = \mu_0 \left( S_a + \frac{S_{w1} + S_{w2}}{3} \right) \frac{1}{w} \qquad (9.16)$$

式(9.16)允许我们定义等效长度 $l_{eq}$ 和漏磁路径的等效截面积 $S_{eq}$:

$$l_{eq} = w \qquad (9.17)$$

$$S_{eq} = \left( S_a + \frac{S_{w1} + S_{w2}}{3} \right) \qquad (9.18)$$

虽然方法简单,但准确率一般优于 10%。实际的问题通常是需要让所有的机械尺寸都正确。漏感比铜损耗更容易测量,因此有时测量电感值比获得磁性元件的精确尺寸更容易。

请注意,无论是否存在磁心,同心绕组的漏感几乎没有什么不同。原因是,即使没有磁心,绕组之间的磁通的面积比外部的返回路径要小很多。但是,如果移除磁心,可能会出现测量的问题,因为与励磁电感相比,绕组的电阻不可忽略(见第 11 章,测量)。

### 9.3.2　独立位置的绕组漏感

#### 9.3.2.1　一般情况

如果需要高的绝缘电压或追求绕组之间低的寄生电容，则会首选这种类型的绕组。图 9.3 显示了绕组位于独立位置的变压器。因为一次绕组和二次绕组之间的距离大，所以漏磁高。漏感的准确估计没有同心绕组的容易。通常需要实际的测试来确定磁导或者三维有限元计算求解。

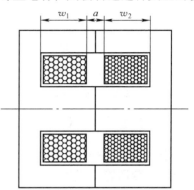

穿过绕组的横向磁场相当高。因此，有高的横向磁场涡流损耗。这种类型的绕组应当与利兹线配合使用。

#### 9.3.2.2　轴对称情况

在封闭的罐状磁心中，绕组在不同位置的情况如图 9.4 所示。在这种情况下漏磁场具有

图 9.3　绕组在不同位置的变压器

解析解。可以使用与同心绕组相同的能量方法进行求解。

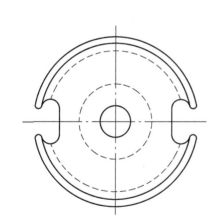
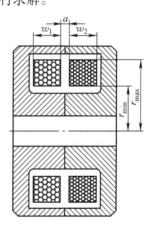

图 9.4　在（几乎）封闭罐状磁心且轴对称的情况下，独立空间中的变压器绕组

让我们先计算中柱附近的最大磁场 $H$。在理想的情况下，绕组紧贴支柱（$r_{\min}$ 低于并且 $r_{\max}$ 高于图 9.4 中显示的值）。可以得到绕组之间的空气中的磁场为

$$H(r) = \frac{NI}{r\ln\left(\frac{r_{\max}}{r_{\min}}\right)} \tag{9.19}$$

式中　$r_{\min}$——绕组区域的最小半径（见图 9.4）；

　　　$r_{\max}$——绕组区域的最大半径。

利用能量法，计算出的漏感为

$$L_{\sigma 1} = 2\pi\mu_0 N_1^2 \frac{a + \dfrac{w_1 + w_2}{3}}{\ln\left(\dfrac{r_{\max}}{r_{\min}}\right)} \tag{9.20}$$

式中　$a$————一次绕组和二次绕组之间的距离；

　　　$w_1$————一次绕组的宽度；

　　　$w_2$————二次绕组的宽度。

注意，在具有圆形中柱但外部支柱并未完全覆盖绕组的磁心中（ETD、RM、PQ、EP），也可以使用式（9.20）获得漏感的最大值。

### 9.3.3　变压器 T、L 和 M 模型中的漏感

变压器的模型可以用简单或更复杂的方法来描述。

#### 9.3.3.1　变压器 T 模型

如果变压器是对称的，传统模型将一部分漏感归属于一次绕组，另一部分则归属于二次绕组。

在图 9.5 中，我们展示了一个扩展的 T 模型。

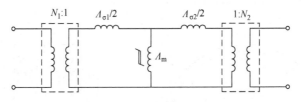

图 9.5　变压器的扩展的 T 模型

#### 9.3.3.2　变压器 L 模型

如果漏感比励磁电抗小（最大为百分之几），则 T 模型可以简化为 L 模型（见图 9.6）。

在某些情况下，L 模型比对称的 T 模型更准确。如环形铁心，其一次绕组靠近铁心，二次绕组位于一次绕组的上方。很显然，在这种情况下，一次绕组比二次绕组更好地与磁心耦合。

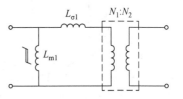

图 9.6　变压器 L 模型

#### 9.3.3.3　变压器 M 模型

有些设计需要有较大的漏感值，如一些共模抑制的电感器。在这种情况下，饱和可以发生在一次侧或二次侧。这种效果很容易通过变压器 M 模型表示出来（见图 9.7）。饱和部分与绕组很好地耦合，而气隙既没有饱和也没有磁心损耗。

如果磁心包含气隙，则可使用一个小的中心励磁电感。这种情况出现在非接触、旋转轴、使用两个罐状磁心和一个气隙传输功率的情况下。

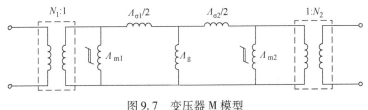

图 9.7　变压器 M 模型

# 9.4　利用并联导线和利兹线

在电力电子中，经常需要大电流，因此涡流损耗可能是主要部分。减少涡流的一种方法是使用更多的较小直径的导线并联。

一般来说，如果有相同的电动势或者磁通量时，使用并联导线或绕组是有用的。如果电动势有所不同，并且并联绕组之间漏感（或导线之间）较小，则可能会产生严重的环流，可能会导致比原设计中涡流损耗更严重的结果。

## 9.4.1　并联导线

可以将几根（$p$）导线同时绕在一起。如果每根导线与另一层（或空气隙）有相同的距离，那么每根导线的电流相同。实际上，平行地绕两根导线很容易，但不建议超过四根导线。

下面，我们分别讨论低频和高频的情况。

### 9.4.1.1　低频情况：$d < 1.6\delta$

低频情况的典型设计是多层设计。当使用 $p$ 条平行导线时，可以区分为以下具体的情况：

1）保持相同的层数，通过 $p$ 增加绕组宽度。

在这种情况下，横向磁场减少了倍数 $p$，但导线数量增加一个因数 $p$。结果是，涡流损耗随因数 $p$ 而减小，因此，填满一层是有益的。

2）通过 $p$ 增加层数。

直流损耗几乎随着因数 $p$ 而减小。然而，在这种情况下，导线中的横向磁场保持不变，但层数增加，涡流损耗几乎会随着因数 $p$ 而增加。如果涡流损耗低，那么这种方法仍是可接受的。

3）保持导体的总截面积不变。

该磁场保持不变，但导线直径随因数 $\sqrt{p}$ 降低。这样导致了横向磁场损耗随系数 $p^2$ 减少。

4）通常情况。

我们可以用第 2 章和第 5 章的公式，它们给出了关于变量 $p$、直径和层数的更精细和准确的结果。

### 9.4.1.2 高频情况：$d > 2.7\delta$

这可能出现在单层设计的情况中。使用相同截面积的并联导线，甚至可能会增加涡流损耗。在单层变压器的情况下，使用并联导线通常是不好的。更好的方法是使用完全填满一层的最大直径的导线。求解时使用本书提出的宽频率方法的公式。在绕组中同时含有高频和直流电流的情况下，通过单层来屏蔽高频磁场而另一个绕组只承载直流电流是有用的。这样可以减小内部环流的影响。

## 9.4.2 使用磁路对称的并联绕组

减少涡流损耗的方法之一是减小导体的厚度。这种方法将导致更多的铜损耗，所以需要把导线并联来保持低的铜损耗。通常，在受涡流影响的设计中，有一个最佳的导线厚度。在实践中，这意味着，如果使用单导线绕组，绕组区域很难填充满。

可以利用形状的自然对称性来绕制携带相同电流的不同线圈。在没有交错的情况下，具有相同匝数的多个绕组可以在没有环流的情况下并联。在这里，我们给出了不同磁心的并联绕组的可能数量：

1）EE 和 EI 型（见图 9.8a）：两个并联绕组。

2）UU 型（见图 9.8b）：四个并联绕组。

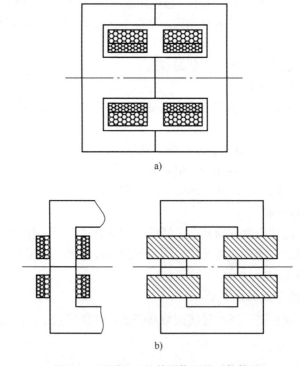

a)

b)

图 9.8 不同磁心的并联绕组的可能数量

a）EE 和 EI 磁心布置是两个绕组 b）UU 磁心布置是四个绕组

3）多气隙，如果布置好的话，则并联绕组的数量是气隙数量的两倍。

4）环状磁心：在理论上，有无限多的并联绕组。

### 9.4.3 使用利兹线

并联更多导线的一种方法是使用利兹线，也称为束状导线。每根利兹线包含多条单独绝缘的绞线，所有绞线在截面中的位置相同。因此，在典型的横向磁场中，每条导线具有相同的磁通量。利兹线的优点是，由于各股线的直径较小，通常会产生更低的涡流损耗。利兹线的缺点是填充系数较低，导热系数较低，通常温度等级较低。随着导线长度的增加，直流电阻增加约 5%。

我们考虑含有 $p$ 股的利兹线。在低频近似下，对于相同的总导线横截面，利兹线将涡流损耗降低了一个系数 $p$。我们可以给出一个设计实例。

#### 9.4.3.1 低频近似中的举例

我们希望将现有（填充不良）变压器中的设计电流增加 $\alpha$ 倍，同时在相同的磁心尺寸内保持相同的铜损耗和涡流损耗。

为了保持相同的铜损耗，我们必须将导线直径增加到原来的 $\alpha$ 倍。然而，由于直径的增加，而增加 $\alpha^4$ 倍的涡流损耗，此外，由于横向磁场的增加而再增加 $\alpha^2$ 倍。因此，为了保持原来的涡流损耗，我们需要一个因数 $\alpha^6$ 来减少涡流损耗。因此，所需的利兹线直径是原导线的 $\alpha^{-2}$ 倍。例如，如果我们想要双倍的电流（$\alpha = 2$）和所需的股数为 64，则所需的利兹线的直径应小于原直径的 4 倍。

**注意：**

1）大的设计改进需要多股利兹线。

2）利兹线有不同的温度定额和较低的热导率，所以设计结果可能比这里提出的方案略有不同。

### 9.4.4 半匝导线

利用半匝线圈来均衡不同绕组中的电流是一项非常特殊的技术。

半匝绕组可以应用在 EE 型的铁心中，因为它们有两个用于绕组的孔。例如，3.5 匝的绕组有 3 匝在左边绕组区域，4 匝在右边绕组区域。通常情况下，在设计中，这样的半匝绕组必须避免。因为磁动势没有完全被二次绕组补偿，所以它们会使侧边支柱饱和。然而，当两个这样的线圈并联连接，可以使两侧的磁动势相等（例如，在左侧有 3 + 4 匝线圈而在右侧有 4 + 3 匝）。这个绕组可能使用在垂直安装的线圈架上。在这种情况下，因为它在每个支柱上都包含着 1 匝线圈，所以绕组间的漏感较高。因此，即使绕组是非对称的，并联绕组中的电流也几乎是相等的。

## 9.5 交错绕组

这种方法只适用于变压器，而不适用于电感器。

如果使用相同类型的导线将设计从一次/二次（P/S）更改为（P1、S1、S2、P2 或 P1、S1、P2、S2），铜损耗和涡流损耗将减少两倍。实际上，在交错的情况下，元件的热性能没有显著改善，因此载流能力增加到$\sqrt{2}$倍。

评论：

1）在变压器中心有气隙的情况下，内部一次绕组将承载几乎所有的励磁电流。

2）附加绕组将有更高的每匝长度。

3）能量法可用于计算漏感，漏感通常与交错并联数量成反比减小。

4）寄生电容几乎与并联绕组交错数成正比。

## 9.6　频率分量的叠加

电力电子中的实际电压和电流波形通常是非正弦的。当一个现象是线性的，而且与时间无关时，一个复杂的波形可以用傅里叶分解出来，用传递函数分析其行为，并分析损耗。

漏感（主要在空气中）和导体中的涡流是这种情况。各频率的傅里叶分量都是正交的，它们造成的损耗可以叠加。此外，正弦和余弦傅里叶分量是正交的，可以单独分析（见第5章中的正交性）。

励磁电感和磁心损耗通常是非线性的，不存在正交性。

### 9.6.1　磁性材料

峰峰值磁感应强度和频率是决定磁心损耗的主要参数（见第2章和第3章）。它们通常由制造商测量并以双对数图显示。只要曲线接近直线，它们就可以使用 Steinmetz 方程建模。

对于铁氧体，还观察到波形本身与给定峰峰值磁感应强度的依赖性（见第3章和参考文献 [1-3]）。扩展到非正弦波形的变压器和电感器的设计方法在参考文献 [4-6]中给出。参考文献 [7] 给出了基于 Preisach 模型的高频损耗分析。

### 9.6.2　导体中的涡流

在科学文献中，二维解析近似主要集中在均匀的横向磁场（接近损耗）和一根导线的磁场中（趋肤效应损耗，见参考文献 [8-10]）。

电流波形可分为不同频率的余弦和正弦分量。对于所有绕组，余弦和正弦的基准必须是相同的。

各个傅里叶分量的单个损耗可以直接相加，而不用考虑它们的交叉乘积项，因为叠加是允许的。

#### 9.6.2.1　通解

变压器电流的傅里叶展开式可以写成

$$i(t) = I_0 + \sum_{n=1}^{\infty} (A_n \sqrt{2}\cos(\omega t) + B_n \sqrt{2}\sin(\omega t)) \tag{9.21}$$

因为每个部分的损耗贡献是正交的，所以由 $I_0$，$A_n$，$B_n$ 代表的每个部分的损耗可以相加。这种方法在数学上是正确的，但是比较费时。

在低频近似下，可以按下面的方法计算这些损耗。涡流与电流的导数成正比。这意味着损耗可以建模为与漏感并联的电阻器。考虑这种情况的一种解决方法是定义表观频率 $f_{ap}$，在相同的电流方均根值下，它以表观频率的正弦波产生相同的损耗。

例如，我们考虑了三角形的电流波形（见图 9.9），该电流的方均根值为

$$I_{rms} = \frac{I_{pp}}{\sqrt{3}} \tag{9.22}$$

式中　$I_{pp}$——电流的峰峰值。

$\mathrm{d}i/\mathrm{d}t$ 值的方均根值的二次方是

$$\left(\frac{\mathrm{d}i}{\mathrm{d}t}\right)_{rms}^2 = \frac{(I_{pp})^2}{T^2}\left(\frac{1}{D} + \frac{1}{1-D}\right) \tag{9.23}$$

$$\left(\frac{\mathrm{d}i}{\mathrm{d}t}\right)_{rms}^2 = \frac{3I_{rms}^2}{T^2}\left(\frac{1}{D} + \frac{1}{1-D}\right) \tag{9.24}$$

式中　$D$——占空比，等于高电平时间与总周期之比（见图 9.9）。

对于正弦波，我们可以得出

$$\left(\frac{\mathrm{d}i}{\mathrm{d}t}\right)_{rms}^2 = \left(\frac{2\pi}{T}\right)^2 I_{rms}^2 \tag{9.25}$$

然后，结合式（9.24）和式（9.25），我们得到表观频率为

$$\frac{f_{ap}}{f} = \sqrt{\frac{12\left(\frac{1}{D} + \frac{1}{1-D}\right)}{(2\pi)^2}} = \frac{1}{\pi}\sqrt{\frac{3}{D(1-D)}} \tag{9.26}$$

表观频率和开关频率之间的比例如图 9.10 所示。

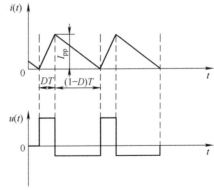

图 9.9　线圈不对称三角形电流波形和线圈两端电压

对于 $D = 0.5$，比率 $f_{ap}/f$ 是 1.103，这不是一个很大的值。在 $D$ 的极值处，差异更为显著。但在大多数的变换器中，峰峰值电流或方均根值纹波电流在 $D$ 的极值处减小；因此，所产生的涡流损耗往往比 $D = 0.5$ 的情况下更低。

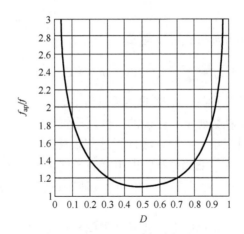

图 9.10 表观频率 $f_{ap}$ 和开关频率 $f$ 的比率是占空比 $D$ 的函数

## 9.7 模式叠加

电力电子的变压器可能有两个以上的绕组。我们通过具有两个一次绕组和一个二次绕组的推挽式变换器的例子来说明这一情况（见图9.11）。

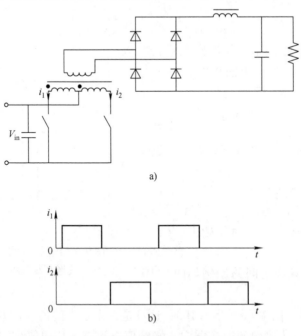

图 9.11 推挽式变换器及相应的电流波形

两个一次绕组都含有类似的谐波（见图9.12），在损耗计算中不能单独考虑它们。所以，即使某个绕组不通过电流，但它也可能存在涡流损耗，因为其他绕组的一些横向磁场存在于该绕组中。

一种解决方案是按照以上所述的傅里叶展开式中的电流值，但它需要大量的计算时间，且没有给出太多的深入分析。

另一种方法是将电流分为共模电流和差模电流。共模电流 $i_{cm}$ 和差模电流 $i_{dm}$ 可以表示为

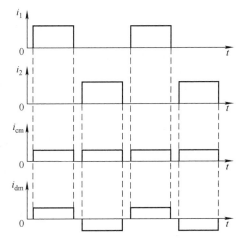

图 9.12 在推挽式变换器中的共模
电流 $i_{cm}$ 和差模电流 $i_{dm}$ 的波形

$$i_{cm} = \frac{i_1 + i_2}{2} \qquad (9.27)$$

$$i_{dm} = \frac{i_1 - i_2}{2} \qquad (9.28)$$

$$i_{dm} + i_{cm} = i_1 \qquad (9.29)$$

$$i_{dm} - i_{cm} = i_2 \qquad (9.30)$$

这些电流是正交的，因为它们在时间上分别是奇偶函数。

共模部分包含直流分量和开关频率的偶次谐波。差模部分只包含开关频率的奇数谐波。

在两种情况下的磁场模式完全不同（见图 9.13）：

1）共模电流对应于的两个单层的电流反相的磁场。

2）差模电流对应于两层仅包含交流电流的一次绕组，二次绕组承载了反相的电流。

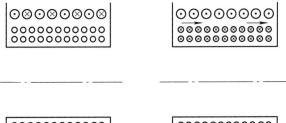

a)　　　　　　　　　　b)

图 9.13 变压器中的共模磁场 a) 和差模磁场 b)

模式分解的优点是：涡流问题被分解成更简单的问题。

# 参 考 文 献

[1]  Van den Bossche, A., Georgiev, G.B., and Valchev, V., Ferrite losses with square voltage waveforms, OPTIM'04, Brasov, Romania, May 20–23, 2004, CD-ROM.

[2]  Li, J., Abdallah, T., and Sullivan, C., Improved calculation of core loss with nonsinusoidal waveforms, IEEE, IAS 36th Annual Meeting, Chicago, September 30–October 4, 2001, pp. 2203–2210.

[3]  Van den Bossche, A., Valchev, V., and Georgiev, G.B., Measurement and loss model of ferrites with non-sinusoidal waveforms, PESC'04, Achen, Germany, June 20–25, 2004, CD-ROM.

[4]  Hurley, W.G., Gath, E., and Breslin, J.G., Optimized transformer design: Inclusive of high-frequency effects, *IEEE Transactions on Power Electronics*, vol. 13, no. 4, July 1998, pp. 651–658.

[5]  Hurley, W.G., Gath, E., and Breslin, J.G., Optimising the AC resistance of multilayer transformer windings with arbitrary current waveforms, *IEEE Transactions on Power Electronics*, vol. 15, no. 2, March 2000, pp. 369–376.

[6]  Petkov, R., Optimum design of a high-power, high-frequency transformer, *IEEE Transactions on Power Electronics*, vol. 11, no. 1, January 1996, pp. 33–42.

[7]  Cheng, K.W.E., Lee, W.S., Tang, C.Y., and Chan, L.C., Dynamic modelling of magnetic materials for high frequency applications, *ELSEVIER Journal of Materials Technology*, vol. 139, 2003, pp. 578–584.

[8]  Wallmeier, P., Frohleke, N., and Grotstollen, H., Improved analytical modelling of conductive losses in gapped high-frequency inductors, IEEE-IAS Annual Meeting, 1998, pp. 913–920.

[9]  Severns, R., Additional losses in high frequency magnetics due to non ideal field distributions, APEC'92, 7th Annual IEEE Applied Power Electronics Conference, 1992, pp. 333–338.

[10]  Apeldoorm, O. and Kriegel, K., Optimal design of transformers for high power high frequency applications, EPE95, Sevilla, Spain, 1995, pp 1007–1014.

# 第 10 章  磁性元件的最优铜损耗/铁心损耗比

在磁性元件的大多数设计中，一方面是磁感应强度 $B$ 和磁心损耗的权衡，另一方面是铜损耗——欧姆损耗和涡流损耗[1-3]之间的平衡。这种平衡使得在额定负载的 50% ~ 100% 之间出现最大效率的工作点。根据设计理念（设计的出发点），不同类型的成本函数和约束可以被定义为：

1）在恒定铜线体积和磁心形状下的损耗最小化。

2）在恒定铜线截面下的损耗最小化。

3）如总能源等消耗的费用；这种情况下部分负载和空载的效率也很重要。

4）在最高温度下的最坏情况设计。

5）系统优化的部分，例如功率变换器或家用电器。

本章的目的是讨论几个最常遇到的案例，并且给出了用以判断设计方案相对于损耗最小点是更接近或是偏离的方法。

**注意**：假定经过初步设计后，已经知道了开发中的磁性元件的主要参数。通过使用这些已知的参数，可以得到铁心损耗和铜损耗并且将它们放入调整匝数和铜线横截面面积的优化过程中。实际的优化结果往往是离散的，但磁心的形状、线圈匝数和导线厚度的选择是不连续的，它们是受限于制造商提供的数据。

读者可以在本章的内容中找到具体的案例。

## 10.1  简化方法

在这一节中，我们给出了一个简化的方法，对应于本书内容的 0 级。

### 10.1.1  变压器

对于铜损耗，电阻可以通过导线截面计算。铜导线（卷拉式）的电阻是

$$R = \rho l_w / A_{cu} (\Omega) \tag{10.1}$$

式中  $\rho = 18 \times (1 + 0.0374 \times (T_c - 20) \times 10^{-9}) \Omega \cdot m$;

$l_w$——导线长度，单位为 m；

$A_{cu}$——导线的横截面面积，单位为 $m^2$；

$T_c$——温度，单位为℃。

$$对于 T = 20℃ \Rightarrow \rho = 18 \times 10^{-9} \Omega \cdot m$$

$$对于 T = 100℃ \Rightarrow \rho = 23.4 \times 10^{-9} \Omega \cdot m$$

这比 20℃下的 $\rho$ 值高了 30%。

考虑的成本函数是总功率损耗。假设我们推导出了铁心损耗和铜损耗为最小的工作条件，总功率损耗由铁心损耗和铜损耗的总和给出，并且最小化总功率损耗为该函数的目的：

$$P_{tot} = P_{cu} + P_{fe} = min \qquad (10.2)$$

该函数的约束或边界条件是必须达到输出功率 $P_{out}$。同时假设总的铜线体积 $V_{cu}$ 也保持不变，那么

$$P_{out} = V_{out}I_{out} = 常数 \qquad (10.3)$$

$$V_{cu} = A_{cu}l_w = 常数 \qquad (10.4)$$

式中　$A_{cu}$——总截面积，单位为 $m^2$；

　　　$l_w$——导线长度，单位为 m；

　　　$V_{cu}$——铜线的总体积，单位为 $m^3$。

请注意，恒定铜线体积的约束通常会得到恒定的长度/匝数比。

铁心损耗可以用多种方法建模。在简化的方法中，我们假设损耗与磁感应强度 $B$ 的二次方成正比：

$$P_{fe} \sim B^2 \qquad (10.5)$$

我们忽略了磁化电流，所以一次电流和二次电流相互成比例。在实践中，这意味着没有空气隙的非饱和变压器的设计。然后通过 $\varepsilon$［匝数的相对数量，见式（10.7）］增加导线长度，同时也增加了 $\varepsilon$ 倍的铜损耗。为了保持总铜量不变，也要降低 $\varepsilon$ 倍的铜截面积，从而导致总铜损耗增加 $\varepsilon^2$。铜线匝数增长了 $\varepsilon$ 倍导致峰值磁感应强度减少了 $\varepsilon$ 倍。假定铁心损耗减少了 $B$ 的二次方倍，则铁心损耗也减少了 $\varepsilon^2$ 倍。由此可得，总功率损耗 $P_{tot}$ 与 $\varepsilon$ 的关系是

$$P_{tot} = P_{cu}\varepsilon^2 + \frac{P_{fe}}{\varepsilon^2} = min \qquad (10.6)$$

式中　$\varepsilon$——相对匝数，即

$$\varepsilon = \frac{N + \Delta N}{N} = \frac{N_{new}}{N_{old}} \qquad (10.7)$$

式（10.6）导出的依赖关系如图 10.1 所示。

将 $P_{tot}$ 对 $\varepsilon$ 的导数设置为 0，可以给出优化设计的条件：

$$P_{cu} = \frac{P_{fe}}{\varepsilon^4}, \varepsilon = \sqrt[4]{P_{fe}/P_{cu}} \qquad (10.8)$$

如果在第一次尝试中，铁心损耗和铜损耗是不相等的，那么式（10.8）给出了系数 $\varepsilon$，可以使用 $\varepsilon$ 改变匝数从而获得最佳的设计。

如果 $P_{fe} = P_{cu}$，那么 $\varepsilon = 1$，这意味着此时

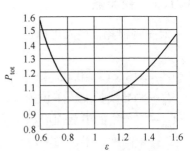

图 10.1　总损耗 $P_{tot}$ 与匝数相对变化量 $\varepsilon$ 的依赖关系

的匝数是最优的, 不需要对其再进行改变。

在实践中, 如果设计是非饱和限制, 式 (10.8) 的条件意味着最低功率损耗或者在简化情况下的最佳效率, 这是通过铜损耗等于铁心损耗得到的:

$$P_{cu,opt} = P_{fe,opt} \tag{10.9}$$

## 10.1.2 电感器

对于电感器, 可以使用类似于前面章节描述的方法。然而, 当匝数变化时, 为了得到相同的电感值并保持在电感器端子上具有相同的电压和电流, 那么气隙长度 (磁路的磁导) 也需要进行调整。忽略改变气隙长度带来的磁路变化和铁心损耗。基于上述的考虑, 满足下述条件会产生最小的损耗:

$$P_{cu,opt} = P_{fe,opt} \tag{10.10}$$

# 10.2 一般情况下的损耗最小化

在一般情况下, 铁心损耗主要取决于频率和峰值磁感应强度:

$$P_{fe} = kf^{\alpha}\hat{B}^{\beta} \tag{10.11}$$

式中 $k$——铁心损耗系数, $k = F(f, B, T)$;

$T$——温度;

$f$——频率;

$\alpha$——频率指数;

$\hat{B}$——磁感应强度交流分量的峰值;

$\beta$——铁心损耗指数。

欧姆铜耗是

$$P_{cu} = \sum_{windings} \rho_{cu}\frac{l_{cu}}{S_{cu}}I_{rms}^2 \tag{10.12}$$

想象一个铁心损耗为 $P_{fe,opt}$ 和铜损耗为 $P_{cu,opt}$ 的最优磁性元件设计。让我们根据最优值给出一般情况下的铁心损耗和铜损耗值。当增加了 $\varepsilon$ 倍的匝数, 由于磁链不变, 磁心中的磁感应强度 $B$ 降低了 $\varepsilon$ 倍; 即磁感应强度 $B$ 与 $\varepsilon^{-1}$ 成比例。因此, 考虑到式 (10.11), 铁心损耗与 $\varepsilon^{\beta}$ 成反比:

$$P_{fe} = P_{fe,opt}\varepsilon^{-\beta} \tag{10.13}$$

铜损耗可以由它们的最优值和 $\varepsilon$ 来代表:

$$P_{cu} = P_{cu,opt}\varepsilon^{\gamma} \tag{10.14}$$

式中 $\gamma$——一个系数, 其值在 $1 \sim 3$ 之间。

$\gamma$ 的值可以根据约束 (例如, 恒定铜线体积、恒定导线截面或涡流计算的结果) 的不同而取不同的值。式 (10.14) 意味着 1% 匝数的增加导致铜损耗增长 $\gamma$%。例如, 对于 $\gamma = 2$, 1% 的匝数增加会导致铜损耗增加 2%。

结合式（10.13）和式（10.14），我们可以写出

$$P_{\text{tot}} = \frac{P_{\text{fe,opt}}}{\varepsilon^{\beta}} + P_{\text{cu,opt}}\varepsilon^{\gamma} \tag{10.15}$$

对于优化设计，当 $\varepsilon = 1$ 时总损耗 $P_{\text{tot}}$ 应该最小。最小的 $P_{\text{tot}}$ 通过将其对 $\varepsilon$ 求导并使它等于零得到

$$\frac{\text{d}}{\text{d}\varepsilon}(P_{\text{fe}} + P_{\text{cu}}) = 0 \tag{10.16}$$

求解式（10.16），得出

$$\frac{P_{\text{fe,opt}}}{P_{\text{cu,opt}}} = \frac{\gamma}{\beta}\varepsilon^{\gamma+\beta} \tag{10.17}$$

把 $\varepsilon = 1$ 替换到式（10.17）中得到

$$\frac{P_{\text{fe,opt}}}{P_{\text{cu,opt}}} = \frac{\gamma}{\beta} \tag{10.18}$$

与总损耗相比，一般情况下的最佳铁心损耗和铜损耗是

$$P_{\text{fe,opt}} = \frac{\gamma}{\gamma+\beta}P_{\text{tot}} \tag{10.19}$$

$$P_{\text{cu,opt}} = \frac{\beta}{\gamma+\beta}P_{\text{tot}} \tag{10.20}$$

## 10.3　无涡流损耗的损耗最小化

在这些情况下，我们假设涡流损耗较低并忽略它们。

### 10.3.1　恒定铜线体积

在这里，我们考虑在恒定铜线体积并且忽略涡流损耗时的损耗最小化。对于恒定铜线体积设计，系数 $\gamma = 2$，因为导线长度大致与 $\varepsilon$ 成比例增加并且导线截面与 $\varepsilon$ 成比例下降，这意味着欧姆铜耗将以 $\varepsilon^2$ 倍增加。接受这个数值，同时忽略涡流损耗及导线截面值只有离散的情况，那么

$$P_{\text{cu,opt}} = \frac{\beta}{2+\beta} \tag{10.21}$$

$$P_{\text{fe,opt}} = \frac{2}{2+\beta} \tag{10.22}$$

假设铁心损耗与峰值磁感应强度 $B$ 的二次方有关，铁心损耗系数为 $\beta = 2$，我们得到了简化方法中的 50% 铁心损耗和 50% 铜损耗的解。

对于叠层、非饱和铁心，$\beta$ 通常在 1.6~2 的范围内，因此，铁心损耗可能会比 50% 高一点。

对于大多数铁氧体，$\beta = 2 \sim 3$ 会导致磁心损耗低于 50%。

### 10.3.2　恒定铜线截面

在这里，我们考虑在恒定铜线截面条件下的损耗最小化。我们可以使用和上一节几乎相同的方法。对于大多数高频变压器和电感器，绕组区域是没有完全填充的，在不改变导线直径的前提下改变导线长度（改变导线的匝数）。这些条件对应于系数 $\gamma = 1$ 的情况。把这个值代入式（10.19）和式（10.20）得出了以下结果：

$$P_{\text{fe,opt}} = \frac{1}{1+\beta} P_{\text{tot}} \qquad (10.23)$$

$$P_{\text{fe,opt}} = \frac{\beta}{1+\beta} P_{\text{tot}} \qquad (10.24)$$

事实上，$\gamma > 1$，因为平均长度随匝数增加，这导致铁心损耗优化值的增加和相应的铜损耗优化值的降低。

对于 $\beta = 2$，我们得到最佳比例是：$P_{\text{fe,opt}} = P_{\text{tot}}/3$ 和 $P_{\text{cu,opt}} = 2P_{\text{tot}}/3$。

### 10.3.3　相等的磁心和铜表面温度

这里考虑具有相同的磁心和铜表面温度的情况，此时磁心和铜之间的热传导可以忽略不计。这种方法允许铜绕组（内部热点）与表面温度不同。损耗将与铁或者铜和周围空气之间的热传导成正比。我们可以得到

$$T_{\text{fe}} = T_{\text{cu}}, T_{\text{fe}} = P_{\text{fe}} R_{\theta,\text{fe}}, T_{\text{cu}} = P_{\text{cu}} R_{\theta,\text{cu}} \qquad (10.25)$$

$$P_{\text{fe,opt}} R_{\theta,\text{fe}} = P_{\text{cu,opt}} R_{\theta,\text{cu}} \qquad (10.26)$$

$$P_{\text{fe,opt}} = \frac{R_{\theta,\text{cu}}}{R_{\theta,\text{cu}} + R_{\theta,\text{fe}}} P_{\text{tot}} \qquad (10.27)$$

$$P_{\text{cu,opt}} = \frac{R_{\theta,\text{fe}}}{R_{\theta,\text{cu}} + R_{\theta,\text{fe}}} P_{\text{tot}} \qquad (10.28)$$

在式（10.25）~式（10.28）中，$R_{\theta,\text{fe}}$ 和 $R_{\theta,\text{cu}}$ 分别为磁心到环境和铜到环境的热阻。

基于 EE 或 EI 型壳式变压器，磁心面积通常约是外部铜线圈面积的两倍。如果辐射传热系数 $h_g$ 和对流传热系数 $h_c$ 是差不多的，那么铁心损耗大约是铜损耗的两倍：

$$P_{\text{fe,opt}} \approx \frac{2}{3} P_{\text{tot}}, \quad P_{\text{cu,opt}} \approx \frac{1}{3} P_{\text{tot}} \qquad (10.29)$$

请注意，这个比例通常会产生最大的传输功率，而不是损耗的最小化。

## 10.4　包含低频涡流损耗的损耗最小化

几乎所有的电力电子变换器在实际设计中都会受到涡流的限制。这对于高于 20kHz 的频率和几个安培的交流电流是尤为突出的。这一情况导致涡流损耗、欧姆

损耗和铁心损耗之间的折衷。

## 10.4.1 恒定铜线截面

磁性元件中的总损耗可以表达为

$$P_{tot} = P_{fe} + P_{cu,ohm} + P_{cu,eddy} \tag{10.30}$$

式中 $P_{cu,ohm}$——铜损耗。如果它仅仅是由直流电阻造成的，那么它就不会出现在这里。当直径不变时，$P_{cu,ohm} \sim \varepsilon$（正比例），$\varepsilon$ 的增加将导致导线长度几乎成比例地增加。这里，我们忽略了导线每匝平均长度的增加。

低频涡流损耗 $P_{cu,eddy}$ 大致是与匝数以及总磁动势的二次方成比例的，总磁动势也是与匝数[4,5]成比例的。于是可以假定 $P_{cu,eddy}$ 与 $\varepsilon$ 的三次方成比例：$P_{cu,eddy} \sim \varepsilon^3$。

这种关系在涡流现象的低频近似中是真实存在的。对于低频近似的更详细的讨论，请参阅第 5 章，那里使用的涡流损耗低频模型是适用于本章情况的。如果匝数的增加没有导致总磁场的显著增加（例如从单层到双层的变化会导致磁场的显著变化），那么低频近似就是可行的。基于以上考虑和铁心损耗方程，我们得到 $P_{tot}$ 与 $\varepsilon$ 的关系为

$$P_{tot} = \frac{P_{fe}}{\varepsilon^\beta} + P_{cu,ohm}\varepsilon + P_{cu,eddy}\varepsilon^3 \tag{10.31}$$

将 $P_{tot}$ 对 $\varepsilon$ 求导，并令其为 0，代入 $\varepsilon = 1$（对应了最小损耗），得到以下表达式：

$$P_{fe} = \frac{P_{cu,ohm} + 3P_{cu,eddy}}{\beta} \tag{10.32}$$

从式（10.32）中得出，较高的涡流损耗趋向于降低铜损耗与磁心损耗的比值。

**注意**：

如果直径被优化（不是恒定的铜线横截面），通常使导线截面满足方程：

$$P_{cu,eddy} = \frac{P_{cu,ohm}}{2} \tag{10.33}$$

结合式（10.31）~式（10.33），得到总损耗中各部分的最优损耗表达式为

$$P_{fe,opt} = \frac{5}{5 + 3\beta}P_{tot} \tag{10.34}$$

$$P_{eddy,opt} = \frac{\beta}{5 + 3\beta}P_{tot} \tag{10.35}$$

$$P_{ohm,opt} = \frac{2\beta}{5 + 3\beta}P_{tot} \tag{10.36}$$

假设 $\beta = 2$，得到这种情况下的最优铜损耗/铁心损耗的比例为

$$P_{\text{fe,opt}} = \frac{5}{11}P_{\text{tot}}, \ P_{\text{ohm,opt}} = \frac{4}{11}P_{\text{tot}}, \ P_{\text{eddy,opt}} = \frac{2}{11}P_{\text{tot}} \qquad (10.37)$$

### 10.4.2 恒定铜线体积

这种情况与先前讨论的情况十分相似。如上所述,在恒定导线截面的情况下,低频涡流损耗 $P_{\text{cu,eddy}}$ 与 $\varepsilon$ 的三次方成正比。在所讨论的情况中会有更多的影响因素。增加匝数会导致导线的截面减小,相应地会导致 $P_{\text{cu,eddy}}$ 的二次方减小,因为低频涡流损耗与导线截面积的二次方成正比。因此,在这种情况下,低频涡流损耗 $P_{\text{cu,eddy}}$ 是与 $\varepsilon$ 成正比的。

此时,欧姆损耗 $P_{\text{cu,ohm}}$ 是与 $\varepsilon$ 的二次方成正比的,匝数的增加导致铜导线长度的增加和铜导线截面积的减少。使用铁心损耗与 $\varepsilon$ 的关系式,总损耗可以表示为

$$P_{\text{tot}} = \frac{P_{\text{fe}}}{\varepsilon^{\beta}} + P_{\text{cu,ohm}}\varepsilon^2 + P_{\text{cu,eddy}}\varepsilon \qquad (10.38)$$

将 $P_{\text{tot}}$ 对 $\varepsilon$ 求微分并代入 $\varepsilon = 1$,得到

$$P_{\text{fe}} = \frac{2P_{\text{cu,ohm}} + P_{\text{cu,eddy}}}{\beta} \qquad (10.39)$$

**注意:**

使用式(10.39)并假设直径已被优化,例如 $P_{\text{cu,eddy}} = P_{\text{cu,ohm}}/2$,最优的损耗为

$$P_{\text{fe,opt}} = \frac{5}{5+3\beta}P_{\text{tot}} \qquad (10.40)$$

$$P_{\text{eddy,opt}} = \frac{\beta}{5+3\beta}P_{\text{tot}} \qquad (10.41)$$

$$P_{\text{ohm,opt}} = \frac{2\beta}{5+3\beta}P_{\text{tot}} \qquad (10.42)$$

考虑到 $\beta = 2$,此时的最优铜损耗/铁心损耗比可以表示为

$$P_{\text{fe,opt}} = \frac{5}{11}P_{\text{tot}}, \ P_{\text{ohm,opt}} = \frac{4}{11}P_{\text{tot}}, \ P_{\text{eddy,opt}} = \frac{2}{11}P_{\text{tot}} \qquad (10.43)$$

### 10.4.3 可变的导线截面和匝数

因为涡流损耗随着导体截面增大,可以发现最佳截面并不是填满铜绕组区域,所以匝数和铜截面两者都可以被选择。

我们引入一个相对截面积 $\zeta = S_{\text{new}}/S_{\text{old}}$,$S$ 是导线截面积,单位为 $\text{m}^2$。如上所述,低频涡流损耗 $P_{\text{cu,eddy}}$ 与匝数和总磁动势的二次方成正比。因此,在这种情况下,$P_{\text{cu,eddy}}$ 与 $\varepsilon$ 的三次方成正比。利用式(10.13)和所述的依赖关系,总损耗可以表示为

$$P_{tot}(\varepsilon) = \frac{P_{fe}}{\varepsilon^\beta} + P_{cu,ohm}\frac{\varepsilon}{\zeta} + P_{cu,eddy}\varepsilon^3\zeta^2 \tag{10.44}$$

将 $P_{tot}$ 对 $\varepsilon$ 和 $\zeta$ 求微分，可得

$$dP_{tot} = \frac{\partial P_{tot}}{\partial \varepsilon}d\varepsilon + \frac{\partial P_{tot}}{\partial \zeta}d\zeta \tag{10.45}$$

$$dP_{tot} = \left(-\beta\frac{P_{fe}}{\varepsilon^{\beta+1}} + \frac{P_{cu,ohm}}{\zeta} + 3\varepsilon^2\frac{P_{cu,eddy}}{\zeta^2}\right)d\varepsilon +$$

$$\left(-\frac{P_{cu,ohm}}{\zeta^2} + 2\varepsilon^3\zeta P_{cu,eddy}\right)d\zeta \tag{10.46}$$

代入 $\varepsilon = 1$, $\zeta = 1$, 并且设置 $\dfrac{\partial P_{tot}}{\partial \varepsilon}$ 为零得到

$$P_{fe} = \frac{P_{cu,ohm} + 3P_{cu,eddy}}{\beta} \tag{10.47}$$

代入 $\varepsilon = 1$, $\zeta = 1$, 并且设置 $\dfrac{\partial P_{tot}}{\partial \zeta}$ 为零得到

$$P_{cu,eddy} = \frac{P_{cu,ohm}}{2} \tag{10.48}$$

通过式（10.47）和式（10.48），此时的最优损耗为

$$P_{fe,opt} = \frac{5}{5+3\beta}P_{tot} \tag{10.49}$$

$$P_{eddy,opt} = \frac{\beta}{5+3\beta}P_{tot} \tag{10.50}$$

$$P_{ohm,opt} = \frac{2\beta}{5+3\beta}P_{tot} \tag{10.51}$$

在典型情况下，当 $\beta = 2$ 时，最优的损耗是

$$P_{fe,opt} = \frac{5}{11}P_{tot}, P_{ohm,opt} = \frac{4}{11}P_{tot}, P_{eddy,opt} = \frac{2}{11}P_{tot} \tag{10.52}$$

式（10.52）给出了与先前两个小结相同的结果。

## 10.4.4 更一般的涡流问题

在前面的部分中，低频近似被用于涡流电流损耗。但低频近似往往高估了高频下的损耗。

如果铜损耗与直径的关系是已知的，并且可以用式（10.13）和式（10.14）相似的方式通过方程进行估算，那么式（10.17）~式（10.20）仍然是有效的。这通常会得到比式（10.50）更高的涡流部分，特别是对于圆形导线。对于有限穿透深度的高频设计，增加导线直径往往是有益的。在矩形截面导线的情况中，可以得到较低的最优涡流损耗[5]。

## 10.5　总结

本章给出了关于电力电子磁性元件的最优铜损耗/铁心损耗比的调查。调查结果给出了最常见情况下的最小损耗设计。优化过程包括调整匝数和铜线截面积。得到的关于最优铜损耗/铁心损耗比的结果见表 10.1 和表 10.2。

**表 10.1　不同情况下的最优铁心损耗和铜损耗**（恒定磁心形状，可变匝数）

|  | $P_{\text{fe,opt}}/P_{\text{tot}}$ | $P_{\text{cu ohm,opt}}/P_{\text{tot}}$ | $P_{\text{cu eddy,opt}}/P_{\text{tot}}$ |
|---|---|---|---|
| 一般情况 | $\dfrac{\gamma}{\gamma+\beta}$ | $\dfrac{\beta}{\gamma+\beta}$ | |
| 恒定铜线体积 $\gamma=2$ | $\dfrac{2}{2+\beta}$ | $\dfrac{\beta}{2+\beta}$ | |
| 恒定导线截面积 $\gamma=1$ | $\dfrac{1}{1+\beta}$ | $\dfrac{\beta}{(1+\beta)}$ | |
| 相等的磁心和铜线温度 | $\dfrac{R_{\theta,\text{cu}}}{R_{\theta,\text{cu}}+R_{\theta,\text{fe}}}$ | $\dfrac{R_{\theta,\text{fe}}}{R_{\theta,\text{cu}}+R_{\theta,\text{fe}}}$ | |
| 可变的导线截面积（包括低频涡流方法） | $\dfrac{5}{5+3\beta}$ | $\dfrac{2\beta}{5+3\beta}$ | $\dfrac{\beta}{5+3\beta}$ |

**表 10.2　特殊情况下的最优铁心损耗和铜损耗**（$\beta=2$，恒定磁心形状，可变匝数）

|  | $P_{\text{fe,opt}}/P_{\text{tot}}$ | $P_{\text{cu ohm,opt}}/P_{\text{tot}}$ | $P_{\text{cu eddy,opt}}/P_{\text{tot}}$ |
|---|---|---|---|
| 恒定铜线体积 $\gamma=2$ | 1/2 | 1/2 | 0 |
| 恒定导线截面积 $\gamma=1$ | 1/3 | 2/3 | 0 |
| 相等的磁心和铜线温度（磁心表面积等于线圈开放表面积的两倍） | 2/3 | 1/3 | |
| 可变的导线截面积（包括低频涡流的方法） | 5/11 | 4/11 | 2/11 |

## 10.6　举例

1）一个 3kW、50Hz 的单相变压器在满载的情况下，有 94W 的铁心损耗和 47W 的铜损耗。不考虑饱和。假设铜线体积是恒定的并且导线直径是可变的。假设铁心损耗与每匝电压的二次方成比例。在满负荷下，应该减少或增加多少匝数来获得最大的效率？更新后的损耗是多少？

**解答:**

$\beta=2$，利用式（10.8），可以得到 $\varepsilon=\sqrt[4]{94/47}=1.189$。

更新的匝数 $N_{new} = 1.19 N_{old}$。更新后的铁心损耗和铜损耗都为66.5W，总损耗是133W，相比于原来的141W有所减少。

**注意：**

应该验证额外的铜损耗发热是否可以被耗散掉。

2）在铁氧体磁心的数据表中，可以看出3F3级的损耗随着 $B^{2.5}$ 增加。如果涡流损耗可以忽略不计并且铜的体积是恒定的，最大效率下的最优铜损耗/铁心损耗比是多少？

**解答：**

这种情况在10.3.1节中有描述。利用表10.1，可以得到最大效率下的最优铜损耗/铁心损耗比是 $P_{cu,ohm,opt}/P_{fe,opt} = \beta/2 = 1.25$。

3）与例2）中相同的问题，但铜线的直径是恒定的。

**解答：**

这种情况在10.3.2节中有描述。利用表10.1，可以得到此时最高效率下的铜损耗/铁心损耗比是 $P_{cu,ohm,opt}/P_{fe,opt} = \beta = 2.5$。

4）EE42磁心，铜表面到环境的热阻为50K/W，铁氧体对环境的热阻为20K/W。如果铜的表面温度和磁心保持在100℃，环境温度是50℃，磁心可以承受的最大铜损耗和铁心损耗是多少？

**解答：**

这种情况在10.3.3节中有描述。允许的总损耗为

$$P_{fe} = \frac{T_{fe}}{R_{\theta,fe}} = \frac{100-50}{20} = 2.5W \quad P_{cu} = \frac{T_{cu}}{R_{\theta,cu}} = \frac{100-50}{50} = 1W$$

$$P_{tot} = P_{fe} + P_{cu} = 3.5W$$

若使用的热阻未知，则可以利用式（10.27）和式（10.28）得到 $P_{fe,opt} \cong \frac{2P_{tot}}{3} = 2.33W$ 和 $P_{cu,opt} \cong P_{tot}/3 = 1.17W$，比较可知，这与前面得到的结果很接近。

# 参 考 文 献

[1] Apeldoorn, O. and Kriegel, K., Optimal design of =tTransformers for high-power high-frequency applications, EPE 95, Sevilla, Spain, September 19–21, 1995.

[2] Snelling, E. C., *Soft Ferrites, Properties and Applications*, 2nd ed., Illiffe Books, London, 1988.

[3] McLyman, W.T., *Transformer and Inductor Design Handbook*, 2nd ed., Marcel Dekker, New York, 1988.

[4] Dowell, P.L., Effects of eddy currents in transformer windings, IEE Proceedings B, 113:8, 1387–1394, 1966.

[5] Lameraner, J. and Stafl, M., *Eddy Currents*, Illiffe Books, London, 1966, pp. 105–160.

# 第 11 章 测 量

"测量不仅是一种技术，更是一门艺术"。

柏拉图（公元前 427 - 公元前 347）已经在"普罗泰戈拉"（公元前 380 年）中描述了"测量"的艺术：

"假如我们的幸福在于选择更大更好而不选择更小的事物，那么判断的具体依据是什么呢？是测量事物获得的结果还是事物的外观产生的印象？后者难道不是一直在欺骗我们吗？它们利用各种方法混淆视听，使我们基于印象去判断事物是大是好还是小，然后做出选择，最后又为自己的选择而后悔不已。但测量的艺术却可以消除外观的影响，向我们展示真相，让我们的灵魂平静下来，与真理同在，并以此挽救我们的幸福。难道我们不应该认为正是测量的艺术拯救了人类吗？"

## 11.1 引言

本章将讨论电感器和变压器的测量。因为高频下的测量在电力电子磁性元件中是主要的，因此本章对其进行讨论。

不论元件的设计过程是多么严谨，也应该通过测量对其性能进行检查。测量也可以因标准而强制进行。人们应该意识到，测量经常受到精度的限制，并且测量的方式也会影响被测量。当磁性元件在变换器中被测量时，电压斜坡和高频场都会干扰测量的结果。

在本章我们将考虑关于温度、功率损耗、阻抗、电感值和寄生电容的测量。

## 11.2 温度测量

温度测量可以用来检查设计的合理性。预期的热点温度（元件的最热点）的位置也是值得讨论的。在一些变换器中，热点温度的限制导致了电气绝缘要求的妥协。事实上，增加电气绝缘会导致更差的热传导。

温度转换方程

从华氏度到摄氏度的转换方程为

$$\text{℃} = (F - 32) \times 5/9 \tag{11.1}$$

式中 ℃——摄氏度的温度；

$F$——华氏度的温度。

从摄氏度到绝对温标（开尔文）的转换为

$$\text{℃} = K - 273.15, \quad 273.15K = 0\text{℃} \tag{11.2}$$

式中　K——开尔文摄氏度的温度。

在磁性元件中的温度测量通常的可能方法是:

1)热电偶测量。

2)热敏电阻测量。

3)NTC 热敏电阻的测量。

4)玻璃光纤测量。

5)红外表面温度测量。

6)测温漆和测温带。

7)绕组电阻测量。

## 11.2.1　热电偶测量

塞贝克发现了一个原理:当不同材料的连接处在不同的温度时,两导线的末端会产生电压。这个原理用于热电偶。热电偶具有机械和热的鲁棒性,不受自身加热的影响。相对于最常见的应用场合热电偶的温度范围是大得多的: $-200 \sim 1250℃$。然而,热电偶使用在非常低的电压下并且易受功率变换器的干扰。因此,在变换器的运行中,测量值有时是不正确的。热电偶可以被涡流加热并且可以通过自身导线被冷却下来,因此测量的精度会降低。

最常见的热电偶是 K 型:镍/铬(+)与镍/铝(-)结合,也被称为铬合金-康铜,或"黄色型"。根据国际代码,阴极线(非磁性)是黄色的,阳极线(磁性)是红色的,表面是棕色的。电压变化率为 $40\mu V/℃$ 左右,所以需要一个放大器。使用适当的放大器可以不需要参考温度。

热电偶的数据可以在标准 EN60584-1[1] 中得到(前身是 IEC 584-1)。

热电偶的初始精度不高,对于 K 型约为 $2.5℃$,对于 J 型为 $0.5℃$。然而,不准确性主要是因为温度的偏移,这一点是可以考虑在内的。热电偶的优点是基本材料便宜。然而,低电压输出限制了它们在磁性元件测量中的应用。

## 11.2.2　PT100 热敏电阻温度测量

热敏电阻广泛应用于温度的测量。

举个例子,我们考虑经常使用的 PT100 热敏电阻。对于工业 PT100 热敏电阻的温度依赖性,参照标准 EN60751(前身是 IEC 751)得到以下的近似电阻值:

$$R_{pt} = 100 \times (1 + 3.90830 \times 10^{-3} \times T - 5.775 \times 10^{-7} \times T^2) \qquad (11.3)$$

式中　$R_{pt}$——电阻值,单位为 $\Omega$;

　　　$T$——温度,单位为℃。

式(11.3)显示了在 1℃ 的温度变化下的电阻值变化为 0.39%。

PT100 电阻温度计分为两个精度等级:

1)A 级:$(0.15 + 0.002|T|)℃$;温度 $T$ 的单位是℃。

2）B 级：$(0.30 + 0.005|T|)$℃；温度 $T$ 的单位是℃。

通常使用电桥把电阻转换成电压。PT100 热敏电阻的电阻值低且相对电压变化不高。因此，PT100 热敏电阻常用于四线或三线测量系统中。四线测量有 2 个电流触点和 2 个电压触点。三线测量假定在两个载流导线上的电压降是相等的。

在 0~200℃的范围内，逆方程把温度作为电阻的函数，其关系为

$$T = 0.00109 \times (R - 100)^2 + 2.5543 \times (R - 100) \tag{11.4}$$

式中  $R$ 的单位是 $\Omega$；

$T$ 的单位是℃。

在 0~200℃范围内，逆方程对式（11.3）的拟合精度优于 0.05℃。

PT100 热敏电阻是精密设备，它们也有所有热敏电阻同样具备的缺点——使用低电压。另一个缺点是使用多根导线。自加热和由自身导线产生的冷却，也会导致结果的不准确。因此，PT100 热敏电阻不是很适合用于实际的功率器件和磁性元件的温度检测。

## 11.2.3 NTC 热敏电阻温度测量

负温度系数电阻（NTC）由多晶复合氧化物陶瓷组成。典型的 NTC 热敏电阻的阻值变化为 $-3.3\% \sim -5.7\%/K$，这是一个良好的灵敏度。它们通常的使用范围是在 $-80 \sim 250$℃之间，在 $0 \sim 105$℃之间是最佳的。

NTC 热敏电阻的电阻值可以由以下公式近似：

$$R_T = R_{Tr} e^{B\left(\frac{1}{T} - \frac{1}{T_r}\right)} \tag{11.5}$$

式中  $T$——温度，单位为 K（0℃ = 273.15K）；

$T_r$——参考温度，单位为 K；

$R_T$——温度 $T$ 下的电阻值；

$R_{Tr}$——温度 $T_r$ 下的电阻值；

$B$——与其样式和材料相关的常数，在范围 2900~5000K 之间。

表 11.1 列出了由制造商给出的和由式（11.5）计算得到的电阻比值 $R/R_{25}$。从表 11.1 中可以看出，在 $-20 \sim 105$℃的整个范围内，使用式（11.5）可以获得非常高的温度精度。

NTC 热敏电阻精度高，为 0.2~0.5℃。但应注意使用正确的制造商数据、参数 $B$ 和参考温度，并引入自加热的概念（幅度数量级约为 1K/mW）。

注意，PTC 热敏电阻也同样存在前述问题，但它们主要用于电路的保护，因为在"开关"温度（通常在 100℃以上）的几度温差范围内，它们的电阻变化超过 10 倍。

PN 结也可用于温度的测量。这种想法并非不可行，虽然磁性元件中有大的电磁干扰，但 PN 结易于消除此类影响。

### 11. 2. 4　玻璃光纤温度测量

玻璃光纤温度测量的优点是玻璃纤维不易被涡流加热，热传导低。然而，探头较为昂贵，不适宜简单地黏在元件内。

**表 11. 1　典型的 NTC 热敏电阻的数据与式 (11.5) 计算的结果**（10kΩ NTC 型 JR 热敏电阻、$R_{25} = 10\text{k}\Omega$，5%；$B$ 的值在 25~85℃ 范围下是 3977K ±0.75%）

| $T/℃$ | $R/R_{25}$ 制造商数据 | $R/R_{25}$ 式 (11.5) 得到的数据 |
| :---: | :---: | :---: |
| -20 | 9. 6807 | 10. 709 |
| -10 | 5. 5253 | 5. 895 |
| 0 | 3. 2640 | 3. 390 |
| 10 | 1. 9902 | 2. 027 |
| 20 | 1. 2493 | 1. 255 |
| 25 | 1 | 1 |
| 30 | 0. 8056 | 0. 80251 |
| 40 | 0. 5325 | 0. 52785 |
| 50 | 0. 3601 | 0. 35631 |
| 60 | 0. 2487 | 0. 24626 |
| 70 | 0. 1751 | 0. 17391 |
| 80 | 0. 1256 | 0. 12525 |
| 90 | 0. 9155 | 0. 09186 |
| 100 | 0. 6781 | 0. 06849 |
| 105 | 0. 05868 | 0. 05949 |

### 11. 2. 5　红外表面温度测量

这种技术使用起来十分容易。但重要的是表面的红外发射系数接近于 1（油漆或搪瓷是足够的）。如果过高估算了发射系数将会导致测量温度的估计值过低。绕组应该没有绝缘箔而是直接接触。绝缘层本身由于空气而产生了额外的热阻，所以绝缘层表面温度是一个中间温度，它是低于铜表面温度的。

### 11. 2. 6　测温漆和测温带

如果测量位置是可见的，测温带和测温漆是相当有用的。测温带在导线上有热接触的问题。在实际中可以使用不可逆的或可逆的两种等级。

### 11. 2. 7　绕组电阻的测量方法

在一般情况下，当使用高端的低电阻测量仪器时，这种技术是相当可靠的。对

于铜绕组，根据 IEC 950，温升可通过下式计算

$$\Delta T = \frac{(R_2 - R_1)(234.5 + T_1)}{R_1} - (T_2 - T_1) \qquad (11.6)$$

式中　$T_1$——实验开始时的起始温度，单位为 K；

　　　　$T_2$——结束温度，单位为 K。

铝导体对应的方程是

$$\Delta T = \frac{(R_2 - R_1)(225 + T_1)}{R_1} - (T_2 - T_1) \qquad (11.7)$$

图 11.1 显示了铜和铝的平均温升与电阻百分比变化量的函数，从 $T_1 = 20℃$ 开始，根据式（11.6）和式（11.7）得出。

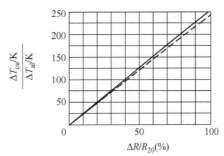

图 11.1　铜和铝的平均温升 $\Delta T$ 是 $\Delta R$ 百分比变化量的函数（起始温度 $T_1 = 20℃$，$\Delta T = T_2 - T_1$）

## 11.3　功率损耗测量

### 11.3.1　功率表测量电路

原理上，电力电子元件的损耗可以用功率表测量，该表具有足够的带宽。变换器中的电压具有高达 20V/ns 的斜率，寄生大电流和电容耦合的存在会使功率表的精度有所降低。该精度也会受限于两个相近的值做减法的情况，如变压器的输入和输出功率。例如，假设变压器的效率为 99%。然后，即使使用精度为 0.2% 的功率表也会导致损耗的测量精度只有 40% 左右。

实际上，变压器导线的延长也是不允许的，因为寄生电感会增加且半导体可能会被峰值电压或偏移后的谐振频率损坏，从而有损坏电路的风险。同时连接数量过多会造成电路不可实现，针对电源和荧光灯变换器中的多输出变压器，需要一个多通道的功率表进行测量。

在某些电路中，变压器可以进行开路或短路试验。在这种情况下，损耗与所有的输入功率是相等的。通常，这些测试中的功率因数不是很低，所以可以考虑合理地使用功率表进行测量。

为了测量电感器的损耗，通常可以在不引起电路故障的情况下延长导线。然而，tanδ 的值可能过低，所以应该使用高性能的设备。在任何情况下，在高频率和低 tanδ 下的测量都是不容易的。

## 11.3.2 示波器测量

功率表的功能也可以用数字示波器来实现。然而，精确的相位测量问题仍然存在。示波器通道可以被校准为低至 1ns 的相位差[2]。然而，所需的电流和电压变送器将引入额外的误差。检查示波器设备的一种可能的方法是去测量低 tanδ 的电容器（约 tanδ = 0.03%）。这个 tanδ 值低于电感器自身产生的 tanδ 值。电容器的损耗可以通过热量仪测量验证。

### 11.3.2.1 示波器测量的精度问题举例

400VA 的一个线圈工作在 500kHz 交流电并且预估的功率损耗是 4W。尝试用 0.4W 精度（即损耗的 10%）去测量损耗。这种功率精度对应的角度精度需要为 0.001rad。在此频率（500kHz）下，这个值对应 318ps 的时间精度（$\frac{2\mu s}{2\pi \times 10^3}$ = 318ps）。这个时间对应于不到 10cm 的传输线（电缆或导线）的延迟时间。所以电压和电流变送器也可以引起额外一部分的精度问题。

## 11.3.3 阻抗分析仪和 RLC 测量仪

### 11.3.3.1 阻抗分析仪

对于电感器，功率损耗可以使用下式估计

$$P_{\text{loss}} = \omega L\tan(\delta)I_{\text{rms}}^2 \tag{11.8}$$

式中 $I_{\text{rms}}$——电感器电流的方均根值。

问题是需要有损耗角 δ 的精确测量。阻抗分析仪[3]是能够同时实现高精度的损耗角测量与高频率测量的设备。为获得低阻抗下的高精度测量，阻抗分析仪采用四线制。角度误差主要是在于电压矢量的误差。在 1kHz ~ 1MHz 之间，在阻抗值为 10Ω ~ 100kΩ[4]之间的 tanδ 测量中，可以得到 0.1% 的精度。当频率高于 1MHz 时，阻抗幅度的精度仍然是较高的，但角度精度降低。

基本仪器（阻抗分析仪）的激励电压和电流最大为 1V 或 20mA。如果使用额外的放大器和电流探头，可以在一定的功率水平上进行测试，但角度精度低很多[3]。对于低阻抗，建议使用四线测量。

阻抗分析仪主要用于提供图形输出，并且是检查串联或并联谐振频率的好工具。

### 11.3.3.2 RLC 测量仪

RLC 测量仪使用上述类似的理论，但它们通常是在离散频率处进行测量的。简单的版本使用了例如 1kHz 的典型测试频率。更复杂的版本下会有不同的频率，甚至超过 1MHz。一些 RLC 测量仪使用大电压或电流。RLC 测量仪主要用于给定频率下的参数偏差的测量。

低成本的 RLC 测量仪使用 1kHz 和 120Hz 的频率。它们给出了电感值和损耗因数的初步测量结果。然而，由于频率低，通常没有测量涡流损耗。同时在短路试验时应该多加注意，因为 $L_m$ 的励磁电抗的幅值与二次侧电阻 $R_s$ 可能在同一数量级。

阻抗测试仪和 RLC 测量仪不在实际大功率和磁感应强度水平下测试。它们的精度对于诸如涡流这类的线性效应是良好的，但它们对于铁心损耗是不够准确的，因为铁心损耗不是磁感应强度 $B$ 的二次项。

## 11.3.4　LC 网络的 $Q$ 值测试

在 $Q$ 值测试中，将电感器或变压器与一个低损耗电容器并联。测试频率被设置在谐振点，其中电流和电压是同相位的。该 LC 电路所吸收的功率由基波电流和基波电压的方均根值乘积给出。

$$P_{\text{loss}} = I_{\text{LC}} V_{\text{LC}} - P_{\text{C,loss}} \tag{11.9}$$

式中　$P_{\text{loss}}$——磁性元件的损耗；

$I_{\text{LC}}$，$V_{\text{LC}}$——LC 电路中电流和电压的基波分量的方均根值；

$P_{\text{C,loss}}$——电容器的损耗。

在实际测试中，$Q$ 值测试会出现如下几个问题：

1）损耗只能用正弦波测量。

2）谐振频率可能与实际使用频率不同。

3）电容器的损耗可能不容易知道。

4）谐振频率可能由于元件饱和而发生偏移。

5）有必要使用放大器或附加电路来激励 LC 电路并使其处于合适的电感值或电压水平。

6）测试可能对接触和引线的损耗敏感。

电感值也可以通过谐振频率的测量进行计算。然而，测试中的引线电感和电容寄生电感都应考虑在内。

## 11.3.5　通过热阻估算功耗

如果知道磁性元件的热阻和温升，那么可以估算功率损耗：

$$P_{\text{loss}} = \frac{\Delta T}{\mathfrak{R}_{\theta}} \tag{11.10}$$

式中　$\Delta T$——温度差；

$\mathfrak{R}_{\theta}$——热阻。

当采用这种损耗估算方法时，实际的问题如下：

1）由于对流换热与大量的细节有关，所以估算使用的元件热阻通常是不准确的。

2）实际温差与被测点的位置和测温原理有关。

3）热阻与整个元件的温度分布有关。

然而，这种方法对于形状与尺寸相同的元件是很有价值的，例如在一个结构相同的磁性元件中的不同等级的磁心。

### 11.3.6　量热仪测量损耗

电力电子变换器的效率在不断地提高。直接测量散热量是测量损耗的最准确的手段之一。量热法非常适合于电感器和整个功率电路。测量变压器可能存在实际电路中的导线不能延长的问题。即使是在这样的情况下，可以建立一个独立的电路以测试具有相似的电压和电流波形下的变压器。

直接测量热损耗的仪器称为量热仪。有以下两种量热仪：

1）惯性量热仪，使用热容量和热阻得到损耗。

2）流动量热仪，使用流体进行测量。

#### 11.3.6.1　惯性量热仪

惯性量热仪是较为常见和普遍应用的，例如，用于化学与物理学的材料研究中，其样品在自然界中是比较普遍的并且具有良好的导热性。把通过热绝缘材料的热损耗补偿在内，一种现象的总能量能够被计算出来。测量元件中的损耗是

$$P_{\text{loss}} = \frac{\Delta T}{\mathfrak{R}_{\theta}} + \left( \sum_i M_i c_{\text{p},i} \right) \frac{\mathrm{d}T}{\mathrm{d}t} \tag{11.11}$$

式中　$\Delta T$——量热仪内外的温度差值；

　　　$\mathfrak{R}_{\theta}$——量热仪内外的热阻；

　　　$M_i$——系统中不同部分的质量：元件（磁心、铜、绝缘等）以及量热仪的内部材料；

　　　$c_{\text{p},i}$——在系统中，不同质量部分各自对应的热容量。

惯性量热仪有几个缺点。通常情况下，被测设备的热容量（d. u. t. ）必须是已知的或是较低的值。该原理不适用于被测设备的多个部件都有较长的内部散热时间常数的情况。

1）在简单的封闭系统中，元件放在一个保温箱中，保温箱内部带有风扇以使温度均匀分布[6]。这个保温箱是用一个已知的电阻器热源进行校准的。计及了风扇的机械功率。在相对于散热时间常数的一段时间后，测量出设备与环境的温度差，并计算出耗散功率。该系统的缺点如下：

① 时间常数是由保温箱的总热惯性和热阻决定的，需要较长的调整时间。

② 测量精度受限于保温箱热阻的精度，后者依赖于内部空气的流动。

2）一种改进的系统使用真空隔热和红外反射。在导线上仍保留了一些热量排放。该系统通常用于测试高环境温度（如100℃）下的元件。该系统包括真空绝缘

的红外反射瓶、被测设备、电源线和一个风扇（见图 11.2）。

3）更先进的封闭系统会使用铜壳和冷却水套以实现多个温度的测量[6]。

### 11.3.6.2 流动量热仪

#### 11.3.6.2.1 工作原理

在流动量热仪中，被测设备与环境是热绝缘的，可以通过冷却流体的质量流来降温。这一原理的优点是减少了系统的调整时间常数。此外，在试验室中没有风扇的机械损耗。在稳定状态下，被测设备的热损耗等于冷却流体的质量、温升和比热容的乘积。

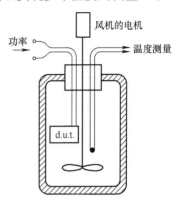

图 11.2 真空绝热的惯性量热仪原理

$$P_{loss} = mc_p \Delta T \qquad (11.12)$$

式中　　　$m$——冷却流体的质量流（例如空气）；

$c_p$——在恒定温度下的比热容量：对于空气，在 300K 下，$c_p = 1.0090 kJ/kg \times ℃$；对于水，在 289K 下，$c_p = 4.186 kJ/kg \times ℃$；

$\Delta T = T_2 - T_1$，$T_1$——流经被测设备之前的温度；

$T_2$——流经测试设备之后的温度。

这一原则可以实现非常多样化的运用。

#### 11.3.6.2.2 流动量热仪的精度

流动量热仪的精度与结构、测量详情和校准等有关。

（1）实验室的热隔离

相比于测试设备的损耗，通过绝缘材料的损耗应该是较低的。事实上，只要绝缘电阻的变化不大就是足够的，因为测试系统可以对这些已知的损耗进行校准。

（2）温度测量

在实践中，温度测量不应受可能未被屏蔽的被测设备的电磁干扰的影响。温度测量时应测量空气的平均温度。测量设备也不应对被测设备的辐射热交换敏感。环境温度应该是相当稳定的，外部热源应避免直接或间接地受到阳光照射。

（3）稳定时间

通常，d.u.t 热时间常数 3~6 倍的稳定时间对于被测元件耗散功率变化较大的情况是必要的。磁性元件的典型时间常数约为 20min，这需要 1~2h 的稳定时间。

（4）校准

量热仪的最终精度是通过功率已知的直流供电电阻器加热方式进行校准的。在实验室里，必须测试不同的加热功率和加热源位置。

（5）计算机建模

如果同时进行合理的计算机建模，量热仪的测量可以更加准确。

### 11.3.6.2.3 实际的流动量热仪

在这里，我们描述一个基于开放的且由空气冷却的电路、用于电力电子设备和磁性设备的典型测试系统[7]。该系统必须足够大以容纳整个变换器或大的元件。在小规模的应用中，可以基于相同的原理对其重新设计。温度测量和流量稳定的加热电阻器位于迷宫路径中（见图11.3）。这种迷宫结构加强了空气的结合，用以测量平均温度并且使传感器免受来自被测设备或加热电阻器所产生的红外线的影响。该风扇是一种无刷直流电机，易于通过输入电压进行控制。质量流量是由控制风扇来实现稳定的，同时使用200W功率的加热电阻器在$T_4$和$T_3$之间保持恒定的5K温升。在进料口，使用一堆铁片制作温度低通滤波器，以减少温度的微小变化，这在温度实验室中通常都已经使用了。

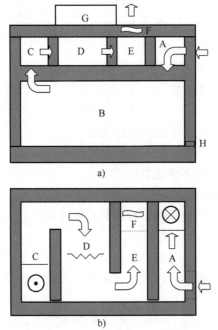

图11.3　高达600W的损耗测量的量热仪前端和顶部的横截面视图（实验空间的内部尺寸是704mm×420mm，高度为312mm。48mm厚的聚氨酯保温泡沫的热阻约为1.1K/W）

a）流动量热仪，侧截面图　b）流动量热仪顶视图（顶盖移除）

A—空气入口，温度$T_1$　B—被测设备的放置空间　C—测温区，$T_2 = T_3$

D—加热电阻器　E—温度$T_4$的测量区域　F—调节风扇　G—控制电路　H—穿通线

使用两个串联的NTC热敏电阻进行温度测量是为了得到更均衡的测量结果。设计一个电路使温度特性的测量值线性化。精确的质量流量控制是通过使用恒定的功率再次加热空气流并保持温升恒定来实现的。必须避免明显的导线热传导和漏风的影响。在系统布置中，如果漏风（例如电缆的进线口）与实际的空气入口具有相同的温度，那么就不会影响测量的精度。

如果忽略热损耗且空气的 $c_p$ 假定是恒定的，则被测设备的功率损耗是

$$P_{\text{loss}} = \frac{200(T_2 - T_1)}{T_4 - T_3} \tag{11.13}$$

该方案量热仪的测试结果表明：测量系统有优于 0.5% 的 600W 满功率绝对误差和优于 3% 的测量功率的相对误差。

#### 11.3.6.2.4　结论

流动量热原理非常适用于在环境温度下测试磁性元件，但不适用于高温元件的试验。它可用于测试整个变换器，因为大部分的电子设备至少能承受 40℃ 的温度。当实验室温度为 25℃ 时，可以使用 15℃ 的温升用于测试。

## 11.4　电感值的测量

### 11.4.1　电感器的电感值测量

通过测量给定频率的阻抗，可以得到电感值。使用精确的 RLC 测量仪测量给定频率下阻抗的实部和虚部，实际测量的是 $R-L$ 串联等效网络。铁心损耗通常表示为与电感 $L$ 并联的电阻，在这种测量方式下能够转换为额外的串联电阻并被添加到导线的直流电阻。由正常或边缘磁场引起的涡流损耗也使用相似的附加串联电阻给出。如果存在相关性，则应考虑磁导率 $\mu$ 随温度和磁感应强度水平的变化。当磁路中不包含空气隙时，会存在明显的变化。

### 11.4.2　变压器的空载试验

该测试类似于电感器的测试。通过变压器的空载试验，可以测量铁心损耗。然而非载流导体和屏蔽也有涡流，这会增加损耗。在这个测量中，应该判断铜损耗是否可以忽略不计。我们还可以测量一次侧和二次侧的自感 $L_1$ 和 $L_2$（见图 11.4）。

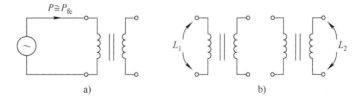

图 11.4　空载测试

a）测量铁心损耗　b）测量变压器的一次侧和二次侧的自感 $L_1$ 和 $L_2$

### 11.4.3　短路试验

在原理上，可应用空载实验中同样的方法进行短路测试（见图 11.5）。假设励

磁电感是非常高的（$L_{m1} \gg R'_2$），并且所有的损耗都是由绕组的欧姆电阻引起的。在这种近似的方式下，所测得的电阻部分 $R_{meas}$ 是一次绕组电阻 $R_1$ 和折算后的二次侧电阻 $R'_2$ 的总和：

$$R_{meas} = R_1 + R'_2 = R_1 + R_2 \left(\frac{N_1}{N_2}\right)^2 \qquad (11.14)$$

**注意**：我们需要注意测量误差，这往往是由铁氧体变压器引起的，特别是那些有空气隙以及较低频率（如工频）的变压器。如果测量频率为 1kHz 或更低，则不能确定励磁电抗比二次电阻高得多，特别是带气隙的变压器。这可能会严重影响经典短路测试中的测量结果。

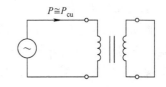

图 11.5　变压器的短路试验，测量绕组的欧姆损耗和欧姆电阻

### 11.4.4　测量变压器的电感值

当一次绕组和二次绕组的匝数相差不大时（例如，比例低于 5），我们在这里给出了一个检查这种情况下空载测试结果的流程。如果绕组的电阻不低于磁化电抗，也可以使用该方法。变压器的一次绕组和二次绕组以两种不同的方式串联，分别对应于这两种可能的耦合方式（见图 11.6）。我们将得到两个测量结果，表示为 $L_a$ 和 $L_b$：

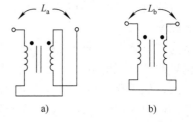

$$L_a = L_1 + L_2 + 2M \qquad (11.15)$$
$$L_b = L_1 + L_2 - 2M \qquad (11.16)$$

图 11.6　测量变压器的电感 $L_a$ 和 $L_b$
a）串联连接 $L_a$　b）反向串联 $L_b$

电感 $L_1$、$L_2$ 和 $M$ 采用第 1 章中的符号定义。

我们通过方程检查空载试验结果 $L_1$ 和 $L_2$：

$$L_1 + L_2 = (L_a + L_b)/2 \qquad (11.17)$$

如果满足相等关系，那么空载试验所得的 $L_1$ 和 $L_2$ 是正确的。

利用电感 $L_a$ 和 $L_b$ 的测量值，可以得到变压器的互感 $M$：

$$M = \frac{L_a - L_b}{4} \qquad (11.18)$$

漏感系数 $\sigma$ 和耦合系数 $k$ 与 $M$ 以及 $L_1$、$L_2$ 有如下关系

$$\sigma = 1 - \frac{M^2}{L_1 L_2} \qquad (11.19)$$

$$k^2 = \frac{M^2}{L_1 L_2} \qquad (11.20)$$

请注意，$\sigma$ 只是通过测量得到的，这里也没有使用匝数比，所以它与变压器实际或虚构的匝数比无关。如果我们引入的匝数分别为 $N_1$ 和 $N_2$，在等效变压器方案

中的其他变量（见图 1.22，第 1 章）可由下式得到

$$L_{m1} = \frac{N_1}{N_2}M \tag{11.21}$$

$$L_{m2} = \frac{N_2}{N_1}M \tag{11.22}$$

式中 $L_{m1}$——放置在一次侧的励磁电感；

$L_{m2}$——放置在二次侧的励磁电感。

在漏磁系数中也可以代入励磁电感：

$$\sigma = 1 - \frac{L_{m1}L_{m2}}{L_1 L_2} \tag{11.23}$$

还可以计算漏电感 $L_{\sigma 1}$ 和 $L_{\sigma 2}$：

$$L_{\sigma 1} = L_1 - L_{m1} \tag{11.24}$$
$$L_{\sigma 2} = L_2 - L_{m2} \tag{11.25}$$

请注意，我们可以选择虚构的匝数比，但 $\sigma$ 需要保持为正数。对于真正的匝数比，$L_{\sigma 1}$ 和 $L_{\sigma 2}$ 是正的。你可以选择虚构的匝数比令 $L_{\sigma 2}=0$，从而得到变压器的 L 方案或 $L_{\sigma 1}=0$（这会得到逆 L 方案）。

在线性模型中，如果漏感系数 $\sigma$ 具有相同的值，则 T 方案、L 方案或者逆 L 方案是等效的。当考虑饱和时或者使用真正的匝数比时，则优先采用 T 方案。在漏磁系数较小的实际应用中，L 方案也有足够的精度且方便使用。

## 11.4.5 低电感值的测量

当电感为 $1\mu H$ 或更低的数量级时应特别注意。

虽然高端阻抗分析仪和 RLC 测量仪可以测量低于 $1\mu H$ 的电感值，但这里我们给出一个可供选择的方法。这种方法可用于测量反激式变压器的漏感以及测量母线电感。在这里将忽略阻抗的电阻部分。通常引线电感（导线的电感）是不可忽略的，应单独考虑。总的来说，这个问题可以用如下方式解决：

1）选择一个平面，它定义了该设备的物理极限。

2）电流以垂直于该平面的方向流入。

3）被测设备的电压用引线测量，这些引线被放置在该平面上并且彼此靠近。

该方法使用四线测量（见图 11.7）。

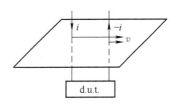

图 11.7 四线测量法

实施四线测量的一种实用方法是使用输出阻抗为 $50\Omega$ 的正弦波发生器。使用一个 $50\Omega$ 的电阻（例如，两个 $1\%$ $100\Omega$ 的电阻并联）与未知阻抗串联。使用示波器测量未知阻抗和附加 $50\Omega$ 电阻上的端电压。为了避免大电流问题，电压测量可以使用差分法（2 个探针）。如果一些连接

必须短路，应使用铜平面在该元件的物理极限处进行短接。被测设备的电感值 $L_{dut}$ 是

$$L_{dut} = \frac{50}{2\pi f}\frac{V_{dut}}{V_{50\Omega}} \tag{11.26}$$

式中　$f$——激励频率，单位为 Hz；

　　$V_{dut}$——被测设备的端电压；

　　$V_{50\Omega}$——50Ω 电阻的端电压。

频率可以是 100kHz、1MHz，在很小的电感值（例如 10nH）下甚至可以使用 10MHz。当使用 159.155kHz、1.59155MHz 或 15.9155MHz 时，计算会更容易，因为当激励频率 $f$ 乘以 $2\pi$ 时，它更容易得到整数的结果。

## 11.5　磁心损耗测量

由于磁性元件的损耗在电力电子器件设计中存在特殊的重要性，因此行业内一直对其有研究。铁心损耗和绕组损耗是磁性元件损耗的主要组成部分。我们将在这里讨论铁心损耗的测量方法。

### 11.5.1　经典四线法

在低频时，励磁绕组的铜损耗是总功率的重要组成部分。传统的解决方案是使用类似变压器的四线测量装置，其中电流在励磁绕组中测量，在二次绕组[1,8,9]中测量电动势（见图 11.8）。只要励磁绕组中的电动势和测量绕组电压之间的相位偏移是低的，该解决方案就同样适用于高频率的正弦波。图 11.8 中所示的一次绕组寄生电容 $C_p$ 和二次绕组寄生电容 $C_s$ 中包含绕组的内部电容和电缆以及测量探针的电容。

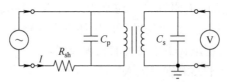

图 11.8　类似变压器的铁心损耗测量

但是，在具有快速边沿波形的变换器（例如占空比可变的方波）中使用此种测量方法时，会出现典型的错误。这种形式的波形在电力电子设备中很常见。此时，由于导线和变压器的输入电容，输入端的每个电压边沿几乎都会产生瞬时的电容电流波动。电荷转移通常是在边沿电压的一半处发生的。同时，测量绕组的电压变化不大。当电压测量侧（二次绕组）发生平均电荷转移时，输入电容的电流被视为虚构的负功率（见图 11.9）：

$$P_{\mathrm{err}} \cong -\frac{1}{2}C_{\mathrm{in}}2f\sum_0^T (\Delta V)^2 = C_{\mathrm{in}}f\sum_0^T (\Delta V)^2 \qquad (11.27)$$

式中　$P_{\mathrm{err}}$——近似的功率偏差；

$\qquad$ $C_{\mathrm{in}}$——输入寄生电容；

$\qquad$ $f$——激励频率；

$\qquad$ $\Delta V$——电压边沿；

$\qquad$ $T$——激励频率 $f$ 的周期，$T = 1/f$（它包含 2 个电压边沿）。

在下列情况下，由式（11.27）给出的功率可能出现不可忽略的影响：输入连接导线是同轴的；连接一些探针的情况；或元件被浸渍在油中的情况，从而增加了寄生电容。

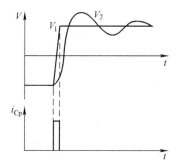

图 11.9　输入电容电流 $i_{\mathrm{Cp}}$、输入电压 $V_1$ 和二次侧感应电压 $V_2$ 的图

**举例：**

在 100kHz 的频率下，300V 边沿电压的方波电压与 100pF 寄生电容会导致 0.9W 的误差。如果并联测量电路在高频（这通常是寄生电容充电时对应的情况）下是感性的，即使减少输入寄生电容，也可能会出现类似的错误。

在四线法中出现误差的另一个可能的原因是在励磁绕组和感应绕组中存在的涡流损耗，不过可以使用利兹线来减小它。

## 11.5.2　两线法

### 11.5.2.1　示波器测量

理论上讲，导线表面的电功率是通过对坡印廷矢量的能流密度进行积分得到的，它也表示了电磁波的功率方向。当没有其他形式的能量交换时（如通过电容耦合或磁耦合），多根传输线（电缆）承载的功率可以简化。对于平均功率，我们可以得出

$$P_{\mathrm{av}} = \sum v_i i_i \qquad (11.28)$$

电位 $v_i$ 和电流 $i_i$ 对应于第 $i$ 个导体。

当有两条导线时，我们可以使用所谓的两线法（见图 11.10）。在双线测量中，两条导线（$i = 2$）的其中一条可以用作参考。如果流过磁性元件对地的电容电流可

以忽略不计，那么 $i_2 = -i_1$。

在高频下的高磁导率材料中，使用合适的利兹线可以使铜损耗保持在较低水平。这意味着可以先简单地测量总功率损耗然后减去铜损耗。若没有气隙，那么包括涡流损耗的铜损耗可以通过不含有磁性材料的实验测试来进行估算。铁耗 $P_{fe}$ 是

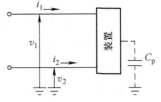

$$P_{fe} = P_{meas} - P_{cu} \quad (11.29)$$

图 11.10 两线法（用双线和接地平面测量装置的功率）

式中　$P_{meas}$——总测量损耗；

　　　$P_{cu}$——测量铜损耗。

为了使用式（11.29），可以使用示波器测量总功率。现在的示波器能够实现相位移低于 1ns 的数据采集，通道数据相乘也是它的一种标准功能。

重要的是，功率测量需要具有很高的带宽，尤其是在电流和电压测量之间的相移可以忽略。相移应当与时间相对应，例如，小于边沿上升时间的 10 倍。因此，实际的问题是必须要有高带宽的电压电流探头，并且在两者测量时有相当小的相位移。对于功率测量，电压和电流测量的相位差尽可能小是很重要的。例如，1ns 的延迟时间将导致在 1MHz 下 $\tan\delta$ 存在 0.6% 的差异。

### 11.5.2.2 宽带电流探头

在此我们提出一个宽带电流探头的切实可行的解决方案。

铁氧体的实际运行频率为 20kHz ~ 1MHz 之间。然而，由于快速的电压边沿，把电流和电压探头的测量特性扩展至 50MHz 是有利的。对于宽带电流探头，使用电流互感器是首选的，因为可以减少通过示波器的大电流（导致重影信号）。因此在相等的信号电平下，比并联测量方案提供了更高的精度。

电流探头的电气方案如图 11.11 所示。使用大量的电阻器有两个原因：等效电阻需要低的寄生电感以及需要有足够的功耗能力。示波器的输入是 1MΩ、25pF。电流探头利用环形磁心 TX36/23/15 – 3E25 进行绕制。二次侧包括两个并绕的绕组，每个绕组采用两根 0.8mm 直径的铜导线绕制 20 匝。电流互感器有 2Ω 电阻负载。这产生了 0.1V/A 的转移阻抗。低电阻值产生了低于 150Hz 的低截止频率。设计的探头可以承受高达 20 安匝方均根值的一次侧电流。

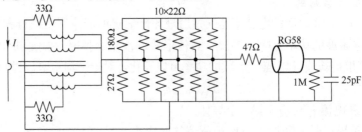

图 11.11　电流探头的电气方案

电流探头绕组的传输线特性使信号延迟 1~2ns。

对电流探头进行了测试，使用了 10V、50Ω 的信号发生器，负载为 50Ω 的电阻。在图 11.12 中给出了探头的实验幅频特性。

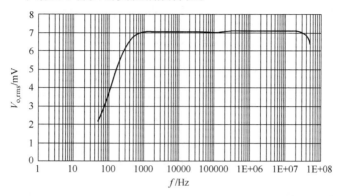

图 11.12　电流探头的幅频特性（输出 $V_{o,rms}=7.071$mV，被测输入正弦波电流峰值为 100mA）

### 11.5.2.3　匹配的电压探头

在这里，对应于以上提出的宽带电流探头，我们给出了切实可行的电压探头解决方案。如图 11.13 所示，该探头具有 1:100 的比例。

在低频条件下，测量探头调节成高通特性以获得电压和电流测量值之间的低相移。此外，相比于 100kHz 测量频率，截止频率是非常低的。

添加小的阻尼（33Ω + 33Ω）提供了高频率下的低通特性，并且一定程度上补偿了电流探头传输线特性的相位延迟。

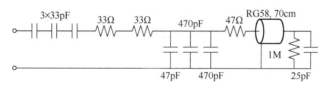

图 11.13　电压探头的电气方案

图 11.14 给出了电压探头的实验幅频特性。

这两个探头的组合在正弦波电压下进行了测试。对于测量 1kHz~1MHz 范围之间的方波，得到的电流和电压探头之间的相位差是足够的。

**注意：**

应该使用短导线测量功率。第一个原因是，20~30cm 的导线对应于 1ns 的相位差；第二个原因是，一条未匹配的带有寄生电容的 1m 电缆在末端表现得就像 50MHz 下的四分之一波长的天线；第三个原因是，引线的功率损耗是不可忽略的，并且由于电缆中存在涡流损耗，故而不能轻易地被补偿。

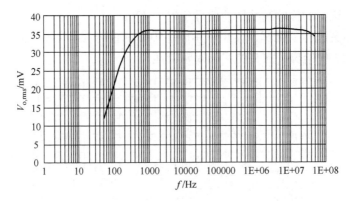

图 11.14　电压探头的幅频特性（输出 $V_{o,rms} = 35.36\text{mV}$，

被测输入正弦波电压峰值为 5V）

#### 11.5.2.4　磁通测量探头

这里，我们给出了一个无源积分器方案，可用来估计磁心（见图 11.15）的磁链。积分时间常数为 $100\mu s$。截止频率为 845Hz。这个截止频率是足够低的，在 20kHz 的方波下带来的误差可以忽略不计。峰峰值磁通的高精度测量要求在 1% 误差下产生的铁耗误差约为 2.5%。磁通测量位置和测试装置之间的引线寄生电感也应被考虑在内。

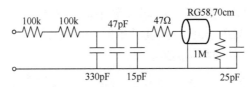

图 11.15　磁通测量探头的电气方案

### 11.5.3　实用的铁氧体功率损耗测量装置

一种实用的铁氧体功率损耗测量装置如图 11.16 所示。桥式变换器用于向被测磁性元件提供能量。该变换器应具有高频率、高电压输出以及可调节的占空比和峰峰值电压（如在参考文献 ［10］ 中的例子）。一个具有通道信号相乘功能的数字示波器也是必要的。

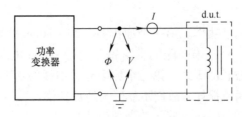

图 11.16　实用的铁氧体功率损耗测量装置

**注意**：示波器上应该显示出一个精确的周期数字，在电流的过零点上触发。这种方式的窗口引入的偏差会非常低。

测得电流 $I$ 和电压 $V$ 并扣除铜损耗后可以得到铁氧体损耗。使用利兹线可以得到较低的铜损耗。通过做无磁心测试，可以估算出其数量级。

现在我们得到了铁心损耗值、磁感应强度 $B$（从磁通的测量中导出）和激励频率。这样我们可以根据 $P_{\mathrm{fe}} = k f^{\alpha} \hat{B}^{\beta}$ 建模，得到指数 $\alpha$ 和 $\beta$ 的最优值并且利用额外的 $\mathrm{d}B/\mathrm{d}t$ 关系来更准确地预测高电压边沿的损耗。

## 11.6 寄生电容值的测量

关于磁性元件中寄生电容的内容已在本书的第 7 章具体描述过。我们在这里讨论这些电容值的测量方法。

### 11.6.1 绕组间电容的测量

绕组间的电容（互电容）很容易在低频条件（1kHz 或以下）下使用电容表测量，如图 11.17 所示。在这种情况下，电感的阻抗可以忽略不计。

然而，对于小于 10pF 的电容，电容表是不准确的。通常采用方波发生器的方法予以解决，频率范围为 1 ~ 100kHz，将未知电容 $C_{\mathrm{dut}}$ 与示波器探头的已知电容 $C_{\mathrm{sc}}$ 串联构成电容分压器。

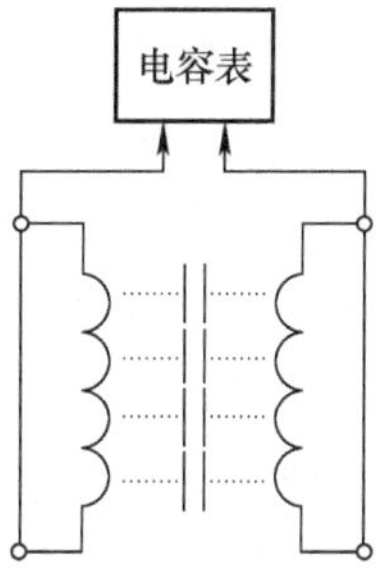

首先，需要以同样的方式校准（去测量）示波器探头电容 $C_{\mathrm{sc}}$，先使用一个小的高精度电容（10pF）来代替前面所提到的未知电容（见图 11.18），再根据已知的信号发生器电压 $V_{\mathrm{gen}}$ 和示波器测量的电压 $V_{\mathrm{sc}}$，得到探头的电容值 $C_{\mathrm{sc}}$ 为

图 11.17　用电容表测量
绕组间的电容

$$C_{\mathrm{sc}} = \frac{(V_{\mathrm{gen}} - V_{\mathrm{sc}}) C_{\mathrm{known}}}{V_{\mathrm{sc}}} = \frac{(V_{\mathrm{gen}} - V_{\mathrm{sc}})(10 \times 10^{-9})}{V_{\mathrm{sc}}}$$

$$(11.30)$$

式中　$V_{\mathrm{gen}}$——信号发生器的测量电压；

$V_{\mathrm{sc}}$——由示波器测量的电压；

$C_{\mathrm{known}}$——已知电容器的电容值，例子中 $C_{\mathrm{known}} = 10\mathrm{pF}$（见图 11.18）。

随后，我们连接待测设备（d. u. t.）并得到示波器电压 $V_{\mathrm{sc}}$，如图 11.19 所示。现在，我们就可以计算出被测设备的未知电容值 $C_{\mathrm{dut}}$ 了：

$$C_{\mathrm{dut}} = \frac{V_{\mathrm{sc}} C_{\mathrm{sc}}}{V_{\mathrm{gen}} - V_{\mathrm{sc}}}$$

$$(11.31)$$

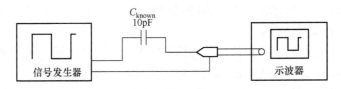

图 11.18　用已知电容器校准示波器电容值

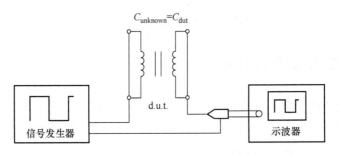

图 11.19　小电容值的精确测量

## 11.6.2　绕组等效并联电容值的测量

通常，变压器的第一个谐振频率是由绕组本身的电容与其电感产生的谐振频率（第 7 章中所描述的绕组内部电容器）。在变压器中，高压绕组的电容是占主导地位的。

通过绕组的并联谐振频率以及绕组的电感，可以得到等效并联电容。探头的电容也必须考虑在内。一种对探头电容不敏感的测试方案是在低压绕组侧进行测试，或是增加一个小匝数绕组进行测试。如果使用方波发生器，边沿可以被识别并且可以较为容易地获得等于零的相位角。所得到的电容是等效电容，它反映了所有绕组的折算电容之和，如图 11.20 所示。高压绕组的电容量较高，在图 11.20 中 $N_1 <
N_2$。为了提高信号发生器的阻抗，在图 11.20 中添加电阻（通常为 10kΩ）是必要的，这样可以获得与待测磁性元件相关的电流源。图 11.20 中的正弦发生器也可以使用方波发生器。

**注意**：二次侧接地或不接地的情况下，所测量的电容值是不同的。

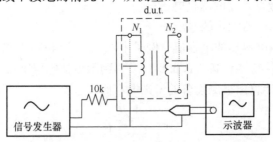

图 11.20　测量磁性元件的谐振频率

## 11.7 综合测量仪器

综合测量仪器可以集成大量的测量，如线圈电阻、空载电感、短路电感、tan$\delta$、绕组间的电容和绝缘测试等。

综合测量仪器主要用作生产线末端对产品是否合格进行判断的装置，可以很快地执行这个任务。在生产线上用于检出次品元件，它们是非常有用的。

**注意**：将该综合测量仪器的结果用于设计目的时应注意，元件通常是在低磁感应强度水平下测试的，而不是真正的使用条件，因此测量的 tan$\delta$ 和实际使用的情况相比是不同的。在高频率（500kHz 以上）下的绝对精度可能较低，会给出错误的或是负 tan$\delta$ 的读数。除此以外，低的电感和低的等效串联电阻是很难用这种仪器测量的。

## 参 考 文 献

[1] International Electrotechnical Commission, Switzerland, www.iec.ch
[2] Keredec, J.-P., Validating the power loss model of a transformer by measurement: The price to pay, IEEE 37th IAS Annual meeting, October 13–18, 2002, Pittsburgh, PA, CD-ROM.
[3] Prabhakaran, S. and Sullivan, C.R., Impedance-analyzer measurements of high-frequency power passives: Techniques for high power and low impedance, IEEE 37th IAS Annual meeting, October 13–18, 2002, Pittsburgh, PA, CD-ROM.
[4] Data sheet of Agilent 4294A Precision Impedance Analyzer.
[5] Hansen, P., Blaabjerg, F., Madsen, K.D., Pedersen, J.K., and Ritchie, E., An accurate method for power loss measurements in energy optimized apparatus and systems, Proceedings of EPE '99 Conference, Toulouse, France, September 1999, CD-ROM.
[6] Patterson, D., Tricks of the trade: Simple calorimeter for accurate loss measurement, IEEE Power Electronics Society Newsletter, October 2000, pp.5–7.
[7] Van den Bossche, A., Flow calorimeter for power electronic converters, Proceedings of EPE-01 Conference, Graz, Austria, August 27–29, 2001, CD-ROM.
[8] Li, J., Abdallah, T., and Sullivan, C., Improved calculation of core loss with nonsinusoidal waveforms, IEEE, IAS 36th Annual Meeting, Chicago, September 30–October 4, 2001, pp. 2203–2210.
[9] Brockmeyer, A., Dimensionierungswerkzeug für magnetische Bauelementein Stromrichteranwendungen, Ph.D. thesis, University of Technology, Aachen, Germany,1997.
[10] Van den Bossche, A., Valchev, V., and Filchev, Todor, High-frequency high-current test platform, Proceedings of EPE-01 Conference, Graz, Austria, 2001, August 27–29, CD-ROM.

# 附　　录

## 附录 A　波形的 RMS 值

### A.1　定义

RMS（方均根）值使用不带下标的大写字母表示。我们在下面的例子中以电流为例说明。

（1）RMS 值的物理意义

电流的 RMS 值（通常被称为有效值或直流等效值）是等效的直流电流，它与实际电流在电阻中具有相同的发热功率。

（2）频域中的 RMS 值

当一个给定的波形（以电流为例）包含不同频率的部分（即不同的谐波）时，那么其方均根值由下式的总和给出：

$$I = \sqrt{\sum_{k=0\cdots\infty}^{\infty} I_k^2} \qquad (A.1)$$

式中　$I_k$——第 $k$ 次谐波电流的方均根值。

这个总和在频域中可以分离成两个分量：

1）直流分量：$I_{DC} = I_0$

2）交流分量：$I_{AC} = \sum_{k=1}^{\infty} I_k^2$

基本的（一次）谐波是 $I_1$。更高次谐波的方均根值是

$$I_h = \sqrt{\sum_{k=2}^{\infty} I_k^2} \qquad (A.2)$$

利用式（A.2）可以得出

$$I = \sqrt{I_{DC}^2 + I_{AC}^2} = \sqrt{I_{DC}^2 + I_1^2 + I_h^2} \qquad (A.3)$$

（3）时域中的 RMS 值

在一般情况下，电流 $i(t)$ 的方均根值被定义为

$$I = \sqrt{\frac{1}{T} \int_{t_0}^{t_0+T} i(t)^2 \mathrm{d}t} \qquad (A.4)$$

重复信号的周期是 $T$ 并且 $t_0$ 是任意的时刻。

## A. 2　一些基本波形的 RMS 值

### A. 2. 1　不连续的波形

在一段时间间隔 $DT$ 中有电流，并且在周期 $T$ 内的剩下时间内电流为零。对于这种情况，我们可以得出

$$I = I_D \sqrt{D} \tag{A.5}$$

式中　$D$——占空比；

　　　　$I_D$——在一个周期内对应于波形非零部分的方均根值（见图 A. 1）。

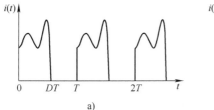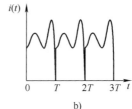

图 A. 1　波形

a) $D < 1$　b) $D = 1$

### A. 2. 2　重复的线性波形

重复的线性波形如图 A. 2 所示。电流起始值是 $I_1$，结束值为 $I_2$，周期为 $T$。对于 $0 < t < T$，电流是

$$i(t) = I_1 + \frac{t(I_2 - I_1)}{T} \tag{A.6}$$

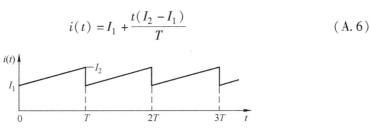

图 A. 2　重复线性波形

在计算方均根值对应的积分后，我们得到下述结果：

$$I = \sqrt{\frac{1}{T} \int_0^T i(t)^2 dt} = \sqrt{\frac{I_1^2 + I_2^2 + I_1 I_2}{3}} \tag{A.7}$$

我们也可以把这个结果写作

$$I = \sqrt{\left(\frac{I_1 + I_2}{2}\right)^2 + \frac{1}{3}\left(\frac{I_1 - I_2}{2}\right)^2} \tag{A.8}$$

式（A. 8）表明方均根值是平均值 $(I_1 + I_2)/2$ 和偏差 $(I_1 - I_2)/2$ 的函数。电流波形分为直流分量 $(I_1 + I_2)/2$ 和交流电流分量 $(I_1 - I_2)/2$。然后，RMS 值是以

式（A.3）类似的方式来计算的。

### A.2.3 由不同的线性部分组成的周期波形

曲线是由线性部分 A、B 和 C（见图 A.3）组成的，对应的方均根值 $I_A$、$I_B$、$I_C$ 由式（A.8）计算。该波形的方均根值是

$$I = \sqrt{I_A^2 D_A + I_B^2 D_B + I_C^2 D_C} \tag{A.9}$$

式中　$D_A = T_A/T$，$I_A$——持续时间 $T_A$ 部分的方均根值；

　　　　$D_B = T_B/T$，$I_B$——持续时间 $T_B$ 部分的方均根值；

　　　　$D_C = T_C/T$，$I_C$——持续时间 $T_C$ 部分的方均根值。

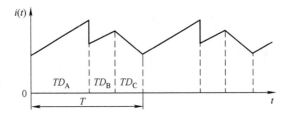

图 A.3　不同的重复线性部分

请注意，电流也可能是不连续的。

## A.3　常见波形的 RMS 值

### A.3.1　锯齿波（见图 A.4）

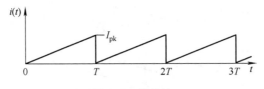

图 A.4　锯齿波

$$I_{rms} = \frac{I_{pk}}{\sqrt{3}}$$

### A.3.2　修剪的锯齿波（见图 A.5）

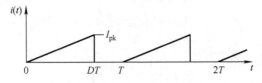

图 A.5　修剪的锯齿波

$$I_{rms} = I_{pk}\sqrt{\frac{D}{3}}$$

### A.3.3　三角波形，无直流分量（见图 A.6）

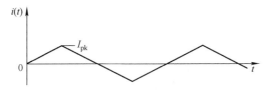

图 A.6　三角波形，无直流分量

$$I_{\mathrm{rms}} = \frac{I_{\mathrm{pk}}}{\sqrt{3}}$$

### A.3.4　带直流分量的三角波形（见图 A.7）

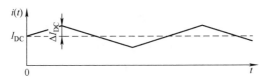

图 A.7　带直流分量的三角波形

$$I_{\mathrm{rms}} = I_{\mathrm{DC}} \sqrt{1 + \frac{1}{3}\left(\frac{\Delta I_{\mathrm{DC}}}{I_{\mathrm{DC}}}\right)^2} = \sqrt{I_{\mathrm{DC}}^2 + \frac{(\Delta I_{\mathrm{DC}})^2}{3}}$$

### A.3.5　修剪的三角波形（见图 A.8）

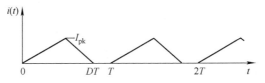

图 A.8　修剪的三角波形

$$I_{\mathrm{rms}} = I_{\mathrm{pk}} \sqrt{\frac{D}{3}}$$

### A.3.6　方波（见图 A.9）

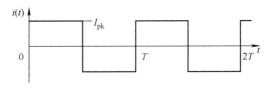

图 A.9　方波

$$I_{\mathrm{rms}} = I_{\mathrm{pk}}$$

### A.3.7 矩形脉冲波（见图 A.10）

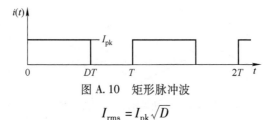

图 A.10 矩形脉冲波

$$I_{\text{rms}} = I_{\text{pk}}\sqrt{D}$$

### A.3.8 正弦波（见图 A.11）

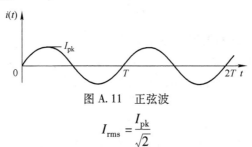

图 A.11 正弦波

$$I_{\text{rms}} = \frac{I_{\text{pk}}}{\sqrt{2}}$$

### A.3.9 修剪的正弦波，全波（见图 A.12）

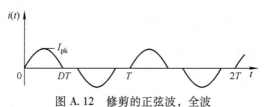

图 A.12 修剪的正弦波，全波

$$I_{\text{rms}} = I_{\text{pk}}\sqrt{D}$$

### A.3.10 修剪的正弦波，半波（见图 A.13）

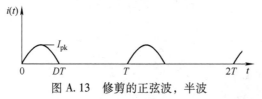

图 A.13 修剪的正弦波，半波

$$I_{\text{rms}} = I_{\text{pk}}\sqrt{\frac{D}{2}}$$

### A.3.11 梯形脉冲波（见图 A.14）

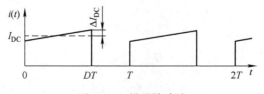

图 A.14 梯形脉冲波

$$I_{rms} = I_{DC} \sqrt{D} \sqrt{1 + \frac{1}{3}\left(\frac{\Delta I_{DC}}{I_{DC}}\right)^2}$$

# 附录 B　磁心数据

存在多种的铁氧体磁心和形状。在这里，我们精选出了一些常用铁氧体磁心类型的几何数据。在表中，我们使用以下缩写：

| | |
|---|---|
| $l_e$ | 有效磁路长度 |
| $A_e$ | 有效磁的面积 |
| $A_{min}$ | 最小磁的面积 |
| $W_a$ | 最小绕组面积 |
| MLT | 每匝平均长度 |
| MWW | 最小绕组宽度 |

**注意：**

1）当没有空气隙时，参数 $l_e$ 和 $A_e$ 被用来寻找磁心的电感值，这就是所谓的电感系数 $A_L$。

2）参数 $A_{min}$ 是用来计算饱和极限的。

3）有效体积参数 $V_e$ 是用于计算磁心损耗的。

4）参数 $W_a$、MLT 和 MWW 与对应的线圈架有关。

## B.1　ETD 磁心数据（经济型变压器设计磁心）

ETD 磁心尺寸和绕组参数列于表 B.1 中，并且一半的 ETD 磁心如图 B.1 所示。

**表 B.1　ETD 磁心几何尺寸和绕组参数**

| 磁心类型，$a$/mm | 几何尺寸 | | | | | 一套磁心的有效参数 | | | | | 绕组参数 | | |
|---|---|---|---|---|---|---|---|---|---|---|---|---|---|
| | $b$/mm | $c$/mm | $d$/mm | $e$/mm | $f$/mm | $V_e$/mm³ | $l_e$/mm | $A_e$/mm² | $A_{min}$/mm² | $m$ half/g | $W_a$/mm² | MLT/mm | MWW/mm |
| ETD29 | 15.8 | 9.8 | 9.8 | 22 | 11 | 5470 | 72 | 76 | 71 | 14 | 90 | 53 | 19.4 |
| ETD34 | 17.3 | 11.1 | 11.1 | 25.6 | 11.8 | 7640 | 78.6 | 97.1 | 91.6 | 20 | 123 | 60 | 20.9 |
| ETD39 | 19.8 | 12.8 | 12.8 | 29.3 | 14.2 | 11500 | 92.2 | 125 | 123 | 30 | 177 | 69 | 25.7 |
| ETD44 | 22.3 | 15.2 | 15.2 | 32.5 | 16.1 | 17800 | 103 | 173 | 172 | 47 | 214 | 77 | 29.5 |
| ETD49 | 24.7 | 16.7 | 16.7 | 36.1 | 17.1 | 24000 | 114 | 211 | 209 | 62 | 273 | 85 | 32.7 |
| ETD54 | 27.6 | 18.9 | 18.9 | 41.2 | 20.2 | 35500 | 127 | 280 | 280 | 90 | 316 | 96 | 36.8 |
| ETD59 | 31 | 21.6 | 21.6 | 44.7 | 22.5 | 51900 | 139 | 368 | 368 | 130 | 366 | 106 | 41.2 |

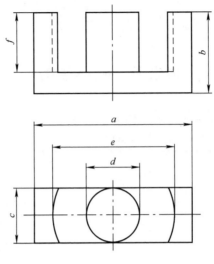

图 B.1　一半的 ETD 磁心

## B.2　EE 磁心数据

EE 磁心尺寸和绕组参数列于表 B.2 中，一半的 EE 磁心如图 B.2 所示。

表 B.2　EE 磁心的几何尺寸和绕组参数

| 磁心类型，<br>$a/b/c$/mm | 几何尺寸 | | | 一套磁心的有效参数 | | | | | 绕组参数 | | |
|---|---|---|---|---|---|---|---|---|---|---|---|
| | $d$<br>/mm | $e$<br>/mm | $f$<br>/mm | $V_e$<br>/mm³ | $l_e$<br>/mm | $A_e$<br>/mm² | $A_{min}$<br>/mm² | $m$<br>half/g | $W_a$<br>/mm² | MLT<br>/mm | MWW<br>/mm |
| E5.3/2.7/2 | 1.4 | 3.8 | 1.9 | 31.4 | 12.7 | 25 | 2.3 | 0.08 | 1.76 | 13 | 2.7 |
| E16/8/5 | 4.7 | 11.3 | 5.7 | 750 | 37.6 | 20.1 | | 2 | 21.6 | 33 | 9.45 |
| E20/10/5 | 5.2 | 12.8 | 6.3 | 1340 | 42.8 | 31.2 | 25.2 | 4 | 28.6 | 38.7 | 10.8 |
| E25/13/7 | 7.5 | 17.5 | 8.7 | 2990 | 58.0 | 52.0 | | 8 | 56 | 49 | 15.6 |
| E30/15/7 | 7.2 | 19.5 | 9.7 | 4000 | 67.0 | 60 | 49.0 | 11 | 80 | 56 | 17.1 |
| E34/14/9 | 9.3 | 25.5 | 9.8 | 5590 | 69.3 | 80.7 | | 14 | 102 | 69.0 | 16.5 |
| E42/21/15 | 12.2 | 29.5 | 14.8 | 17300 | 97.0 | 178 | 175 | 44 | 178 | 93 | 26 |
| E42/21/20 | 12.2 | 29.5 | 14.8 | 22700 | 97.0 | 233 | 233 | 56 | 173 | 100 | 25.9 |
| E47/20/16 | 15.6 | 32.4 | 12.1 | 20800 | 88.9 | 234 | 226 | 53 | 131 | 94.7 | 21.4 |
| E50/21.3/14.6 | 14.6 | 34.5 | 12.5 | 20900 | 92.9 | 225 | 213 | 76 | 178 | 100 | 20.1 |
| E55/28/21 | 17.2 | 37.5 | 18.5 | 44000 | 124 | 354 | 345 | 108 | 250 | 116 | 33.2 |
| E60/22.3/15.6 | 15.6 | 44 | 13.8 | 27200 | 110 | 248 | 240 | 135 | 289 | 128 | |
| E65/32/27 | 20 | 44.2 | 22.2 | 79000 | 147 | 540 | 530 | 205 | 394 | 150 | 39.5 |
| E80/38/20 | 19.8 | 59.1 | 28.2 | 72300 | 184 | 392 | | 180 | | | |

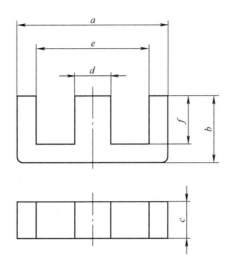

图 B.2　一半的 EE 磁心

## B.3　平面 EE 磁心数据

EE 平面磁心尺寸和绕组参数列在表 B.3 中。一个 EE 磁心和平板 PLT 如图 B.3所示。一个 E 和 I 磁心或两个 E 磁心可以组合在一起。I 平板也可用于构造非标准的几何结构。

表 B.3　EE 平面磁心的几何尺寸

| 磁心类型，<br>$a/b/c$/mm | 几何尺寸 | | | 一套 EE 磁心的有效参数 | | | |
| --- | --- | --- | --- | --- | --- | --- | --- |
| | $d$/mm | $e$/mm | $f$/mm | $V_e$/mm$^3$ | $l_e$/mm | $A_e$/mm$^2$ | $m^{①}$/g |
| E14/3.5/5 | 3 | 11 | 2 | 300 | 20.7 | 14.5 | 1.1 |
| E18/4/10 | 4 | 14 | 2 | 960 | 24.3 | 39.5 | 4.1 |
| E22/6/16 | 5 | 16.8 | 3.2 | 2550 | 32.5 | 78.5 | 10.5 |
| E32/6/20 | 6.35 | 25 | 3.18 | 5380 | 41.7 | 129 | 23 |
| E38/8/25 | 7.6 | 30.2 | 4.45 | 10200 | 52.6 | 194 | 43 |
| E43/10/28 | 8.1 | 34.7 | 5.4 | 13900 | 61.7 | 225 | 59 |
| E58/11/38 | 8.1 | 50 | 6.5 | 24600 | 81.2 | 305 | 106 |
| E64/10/50 | 10.2 | 53.6 | 5.1 | 40700 | 79.7 | 511 | 178 |

①　$m$ 是 E/PLT 组合的总质量。

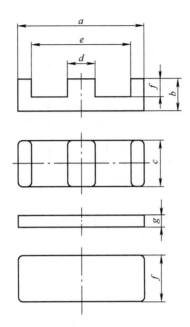

图 B.3　一半的平面 EE 磁心和平板 PLT

## B.4　ER 磁心数据

ER 磁心尺寸和绕组参数列在表 B.4 中。一半的 ER 磁心如图 B.4 所示。

**表 B.4　ER 磁心的几何尺寸和绕组参数**

| 磁心类型，<br>a/mm | 几何尺寸 | | | | | 一套磁心的有效参数 | | | | | 绕组参数 | | |
|---|---|---|---|---|---|---|---|---|---|---|---|---|---|
| | $b$<br>/mm | $c$<br>/mm | $d$<br>/mm | $e$<br>/mm | $f$<br>/mm | $V_e$<br>/mm³ | $l_e$<br>/mm | $A_e$<br>/mm² | $A_{min}$<br>/mm² | $m$<br>half/g | $W_a$<br>/mm² | MLT<br>/mm | MWW<br>/mm |
| ER9.5 | 2.45 | 5 | 3.5 | 7.5 | 1.6 | 120 | 14.2 | 8.5 | 7.6 | 0.35 | 2.8 | 18.4 | 2 |
| ER11 | 2.45 | 6 | 4.25 | 8.7 | 1.5 | 174 | 14.7 | 11.9 | 10.3 | 0.5 | 2.8 | 21.6 | 1.85 |
| ER14.5 | 2.95 | 6.8 | 4.6 | 11.6 | 1.55 | 333 | 19.0 | 17.6 | 15.4 | 0.9 | 5.1 | 27 | 1.9 |
| ER28 | 14 | 11.4 | 9.9 | 21.75 | 9.75 | 5260 | 64 | 81.4 | 77 | 14 | | | |
| ER35 | 20.7 | 11.4 | 11.3 | 26.15 | 14.75 | 9710 | 90.8 | 107 | 100 | 23 | | | |
| ER40 | 22.4 | 13.4 | 13.3 | 29.6 | 15.45 | 14600 | 98 | 149 | 139 | 37 | | | |
| ER48 | 21.2 | 21 | 18 | 38 | 14.7 | 25500 | 100 | 255 | 248 | 64 | | | |
| ER54 | 18.3 | 17.95 | 17.9 | 40.65 | 11.1 | 23000 | 91.8 | 250 | 240 | 61 | | | |

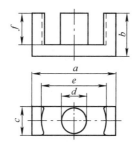

图 B.4　一半的 ER 磁心

## B.5　UU 磁心数据

UU 磁心的几何尺寸和绕组参数列于表 B.5 中，一半的 UU 磁心如图 B.5 所示。

表 B.5　UU 磁心的几何尺寸和绕组参数

| 磁心类型，<br>$a/b/c$/mm | 几何尺寸 | | 一套磁心的有效参数 | | | | 绕组参数 | |
| --- | --- | --- | --- | --- | --- | --- | --- | --- |
| | $d$/mm | $e$/mm | $V_e$/mm³ | $l_e$/mm | $A_e$/mm² | $m$, half/g | $W_a$/mm² | MLT/mm |
| U10/8/3 | 4.35 | 5 | 309 | 38.3 | 8.07 | 0.9 | 28 | 30 |
| U15/11/6 | 5.4 | 6.4 | 1680 | 52 | 32.3 | 4 | 38.7 | 46.6 |
| U20/16/7 | 6.4 | 8.3 | 3800 | 68 | 56 | 9 | 73 | 54 |
| U25/16/6 | 12.7 | 9.5 | 3380 | 83.6 | 40.3 | 8 | | |
| U25/20/13 | 8.4 | 11.4 | 9180 | 88.2 | 104 | 23.5 | 131 | 73 |
| U30/25/16 | 10.5 | 14.9 | 17900 | 111 | 161 | 43 | 230 | 97 |
| U67/27/14 | 38.8 | 12.7 | 35200 | 173 | 204 | 85 | | |
| U93/76/16 | 36.2 | 48 | 159000 | 354 | 448 | 400 | | |

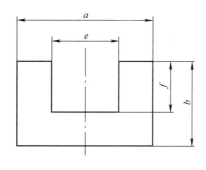

图 B.5　一半的 UU 磁心

## B.6  环状磁心数据（环形磁心）

在图样中，我们给出的是没有涂层的磁心。环状磁心的几何尺寸和绕组参数列于表 B.6 中。环状磁心如图 B.6 所示。

**表 B.6　环状磁心的几何尺寸和绕组参数**

| 磁心类型，<br>$a/b/c$/mm | 磁心的有效参数 | | | |
|---|---|---|---|---|
| | $V_e$/mm$^3$ | $l_e$/mm | $A_e$/mm$^2$ | $m$/g |
| T2.5/1.5/1 | 2.94 | 6 | 0.49 | 0.015 |
| TC2.5/1.5/1 | 2.73 | 6 | 0.45 | 0.014 |
| TN4/2.2/1.6 | 12.9 | 9.2 | 1.4 | 0.1 |
| TN6/4/2 | 30.2 | 15.3 | 1.97 | 0.15 |
| TN10/6/4 | 188 | 24.1 | 7.8 | 0.95 |
| TN16/9.6/6.3 | 760 | 38.5 | 19.7 | 3.8 |
| TN20/10/7 | 1465 | 43.6 | 33.6 | 7.7 |
| TN25/15/10 | 2944 | 60.2 | 48.9 | 15 |
| TN32/19/13 | 5820 | 76 | 76.5 | 29 |
| TN36/23/15 | 8600 | 89.6 | 96 | 42 |
| TL42/26/13 | 9860 | 103 | 95.8 | 53 |
| TL58/41/18 | 23200 | 152.4 | 152.4 | 110 |
| TX74/39/13 | 34300 | 165 | 208 | 170 |
| T102/66/15 | 68200 | 255 | 267 | 325 |
| T107/65/25 | 133000 | 259 | 514 | 680 |

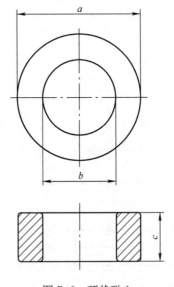

图 B.6　环状磁心

## B.7　P 磁心数据（罐状磁心）

P 磁心的几何尺寸和绕组参数列于表 B.7 中。P 磁心如图 B.7 所示。

表 B.7　P 磁心的几何尺寸及绕组参数

| 磁心类型，$a/b$/mm | 几何尺寸 | | | | | | 一套磁心的有效参数 | | | | | 绕组参数 | | |
|---|---|---|---|---|---|---|---|---|---|---|---|---|---|---|
| | $c$/mm | $d$/mm | $e$/mm | $f$/mm | $g$/mm | $h$/mm | $V_e$/mm³ | $l_e$/mm | $A_e$/mm² | $A_{min}$/mm² | $m$,half/g | $W_a$/mm² | MLT/mm | MWW/mm |
| P11/7 | 9 | 4.7 | 6.8 | 2.2 | 4.4 | 2.1 | 251 | 15.5 | 16.2 | 13.3 | 1.8 | 4.8 | 22.6 | 3.1 |
| P14/8 | 11.6 | 6 | 9.5 | 2.7 | 5.6 | 3.1 | 495 | 19.8 | 25.1 | 19.8 | 3.2 | 8.65 | 29 | 4.4 |
| P18/11 | 14.9 | 7.6 | 13.4 | 3.6 | 7.2 | 3.1 | 1120 | 25.8 | 43.3 | 36.1 | 6 | 16.8 | 36.7 | 6 |
| P22/13 | 17.9 | 9.4 | 15 | 3.8 | 9.2 | 4.4 | 2000 | 31.5 | 63.4 | 51.3 | 12 | 26.2 | 44.5 | 7.5 |
| P26/16 | 21.2 | 11.5 | 18 | 3.8 | 11 | 5.4 | 3530 | 37.6 | 93.9 | 76.5 | 20 | 37.1 | 52.6 | 9.3 |
| P30/19 | 25 | 13.5 | 20.5 | 4.3 | 13 | 5.4 | 6190 | 45.2 | 137 | 115 | 34 | 53.2 | 62 | 11.1 |
| P36/22 | 29.9 | 16.2 | 26.2 | 4.9 | 14.6 | 5.4 | 10700 | 53.2 | 202 | 172 | 54 | 72.4 | 74.3 | 12.5 |
| P66/56 | 35.6 | 17.7 | 32 | 5.1 | 20.3 | 6.4 | 88300 | 123 | 717 | 591 | 550 | 400 | 130 | 37.9 |

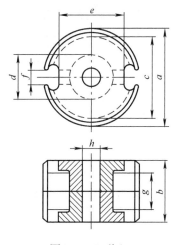

图 B.7　P 磁心

## B.8　PQ 磁心数据

PQ 磁心的尺寸和绕组参数列于表 B.8 中。PQ 磁心如图 B.8 所示。

表 B.8　PQ 磁心的几何尺寸和绕组参数

| 磁心类型,<br>$a/b$/mm | 几何尺寸 | | | | | | 一套磁心的有效参数 | | | | 绕组参数 | | |
|---|---|---|---|---|---|---|---|---|---|---|---|---|---|
| | $c$<br>/mm | $d$<br>/mm | $e$<br>/mm | $f$<br>/mm | $g$<br>/mm | $h$<br>/mm | $V_e$<br>/mm³ | $l_e$<br>/mm | $A_e$<br>/mm² | $m$,set<br>/g | $W_a$<br>/mm² | MLT<br>/mm | MWW<br>/mm |
| PQ20/16 | 14 | 8.8 | 12 | 10.3 | 7.9 | 4 | 2330 | 37.6 | 61.9 | 11 | 23.5 | 44 | 7.95 |
| PQ20/20 | 14 | 8.8 | 12 | 14.3 | 7.9 | 4 | 2850 | 45.7 | 62.6 | 14 | 36 | 44 | 12 |
| PQ26/25 | 19 | 12 | 15.5 | 16.1 | 10.5 | 6 | 6530 | 54.3 | 120 | 32 | 47.7 | 56.4 | 13.6 |
| PQ32/20 | 22 | 13.5 | 19 | 11.5 | 11.6 | 5.5 | 9440 | 55.9 | 169 | 47 | 44.8 | 66.7 | 8.9 |
| PQ35/35 | 26 | 14.4 | 23.5 | 25 | 11.8 | 6 | 16300 | 86.1 | 190 | 80 | 92.5 | 76.2 | 22.3 |

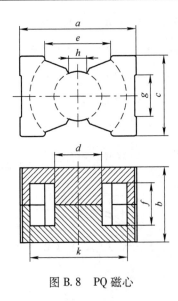

图 B.8　PQ 磁心

## B.9　RM 磁心数据

RM 磁心的尺寸和绕组参数列于表 B.9 中。RM 磁心如图 B.9 所示。

表 B.9　RM 磁心的几何尺寸和绕组参数

| 磁心<br>类型 | 几何尺寸 | | | | | | | | 一套磁心的有效参数 | | | | | 绕组参数 | | |
|---|---|---|---|---|---|---|---|---|---|---|---|---|---|---|---|---|
| | $a$<br>/mm | $b$<br>/mm | $c$<br>/mm | $d$<br>/mm | $e$<br>/mm | $f$<br>/mm | $g$<br>/mm | $h$<br>/mm | $V_e$<br>/mm³ | $l_e$<br>/mm | $A_e$<br>/mm² | $A_{min}$<br>/mm² | $m$,set<br>/g | $W_a$<br>/mm² | MLT<br>/mm | MWW<br>/mm |
| RM4 | 11 | 9 | 4.6 | 10.4 | 3.9 | 9.8 | >5.8 | 8 | 450 | 21.4 | 21.2 | 14.8 | 1.4 | 7.4 | 20 | 5.5 |
| RM5 | 14.9 | 9.1 | 6.8 | 10.4 | 4.9 | 12.3 | >6 | 10.2 | 495 | 19.8 | 25.1 | 19.8 | 3.2 | 9.5 | 25 | 4.8 |
| RM8 | 23.2 | 14.3 | 11 | 16.4 | 8.6 | 19.7 | >9.5 | 17 | 1850 | 35.5 | 39.5 | 39.5 | 11 | 30.9 | 42 | 8.6 |
| RM10 | 28.5 | 16.2 | 13.5 | 18.6 | 11 | 24.7 | >11 | 21.2 | 3470 | 41.7 | 83.2 | 65.3 | 20 | 44.2 | 52 | 10 |
| RM14 | 42 | 27 | 19 | 30 | 15 | 34 | >17 | 29 | 13900 | 70 | 198 | 168 | 74 | 111 | 71 | 18 |

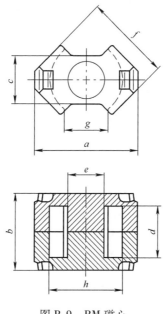

图 B.9　RM 磁心

## B.10　其他信息

还有其他类型的磁心存在，如 H、DR 等。为获得进一步的信息请查询制造商的具体数据。有关磁心和铁氧体等级的相关信息，可以在世界制造商相应的网站中找到：

www. ferroxcube. com

www. mag – inc. com

www. epcos. com

www. tokin. com

www. samwha. com

www. ferrishield. com

www. ferrite. de

# 附录 C　铜导线数据

## C.1　圆导线数据

在这里，我们把公制圆导线的数据列于表 C.1 中，美国线规数据（AWG）列于表 C.2 中，利兹线列于表 C.3 中。

**表 C.1　圆导线数据，测量表**（IEC 317 - 0 - 1）

| 铜线 | | | | 标准的漆包线 | | | |
|---|---|---|---|---|---|---|---|
| 公称直径 /mm | 导体容差 ±/mm | 20℃时的线性电阻/(Ω/m) | | 最小增量/mm | | 最大总直径/mm | |
| | | 最小 | 最大 | 1 级 | 2 级 | 1 级 | 2 级 |
| 0.020 | * | 48.97 | 59.85 | * * | * * | 0.024 | 0.027 |
| 0.022 | * | 40.47 | 49.47 | * * | * * | 0.027 | 0.030 |
| 0.025 | * | 31.34 | 38.31 | * * | * * | 0.031 | 0.034 |
| 0.028 | * | 24.99 | 30.54 | * * | * * | 0.034 | 0.038 |
| 0.032 | * | 19.13 | 23.38 | * * | * * | 0.039 | 0.043 |
| 0.036 | * | 15.16 | 18.42 | * * | * * | 0.044 | 0.049 |
| 0.040 | * | 12.28 | 14.92 | * * | * * | 0.049 | 0.054 |
| 0.045 | * | 9.705 | 11.79 | * * | * * | 0.055 | 0.061 |
| 0.050 | * | 7.922 | 9.489 | * * | * * | 0.060 | 0.066 |
| 0.056 | * | 6.316 | 7.565 | * * | * * | 0.067 | 0.074 |
| 0.063 | * | 5.045 | 5.922 | * * | * * | 0.076 | 0.083 |
| 0.071 | 0.003 | 3.941 | 4.747 | 0.007 | 0.012 | 0.084 | 0.091 |
| 0.080 | 0.003 | 3.133 | 3.703 | 0.007 | 0.014 | 0.094 | 0.101 |
| 0.090 | 0.003 | 2.495 | 2.900 | 0.008 | 0.015 | 0.105 | 0.113 |
| 0.100 | 0.003 | 2.034 | 2.333 | 0.008 | 0.016 | 0.117 | 0.125 |
| 0.112 | 0.003 | 1.632 | 1.848 | 0.009 | 0.017 | 0.130 | 0.139 |
| 0.125 | 0.003 | 1.317 | 1.475 | 0.010 | 0.019 | 0.144 | 0.154 |
| 0.140 | 0.003 | 1.055 | 1.170 | 0.011 | 0.021 | 0.160 | 0.171 |
| 0.160 | 0.003 | 0.812 | 0.891 | 0.012 | 0.023 | 0.182 | 0.194 |
| 0.180 | 0.003 | 0.644 | 0.707 | 0.013 | 0.025 | 0.201 | 0.217 |
| 0.200 | 0.003 | 0.5237 | 0.5657 | 0.014 | 0.027 | 0.226 | 0.239 |
| 0.224 | 0.003 | 0.4188 | 0.4495 | 0.015 | 0.029 | 0.252 | 0.266 |
| 0.250 | 0.004 | 0.3345 | 0.3628 | 0.017 | 0.032 | 0.281 | 0.297 |
| 0.280 | 0.004 | 0.2676 | 0.2882 | 0.018 | 0.033 | 0.312 | 0.329 |
| 0.315 | 0.004 | 0.2121 | 0.2270 | 0.019 | 0.035 | 0.349 | 0.367 |
| 0.355 | 0.004 | 0.1674 | 0.1782 | 0.020 | 0.038 | 0.392 | 0.411 |
| 0.400 | 0.005 | 0.1316 | 0.1407 | 0.021 | 0.040 | 0.439 | 0.459 |
| 0.450 | 0.005 | 0.1042 | 0.1109 | 0.022 | 0.042 | 0.491 | 0.513 |
| 0.500 | 0.005 | 0.08462 | 0.08959 | 0.024 | 0.045 | 0.544 | 0.566 |
| 0.560 | 0.006 | 0.06736 | 0.07153 | 0.025 | 0.047 | 0.606 | 0.630 |
| 0.630 | 0.006 | 0.05335 | 0.05638 | 0.027 | 0.050 | 0.679 | 0.704 |
| 0.710 | 0.007 | 0.04198 | 0.04442 | 0.028 | 0.053 | 0.762 | 0.789 |
| 0.800 | 0.008 | 0.03305 | 0.03500 | 0.030 | 0.056 | 0.855 | 0.884 |
| 0.900 | 0.009 | 0.02612 | 0.02765 | 0.032 | 0.060 | 0.959 | 0.989 |
| 1.000 | 0.010 | 0.02116 | 0.02240 | 0.034 | 0.063 | 1.062 | 1.094 |

（续）

| 铜线 | | | | 标准的漆包线 | | | |
|---|---|---|---|---|---|---|---|
| 公称直径<br>/mm | 导体容差<br>±/mm | 20℃时的线性电阻/(Ω/m) | | 最小增量/mm | | 最大总直径/mm | |
| | | 最小 | 最大 | 1 级 | 2 级 | 1 级 | 2 级 |
| 1.120 | 0.011 | ＊＊＊ | ＊＊＊ | 0.034 | 0.065 | 1.184 | 1.217 |
| 1.250 | 0.013 | ＊＊＊ | ＊＊＊ | 0.035 | 0.067 | 1.316 | 1.349 |
| 1.400 | 0.014 | ＊＊＊ | ＊＊＊ | 0.036 | 0.069 | 1.468 | 1.502 |
| 1.600 | 0.016 | ＊＊＊ | ＊＊＊ | 0.038 | 0.071 | 1.670 | 1.706 |
| 1.800 | 0.018 | ＊＊＊ | ＊＊＊ | 0.039 | 0.073 | 1.872 | 1.909 |
| 2.000 | 0.020 | ＊＊＊ | ＊＊＊ | 0.040 | 0.075 | 2.074 | 2.112 |
| 2.240 | 0.022 | ＊＊＊ | ＊＊＊ | 0.041 | 0.077 | 2.316 | 2.355 |
| 2.500 | 0.025 | ＊＊＊ | ＊＊＊ | 0.042 | 0.079 | 2.578 | 2.618 |
| 2.800 | 0.028 | ＊＊＊ | ＊＊＊ | 0.043 | 0.081 | 2.880 | 2.922 |
| 3.150 | 0.032 | ＊＊＊ | ＊＊＊ | 0.045 | 0.084 | 3.233 | 3.276 |
| 3.550 | 0.036 | ＊＊＊ | ＊＊＊ | 0.046 | 0.086 | 3.635 | 3.679 |
| 4.000 | 0.040 | ＊＊＊ | ＊＊＊ | 0.047 | 0.089 | 4.088 | 4.133 |
| 4.500 | 0.045 | ＊＊＊ | ＊＊＊ | 0.049 | 0.092 | 4.591 | 4.637 |
| 5.000 | 0.050 | ＊＊＊ | ＊＊＊ | 0.050 | 0.094 | 5.093 | 5.141 |

① 这些容差数据是无关紧要的。

② 对于公称直径在 0.071mm 以下的导线，1 级漆包线的漆的最小增量等于 0.1 倍的导体公称直径。

③ 数值不确定。

**注意**：表 C.1 给定的导线公称直径是铜线直径，因为它对于导线电阻是重要的。有时，具有相同铜线直径的导线可以有不同的绝缘漆层厚度。

## C.2　美国线规数据

表 C.2　美国线规数据

| AWG# | 公称截面积/mm² | 电阻/(mΩ/m) | 公称外径①/mm |
|---|---|---|---|
| 0000 | 107.23 | 1.608 | 11.68 |
| 000 | 85.03 | 2.027 | 10.4 |
| 00 | 67.42 | 2.557 | 9.27 |
| 0 | 53.48 | 3.224 | 8.25 |
| 1 | 42.41 | 4.065 | 7.35 |
| 2 | 33.63 | 5.128 | 6.54 |
| 3 | 26.67 | 6.463 | 5.83 |
| 4 | 21.15 | 8.153 | 5.19 |
| 5 | 16.77 | 10.28 | 4.62 |
| 6 | 13.30 | 13.0 | 4.11 |
| 7 | 10.55 | 16.3 | 3.66 |

（续）

| AWG# | 公称截面积/mm² | 电阻/(mΩ/m) | 公称外径①/mm |
|------|------|------|------|
| 8 | 8.367 | 20.6 | 3.26 |
| 9 | 6.632 | 26.0 | 2.91 |
| 10 | 5.241 | 32.9 | 2.67 |
| 11 | 4.160 | 41.37 | 2.38 |
| 12 | 3.308 | 52.09 | 2.13 |
| 13 | 2.626 | 69.64 | 1.90 |
| 14 | 2.002 | 82.80 | 1.71 |
| 15 | 1.651 | 104.3 | 1.53 |
| 16 | 1.307 | 131.8 | 1.37 |
| 17 | 1.039 | 165.8 | 1.22 |
| 18 | 0.8228 | 209.5 | 1.09 |
| 19 | 0.6531 | 263.9 | 0.948 |
| 20 | 0.5188 | 332.3 | 0.874 |
| 21 | 0.4116 | 418.9 | 0.785 |
| 22 | 0.3243 | 531.4 | 0.701 |
| 23 | 0.2508 | 666.0 | 0.632 |
| 24 | 0.2047 | 842.1 | 0.566 |
| 25 | 0.1623 | 1062.0 | 0.505 |
| 26 | 0.1280 | 1345.0 | 0.452 |
| 27 | 0.1021 | 1687.6 | 0.409 |
| 28 | 0.08046 | 2142.7 | 0.366 |
| 29 | 0.06470 | 2664.3 | 0.330 |
| 30 | 0.05067 | 3402.2 | 0.294 |
| 31 | 0.04013 | 4294.6 | 0.267 |
| 32 | 0.03242 | 5314.9 | 0.241 |
| 33 | 0.02554 | 6748.6 | 0.236 |
| 34 | 0.02011 | 8572.8 | 0.191 |
| 35 | 0.01589 | 10849 | 0.170 |
| 36 | 0.01266 | 13608 | 0.152 |
| 37 | 0.01026 | 16801 | 0.140 |
| 38 | 0.008107 | 21266 | 0.124 |
| 39 | 0.006207 | 27775 | 0.109 |
| 40 | 0.004869 | 35400 | 0.096 |
| 41 | 0.003972 | 43405 | 0.0893 |
| 42 | 0.003166 | 54429 | 0.0762 |
| 43 | 0.002452 | 70308 | 0.0685 |
| 44 | 0.00202 | 85072 | 0.0635 |

① 给出的直径是导线的外直径，包括绝缘。

## C.3　利兹线数据

表 C.3　利兹线数据（只给出了一个选择）

| 股数 | 所有导体的标称截面积/mm² | 利兹线的公称外径/mm | 电阻/(mΩ/m) 最小 | 电阻/(mΩ/m) 最大 | 焊接时间/s |
|---|---|---|---|---|---|
| 直径①0.05mm | | | | | |
| 16 | 0.0314 | 0.327 | 495 | 652 | 3 |
| 25 | 0.0491 | 0.397 | 317 | 417 | 3 |
| 60 | 0.1178 | 0.62 | 132 | 174 | 5 |
| 100 | 0.1963 | 0.78 | 79 | 104 | 5 |
| 200 | 0.3926 | 1.12 | 39 | 52 | 8 |
| 420 | 0.8047 | 1.5 | 19 | 25 | 11 |
| 直径0.071mm | | | | | |
| 16 | 0.0633 | 0.44 | 249.1 | 310.3 | 3 |
| 25 | 0.099 | 0.54 | 159.4 | 198.6 | 4 |
| 60 | 0.2376 | 0.84 | 66.6 | 82.7 | 6 |
| 100 | 0.3959 | 1.16 | 39.8 | 49.6 | 8 |
| 200 | 0.7918 | 1.47 | 19.9 | 24.8 | 10 |
| 405 | 2.1033 | 2.097 | 9.9 | 12 | 19 |
| 直径0.10mm | | | | | |
| 16 | 0.1257 | 0.62 | 127.6 | 149.7 | 5 |
| 25 | 0.1964 | 0.76 | 81.64 | 95.81 | 5 |
| 60 | 0.4712 | 1.15 | 34.02 | 41.13 | 8 |
| 100 | 0.7854 | 1.47 | 20.41 | 24.68 | 10 |
| 200 | 1.5708 | 2.15 | 10.2 | 12.34 | 14 |
| 400 | 3.1416 | 2.87 | 5.103 | 6.17 | 19 |
| 直径0.15mm | | | | | |
| 50 | 0.88 | | 18.3 | 20.1 | 11 |
| 150 | 2.66 | | 6.3 | 6.7 | 15 |
| 200 | 3.53 | | 4.7 | 5.0 | 16 |
| 300 | 5.30 | | 3.1 | 3.6 | 18 |
| 400 | 7.07 | | 2.3 | 2.5 | 22 |
| 直径0.20mm | | | | | |
| 16 | 0.5027 | 1.28 | 33.01 | 36.4 | 8 |
| 25 | 0.7854 | 1.55 | 21.13 | 23.28 | 10 |
| 60 | 1.885 | 2.3 | 8.8 | 9.99 | 15 |
| 100 | 3.14 | 2.9 | 5.28 | 5.99 | 19 |
| 550 | 17.29 | 6.75 | 0.93 | 1.03 | 30 |
| 直径0.28mm | | | | | |
| 16 | 0.985 | 1.71 | 16.86 | 18.17 | 10 |
| 25 | 1.54 | 2.14 | 10.79 | 11.62 | 12 |
| 60 | 3.695 | 3.2 | 4.47 | 4.84 | 16 |
| 100 | 6.158 | 4.2 | 2.698 | 2.907 | 20 |
| 405 | 24.93 | 8.43 | 0.67 | 0.76 | 60 |

①　给出的直径数据是利兹线中一根导体的直径。

# 附录 D　数学函数

这里给出了本书中使用的指数型和双曲型复数函数的一些属性。

$$\sqrt{-1} = (-1)^{1/2} = j \tag{D.1}$$

$$\sqrt{j} = \frac{1+j}{\sqrt{2}} = j\frac{1-j}{\sqrt{2}} = j\frac{\sqrt{2}}{1+j} \tag{D.2}$$

$$e^z = e^{x+jy} = e^x(\cos(y) + j\sin(y)) \tag{D.3}$$

$$\cosh(z) = \frac{e^z + e^{-z}}{2} \quad \sinh(z) = \frac{e^z - e^{-z}}{2} \tag{D.4}$$

$$\lim_{z\to0}(\cosh(z)) = 1 \tag{D.5}$$

$$\lim_{z\to0}(\sinh(z)) = 0 \tag{D.6}$$

$$\lim_{z\to0}\left(\frac{\sinh(z)}{z}\right) = 1 \tag{D.7}$$

$$\tanh(z) = \frac{\sinh(z)}{\cosh(z)} \quad \coth(z) = \frac{\cosh(z)}{\sinh(z)} \tag{D.8}$$

$$\lim_{z\to0}\left(\frac{\tanh(z)}{z}\right) = 1 \quad \lim_{z\to0}(z\coth(z)) = 1 \tag{D.9}$$

$$\cosh^2(z) + \sinh^2(z) = \cosh(2z) \tag{D.10}$$

$$2\cosh(z)\sinh(z) = \sinh(2z) \tag{D.11}$$

$$\tanh(z) + \coth(z) = 2\coth(2z) \tag{D.12}$$

$$a^z = a^{x+jy} = e^{x+jy+\ln(|a|)+j\arg(a)} \tag{D.13}$$

$$\frac{(1+j)}{2}\sqrt{\omega_r}\coth\left(\frac{(1+j)}{2}\sqrt{\omega_r}\right) = \frac{1}{2}\sqrt{\omega_r}\frac{\sinh(\sqrt{\omega_r}) + \sin(\sqrt{\omega_r})}{\cosh(\sqrt{\omega_r}) - \cos(\sqrt{\omega_r})} +$$
$$j\frac{1}{2}\sqrt{\omega_r}\frac{\sinh(\sqrt{\omega_r}) - \sin(\sqrt{\omega_r})}{\cosh(\sqrt{\omega_r}) - \cos(\sqrt{\omega_r})} \tag{D.14}$$

$$\frac{(1+j)}{2}\sqrt{\omega_r}\tanh\left(\frac{(1+j)}{2}\sqrt{\omega_r}\right) = \frac{1}{2}\sqrt{\omega_r}\frac{\sinh(\sqrt{\omega_r}) - \sin(\sqrt{\omega_r})}{\cosh(\sqrt{\omega_r}) + \cos(\sqrt{\omega_r})} +$$
$$j\frac{1}{2}\sqrt{\omega_r}\frac{\sinh(\sqrt{\omega_r}) + \sin(\sqrt{\omega_r})}{\cosh(\sqrt{\omega_r}) + \cos(\sqrt{\omega_r})} \tag{D.15}$$

## 参 考 文 献

[1] Foglier *The Handbook of Electrical Engineering*, REA staff of research and Education Association, Piscataway, NJ, 1996.

[2] Jean Jacquelin, La dérivation fractionnaire: une relation générale entre la tension et le courant d'un dipôle,. Revue générale d'électricité, Recherche et développement, No. 1, Janvier 1987.

北京市版权局著作权合同登记　图字：01 – 2011 – 4262 号。

## 图书在版编目（CIP）数据

电力电子的电感器与变压器/（美）亚历克斯·范登·博舍（Alex Van den Bossche），（美）文希斯拉夫·切科夫·瓦尔切夫（Vencislav Cekov Valchev）著；袁登科译. —北京：机械工业出版社，2024. 1

（国际电气工程先进技术译丛）

书名原文：Inductors and Transformers for Power Electronics

ISBN 978-7-111-74757-4

Ⅰ. ①电…　Ⅱ. ①亚…②文…③袁…　Ⅲ. ①电感器②变压器　Ⅳ. ①TM55②TM4

中国国家版本馆 CIP 数据核字（2024）第 023762 号

机械工业出版社（北京市百万庄大街22 号　邮政编码100037）
策划编辑：杨　琼　　　　　　　　　　责任编辑：杨　琼
责任校对：张婉茹　张雨霏　景　飞　　封面设计：马精明
责任印制：邵　敏
北京富资园科技发展有限公司印刷
2024 年11 月第1 版第1 次印刷
169mm×239mm · 22 印张 · 452 千字
标准书号：ISBN 978 - 7 -111 -74757-4
定价：150. 00 元

电话服务　　　　　　　　　　网络服务
客服电话：010-88361066　　机　工　官　网：www. cmpbook. com
　　　　　010-88379833　　机　工　官　博：weibo. com∕cmp1952
　　　　　010-68326294　　金　书　网：www. golden-book. com
封底无防伪标均为盗版　　　机工教育服务网：www. cmpedu. com